海南植被志

(第三卷)

杨小波 陈宗铸 李东海 等 著

科学出版社

北京

内 容 简 介

《海南植被志》的研著是作者从 1987 年第一次进入海南文昌铜鼓岭开展森林植被调查研究开始的，历经三十余年。《海南植被志》共分三卷。

本书为第三卷，全书共分 2 章，前一章讲述海南自然植被的植物繁殖生物学与生理生态学特点，包括植物繁殖生物学特点、植物幼苗存活与幼苗生长特点和植物幼苗生理生态学特点；后一章为海南植被分布图及植被分布图的解读，海南植被分布图有海南岛的、海南岛上各市县的及各乡镇的（1∶5～10 万），植被分布图的解读主要是描述海南岛各市县及海南岛外的主要岛屿的植被类型及其分布与植物组成特点。

本书可供从事植被保护和研究利用的工作人员，包括关注海南植被的社会人士及热带雨林国家公园等保护地的建设、管理与保护的工作人员，从事植物地理学、植物种群和群落学、植被生态学、景观生态学、植物多样性保护及国土空间规划等的科研工作人员、规划人员和学生参考，亦可供从事环境保护、农业、林业（含湿地）、园林园艺等行业的工作人员参考。

审图号：GS 琼（2022）075 号

图书在版编目（CIP）数据

海南植被志. 第三卷 / 杨小波等著. —北京：科学出版社，2023.3
ISBN 978-7-03-063888-5

Ⅰ. ①海… Ⅱ. ①杨… Ⅲ. ①植物志–海南 Ⅳ. ①Q948.526.6

中国版本图书馆 CIP 数据核字（2019）第 288689 号

责任编辑：韩学哲 孙 青/责任校对：宁辉彩
责任印制：吴兆东/封面设计：刘新新

科 学 出 版 社 出版

北京东黄城根北街 16 号
邮政编码：100717
http://www.sciencep.com

北京捷迅佳彩印刷有限公司 印刷
科学出版社发行 各地新华书店经销
*
2023 年 3 月第 一 版 开本：787×1092 1/16
2023 年 3 月第一次印刷 印张：28 3/4
字数：681000

定价：628.00 元
（如有印装质量问题，我社负责调换）

《海南植被志》全体作者名单

杨小波	陈宗铸	李东海	陈玉凯	陈 辉	林泽钦	陈毅青	王力军
丁 琼	李意德	莫燕妮	周亚东	洪小江	王世力	邓 勤	卢 刚
龙文兴	王伟锋	黄 瑾	岑举人	车秀芬	欧芷阳	郭 涛	黄运峰
罗 涛	党金玲	叶 凡	杨立荣	徐中亮	农寿千	吕晓波	张孟文
张彩凤	吕洁杰	罗召美	汪小平	龙 成	周 威	卜广发	万春红
杨 琦	周文嵩	陶 楚	冯丹丹	罗文启	邢莎莎	李英英	张育霞
张 凯	李苑菱	周双清	周 婧	张萱蓉	李 丹	吴庭天	刘子金
熊梦辉	赵瑞白	苏 凡	李嘉昊	黄绪壮			

第一卷

第一章主要完成人：杨小波　陈宗铸　李东海　李意德　丁　琼

第二章主要完成人：杨小波　李东海

第三章主要完成人：杨小波　李东海　陈玉凯　林泽钦

第四章主要完成人：杨小波　李东海　李意德　陈玉凯　黄　瑾

第五章主要完成人：杨小波　李东海　张　凯　丁　琼　龙文兴
　　　　　　　　　郭　涛　徐中亮

第六章主要完成人：杨小波　陈　辉　李东海　陈玉凯　林泽钦

第七章主要完成人：王力军　卢　刚　杨小波

第八章主要完成人：丁　琼　杨小波

第二卷

第九章主要完成人：杨小波　李东海　罗　涛　欧芷阳　黄运峰
　　　　　　　　　邢莎莎　龙　成　杨立荣

第十章主要完成人：杨小波　李意德　李东海　丁　琼　车秀芬
　　　　　　　　　陈　辉　周　威　叶　凡　党金玲
第十一章主要完成人：杨小波　李东海　陈玉凯　龙文兴　龙　成
　　　　　　　　　　杨立荣　陈　辉
第十二章主要完成人：杨小波　李东海　陈玉凯　龙　成　陈　辉
第十三章主要完成人：杨小波　李东海　陈玉凯　邢莎莎　陈　辉
第十四章主要完成人：杨小波　李东海　罗文启　陈玉凯　陈　辉
　　　　　　　　　　杨　琦

第三卷

主要完成人：杨小波　陈宗铸　李东海　林泽钦　吕晓波　张孟文
　　　　　　陈毅青　王伟锋　杨　琦　黄绪壮　陈　辉

说明：《海南植被志》第三卷与第一卷、第二卷相比较，全体作者和第三卷主要完成人有所增加，是因为第三卷的内容不断增加和修改，其中有这些作者的贡献。《海南植被志》每一卷成果由杨小波负责解释。

致谢：运用现代生态学理论与研究方法对海南植被开展调查研究工作已历经 70 年了，全体作者感谢近 70 年来在海南从事植被调查研究的科学家们，没有你们的艰苦努力，《海南植被志》也无法完成出版。你们在海南开展的植被研究案例，无论是引用到还是没有引用到，都对《海南植被志》的出版作出了贡献，在此，全体作者再次表示感谢！

全体作者

2022 年 10 月 1 日星期六

作者简介

杨小波　海南海口人，1962年9月14日出生。1985年(本科)、1993年(硕士研究生)和1996年(博士研究生)毕业于中山大学植物学专业，获学士、硕士和博士学位，1998年7月中国科学院南京土壤研究所博士后流动站出站。现为海南大学二级教授，生态学、植物学博士生导师。研究方向为森林生态学与植物资源学。

主持的科研项目有"973"前期专项、国家自然科学基金、国家科技支撑计划子课题、海南省重点项目和横向项目等48项。到2022年9月，获海南省自然科学奖一等奖1项(第一完成人)，海南省科技进步奖一等奖1项(第一完成人)，省部级二等奖2项(均为第一完成人)、三等奖2项(第一、第二完成人)等。到2022年9月，发表学术论文200余篇，其中SCI收录20余篇，EI收录的有5篇，第一作者或通讯作者有100余篇，其中SCI收录10余篇，EI收录的有5篇，第一作者或通讯作者最高影响因子4.529，第二作者最高影响因子6.89，参与合作文章最高影响因子9.68(PNAS，2015，2018)，出版著作39部，其中第一作者有25部(含《海南植物图志》14卷、《海南植被志》3卷)，第二作者有2部，参与的有12部。曾先后获得国务院政府特殊津贴专家、省有突出贡献优秀专家、省"515"人才第一层次人选、省委省政府直接联系重点专家、省优秀科技工作者、宝钢优秀教师、省级教学名师、省优秀教师、校首届十佳教师、省青年科技奖等荣誉称号或奖项。负责的课程2007年获得国家级精品课程、2016年获得国家级精品资源共享课程，带领的团队2009年获得国家级教学团队。现任国际生物多样性计划中国委员会委员、中国生态学会常务理事、教育部自然保护与环境生态类专业教学指导委员会委员、海南省生态学会理事长、海南省植物学会副理事长等。

陈宗铸 海南省海口市人，研究员，硕士生导师，海南省生态学会理事，海南省林学会学科带头人，从事森林资源监测、森林生态学、生态遥感、生态地理等方面的研究。近年来主持科研项目 16 项，主持规划与咨询类项目 30 余项。发表论文 60 余篇，参与出版著作 20 部，获专利、软著 30 余项。获海南省自然科学奖一等奖 1 项、梁希科技进步奖二等奖 1 项。全国绿化奖章获得者。

李东海 广东兴宁人，1971 年生，汉族。海南大学热带农林学院，高级实验师，硕士生导师，从事城市生态学和植物学的教学和科研工作。中国生态学会会员，海南省生态学会常务理事。主持国家级、省部级、重点实验室开放课题和政府委托项目 10 多项，作为骨干成员参与国家自然科学基金等项目 20 多项。发表学术论文 40 多篇，其中 SCI 收录 2 篇，EI 收录 2 篇，参与出版著作 20 多部。到 2022 年 9 月，获海南省自然科学奖一等奖 1 项、省部级科技进步奖二等奖 2 项、海南省科技进步奖三等奖 2 项。《城市生态学》国家级精品课程骨干成员，植物学国家级教学团队骨干成员。

序　言

海南植物种类繁多，仅维管束植物就有 6000 多种。这些植物在不同的生态环境中构成了复杂多样的植被类型。因此，要完成《海南植被志》的撰写工作十分困难。自《广东植被》(1976 年)出版，到《广西植被》(2014 年)问世的近 40 年间，我国各省份陆续出版了各自的植被志书。《中国植被》也早在 1980 年出版问世，而"海南植被"却迟迟没有出来。欣喜的是，由海南大学杨小波教授团队完成的《海南植被志》一书终于出版了。我由衷地感到高兴，祝贺他们并感谢他们所付出的艰辛努力。

海南是全球生物多样性研究的热点区域之一，多年来，吸引了不少国内外学者涉足海南开展植被与植物资源的调查研究工作，但由于学者们多集中在一些保护区内开展调查，到目前还没有人完成海南植被的研编工作。历史上，海南植被的相关内容主要记述在《广东植被》和《中国植被》中，但很不全面，关于海南植被的类型更是争论不断，不同的学者多从他们所研究的区域或某一山区的植被类型出发，试图描述海南植被的全貌，因此常出现同一植被类型却有不同的描述，导致分类结果也常常不一致。其中争议最大的是对常绿季雨林、季雨林、热带雨林、沟谷雨林、稀树草原、山地常绿阔叶林等术语的使用和记述不一致，这对海南植被资源的保护与开发利用是十分不利的。

实际上，海南分布的植被类型虽然复杂多样，但我看了杨小波教授等完成的《海南植被志》后，感到他们把海南的植被类型理顺了。我个人认为，《海南植被志》把海南的主要原生植被类型区分为海草床、红树林、半红树林、淡水湿地草丛、海岸(海岛、河岸)沙质丛林、热带季雨林、热带雨林、高山云雾林和山顶灌丛等类型是科学合理的。

杨小波教授及其团队多年专注于海南的植被调查研究工作，并于 2015 年出版了《海南植物图志》。作者采用了植物图鉴与植物志相结合的方式记载了全省有历史记录的维管束植物种类 6036 种(含变种和亚种)，应该说是对传统植物志编写的重要创新。继《海南植物图志》之后，他们完成的《海南植被志》也即将问世，这两部著作无疑是对海南及中国热带地区植物和植被保护的一个重要贡献。

《海南植被志》的主要内容包括：海南植被研究的历史、各植被类型的分布与组成和结构特征、各植被类型的主要动物群、各植被类型的代表性真菌类群及其生态特性以及乡镇级尺度的植被分布图等。我认为，《海南植被志》在如下方面有独到之处。

(1)科学论证了海南植被的水平地带性植被类型就是热带季雨林和热带雨林，这对规范海南植被类型，指导生态环境保护工作有重要的指导意义。

(2)对植被类型的分布绘制到乡镇级水平，其工作量是巨大的。一般省(自治区)植被在这方面的工作达到县级水平就已经不容易了。

(3)在非地带性植被类型中，比以往出版的各类"植被"专著增加了"海草床"、"热带海岸(河岸、海岛)丛林"、"藤蔓丛"等新的植被类型。这为未来植被志编写工作提供了重要参考。

(4)作者对各植被类型的主要动物群和代表性真菌类群进行了记述，这在以往的植被志书中似未出现过。这反映了作者对海南植被生态系统的深刻理解和作者所拥有的植物、动物和微生物的广博知识。

(5)作者以案例的方式诠释了海南植被的生态学特征；通过比较分析，揭示了海南不同地区、不同植被类型的生态学特点及其差异，这对读者理解海南植被的特点有重要帮助。读者从《海南植被志》中，不仅可以了解到海南植被类型的分布、组成和结构，还能深入了解海南植被的生物多样性、植物种群与群落动态、种间关系及物种功能群、生产力和碳储量等生态功能特点与环境因素之间的关系，以及台风、人为因素和外来入侵植物对植被与植物多样性的影响及防范与保护措施等。

(6)作者以植被的利用功能为主要分类原则，对海南的人工植被进行了较为系统详细的描述。虽然人工植被常常是多功能性的，但人类种植这些植物总是有其首要目的，因此，作者以首要利用目的把人工植被区分为农业生产、防护和景观功能三大类是符合海南实际的。

总之，我衷心祝贺《海南植被志》的出版，也很乐意为此作序，以表贺意和感谢。

中国科学院植物研究所学术所长

中国科学院院士

2017 年 12 月 16 日

前　　言

　　《海南植被志》一书终于完成了，2019 年出版第一卷，2020 年出版第二卷，2023 年，也就是现在终于完成了第三卷。特别是第三卷，由于各人工植被类型的分布区域总在变化，校稿就校了四年。第三卷的植被分布图截止时间为 2022 年 7 月，在此特别说明。1987年作者跟随《中国植被》作者之一林英先生进入文昌铜鼓岭开展沿海森林植被调查研究工作，林先生对我们说，在我国好多省的植被专著已经出版，《中国植被》也早在 1980年就出版，"海南植被"应如何撰写，这一重任要落到你们这一代人的身上。经历 30 多年，从文昌的铜鼓岭到三亚的六道岭，从沿海的红树林到五指山、尖峰岭、霸王岭、吊罗山、鹦哥岭、佳西岭的高山云雾林，从海口羊山农村到琼中什运的农村等，作者走遍海南的山山水水，通过大量的样方数据和路线调查记录数据，在前人工作的基础上，完成了这一艰难的任务。它是作者的劳动结晶，也是海南或到海南工作的广大植被生态学、地植物学和植物生态学工作者的劳动结晶。本项任务的完成得到了海南大学、海南省科学技术厅、海南省生态环境厅和海南省林业局及国家林业和草原局、国家自然科学基金委和生态环境部的支持。

　　海南省为我国热带岛屿省份，其陆域以海南本岛为核心，包括了三沙市管辖的南海诸岛屿。海南岛植被从浅海的海草床开始，一直分布到陆域海拔 1867m 的五指山山顶。海南植物种类繁多，生态类型多样、复杂，到 2015 年，《海南植物图志》记载了海南维管植物种类 6036 种(含变种和亚种)，分布在各种不同植被类型中。这些植物种类构成了我国特殊的热带岛屿型地带性植被类型和非地带性植被类型。最有代表性的地带性植被类型有热带雨林、季雨林和高山云雾林，非地带性植被类型有热带针叶林、海草床、红树林、滨海与岛屿丛林、滨江丛林、沿海藤蔓丛、火山岩湿地草丛和石灰岩山顶灌丛等。由于环境特殊、植物组成多样复杂、植被类型多样等原因，植被分类一直是海南植物生态学研究中最难的事情。本书作者开展了详细的分析工作，在过去百家争鸣的基础上，遵循国际研究前沿并与国际接轨，基本理顺了海南植被分类系统，以飨读者。作者在各植被类型描述中，附上该植被类型的优势种，让读者在野外便于识别。正是因为海南植物种类多样，环境多样复杂，植物多样性变化规律，物种分布格局和种间联结关系、生态功能及植被动态变化规律等错综复杂，在热带地区开展植被生态学研究尤其困难。本书以研究案例展现了 30 年来海南植被生态研究的结果,使读者能从书中了解到海南不同植被类型的生态学特性。作者基于丰富的野外调查结果,完成了各市县(自治县)、各乡镇植被分布图,并附有较详细的说明,在阅读任何一个乡镇的植被分布图时,读者都能知道该乡镇的主要植被类型和构成植被类型的主要植物,可为读者进一步开展研究工作,或完成其他与植被有关的工作提供最基础的本底资料。

在海南丰富的植被资源和复杂的植被类型中蕴藏着丰富的动物资源和微生物资源。本书还介绍了海南各主要植被类型的陆栖脊椎动物和真菌,使读者对海南植被生态系统有一个全面的了解,有利于植被生态系统保护工作的全面展开。保护好植被,特别是保护好自然植被,就是保护好青山绿水,保护好我们的"金山"和"银山"。作者希望本书能为保护好植被及促进植被资源的可持续利用作出应有的贡献。

《海南植被志》得到海南省重点计划项目(080801)、973 计划前期研究专项(2010CB134512)、国家自然科学基金项目(31760170、30160070、31060073、31460120、31260109、31660163、30900143、31260519、31360107、31760119)、国家重点研发计划项目(2016YFC0503104)、国家科技支撑计划项目(2012BAC18B04-3-1)、国家林业局全国重点保护野生植物资源调查(林函护字〔2012〕47 号)(海南省重点保护野生植物资源调查)、林业公益性行业科研专项(200904028)、中医药行业科研专项(201207002- 03)、中国科学院战略性先导科技专项(A 类)(XDA19050400)项目的资助。

在本书的完成过程中,感谢全体成员对本工作的热情支持和帮助,在此,还特别感谢教导和帮助过我们的老师们,如中山大学的张宏达教授、王伯荪教授、胡玉佳教授、余世孝教授,也感谢帮助过我们的朋友,如海南师范大学的刘强教授、海南大学的余雪标教授,感谢曾在海南开展植被生态研究的前辈,如中国林业科学研究院的蒋有绪院士、海南省林业厅的符国瑗先生。同时感谢海南省各保护区相关工作人员,特别是配合我们进行野外工作的人员,如陈庆、钟才荣、陈焕强、王享存、梁宜文、孙硕、范高攀和洪明昌等同志。

尽管本书的完成历时三十余年,而且工作也非常努力,但由于作者水平有限,可能仍然存在很多遗漏或不完善的地方,恳请读者批评指正。

作 者

2023 年 1 月

目　　录

第十五章　海南自然植被的植物繁殖生物学与生理生态学特点

第一节　植物繁殖生物学特点

一、概述

植物的开花、结实和种子萌芽等是植物繁殖生物学最重要的环节。有些植物种类可能更适应全球气候等生态环境的变化，无论在繁殖过程的哪一个环节都发育良好，结果率高，种子萌芽率也高，促进其种群的发育；有些植物种类恰好相反，其繁殖过程受阻，种群发育不良，渐变成濒危植物种、极小种群到最后灭绝。造成一个物种濒危的原因有其内在因素、人类活动导致环境变化或者自然灾害等等。据初步统计(祖元刚等，1999；唐兰等，2006)，中国有 4000～5000 种植物处于濒危或受威胁状态，占植物总数的 15%～20%，并且已经有近 100 种面临灭绝。到 2012 年全国确定开展 120 种极小种群的植物调查，海南占了 24 种(Yukai et al.，2014)。面对许多植物濒临灭绝的严峻现实，加强植物的繁殖生物学特性及生殖动态研究意义重大，也是揭示植物种群濒危过程、濒危机制的有效手段，它不仅能够阐明植物繁衍最关键环节的生殖生物学特性及其与外在因素的关系，也是揭示植物繁殖生物学特征对其种群发育影响的必然途径，对保护与可持续利用植物资源有重要意义。

二、研究方法

众多学者采用不同研究方法从繁育系统、种子扩散以及萌芽等不同层次对植物生殖生态学进行了大量研究。研究的方法可归纳为如下两个方面。

(1)植物物候研究方法。这一方法主要是研究植物物候对生态环境变化的适应性。这些生态环境因子主要有气温、CO_2 浓度、降雨、干旱、氮素、光周期和太阳辐射等。具体的研究方法也依据不同的研究内容，在传统的物候学研究方法的基础上进行针对性创新。可通过植物标本数据、植物志或历史日记数据、控制实验观测数据、长期定位观测数据、分子物候学数据、卫星遥感数据和近地面遥感数据等，针对全球气候变化带来的某一生态环境因子的变化或综合生态环境因子对植物个体或种群物候的影响的观测，在获得一定时期的数据后，采用建立不同植物的物候模型来描述某一环境因子的变化或多个生态环境因子与植物物候响应之间的因果关系(Borchert and Rivera，2001；Primack et al.，2015；范德芹等，2016；Kudoh，2016；Alberton et al.，2017；Kurten et al.，2018)。例如，谭敦炎和朱建雯(1998)对雪莲(*Saussurea incolucrata*)的物候期进行了定位观测，发现如果雪莲采挖期在开花期前后，将使得土壤中的雪莲种子库无法得到补充，致使该物种濒危现象严重。

(2)繁育系统的健康与活力研究方法。这一方法主要是研究植物繁育系统的健康与活力对生态环境变化的适应性。Dafni(1992)提出杂交指数(OCI)来检测显花植物的繁育系统，近年来已成为研究植物繁育系统的常用指标之一。目前通过野外定点观测开花进程和花器官形态特征，运用杂交指数、花粉-胚珠比、人工授粉和套袋实验等方法测定濒危植物的繁育系统，对研究植物繁育系统的健康和活力与生态环境变化的关系产生重大影响。例如，宋玉霞等(2008)对濒危植物肉苁蓉(*Cistanche deserticola*)的花粉特性进行了研究，结果显示，花粉和柱头同时保持高活力状态的时间约为18h，但是受外界环境，如温度、湿度的影响较大，它们能够保持较高活力的时间缩短，导致结果率不高，这可能是其濒危的原因之一。

三、研究案例

极小种群：海南海桑(Sonneratia × hainanensis)的繁殖生物学特点

1. 海南海桑的生物学特征

海南海桑为海桑科海桑属常绿乔木，生长在距低潮线不远的海滩上或至内河、潮水盐度较低地段的低潮滩上，常常被海水淹没(高蕴璋，1983)。目前该种仅天然分布于海南清澜港省级自然保护区，个体数量极度稀少，已处于濒危状态(李海生等，2004)。对海桑属植物已有的研究表明：繁育系统为异交繁育系统，花期长，几乎全年有花，部分物种花期重叠，海桑属的异交繁育系统和种间分布区重叠且花期重叠为种间杂交提供了机会(Tomlinson，1986)，其中，海南海桑是二倍体(22条染色体)杂交种，它的嫌疑亲本是杯萼海桑和卵叶海桑(王瑞江等，1999)；海桑属濒危植物的遗传多样性较高，且大部分变异存在于种群内，这说明海桑属濒危植物目前受威胁的主要原因不在于其自身的遗传变异方面，而与栖息地的破坏和自身繁殖受限等密切相关(李海生等，2004)。因此，本案例通过繁殖生态学、环境对种子萌发等方面探索海南海桑濒危的原因。以海南海桑为对象，通过野外定点观测和室内实验，从繁殖系统和种子萌发特性两个方面入手，了解其生殖过程中的濒危环节，旨在从生殖生物学角度探索海南海桑可能存在的濒危原因，为挽救海南海桑种质资源提供理论依据。

2. 研究材料和方法

1)样地概况

样地位于海南清澜港省级自然保护区八门湾内，坐标为北纬 19°37′36″，东经

110°49′53″。海南海桑所在样地常常为海水淹没，盐度为 8‰～26‰。本地海桑属植物丰富，有 5 种，分别是海南海桑(*Sonneratia*×*hainanensis*)、海桑(*S. caseolaris*)、杯萼海桑(*S. alba*)、卵叶海桑(*S. ovata*)、拟海桑(*S. gulngai*)，其中海南海桑处于严重濒危状态。

2) 研究对象

选择生长在海南省文昌市东阁镇排港村内海港湾滩地的海南海桑。所有的个体都处在繁殖期，没有幼树。树高约 8m，胸径 100cm 左右，冠幅约 15m×15m。海南海桑的果实为球形浆果，直径 50～80mm。种子呈镰刀形、V 形或不规则形，平均长度为 10mm，外种皮呈褐色。子叶 2 片，椭圆形或长圆形，长 2～3cm，宽 1～3cm。

3) 研究方法

A. 繁育系统的确定

(1) 杂交指数(out crossing index，OCI)的估算。按照 Dafni(1992)的标准进行花序直径、花朵大小和开花行为的测量及繁育系统的评判。

(2) 花粉胚珠比测定(pollen-ovule ratio，*P/O*)。随机选取刚开放而花药尚未开裂的花蕾 10 朵，用 FAA(甲醛+冰醋酸+酒精+丙三醇)固定，按照 Pias 和 Guotian(2001)的方法统计单花花粉粒数，石蜡切片测胚珠数。每朵花的 *P/O* 值用该花的花粉数除以胚珠数得到。

B. 海南海桑生殖障碍的探究

(1) 柱头可授性与花粉活力的时间变化。

在花粉活力的起始时间和持续时间内，选取 50 多朵花，在花蕾未开放前用镊子小心地取出所有的雄蕊，在花朵开放当天，分别授以来自其他花的花药开裂当天及开裂后第 1～5 天的花粉，套袋。不同时期的花粉各 10 个重复。根据初期坐果率来计算花粉萌发力和柱头可授性，方差分析比较不同时间的花粉萌发力及柱头可授性差异。

(2) 人工授粉及套袋实验。

花蕾期，选定 1 株海南海桑，各取 280 个花蕾进行 7 种传粉处理：①自然对照(自然杂交)；②去雄套袋不授粉(无融合生殖)；③去雄套网(风媒传粉)；④不处理套袋；⑤不去雄套袋：开花之前套袋，花开以后授以同朵花的花粉；⑥人工同株异花授粉(有 10 个花蕾，授粉方式为 1 号和 10 号相互授粉，2 号和 9 号相互授粉，以此类推)；⑦人工异株授粉(异株花粉源取自距该实验植株约 100m 远的另外一株海南海桑)。其中，⑤、⑥、⑦为人工授粉处理，①、②、③、④为对比处理，统计每个处理果实脱落时间、结果数、结果率和单果结籽率。

C. 海南海桑种子自然条件下的动态变化

(1) 随机选择 3 棵母树，并且 3 棵母树周围 50m 范围内均没有海南海桑。为了统计落果情况，从开始落果起，每隔 5 天，收集 3 棵母树下掉落的所有果实，并且带回实验室进行萌发实验，记录萌发率，直至不再落果。

(2) 随机选择 3 棵母树，并且 3 棵母树周围 50m 范围内均没有海南海桑。为了测定落果后果实的命运，选择距离每棵母树 1m、3m、5m、10m 的 4 个区域分别设置 1 个 1m×1m 的小样方，在小样方内自然放置 30 个成熟果实，并用铁丝网(网格大小)覆盖果实。距离每个小样方不远处设置种子萌发实验，将 80 粒种子撒在地上，并用塑料网(网格大小为 1mm×1mm)覆盖种子。1 棵母树周围 3 个重复，共 12 个重复，统计离母树不同距离处果实消失数量和种子萌发率。

D. 海南海桑种子萌发实验

本研究所涉及的发芽实验均在室内进行,每个处理 50 粒饱满种子,3 次重复,种子用 0.1%高锰酸钾溶液消毒 5min 后,用蒸馏水冲净,播种于垫有滤纸的直径 11cm 的培养皿,加蒸馏水(光照和温度实验)、盐水(盐度实验)至恰好淹没种子;从播种后开始每天观测记录一次萌芽情况并换水一次,将已发芽的种子转到另外的培养皿中,5 天后每皿抽样 10 株测量胚根长及完好率;以胚根长度 3mm 作为发芽标准,实验时间为 20 天,计算发芽率、发芽势、胚根长、胚根完好率。

(1)设置 4h 光照/20h 黑暗、8h 光照/16h 黑暗、12h 光照/12h 黑暗、16h 光照/8h 黑暗、24h 光照/0h 黑暗 5 组光照时间处理,所有处理的温度变化(白天 28℃,夜间 23℃)、空气相对湿度(75%)和光照强度(700lx)完全相同,各处理以全黑暗处理为对照;全部试验共分为 6 个处理。

(2)将种子播于培养皿中,分别置于 15℃、20℃、25℃、30℃、35℃、40℃、45℃的恒温培养箱中,关上玻璃门,让其在室内自然光条件下发芽。

(3)以海滩盐场上新晒出的粗盐和自来水配制标准盐度系列的海水进行试验,设置 0、2.5‰、5‰、7.5‰、10‰、12.5‰、15‰、20‰、25‰和30‰十组盐度处理,并以生境海水盐度(18.4‰~19.2‰)作对照处理,全部试验共分为 11 组,所有处理均在室内自然光照下、35℃恒温培养箱中进行发芽实验,每日更换配制的海水。

4)数据处理

采用 Microsoft Excel 2010 软件进行数据统计,采用 SPSS19.0 统计软件(One-Way ANOVA,Duncan post hoc test,$P < 0.05$)进行不同处理间的多重比较分析。统计值以平均值±标准误(Mean ± SE)表示。采用 SigmaPlot 11.0 软件绘图。

3. 研究结果

1)繁育系统的确定

海南海桑花萼管钟形,花顶端到基部为 4.5~5.5cm,花直径以钟形中部为准,为 2.4~3.2cm,大于 6mm,记为 3;野外试验观察,海南海桑花的花药开裂与柱头可授性无时间间隔,记为 0;柱头伸长比雄蕊快,始终高于雄蕊,因此记为 1;综合得出海南海桑的杂交指数(OCI)为 4。按照 Dafni(1992)的标准,试验基本可以判断海南海桑的有性繁育系统为部分自交亲和,异交,需要传粉者。

海南海桑的 P/O 值结果如表 15-1-1 所示,按照 Cruden(1977)的标准,P/O 值为244.7~2588.0 时,属于兼性异交,从而确定海南海桑的有性繁殖系统为兼性异交为主。

表 15-1-1　海南海桑的花粉胚珠比

Tab. 15-1-1　Pollen to ovule ratio(P/O) of *S. hainanensis*

来源	单花花粉数(P)	单花胚珠数(O)	P/O 值	繁育系统
海南海桑	≈12 500 ± 2 000	34 ± 10	354	异株异花授粉

2) 海南海桑生殖障碍

A. 花粉萌发力与柱头可授性

在自然状态下,海南海桑单花花粉萌发力与柱头可授性随着时间变化的趋势一致(图 15-1-1),开花当天和第二天花粉萌发力最高(100%或接近 100%),从第 3 天开始花粉萌发力显著下降,至第 5 天时,花粉萌发力(5%)降到最低;开花当天柱头可授性也最大,100%的授粉花朵最后结果,到开花第 5 天,整个花柱枯萎,几乎丧失可授性(20%)。

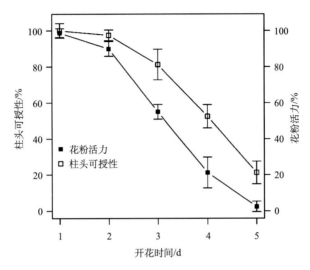

图 15-1-1　海南海桑花粉萌发力与柱头可授性随着开花时间的变化趋势

Fig. 15-1-1　Variation in pollen germinability and stigma receptivity with flower age in *S. hainanensis*

B. 人工授粉实验

去雄套袋(无融合生殖)处理下,海南海桑子房在套袋约 10 天后略有膨大,之后不再变化,一个月后子房干枯掉落,坐果率为 0(表 15-1-2)。在自然条件下,海南海桑的结果率为 45%,不去雄套袋处理的结果率(17.5%)很低;去雄套网实验中,结果率(10%)比自然授粉低。人工授粉下,各处理结果率显著提高,自花授粉结果率低,人工同株异花授粉次之,人工异株异花授粉结果率则可达 62.5%左右。

3) 海南海桑种子萌发与环境因子的关系

A. 不同时间的落果数及其种子萌发率

对不同时间的落果数和种子的萌发率分析结果表明(表 15-1-3)。落果时间 5~10 天,种子萌发率均为 0,落果时间 15~20 天,种子萌发率低于 10%。当落果时间为 30 天时,落果数(84.67)和种子萌发率达到最大值(45.0%)。当落果时间达到 35 天时,此时不再落果。这表明在自然情况下,由于大量的海南海桑果实提前脱落,使得扩散到林内的成熟果实数量减少。从整体上来说,有可能导致种源限制。

表 15-1-2　不同授粉方式下海南海桑的坐果率和结籽数

Tab. 15-1-2　**The different treatment groups and results of _Sonneratia×hainanensis_ hand pollination experiment**

授粉方式	试验花数/朵	果实脱落时间(授粉开始为 1 天)/d	结果数	结果率/%	单果结籽数/粒
去雄套网	40	7	4	10	16.25
去雄套袋	40	0	0	0	0
不处理套袋	40	7	7	17.5	19
自然授粉	40	7	18	45	30.4
人工自花授粉	40	15	17	42.5	24.2
人工同株异花授粉	40	15	20	50	34.6
人工异株异花授粉	40	18	25	62.5	56.2

表 15-1-3　不同时间海南海桑的落果数及其种子萌发率

Tab.15-1-3　**Fruit dropping amount and seed germination rate of _S. hainanensis_ at different fruit dropping times**

时间	5 天	10 天	15 天	20 天	25 天	30 天	35 天
落果数	14.67±4.51f	25.67±4.04e	39.33±9.24d	58.00±8.00c	70.33±4.51ab	84.67±6.43a	0 + 0g
种子萌芽率/%	0±0d	0±0d	2±0bc	9±0b	43±3a	45±3a	0 + 0d

B. 自然条件下果实和种子的动态变化

由表 15-1-4 可知,自然条件下,不同距离处的果实捕食率和种子萌发率分别为 100% 和 0。其中,散播的种子破坏率(啃食和染病)和种子存留率分别约为 82.5% 和 17.5%。通过野外观测,螃蟹、松鼠等是海南海桑果实和种子的主要捕食者,并且所有的果实被啃食后只残留被破坏的种子,此外,存留的种子均无法萌发。这表明,自然条件下海南海桑种子萌发不仅受动物啃食的影响,也受生境因子的影响。

表 15-1-4　在自然条件下海南海桑种子萌发情况

Tab.15-1- 4　**Dynamic changes of fruit and seeds of _S. hainanensis_ under natural conditions**

样点	果实捕食率/%	种子萌发率/%	种子破坏率/%	种子存留率/%
1m	100	0	83±10	17±10
3m	100	0	85±0	15±0
5m	100	0	80±6	20±6
10m	100	0	82±13	18±13
平均	100	0	82.5±2.08	17.5±2.08

C. 种子萌发与环境因子的关系

(1)光照时间对海南海桑种子发芽的影响。

黑暗对照处理种子不萌发,发芽率、发芽势、胚根长及胚根完好率均为 0,发芽率、发芽势和胚根长随光照时间呈单峰曲线变化，不同光照时间的发芽率、发芽势及胚根长均有显著差异（图 15-1-2）。12h 时发芽率（68.67%）和发芽势（58.67%）最高。除对照组和4h 外，各处理间胚根长和胚根完好率均无显著性差异。

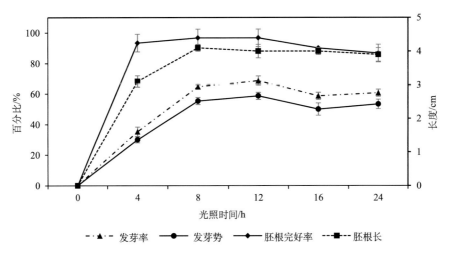

图 15-1-2　不同光照时间的海桑种子发芽率、发芽势及胚根长均有显著差异

Fig.15-1-2　Effect of light time on *S. hainanensis* seed sprouting

（2）温度对海南海桑种子发芽的影响。

海南海桑种子发芽率、发芽势和胚根长在不同的温度处理下均有显著差异（图 15-1-3）。随着温度的升高，各处理发芽率、发芽势和胚根长均呈单峰曲线变化。在 30～35℃区域内，发芽率和发芽势增加幅度大，且 35℃时发芽率（90.67%）和发芽势（78.00%）最高；当温度在 15℃和 45℃时，具有极低的发芽势和发芽率。随着温度的升高，胚根长

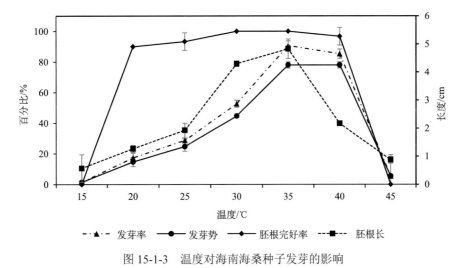

图 15-1-3　温度对海南海桑种子发芽的影响

Fig.15-1-3　Effect of temperature on *S. hainanensis* sprouting

和胚根完好率也呈单峰曲线变化，在 35℃时胚根长(4.83cm)和胚根完好率(100%)达到最大值(图 15-1-3)。

(3)盐度对海南海桑种子萌发的影响。

随着盐度的升高，各处理的发芽率、发芽势、胚根长和完好率均显著降低(图 15-1-4)。在盐度 0 时发芽率(82.67%)和发芽势(75.33%)有最高值，与 2.5‰时的发芽率(81.33%)和发芽势(72.67%)差异不显著，但后者胚根生长更粗壮，胚根完好率最好(100%)；低盐度(<7.5‰)处理的胚根长几乎是高盐度(>10‰)处理的一倍，海南海桑适宜萌发盐度为0~7.5‰。

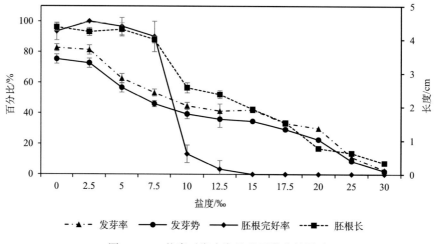

图 15-1-4　盐度对海南海桑种子发芽的影响

Fig.15-1-4　Effect of salinity on *S. hainanensis* sprouting

4. 特点与讨论

1) 繁育系统

由于植物性别系统的不同，因此常常表现出多样化的繁育系统类型。不同性别系统对其杂交率、传粉机制和繁育系统具有不同的影响。按照 Dafni(1992)的标准，进一步的实验明确海南海桑的有性繁育系统为部分自交亲和，异交，需要传粉者；按照 Cruden(1977)的花粉胚珠比划分，其繁育系统属于兼性异交类型，异花授粉尤其是异株异花授粉结果率相对较高，人工授粉的结果率均显著高于其他处理。因此可以认为海南海桑花的繁育系统为混合交配，其中存在的一定程度的自交可能大部分来自于同株异花授粉。而 Tomlinson(1986)的研究结果表明海桑属植物是异交繁育系统，这种研究差异的出现，可能是因为海南海桑种群数量变小，导致其自交和近交的概率增加，在长期的进化过程中逐渐由专性异交向兼性异交、自交亲和方向发展，而且有可能进化为稳定的混合交配系统。

前人的研究表明，小种群对传粉昆虫的吸引减弱(Agren,1996；Sih and Baltus,1987)，结果小种群的个体能获得的花粉的数量及质量都不及大种群，这就导致了小种群生殖成功的花粉限制(Morgan，1999；Byers，1995)。种群遗传学认为小种群极易发生遗传漂变，导致遗传多样性降低，这个过程往往又伴随着有害突变的积累及近交衰退的增加(Ellstrand and Elam，1993；Lande，1995)。当种群减小时，传粉过程中花粉数量及质量都受到很大的影响，它们的繁殖很快就会受到冲击(Ke'ry et al.，2000)。本研究发现，目前海南海桑仅有几株。人工授粉实验表明，当人工增加授粉时，海南海桑的坐果率可以得到显著提高，种群内异交的种子萌发率比自交的种子萌发率高得多。因此，可以说明花粉的限制及近交衰退是导致小种群种子萌发率低的一个原因，这与濒危红树植物红榄李的研究结果一致(张颖等，2017)。

2)自然环境对海南海桑种子萌发的影响

野外环境中，种子萌发受非生物因素(光照、温度、盐度)和生物因素(动物、病害)的综合影响。岳红娟等(2010)研究表明，南方红豆杉(*Taxus wallichiana* var. *mairei*)种子雨中绝大多数种子受到动物取食、人为因素和环境因素的影响而损失掉，无法进入土壤种子库。闽楠(*Phoebe bournei*)种子不仅易受到土壤病原菌的感染，同样容易遭受动物捕食，从而导致较低的野外种子发芽率(吴大荣和王伯荪，2001)。本研究发现从结果初期到成熟期，海南海桑落花落果较为严重，并且只有成熟期的种子萌发率较高(40%左右)，其他时期掉落果实的种子萌发率都很低(低于10%)，大部分的果实都被浪费掉。掉落的果实极易被鼠、寄居蟹等动物啃食，因而大部分种子被破坏而无法萌发。动物取食也是导致海南海桑濒危的原因之一。此外，林下种子萌发率为 0，这有可能是逃脱动物捕食的种子对环境的适应性较差。

3)不同环境因子对种子萌发的影响

种子萌发是植物对环境胁迫抵抗力最弱的阶段，任何不利于种子萌发的因素都会直接影响植物种群新个体的产生与补充，影响种群的稳定性(Manfred et al.，2004；Mills and Schwartz，2005)。本研究表明，海南海桑种群更新的主要障碍与种子萌发的特性及萌发所依赖的环境因子密切相关。

A. 光照对种子萌发的影响

根据种子萌发对光照的需求，将种子分为需光种子、忌光种子和光中性种子(Fenner，1987)。不同植物的种子萌发对光照的要求也不同。研究表明，濒危植物金丝李(*Garcinia paucinervis*)种子在有无光照条件下均能萌发，说明光照不是其萌发的必要条件，为光中性种子(张俊杰等，2018)。本实验中，在黑暗条件和恒温中，新采集的海南海桑种子完全不能萌发，而且增加光照明显促进了种子萌发和胚根的生长，每天 12h 的光照条件最有利于种子的萌芽。种子散落以后，由于林内淤泥透气性和透水性差，大部分种子无法获得光照或光照不足，导致种子发芽率大幅降低，林内幼苗极度缺乏。在实际调查中也发现，林内没有海南海桑幼苗。因此，林内光照不足是海南海桑种子萌发的一个限制因素，这与廖宝文等(1997)对海桑属其他植物的研究结果一致。

B. 温度对种子萌发的影响

在种子萌发过程中，温度是关键因子之一。但不同濒危植物种子对萌发温度的响应亦不尽相同。大多数濒危植物的种子萌发常表现为对温度的狭窄适应性。例如，合柱金莲木(*Sinia rhodoleuca*)和海南龙血树(*Dracaena cambodiana*)在 25℃下种子萌发率最高，而在低于 15℃或高于 30℃种子萌发率极低或种子完全不萌发(柴胜丰等，2010；郑道君等，2016)。本实验中，海南海桑种子在实验室条件下适宜萌发温度为 30～40℃，最适温度为 35℃。由于海南海桑种子萌发对低温的极度敏感性，由于低温冻害，导致在 2008 年，东寨港红树林保护区引种的海南海桑幼苗全部受害死亡(陈鹭真等，2010)。因此，温度也是限制海南海桑种子天然萌发的因子之一。

C. 盐度对种子萌发的影响

红树植物种子萌发一般喜低盐环境，5‰～10‰浓度的海水常用于红树植物的种子萌发育苗。本研究中，海南海桑种子最适盐度生态幅为 0～7.5‰，在这一盐度生态幅内，衡量种子发芽能力的发芽势、发芽率、胚根长及胚根完好率均较其他盐度条件下要好，随着盐度的升高，发芽势、发芽率、胚根长及胚根完好率随之显著降低，这表明低盐度有利于海南海桑种子萌发，高盐度则具抑制作用，这与大多数盐生植物在低盐度下具有更高萌发率的结论相一致(Khan and Gul，1998；Gul and Weber，1996)。

一般来说，低盐度下种子的萌发与无盐条件下的情况差别不大，随着盐度的升高，萌发过程逐渐受抑制，但多数植物的种子在转入淡水中后能够恢复活力，其累积萌发率甚至加大(Khan et al.，2000)。如本实验中把高盐度抑制下不能萌发的种子重新放入清水中，其萌发率仍可恢复一部分。说明高盐度胁迫并不会对海南海桑的种子造成毒害作用，而是引发其种子的短暂休眠，等条件适宜时又能恢复萌发，这也可能是海南海桑适应盐渍环境的重要机制。我国学者对其他红树林植物，如海桑(廖宝文等，1997)等盐胁迫下种子萌发的研究得出，无盐或是低盐条件下的种子萌发状况优于高盐条件。与本实验的结果部分吻合，海南海桑种子在无盐和低盐(2.5‰)时萌发指标均有最大值，但是低盐条件下胚根长势更粗壮，胚根完好率更高。由此看出，海南海桑种子萌发需要一定盐度的刺激，胚根才能长得更粗壮，能够增强幼苗对盐环境的适应性，提高幼苗存活率。此外，在海南海桑母株生境中的盐度调查发现，海南海桑种子萌发所需盐度远远低于原生境的盐度。这表明盐度是制约海南海桑种子萌发的关键因子之一。

第二节 植物幼苗存活与幼苗生长特点

一、概述

植物种群对生态环境变化的响应是多方面的，植物幼苗存活与生长的适应性也是重要的内容(Clark et al.，1998)。在正常情况下，气温、CO_2 浓度、降雨、干旱、氮素、光周期和太阳辐射等生态因子的变化都会直接或间接地影响植物的生长发育。但由于研究的背景及内容不一样，关注的重点也不一样。例如，全球气温上升、CO_2 浓度的提高和氮素的增加等生态因子的变化，总体上有利于植物的生长，特别是有利于 C_4 植物的生长。但由于无论在水分利用率还是光合作用强度等方面 C_4 植物都比 C_3 植物强，生态因子的变化将会直接影响植物群落的组成成分的变化与森林演替的变化(Coleman and Bazzaz，

1992）。因此，很多学者关注在全球气候变化的背景下，CO_2 浓度的提高和氮素的增加将如何影响植物幼苗的生长，进而影响植被的动态变化规律（Xia and Wan，2008）。

在陆域生态系统中，特别是在森林中，光是影响植物定居、生长和生存等过程的重要环境因子（Agyeman et al.，1999）。在陆域演替过程中，光环境的变化被认为是驱动演替的最主要的因子之一（Kobe et al.，1995）。在幼苗生长、发育过程中，随着环境条件的变化，会把生物量优先分配给限制自身生长资源的器官。在强光照条件下，限制生长的主要因子是水分和矿质营养，幼苗会把生物量优先分配给根系（Edwards et al.，2004）。当处于弱光照条件下时，限制生长的主要因子就是光照，幼苗就会将生物量优先分配给叶，高的叶生物量比（LMR）有利于植物的生长（Walters and Reich，1996）。研究表明，随着光照强度的逐步降低，植物会增加对叶片的能量和物质的输入，同时减少能量和物质对根系的投入，茎部的投入无明显变化（Poorter，1999）。也有研究表明，有的植物会增加茎的生物量投入，叶片的投入无明显变化，对根系的投入也是减少的趋势（Reich et al.，1998）。由此可以看出，植物在不同的光环境下，生物量分配会发生相应的变化，以适应光环境的变化。植物在生物量分配上的适应对策，反映出不同演替阶段的物种对光环境适应性的差异。演替后期种和演替早期种相比较，演替后期种叶片生物量投入较高，使其可以获取更多的光能（Givnish，1988）。而演替早期种因对光照需求较高，因此其对茎部的生物量投入较多，这样可以较快地增加个体高度，可以免受其他植物的遮挡，进而获取更多的光照（Mori and Takeda，2004）。在幼苗阶段，演替早期种对根系的生物量投入更多，高的根系生物量有助于低光环境下，增加其光合产物的积累，保障存活组织或者新组织生长发育，保障幼苗的生存（Delagrange et al.，2004）。

在红树林生态系统里，海水的盐度变化及海水淹没时间的变化将直接影响到其幼苗的生长和发育。普遍认为，红树林植物的生长、发育过程需要一定的盐度环境（林鹏，1984）。红树林植物生长较为适宜的盐度是 10‰～20‰，但是多数的红树林植物可以在盐度 35‰的海水环境中存活，仅有少数红树林植物，如白骨壤（海榄雌）可以在 60‰的盐度环境中存活，秋茄在 7.5‰～21.2‰的盐度环境中生长较旺盛（林鹏，1984）。盐度 5‰～35‰的环境中，白骨壤、桐花树的生长随着盐度的增大而逐渐降低（叶勇等，2004）。盐胁迫对无瓣海桑、海桑、红海榄的生理生态影响很大，无瓣海桑和海桑的生理变化比红海榄更为敏感，50‰的高盐度环境严重影响无瓣海桑和海桑的生长，3 个月后无瓣海桑和海桑全部死亡（廖岩和陈桂珠，2007）。小花木榄在 100mmol/L 的 NaCl 培养液中，其株高、生物量和叶面积达到最大，浓度增加阻碍其生长，在浓度为 500mmol/L 的 NaCl 培养液中死亡（Parida et al.，2004a）。桐花树能够忍受 250mmol/L 的 NaCl 浓度，当浓度上升为 300mmol/L 时植株死亡，木榄胚轴在 10‰以下的盐度环境中萌根率最高，而红海榄则需要 20‰以上的盐度环境（莫竹承等，2001）。红树林生长在热带和亚热带潮间带的特殊生境中，由于潮汐周期性变化，有一定时间会被海水淹没。研究表明适当的潮汐淹没是红树林植物生长需要的，也有利于其生长，但过度的淹浸会导致其生长减缓甚至死亡。淹浸还会改变红树林植物地上部分与地下部分的生物量比值变化，何斌源（2009）等在秋茄淹浸胁迫条件下的野外试验表明，秋茄幼苗各新生器官生物量分配呈现茎＞根＞叶。由此可以看出，淹浸胁迫下植物生物量的分配转移有助于其在低氧条件下生长。

二、研究方法

研究植物幼苗生长特点的方法可概括为野外定位观测法和实验室的控制性实验测定法。在野外，主要在设定的样方内对研究对象幼苗的一定生长期(一般约为 2 年生长期，或 1 年或半年生长期)的基径、苗高及叶子发育状况进行观测。在室内主要是在有效控制 1~2 个生态因子的条件下对研究对象幼苗的一定生长期(一般约为 2 年生长期，或一年或半年生长期)的基径、苗高及叶子发育状况进行观测。

三、研究案例

光照强度、海水盐度和淹水时间等生态因子对红树林植物幼苗生物量的影响

1. 实验材料与方法

1)实验材料

模拟控制实验材料均在东寨港红树林保护区小苗圃中培育，规格如下。

白骨壤(*Avicennia marina*)：用于实验的苗木生长一致，株高 25~26cm。

桐花树(*Aegiceras corniculatum*)：用于实验的苗木生长一致，株高 20~23cm。

秋茄(*Kandelia obovata*)：用于实验的苗木生长一致，株高 25~27cm。

红海榄(*Rhizophora stylosa*)：用于实验的苗木生长一致，株高 28~29cm。

角果木(*Ceriops tagal*)：用于实验的苗木生长一致，株高 17~18cm。

海莲(*Bruguiera sexangula*)：用于实验的苗木生长一致，株高 27~28cm。

2)研究方法

从海南东寨港国家级红树林保护区获取的 6 种红树林植物幼苗，带回海南大学农学基地温室大棚进行光照、盐度、淹水三种因子的模拟控制实验(以下简称控制实验)。

(1)因子处理水平设置。

光照强度(G)处理水平：G1(遮光 0)、G2(遮光 20%)、G3(遮光 40%)和 G4(遮光 80%)。

海水盐度(S)处理水平：S1(10‰)、S2(20‰)、S3(30‰)和 S4(40‰)。

淹水时间(T)处理水平：T1(4h/d)、T2(8h/d)、T3(12h/d)和 T4(16h/d)。

(2)实验材料处理。

选用高 80cm、直径 60cm 的厚壁红色塑料桶作为种植容器。在种植桶内，放入红土和河沙作为培养基质，幼苗植入 10cm×10cm 的塑料营养袋中培养。每个种植桶内每种苗木各 3 株。

(3)模拟控制实验体系建立。

光照强度模拟控制实验体系：在温室大棚内，建立 G1、G2、G3 和 G4 四种光照强度的种植棚。不使用遮阴网遮挡的为 G1 处理，使用 3 针的遮阴网遮挡达到 G2 水平，使用 4 针遮阴网遮挡达到 G3 水平，使用 6 针遮阴网遮挡达到 G4 水平。

　　海水盐度模拟控制实验体系：在上述的每个种植棚内设置 16 个种植桶，将 16 个种植桶分成 4 组，分别为 S1、S2、S3 和 S4 四种海水盐度的处理组。使用自来水+日晒粗盐+Hogland 营养液配制的 4 种盐度的人工海水，储存于相应的储水罐中，循环使用，每周检查一次盐度，及时补充盐或自来水，日晒盐来自海南省东方盐场。

　　淹水时间模拟控制实验体系：在每个海水盐度处理组内的 4 个种植桶，分别设置 T1、T2、T3 和 T4 四种淹水时间处理组。模拟半日潮，每天分成 2 次注排水，即每次淹水时间为 2h/次、4h/次、6h/次、8h/次。使用小水泵完成每天的注水和排水的循环过程。小水泵：森森 HQB-2000 型号，功率 24W，扬程 1.8m，流量 1400L/h。

　　(1)幼苗生长指标测量。

　　在种植苗木前，采用精度为 1mm 的卷尺测量每株幼苗的株高；使用精度为 0.01mm 的游标卡尺测量每株幼苗的基径；并挂牌。在实验结束前 2 周，再次测量每株苗木的株高和基径。

　　(2)幼苗生物量测量。

　　在实验结束后，收集每株幼苗，在 110℃烘箱内杀青，而后调至 80℃后烘干至恒重，使用精度为 0.01g 的电子天平称量干物质重量。

2. 结果与分析

1)光照强度、海水盐度和淹水时间单因素作用下幼苗的生物量变化

(1)淹水时间对秋茄、白骨壤、桐花树、红海榄、角果木和海莲幼苗生物量的影响。

　　研究结果表明，淹水时间对秋茄、白骨壤、桐花树、红海榄、角果木和海莲幼苗的生物量影响差异极显著($p<0.01$)。从图 15-2-1 可以看出，随着淹水时间的延长，秋茄、白骨壤、桐花树、红海榄和角果木幼苗的生物量都呈现先升后降的趋势，秋茄和角果木的生物量在 T2 处理中最大，在 T4 处理中最小，生物量的降幅分别为 56.1%和 59.9%。白骨壤、桐花树和红海榄的生物量在 T3 处理中最大，白骨壤和桐花树在 T1 处理中最小，红海榄在 T4 处理中最小，生物量的降幅分别为 43.3%、48.2%和 49.4%。海莲幼苗的生物量呈现逐渐降低的趋势，在 T1 处理中的最大，在 T4 处理中的最小，生物量的降幅为 53%。

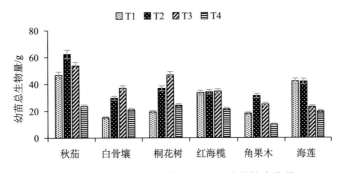

图 15-2-1　在淹水时间作用下不同幼苗的生物量

Fig. 15-2-1　The biomass changes of different seedlings under the effect of waterlogging time

由上可知，过长的淹水时间，会抑制幼苗的生物量积累，适当的淹水时间可以促进幼苗的生物量积累。不同幼苗生物量的降幅反映出幼苗的耐淹能力，白骨壤＞桐花树＞红海榄＞秋茄＞角果木＞海莲。

(2)海水盐度对秋茄、白骨壤、桐花树、红海榄、角果木和海莲幼苗生物量的影响。

研究结果表明，海水盐度对秋茄、白骨壤、桐花树、红海榄、角果木和海莲幼苗的生物量的影响差异极显著($p<0.01$)。从图15-2-2可以看出，随着海水盐度的增加，白骨壤、桐花树和红海榄幼苗的生物量都呈现先升后降的趋势，在S2处理中的最大，S4处理中的最小，生物量的降幅分别为46%、49.6%和50.6%。秋茄(S3和S4中苗木死亡)、角果木和海莲幼苗的生物量都呈现逐渐降低的趋势，在S1处理中最大，S4处理中最小，角果木和海莲生物量的降幅分别为66.1%和51.8%。

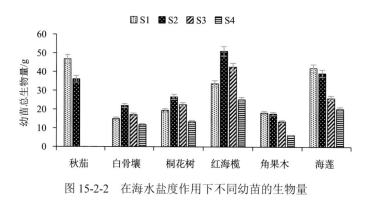

图 15-2-2　在海水盐度作用下不同幼苗的生物量

Fig. 15-2-2　The biomass changes of different seedlings under the effect of salinity of seawater

由上可知，过高的海水盐度会抑制幼苗的生物量积累，适当的海水盐度会促进幼苗生物量的积累，不同幼苗生物量的降幅反映出幼苗的耐盐能力，白骨壤＞桐花树＞红海榄＞海莲＞角果木＞秋茄。

(3)光照强度对秋茄、白骨壤、桐花树、红海榄、角果木和海莲幼苗生物量的影响。

研究结果表明，不同光照强度处理下，秋茄、白骨壤、桐花树、红海榄、角果木和海莲幼苗的生物量差异极显著($p<0.01$)(图15-2-3)。从图15-2-3中可以看出，随着光照强度的降低，秋茄、白骨壤和红海榄幼苗的生物量都呈现逐渐降低的趋势，在G1处理中的最大，G4处理中的最小，生物量的降幅分别为29.4%、49.9%和58.8%。桐花树、角果木和海莲幼苗的生物量都呈先升后降的趋势，在G2处理中的最大，G4处理中的最小，生物量的降幅分别为60.5%、23.3%和25.6%。

由上可知，过低的光照强度会抑制幼苗的生物量积累，适当的降低光照强度会促进生物量积累。不同幼苗生物量的降幅反映出幼苗的耐阴能力：角果木＞海莲＞桐花树＞秋茄＞白骨壤＞红海榄。

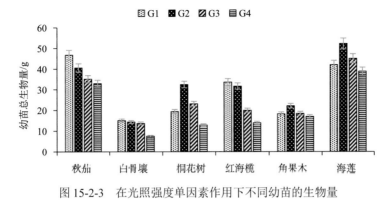

图 15-2-3　在光照强度单因素作用下不同幼苗的生物量

Fig.15-2-3　The biomass changes of different seedlings under the effect of light intensity

2) 光照强度、海水盐度和淹水时间双因素作用下幼苗生物量的变化

(1) 海水盐度和淹水时间的交互作用对秋茄、白骨壤、桐花树、红海榄、角果木和海莲幼苗生物量的影响。

研究结果表明，海水盐度和淹水时间的交互作用对秋茄、白骨壤、桐花树、红海榄、角果木和海莲幼苗生物量的影响极显著 ($p<0.01$)。从图 15-2-4 中可以看出，相同淹水处理组中，随着海水盐度的增加，秋茄、角果木和海莲幼苗的生物量都呈现逐渐降低的趋势，在 S1 处理中的最大，在 S4 处理中的最小。各淹水组内幼苗生物量的降幅分别为：秋茄；角果木：66.1%、40%、48.7%和 65.7%；海莲 51.8%、52.3%、54.9%和 58.9%。秋茄和角果木在 T2 处理组中幼苗生物量最大，海莲则是在 T1 处理组中最大，显著高于其他淹水处理组内相应海水盐度下幼苗的生物量积累，这说明过长或过短的淹水时间会加剧海水盐度对幼苗生物量积累的抑制。相同盐度处理组中，随着淹水时间的延长，秋茄和角果木幼苗的生物量都呈现先升后降的趋势，在 T2 处理中的最大，在 T4 处理中的最小，海莲幼苗则呈逐渐降低的趋势，在 T1 处理中的最大，在 T4 处理中的最小。各盐度处理组内生物量的降幅分别为：秋茄 62.1%和 63.4%；角果木 59.9%、60.3%、66.3%和 73.2%；海莲 53.1%、56.3%、57.4%和 60%。秋茄、角果木和海莲在 S1 处理中幼苗生物量积累最大，显著高于其他盐度处理组内相应淹水处理下幼苗的生物量积累。这说明过低或过高的海水盐度会加剧淹水时间对幼苗生物量积累的抑制。

从图 15-2-4 可以看出，相同淹水处理组中，随着海水盐度的增加，白骨壤、桐花树和红海榄幼苗的生物量都呈现先升后降的趋势，在 S2 处理中的最大，在 S4 处理中的最小。各淹水处理组内生物量的降幅分别为：白骨壤 46%、29.9%、27.6%和 50%；桐花树 49.7%、31.6%、30.7%和 42.3%；红海榄 50.6%、42.6%、35.6%和 66.3%。白骨壤、桐花树和红海榄在 T3 处理组中幼苗的生物量积累最大，显著高于其他淹水处理组内相应海水盐度下的幼苗生物量积累。这说明过长或过短的淹水时间会加剧海水盐度对幼苗生物量积累的抑制。相同盐度处理组中，随着淹水时间的延长，白骨壤、桐花树和红海榄的生物量都呈现先升后降的趋势，在 T3 处理中的最大，在 T4 处理中的最小。各盐度处理组内幼苗生物量的降幅分别为：白骨壤 43.3%、42.7%、55.1%和 63.9%；桐花树 48.2%、46.7%、49%和 55.7%；红海榄 36.3%、35.8%、54%和 60.2%。白骨壤、桐花树和红海榄在 S2 处理中幼苗的生物量积累最大，显著高于其他盐度处理组内相应淹水时间下幼苗的生物量积累。这说明过高或过低的海水盐度会加剧淹水时间对幼苗生物量积累的影响。

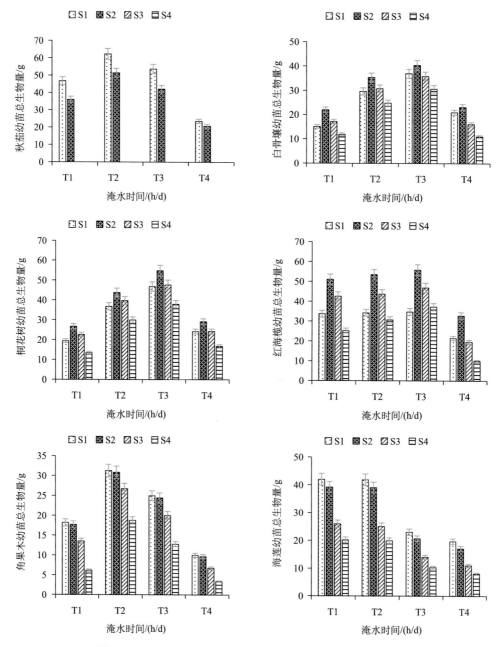

图 15-2-4　海水盐度和淹水时间交互作用下不同幼苗的生物量

Fig. 15-2-4　The biomass changes of different seedlings under the combined action of salinity of seawater and waterlogging time

综上所述，秋茄和角果木在 S1T2 处理中，海莲在 S1T1 处理中，白骨壤、桐花树和红海榄在 S2T3 处理中幼苗生物量积累最好，过高或过低的海水盐度和淹水时间都会抑制幼苗的生物量积累。因此，依据生物量指标，在 10‰海水盐度和每日淹水 8h 的环境中，有利于秋茄和角果木幼苗的生物量积累；在 10‰海水盐度和每日淹水 4h 的环境中，有利于海莲幼苗的生物量积累；在 20‰海水盐度和每日淹水 12h 的环境中，有利于白骨壤、桐花树和红海榄幼苗的生物量积累。

（2）光照强度和淹水时间交互作用对秋茄、白骨壤、桐花树、红海榄、角果木和海莲幼苗生物量的影响。

研究结果表明，光照强度和淹水时间交互作用对秋茄、白骨壤、桐花树、红海榄、角果木和海莲幼苗的生物量存在显著影响（$p < 0.05$）。从图 15-2-5 中可以看出，相同淹水处理组中，随着光照强度的降低，秋茄、白骨壤和红海榄总生物量都呈现逐渐降低的趋势，在 G1 处理中的最大，在 G4 处理中最小。各淹水处理组内幼苗生物量的降幅分别为：秋茄 29.4%、17.2%、28.9%和 46.3%；白骨壤 49.9%、18.5%、17%和 55.1%；红海榄 58.8%、57.3%、56.2%和 59.1%。秋茄在 T2 处理中幼苗的生物量积累最大，白骨壤和红海榄在 T3 处理组中幼苗的生物量积累最大，均高于其他淹水处理组内相应光照强度下幼苗的生物量积累。这说明过长或者过短的淹水时间会加剧光照强度对幼苗生物量积累的抑制。相同光照处理组中，随着淹水时间的延长，秋茄、白骨壤和红海榄的生物量都呈现先升后降的趋势，秋茄在 T2 处理中最大，在 T4 处理中最小，白骨壤和红海榄则是在 T3 处理中最大，在 T4 处理中最小。各光照处理组内幼苗生物量的降幅分别为：秋茄 56.1%、59.9%、64.5%和 66.8%；白骨壤 40%、50.3%、53.7%和 67.6%；红海榄 38.2%、38.6%、43.4%和 39%。秋茄、白骨壤和红海榄在 G1 处理中幼苗的生物量积累最大，均显著高于其他光照处理组内相应淹水时间下幼苗的生物量积累。这说明过低的光照强度会加剧淹水时间对幼苗生物量积累的抑制。

从图 15-2-5 中进一步看出，相同淹水处理组中，随着光照强度的降低，桐花树、角果木和海莲幼苗的生物量都呈现先升后降的趋势，在 G2 处理中的最大，在 G4 处理中的最小。各淹水处理组内幼苗生物量的降幅分别为：桐花树 60.5%、42.3%、41.3%和 48.5%；角果木 23.3%、17%、19.6%和 29.5%；海莲 26.5%、25.6%、30.3%和 40.9%。桐花树在 T3 处理中幼苗的生物量积累最大，角果木和海莲在 T2 处理中幼苗的生物量积累最大，均显著高于其他淹水处理组内相应光照强度下幼苗的生物量积累。这说明过长或过短的淹水时间会加剧光照强度对幼苗生物量的抑制。

相同光照处理组中，随着淹水时间的延长，桐花树、角果木和海莲幼苗的生物量都呈现先升后降的趋势，桐花树在 T3 处理中幼苗的生物量积累最大，角果木和海莲在 T2 处理中幼苗的生物量积累最大。各光照处理组内幼苗的生物量的降幅分别为：桐花树 48.2%、44.1%、47.2%和 51%；角果木 59.9%、52.8%、58.5%和 58.7%；海莲 53.1%、47.2%、51.2%和 57.5%。桐花树、角果木和海莲在 G2 处理组中幼苗的生物量积累最大，显著高于其他光照处理组内相应淹水处理下的幼苗生物量积累。这说明过高或过低的光照强度会加剧淹水时间对幼苗生物量的影响。

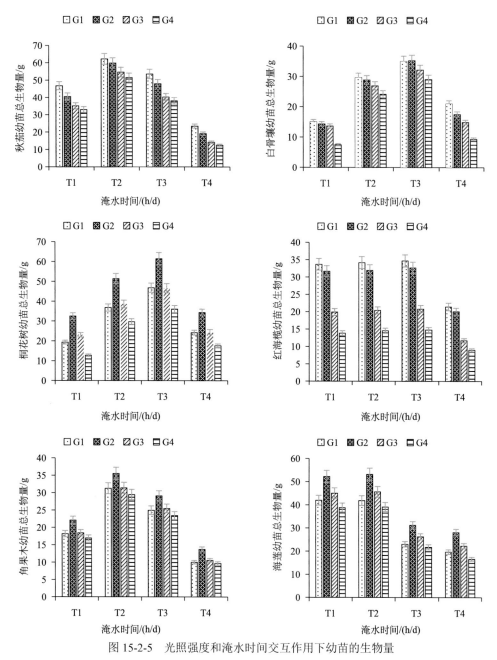

图 15-2-5　光照强度和淹水时间交互作用下幼苗的生物量

Fig. 15-2-5　The biomass changes of different seedlings under the combined action of light intensity and waterlogging time

　　综上所述,秋茄在 G1T2 处理中幼苗的生物量积累最好,白骨壤和红海榄在 G1T3 处理中幼苗的生物量积累最好,桐花树在 G2T3 处理中幼苗的生物量积累最好,海莲和角果木在 G2T2 处理中幼苗的生物量积累最好,过高或过低的光照强度和淹水时间都会抑制幼苗的生物量积累。说明全日照、每日淹水 8h 的环境有利于秋茄幼苗的生物量积累。全日照、每日淹水 12h 的环境有利于白骨壤和红海榄幼苗的生物量积累;遮光 20%、每日淹水 12h 的环境有利于桐花树幼苗的生物量积累；遮光 20%、每日淹水 8h 的环境有利于海莲和角果木幼苗的生物量积累。

(3) 在 T1 淹水时间环境中，光照强度和海水盐度协同作用下幼苗的生物量变化。

光照强度和海水盐度协同作用对秋茄、白骨壤、桐花树、红海榄、角果木和海莲幼苗生物量生长影响极显著($p<0.01$)，光照强度和海水盐度交互作用对幼苗生物量影响极显著($p<0.01$)。从图 15-2-6 中可以看出，相同盐度处理组中，随着光照强度的降低，秋茄、白骨壤和红海榄幼苗的生物量都呈现逐渐降低的趋势，在 G1 处理中的最大，在 G4 处理中的最小。各盐度处理组内幼苗生物量的降幅分别为：秋茄 29.4% 和 34.6%；白骨壤 49.9%、29.3%、38.4% 和 51.9%；红海榄 58.8%、53.4%、54.2% 和 64.2%。秋茄在 S1 处理中的幼苗生物量积累最大，白骨壤和红海榄则是在 S2 处理组中最大，显著高于其他盐度处理组内光照处理下幼苗的生物量积累。这说明过高或过低的海水盐度会加剧光照强度对幼苗生物量积累的影响。相同光照处理组中，随着海水盐度的增加，秋茄幼苗的生物量呈现逐渐降低的趋势，在 S1 处理中最大，而白骨壤和红海榄幼苗的生物量则呈现先升后降的趋势，在 S2 处理中最大，在 S4 处理中最小。各光照处理组内幼苗生物量的降幅分别为：秋茄 21.2%、21.9%、28% 和 28.6%；白骨壤 46.3%、50.2%、56.8% 和 63.3%；红海榄 50.6%、54.6%、57.5% 和 62%。秋茄、白骨壤和红海榄在 G1 处理中幼苗的生物量积累最大，显著高于其他光照处理组内盐度处理下幼苗的生物量积累。这说明过低的光照强度会加剧海水盐度对幼苗生物量积累的抑制。

从图 15-2-6 中可以看出，相同盐度处理组中，随着光照强度的降低，桐花树、角果木和海莲幼苗的生物量都呈现先升后降的趋势，在 G2 处理中最大，在 G4 处理中最小。各盐度处理组内幼苗生物量的降幅分别为：桐花树 60.5%、33.5%、36.9% 和 40.2%；角果木 23.3%、26.3%、34.5% 和 54.6%；海莲 25.6%、30.3%、42.4% 和 35.5%。桐花树在 S2 处理组中幼苗的生物量积累最大，海莲和角果木则是在 S1 处理组中最大，显著高于其他盐度处理组内相应光照处理下幼苗生物量的积累。这说明过高或过低的海水盐度会加剧光照强度对幼苗生物量积累的影响。相同光照各处理组中，随着海水盐度的增加，桐花树和角果木幼苗生物量都呈现先升后降的趋势，在 S2 处理中最大，在 S4 处理中最小，海莲幼苗则是逐渐降低，在 S1 处理中最大，在 S4 处理中最小。各光照处理组内幼苗生物量的降幅分别为：桐花树 49.6%、48.4%、50.2% 和 55.7%；角果木 66.1%、59.3%、69.8% 和 75.9%；海莲 51.8%、51.3%、56% 和 57.8%。桐花树、角果木和海莲在 G2 处理中幼苗的生物量积累最大，均显著高于其他光照处理组内相应盐度处理下幼苗的生物量积累。这说明过高或过低的光照强度会加剧海水盐度对幼苗生物量积累的抑制。

综上所述，秋茄在 G1S1 处理中幼苗的生物量积累最大，白骨壤和红海榄在 G1S2 处理中幼苗的生物量积累最大，桐花树在 G2S2 处理中幼苗的生物量积累最大，海莲和角果木在 G2S1 处理中幼苗的生物量积累最大，过高或过低的光照强度和海水盐度都会加剧幼苗生物量积累的抑制。因此说明，全日照和 10‰ 的海水盐度环境有利于秋茄幼苗的生物量积累；全日照和 20‰ 的海水盐度环境有利于白骨壤和红海榄幼苗的生物量积累；遮光 20% 和 20‰ 的海水盐度环境有利于桐花树幼苗的生物量积累；遮光 20% 和 10‰ 的海水盐度环境有利于海莲和角果木幼苗的生物量积累。

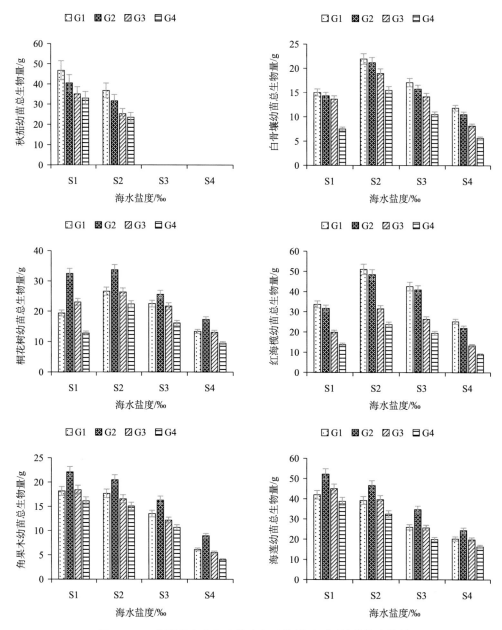

图 15-2-6　光照强度和海水盐度交互作用下不同幼苗的生物量

Fig. 15-2-6　The biomass changes of different seedlings under the combined action of light intensity and salinity

　　综合以上株增高、茎的基径增大和生物量积累等生长指标，可以看出，秋茄在全日照、10‰盐度和每天淹水 12h/d 的环境中有利于其株高和基径的增长，是最适宜的生长环境。白骨壤在全日照、20‰盐度和每天淹水 12h/d 的环境中有利于其株高和基径的增长以及生物量的积累，是最适宜的生长环境。桐花树在遮光 20%、20‰盐度和每天淹水 12h/d 的环境中有利于其株高和基径的增长以及生物量的积累，是最适宜的生长环境。

红海榄在全日照、20‰盐度和每天淹水 12h/d 的环境中有利于其株高和基径的增长以及生物量的积累，是最适宜的生长环境。角果木在遮光 20%、10‰盐度和每天淹水 8h/d 的环境中有利于其株高和基径的增长以及生物量的积累，是最适宜的生长环境。海莲在遮光 20%、10‰盐度和每天淹水 8h/d 的环境中有利于其株高和基径的增长以及生物量的积累，是最适宜的生长环境。

3) 光照强度、海水盐度和淹水时间三因素作用下幼苗生物量的变化

(1) 三因素协同作用下秋茄幼苗生物量的变化。

从图 15-2-7 中可以看出，在 G1～G4 处理组内，随着海水盐度的增加，秋茄幼苗的生物量都呈逐渐降低的趋势，均在 S1 处理中达到最大。随着淹水时间的延长，秋茄幼苗的生物量都呈先升后降的趋势，均在 T2 处理中达到最大，在 T4 处理中最小。随着淹水时间的延长，秋茄幼苗生物量的降幅分别为：G1 处理组 62.1%和 63.6%；G2 处理组 67.8%和 70%；G3 处理组 73.8%和 77.4%；G4 处理组 75.5%和 85.1%。

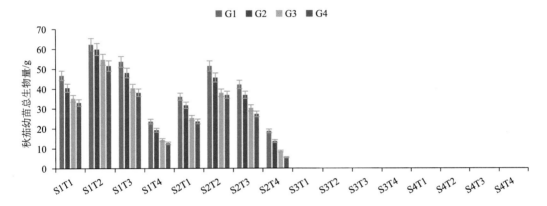

图 15-2-7　光照强度、海水盐度和淹水时间三因素协同作用下秋茄幼苗生物量的变化

Fig. 15-2-7　The biomass changes of *Kandelia obovata* seedling under the interaction of three factors: light intensity，salinity of seawater and waterlogging time

从图 15-2-7 中还可以看出，在 S1～S2 处理组内，随着光照强度的降低，秋茄幼苗的生物量呈逐渐降低的趋势，在 G1 处理中基径增量最大，在 G4 处理中最小。随着光照强度的降低，秋茄幼苗的生物量的降幅分别为：S1 处理组 29.4%、17.2%、28.9%和 46.3%；S2 处理组 34.6%、28.2%、35.3%和 70.6%。随着淹水时间的延长，秋茄幼苗的生物量呈先升后降的趋势，均在 T2 处理中基径增量最大，在 T4 处理中最小。随着淹水时间的延长，秋茄幼苗的基径增量的降幅分别为：S1 处理组 63.1%、67.8%、73.8%和 75.5%；S2 处理组 64.3%、70%、77.4%和 85.1%。

从图 15-2-7 中进一步看出，在 T1～T4 处理组内，随着光照强度的降低，秋茄幼苗的生物量呈逐渐降低的趋势。在 T1～T4 处理组内，从海水盐度 S1 到 S2 处理组，各组内光照强度影响下，秋茄幼苗生物量的降幅分别为：T1 处理组 29.9%和 34.5%；T2 处理组 17.2%和 28.2%；T3 处理组 28.9%和 35.3%；T4 处理组 46.3%和 70.6%。随着海水盐度的增加，秋茄幼苗的生物量呈先升后降的趋势，均在 S2 处理中最大，在 S3 和 S4 处

理中幼苗死亡。

这说明在 G1S1T2 处理中幼苗生物量最好，过长或过短的淹水时间、光照强度和海水盐度的交互作用会加剧彼此对幼苗生物量的影响。因此，全日照、海水盐度 10‰和每天淹水 8h/d 的环境有利于秋茄幼苗的生物量积累。

(2) 三因素协同作用下白骨壤幼苗生物量的变化。

从图 15-2-8 中可以看出，在 G1～G4 处理组内，随着海水盐度的增加，白骨壤幼苗的生物量呈先升后降的趋势，在 S2 处理中最大，在 S4 处理中最小。在 G1～G4 处理组内，从 T1 到 T4 处理组，各淹水组内海水盐度影响下，白骨壤幼苗生物量的降幅分别为：G1 处理组 46%、29.9%、27.6%和 50%；G2 处理组 50.2%、33.1%、32.4%和 50.3%；G3处理组 56.8%、36.7%、34.1%和 60.4%；G4 处理组 63.3%、38.5%、38.8%和 67.4%。随着淹水时间的延长，白骨壤幼苗的生物量也是先升后降，均在 T3 处理中达到最大，在 T4 处理中最小。在 G1～G4 处理组内，从海水盐度 S1 到 S4 处理组，各组内淹水时间影响下，白骨壤幼苗生物量的降幅分别为：G1 处理组 48.3%、47.7%、55.4%和 63.9%；G2 处理组 57.3%、55%、59%和 66.9%；G3 处理组 58.7%、55.8%、62.5%和 73.4%；G4处理组 66.4%、60.5%、68.6%和 78.9%。

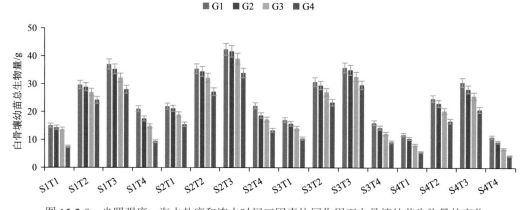

图 15-2-8　光照强度、海水盐度和淹水时间三因素协同作用下白骨壤幼苗生物量的变化

Fig. 15-2-8　The biomass changes of *Avicennia marina* seedling under the interaction of three factors: light intensity，salinity of seawater and waterlogging time

从图 15-2-8 中还可以看出，在 S1～S4 处理组内，随着光照强度的降低，白骨壤幼苗的生物量呈逐渐降低的趋势，在 G1 处理中达到最大，在 G4 处理中最小。在 S1～S4处理组内，从淹水时间 T1 到 T4 处理组，各组内光照强度影响下，白骨壤幼苗生物量的降幅分别为：S1 处理组 49.9%、24.4%、18.5%和 55.1%；S2 处理组 29.3%、23%、19.8%和 39.4%；S3 处理组 38.4%、24%、17.2%和 42.2%；S4 处理组 52%、32.4%、32.2%和60.5%。随着淹水时间的延长，白骨壤幼苗的生物量呈先升后降的趋势，均在 T3 处理中基径增量最大，在 T4 处理中最小。在 S1～S4 处理组内，从光照强度 G1 到 G4 处理组，各组内淹水时间影响下，白骨壤幼苗生物量的降幅分别为：S1 处理组 43.3%、50.3%、53.7%和 66.4%；S2 处理组 47.7%、55%、55.8%和 60.5%；S3 处理组 55.1%、59%、62.5%

和 68.6%；S4 处理组 63.9%、66.9%、73.4% 和 78.9%。

从图 15-2-8 中进一步看出，在 T1～T4 处理组内，随着光照强度的降低，白骨壤幼苗的生物量呈逐渐降低的趋势。在 T1～T4 处理组内，从海水盐度 S1 到 S4 处理组，各组内光照强度影响下，白骨壤幼苗生物量的降幅分别为：T1 处理组 49.9%、29.3%、38.4% 和 51.9%；T2 处理组 18.5%、23.3%、24.1% 和 32.4%；T3 处理组 24.2%、19.9%、17.2% 和 32.2%；T4 处理组 55.2%、39.4%、42.1% 和 60.9%。随着海水盐度的增加，白骨壤幼苗的生物量呈先升后降的趋势，均在 S2 处理中达到最大，在 S4 处理中最小。在 T1～T4 处理组内，从光照强度 G1 到 G4 处理组，各组内海水盐度影响下，白骨壤幼苗生物量的降幅分别为：T1 处理组 46.2%、50.3%、56.9% 和 63.3%；T2 处理组 29.9%、33.1%、36.7% 和 38.5%；T3 处理组 27.6%、32.4%、34.1% 和 38.8%；T4 处理组 49.9%、50.3%、60.4% 和 67.3%。

这说明在 G1S2T3 处理中幼苗生物量最好，过长或过短的淹水时间、光照强度和海水盐度的交互作用会加剧彼此对幼苗生物量的影响。因此，全日照、海水盐度 20‰ 和每天淹水 12h/d 的环境有利于白骨壤幼苗的生物量积累。

(3) 三因素协同作用下桐花树幼苗生物量的变化。

从图 15-2-9 中可以看出，在 G1～G4 处理组内，随着海水盐度的增加，桐花树幼苗的生物量呈先升后降的趋势，在 S2 处理中达到最大，在 S4 处理中最小。在 G1～G4 处理组内，从淹水时间 T1 到 T4 处理组，各组内海水盐度影响下，桐花树幼苗生物量的降幅分别为：G1 处理组 49.6%、31.9%、31.8% 和 42.3%；G2 处理组 42.5%、27.9%、25.7% 和 36.8%；G3 处理组 50.1%、36.7%、34.1% 和 42.1%；G4 处理组 50.7%、33.5%、30.2% 和 45.8%。随着淹水时间的延长，桐花树幼苗的生物量也是先升后降，均在 T3 处理中达到最大，在 T4 处理中最小。在 G1～G4 处理组内，从 S1 到 S4 处理组，各盐度组内淹水时间影响下，桐花树幼苗生物量的降幅分别为：G1 处理组 48.2%、46.7%、49% 和 55%；G2 处理组 44.1%、44%、45.4% 和 53.5%；G3 处理组 47.2%、45.2%、46.1% 和 55.9%；G4 处理组 50.1%、46.6%、49.5% 和 58.4%。

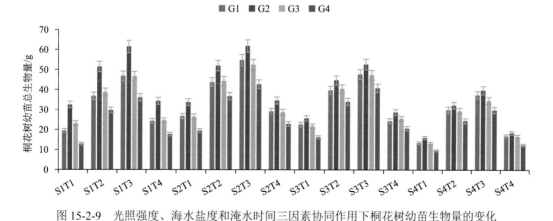

图 15-2-9　光照强度、海水盐度和淹水时间三因素协同作用下桐花树幼苗生物量的变化

Fig. 15-2-9　The biomass changes of *Aegiceras corniculatum* seedling under the interaction of three factors: light intensity，salinity of seawater and waterlogging time

从图 15-2-9 中还可以看出，在 S1~S4 处理组内，随着光照强度的降低，桐花树幼苗的生物量呈先升后降的趋势，在 G2 处理中达到最大，在 G4 处理中最小。在 S1~S4 处理组内，从淹水时间 T1 到 T4 处理组，各组内光照强度影响下，桐花树幼苗基径增量的降幅分别为：S1 处理组 60.5%、42.3%、41.3%和 48.5%；S2 处理组 42.4%、29.3%、26.8%和 34%；S3 处理组 46.9%、34.2%、32.5%和 38.3%；S4 处理组 50.2%、36.4%、34%和 42.8%。随着淹水时间的延长，桐花树幼苗的生物量呈先升后降的趋势，均在 T3 处理中达到最大，在 T4 处理中最小。在 S1~S4 处理组内，从光照强度 G1 到 G4 处理组，各组内淹水时间影响下，桐花树幼苗生物量的降幅分别为：S1 处理组 48.2%、44.1%、47.2%和 51%；S2 处理组 46.7%、42%、45.2%和 46.6%；S3 处理组 49%、45.4%、46.1%和 49.5%；S4 处理组 55%、53.5%、53.9%和 58.4%。

从图 15-2-9 中进一步看出，在 T1~T4 处理组内，随着光照强度的降低，桐花树幼苗的生物量呈先升后降的趋势。在 T1~T4 处理组内，从海水盐度 S1 到 S4 处理组，各组内光照强度影响下，桐花树幼苗生物量的降幅分别为：T1 处理组 60.5%、32.4%、36.9%和 40.2%；T2 处理组 42.3%、29.3%、34%和 34.8%；T3 处理组 41.3%、28.1%、32.5%和 34.6%；T4 处理组 48.5%、34%、38.2%和 42.8%。随着海水盐度的增加，桐花树幼苗的生物量呈先升后降的趋势，均在 S2 处理中达到最大，在 S4 处理中最小。在 T1~T4 处理组内，从光照强度 G1 到 G4 处理组，各组内海水盐度影响下，桐花树幼苗生物量的降幅分别为：T1 处理组 49.6%、49.2%、50.2%和 50.7%；T2 处理组 31.6%、28.3%、33.8%和 35.8%；T3 处理组 28.1%、23.7%、30.4%和 31.7%；T4 处理组 42.3%、40.7%、42.7%和 45.7%。

这说明在 G2S2T3 处理中幼苗生物量最好，过长或过短的淹水时间、光照强度和海水盐度的交互作用会加剧彼此对幼苗生物量的影响。因此，遮光 20%、海水盐度 20‰和每天淹水 12h/d 的环境有利于桐花树幼苗的生物量积累。

(4) 三因素协同作用下红海榄幼苗生物量的变化。

从图 15-2-10 中可以看出，在 G1~G4 处理组内，随着海水盐度的增加，红海榄幼苗的生物量呈先升后降的趋势，在 S2 处理中达到最大，在 S4 处理中最小，红海榄幼苗

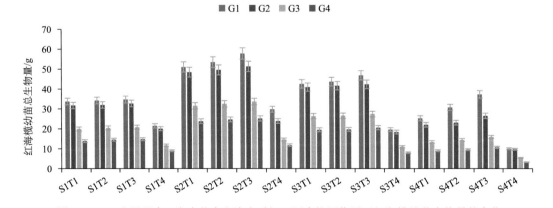

图 15-2-10　光照强度、海水盐度和淹水时间三因素协同作用下红海榄幼苗生物量的变化

Fig. 15-2-10　The biomass changes of *Rhizophora stylosa* seedling under the interaction of three factors: light intensity，salinity of seawater and waterlogging time

生物量的降幅分别为：G1 处理组 50.6%、42.6%、35.3%和 56.3%；G2 处理组 54.6%、53.5%、48.4%和 58.9%；G3 处理组 57.4%、55.6%、49.3%和 62.8%；G4 处理组 62.1%、61.4%、57.3%和 72.5%。随着淹水时间的延长，红海榄幼苗的生物量也是先升后降，均在 T3 处理中达到最大，在 T4 处理中最小，红海榄幼苗生物量的降幅分别为：G1 处理组 36.3%、31.7%、54%和 60.2%；G2 处理组 50.7%、36.7%、55.1%和 55.7%；G3 处理组 53.5%、41%、58.2%和 59.3%；G4 处理组 55.1%、50.1%、58.7%和 63.8%。

从图 15-2-10 中还可以看出，在 S1～S4 处理组内，随着光照强度的降低，红海榄幼苗的生物量呈逐渐降低的趋势，在 G1 处理中达最大，在 G4 处理中最小，红海榄幼苗的生物量降幅分别为：S1 处理组 58.8%、57.3%、57.1%和 58.1%；S2 处理组 57.7%、51.8%、50.6%和 61.8%；S3 处理组 54.9%、53.2%、51.1%和 58.9%；S4 处理组 64.2%、61.9%、69%和 71.2%。在 S1～S4 处理组内，随着淹水时间的延长，红海榄幼苗的生物量呈先升后降的趋势，均在 T3 处理中达到最大，在 T4 处理中最小，红海榄幼苗生物量的降幅分别为：S1 处理组 36.3%、36.7%、41%和 44.9%；S2 处理组 31.7%、35.4%、40.3%和 42.8%；S3 处理组 54%、55.1%、58.2%和 58.7%；S4 处理组 60.2%、60.4%、63.5%和 68.3%。

从图 15-2-10 中进一步看出，在 T1～T4 处理组内，随着光照强度的降低，红海榄幼苗的基径增量呈逐渐降低的趋势。红海榄幼苗生物量的降幅分别为：T1 处理组 58.8%、53.4%、54.2%和 64.2%；T2 处理组 57.3%、52.9%、53.9%和 59%；T3 处理组 56.9%、51.5%、53.1%和 56.1%；T4 处理组 57.9%、53.2%、58.9%和 67.4%。随着海水盐度的增加，红海榄幼苗的生物量呈先升后降的趋势，均在 S2 处理中基径增量最大，在 S4 处理中最小，红海榄幼苗生物量的降幅分别为：T1 处理组 50.6%、54.6%、57.5%和 62%；T2 处理组 42.6%、53.5%、55.6%和 61.4%；T3 处理组 35.6%、48.4%、52.6%和 57.4%；T4 处理组 56.3%、59%、62.8%和 72.5%。

这说明在 G1S2T3 处理中幼苗生物量最好，过长或过短的淹水时间、光照强度和海水盐度的交互作用会加剧彼此对幼苗生物量的影响。因此，全光照、海水盐度 20‰和每天淹水 12h/d 的环境有利于红海榄幼苗的生物量积累。

(5)三因素协同作用下角果木幼苗生物量的变化。

从图 15-2-11 中可以看出，在 G1～G4 处理组内，随着海水盐度的增加，角果木幼苗的生物量呈逐渐降低的趋势，在 S1 处理中生物量最大，在 S4 处理中最小，角果木幼苗生物量的降幅分别为：G1 处理组 66.1%、40%、48.7%和 65.7%；G2 处理组 59.3%、38.7%、47%和 53.2%；G3 处理组 69.8%、44.7%、56.9%和 67.5%；G4 处理组 75.9%、45.7%、60.8%和 69.5%。随着淹水时间的延长，角果木幼苗的生物量呈先升后降的趋势，均在 T2 处理中达到最大，在 T4 处理中最小，角果木幼苗生物量的降幅分别为：G1 处理组 68%、68.5%、74.7%和 81.7%；G2 处理组 61.4%、63.6%、67.6%和 70.5%；G3 处理组 66.3%、70.6%、77.3%和 80.2%；G4 处理组 67.2%、71.6%、79.3%和 80.4%。

从图 15-2-11 中还可以看出，在 S1～S4 处理组内，随着光照强度的降低，角果木幼苗的生物量呈先升后降的趋势，在 G2 处理中达到最大，在 G4 处理中最小，角果木幼苗生物量的降幅分别为：S1 处理组 23.3%、17%、19.6%和 29.5%；S2 处理组 26.3%、20.1%、20.9%和 37.7%；S3 处理组 34.5%、21.7%、26.8%和 50%；S4 处理组 54.6%、26.5%、

40.5%和 51.1%。随着淹水时间的延长，角果木幼苗的生物量呈先升后降的趋势，均在 T2 处理中生物量增量最大，在 T4 处理中最小，角果木幼苗生物量的降幅分别为：S1 处理组 68%、61.4%、66.3%和 67.2%；S2 处理组 68.5%、63.6%、70.6%和 71.6%；S3 处理组 74.7%、67.6%、77.3%和 79.3%；S4 处理组 81.7%、70.5%、80.2%和 80.6%。

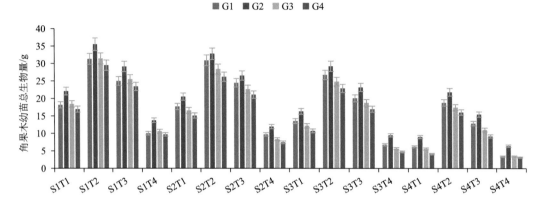

图 15-2-11　光照强度、海水盐度和淹水时间三因素协同作用下角果木幼苗生物量的变化

Fig. 15-2-11　The biomass changes of *Ceriops tagal* seedling under the interaction of three factors: light intensity，salinity of seawater and waterlogging time

从图 15-2-11 中进一步看出，在 T1～T4 处理组内，随着光照强度的降低，角果木幼苗的生物量呈先升后降的趋势。角果木幼苗生物量的降幅分别为：T1 处理组 23.4%、26.3%、34.5%和 54.6%；T2 处理组 17%、20.1%、21.7%和 26.9%；T3 处理组 19.6%、20.5%、26.8%和 40.5%；T4 处理组 29.5%、37.7%、50%和 51.1%。随着海水盐度的增加，角果木幼苗的生物量呈逐渐降低的趋势，均在 S1 处理中达到最大，在 S4 处理中最小，角果木幼苗生物量的降幅分别为：T1 处理组 66.2%、59.4%、69.7%和 75.3%；T2 处理组 40%、38.7%、44.7%和 45.7%；T3 处理组 48.7%、47%、56.9%和 60.8%；T4 处理组 65.7%、53.2%、67.5%和 67.8%。

这说明在 G2S1T2 处理中幼苗生物量最好，过长或过短的淹水时间、光照强度和海水盐度的交互作用会加剧彼此对幼苗生物量的影响。因此，遮光 20%、海水盐度 10‰和每天淹水 8h/d 的环境有利于角果木幼苗的生物量积累。

(6)三因素协同作用下海莲幼苗生物量增量的变化。

从图 15-2-12 中可以看出，在 G1～G4 处理组内，随着海水盐度的增加，海莲幼苗的生物量呈逐渐降低的趋势，在 S1 处理中达到最大，在 S4 处理中最小，海莲幼苗生物量的降幅分别为：G1 处理组 51.8%、50.3%、52.6%和 58.9%；G2 处理组 51.3%、47.3%、51.8%和 57.9%；G3 处理组 56%、54.9%、60.6%和 65.4%；G4 处理组 57.8%、55.7%、68.7%和 70.3%。随着淹水时间的延长，海莲幼苗的生物量呈先升后降的趋势，均在 T2 处理中达到最大，在 T4 处理中最小，海莲幼苗生物量的降幅分别为：G1 处理组 53.1%、56.3%、57.4%和 60%；G2 处理组 46.2%、48.2%、51.4%和 58%；G3 处理组 50.5%、54.5%、56.7%和 61.1%；G4 处理组 57.2%、58.9%、63.7%和 65.9%。

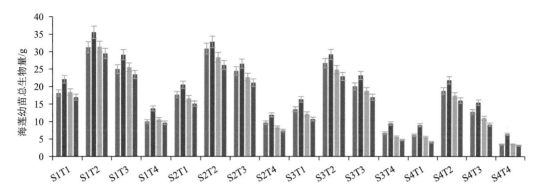

图 15-2-12　光照强度、海水盐度和淹水时间三因素协同作用下海莲幼苗生物量的变化

Fig. 15-2-12　The biomass changes of *Bruguiera sexangula* seedling under the interaction of three factors: light intensity，salinity of seawater and waterlogging time

从图 15-2-12 中还可以看出，在 S1～S4 处理组内，随着光照强度的降低，海莲幼苗的生物量呈先升后降的趋势，在 G2 处理中达到最大，在 G4 处理中最小，海莲幼苗生物量的降幅分别为：S1 处理组 26.5%、25.6%、30.3% 和 40.9%；S2 处理组 31.5%、30.3%、37.3% 和 40.6%；S3 处理组 41.8%、38.1%、42.4% 和 44.3%；S4 处理组 45.5%、41.3%、48.5% 和 50.9%。随着淹水时间的延长，海莲幼苗的生物量呈先升后降的趋势，均在 T2 处理中达到最大，在 T4 处理中最小，海莲幼苗生物量的降幅分别为：S1 处理组 53%、47.2%、51.2% 和 57.5%；S2 处理组 56.2%、49.7%、57.6% 和 62.1%；S3 处理组 57.9%、50.9%、64% 和 69.2%；S4 处理组 59.4%、56.6%、69% 和 69.7%。

从图 15-2-12 中进一步看出，在 T1～T4 处理组内，随着光照强度的降低，海莲幼苗的生物量呈先升后降的趋势。海莲幼苗生物量的降幅分别为：T1 处理组 30.3%、25.6%、42.4% 和 45.5%；T2 处理组 26.5%、31.5%、34.1% 和 41.8%；T3 处理组 30.3%、33.5%、37.3% 和 43.8%；T4 处理组 40.6%、42.9%、45.6% 和 56.3%。随着海水盐度的增加，海莲幼苗的生物量呈逐渐降低，均在 S1 处理中达到最大，在 S4 处理中最小，海莲幼苗生物量的降幅分别为：T1 处理组 51.8%、51.3%、56% 和 57.8%；T2 处理组 50.3%、49.7%、53.7% 和 56.9%；T3 处理组 52.6%、50.6%、60.6% 和 65.6%；T4 处理组 58.9%、57%、65.4% 和 66.9%。

这说明在 G2S1T2 处理中海莲幼苗生物量最好，过长或过短的淹水时间、光照强度和海水盐度的交互作用会加剧彼此对幼苗生物量积累的抑制。海莲幼苗在遮光 20%、海水盐度 10‰ 和每天淹水 8h/d 的环境有利于海莲幼苗的生物量积累。

3. 特点与讨论

红树林是生长在热带亚热带海陆过渡地带的植物群落，生长在海水盐度和潮汐淹水周期性变化的环境中，大量研究表明，海水盐度和淹水时间是影响其物种分布和生长状态的主导因素（林鹏，1997）。国内外的学者对红树林植物的淹水特性进行了大量的研究工作，指出长期生存在周期性淹水的环境中，红树林植物形成了适应潮汐环境的适应性策略，不同的红树林植物对淹水的反应有所差异，红树林植物的幼苗生长数据能直观地反映其在不同环境中的生长状况(陈鹭真等，2005)。通过观测红树林植物的株增高、基径增大和生物量积累等生长指标，本研究发现，所有的红树林植物实验幼苗都表现出株高增量、基径增量和生物量增量在接受淹水时间，或盐度变化或光照强度变化时，都有一个适宜的范围和最佳值，环境条件的变化过高或过低都会减缓这些幼苗株高、基径增长和生物量增量的现象，这与前人的研究结果基本一致(廖宝文等，2009，廖岩和陈桂珠，2007)。

淹水时间，或盐度变化或光照强度变化 3 个因子控制实验结果表明，秋茄在全日照、10‰盐度和淹水 12h/d 的环境中有利于其株高、基径的增长和生物量的积累，是最适宜的生长环境，全日照、10‰～20‰盐度和淹水 4～12h/d 属秋茄幼苗生长适宜环境。廖宝文等(2009)对秋茄开展了较详细的控制淹水时间单一因子实验，在人工海水盐度 10‰不变的条件下，发现淹水 8～12h/d 的环境适宜幼苗生长，淹水 2～6h/d 和淹水 14h/d 环境受到环境影响但不显著，淹水超过 16h/d 时间，生长受抑制(廖宝文等，2009)，林鹏(1984)研究发现秋茄在盐度 7.5‰～21.2‰范围内生长良好，杨盛昌等(2003)研究发现，在不同的遮光环境中，随着光照强度的降低，会减缓秋茄幼苗枝条的纵向增长，基径的横向增长(杨盛昌等，2003)。本次实验结果与廖宝文等(2009)、林鹏(1984)和杨盛昌等(2003)的结果相似，研究的结果表明，全日照、10‰盐度和淹水 12h/d 的环境是秋茄幼苗生长的最适宜环境。

除秋茄外，研究发现，不同的红树林植物对 3 个因素有不同的生长响应，白骨壤在全日照、20‰盐度和淹水 12h/d 的环境中有利于其株高和基径的增长以及生物量的积累；桐花树在遮光 20%、20‰盐度和淹水 12h/d 的环境中有利于其株高和基径的增长以及生物量的累积；红海榄在全日照、20‰和淹水 12h/d 的环境中有利于其株高和基径的增长以及生物量的积累；角果木在遮光 20%、10‰盐度和淹水 8h/d 的环境中有利于其株高和基径的增长以及生物量的累积；海莲在遮光 20%、10‰盐度和淹水 8h/d 的环境中有利于其株高和基径的增长以及生物量的累积，是最适宜的生长环境。研究结果进一步说明，仅从幼苗的生长指标也说明了秋茄、白骨壤、桐花树和红海榄要比角果木和海莲幼苗更耐水淹；而白骨壤、桐花树和红海榄则比秋茄、角果木和海莲更耐盐；秋茄、白骨壤和红海榄的幼苗喜全日照环境，在遮光环境中生长受抑制，这一结果与前人的一些结果是相似的(杨盛昌等，2003，Smith et al.，1996，莫竹承等，1999)，但并非所有红树林植物的幼苗生长都喜全照光环境，杯萼海桑(*Sonneratia alba*)、白色白骨壤(*Avicennia alba*)的幼苗幼树较林内多，更能耐阴的红树(*Rhizophora apiculata*)、木榄(*Bruguiera gymnorrhiza*)、木果楝(*Xylocarpus granatum*)在林内的幼苗比林窗内多(Imai et al.，2006)，本研究表明桐花树、角果木和海莲幼苗喜遮光 20%的环境，遮光过多，也会抑制幼苗的生长。

第三节 植物幼苗生理生态学特点

一、概述

光照的变化能引起自然植被微环境温度、湿度等的变化，光照条件的改变影响幼苗生长的生理响应相当复杂，不同植物的反应完全不一样。一般可归纳为演替早期种、演替中早期种、演替中期种、演替中后期种和演替后期种五大类。任何一类植物的幼苗存活和生长都需要有较适宜的光照条件，即使肥沃的土壤条件也无助于改善郁闭林冠下演替早期树种幼苗的定居(郭柯，2003)。演替中期种、演替中后期种和演替后期种的植物幼苗期需要一定的遮阴，强光下演替后期种幼苗的叶绿素会被"漂白"，幼苗不能很好地进行光合作用(杨小波和王伯荪，1999)。因此，光照强度大小是影响植物幼苗生长的重要环境因素，是决定该植物种群正常生长、发育过程的关键。在生境条件较好的热带湿润地区，光是林内幼苗生长的最主要关键性因子(Poorter，1999)，林内幼苗的生长存活主要依赖适宜的光照强度。

在人工控光实验方面的研究也很多，如遮阴对树木幼苗苗高和地径生长有明显的影响。在透光率为 73%时，苗高、地径都明显高于其他光照处理，表明轻度遮阴有利于观光木幼苗的生长发育，强光和弱光则不利于幼苗生长(陈凯等，2019)。适度遮阴对树木幼苗的生理特性有促进作用，随着光照强度的持续降低，促进作用减缓，当遮阴度超过一定阈值时，则对幼苗的生长产生抑制，具体表现为幼苗的光合特性(最大净光合速率，暗呼吸速率、表观量子系数、瞬时光合效率)及生理特性(叶绿素 a、叶绿素 b、类胡萝卜素、可溶性糖，可溶性蛋白质)随着光照强度的降低均出现先升高后降低的相似规律(韦艺，2017)。例如，光照环境的不同会影响红树林植物的生理过程，主要是在光合作用方面体现。Ball 和 Critchley(1982)发现低光照强度下，白骨壤叶片光饱和点低于全光照强度处理，最大净光合速率也比后者下降20%，说明红树林植物幼苗可以有效地利用弱光进行光合作用，低光照下进行碳的净积累。实际上，除光外，还有其他环境因素影响幼苗的生理生态特性。

又例如，在红树林生态系统的研究中，由于海水盐度和海水淹没的时间也会对红树林植物的生理生态特性产生较大的影响，因此，控制海水盐度和海水淹没的时间来研究红树林植物对这两个因素的响应也是非常重要的。当环境盐度超过了红树林植物适宜的生长范围后，植物个体的生长发育、生理过程都会发生变化，如光合作用、抗氧化酶体系等(廖岩和陈桂珠，2007)。

盐度可通过改变红树植物的组织结构影响光合作用，如盐胁迫造成叶绿体双层膜损坏，基粒片层之间的连接出现断裂，最终影响光合作用。高盐度环境中，小花木榄叶片气孔面积减少，表皮、叶肉厚度及细胞间隙显著降低，叶肉的结构变化限制了离子的扩散，降低光合作用。高盐度干扰红树植物体内的离子动态平衡，如高盐度环境中生长的小花木榄，其根茎叶组织中 Na^+ 和 Cl^- 显著升高，K^+、Fe^{2+}浓度维持不变，而 Ca^{2+}、Mg^{2+}

浓度降低，引起叶绿素含量降低，影响了光合作用(Parida et al.，2004b)。

二、研究方法

研究植物幼苗生长生理生态特点的方法可概括为野外定位观测法和实验室的控制性实验测定法。一般情况下与研究幼苗的生长同时进行。无论在野外还是在室内的控制性实验，都是通过对一定生长期的(同幼苗生长实验)幼苗进行光合作用强度、叶绿素含量、RUBP 羧化酶活性、光合作用物质输送与利用及不同逆境下的氧化酶活性、超氧化物歧化酶活性和过氧化酶活性等指标的测定。

三、研究案例

(一)海南文昌铜鼓岭热带滨海丘陵自然森林林窗微环境变化对林内苗木光合特性的影响

1. 实验样地概况

铜鼓岭国家级自然保护区位于海南省东北部的文昌市龙楼镇内(东经 110°58′30″～111°03′00″，北纬 19°36′54″～19°41′21″)，东临南海，西接大陆，总面积约为44km²，其中海域面积为 30.67km²，陆地面积为 13.33km²。铜鼓岭海拔约 338.2m。该地区分布有较典型的、植物组成成分相对多样复杂的、结构相对稳定的热带滨海丘陵自然森林。

2. 研究材料与方法

1)研究材料

在海南文昌铜鼓岭热带滨海丘陵自然森林内选取 3 个大小相近的林窗环境，林窗半径约 17m。分别在林窗中心、林窗边缘、林内等三种生境中，各设置 3 个 4m×4m 的小样方，调查观测幼苗种类、数量、高度、基径等生长信息。

对 9 个 4m×4m 样方内所有植物幼苗进行物种鉴定，共记录了 61 种植物，隶属 19 科39属。乔木苗木 38 种，灌木苗木 9 种，藤本苗木 6 种。选择三个林窗、林缘和林内都有分布的鸭脚木(*Schefflera heptaphylla*)、土蜜树(*Bridelia tomentosa*)、滨木患(*Aryteralittoralis*)、瓜馥木(*Fissistigma oldhamii*)、黄椿木姜子(*Litsea variabilis*)、腺叶野樱(*Laurocerasus phaeosticta*)、粗毛野桐(*Hancea hookeriana*)和矮紫金牛(*Ardisia humilis*)8种植物的健康苗木为实验对象，其中鸭脚木为该热带滨海丘陵自然森林的优势物种之一，其他为常见种。

2)实验方法

(1)温湿度与光强。

在各个样方中间挂置 MX2301 蓝牙温湿度记录仪、UA-002-64 温度/光数据采集器，用以测量样方的空气温度、湿度及光照强度，设定仪器每小时测定一次，一个月收集一次数据，共 5 个月。

（2）生长指标测定及土壤含水量。

株高：从植物茎基部到地上部分最高叶片处的垂直高度；

株高增量＝此次测量的株高–上次测量的株高；

茎粗：利用游标卡尺，测定植物幼苗茎基部上方 1cm 处的直径；

地径增长量＝此次测量的地径–上次测量的地径；

本文采用五点取样法采集土壤，用烘干法（强劲，2014）计算土壤含水量：

烘干法土壤质量含水量计算公式：$\theta_g = (W_s - W_g)/W_g$；$\theta_g$ 为土壤质量含水量；W_s 为湿土重；W_g 为干土重。

（3）光合生理指标测定。

本研究主要使用美国 LI-6400 便携式光合–荧光测定仪，测定叶片的净光合速率、气孔导度、胞间 CO_2 浓度、蒸腾速率以及叶温等光合参数。测量时间选择在天气晴朗无云的上午 10：00～13：00，在各个样地内，随机选取在林窗中心、林窗边缘和林内三种生境共有的乔灌木幼苗进行光合生理指标测量。分别选择生长健康、长势较好、处在光照环境较均一的幼苗，每种植物选定 3～5 株，每株选取 3～5 片健康的完整叶进行测定，每组重复 3～5 次，取平均值，作为测量结果。

（4）数据处理及评价方法。

所有数据由 Microsoft Excel 软件整理，所有数据分析均用 SPSS23.0 完成，采用单因素方差分析（one-way ANOVA）（$p>0.05$，差异不显著；$p<0.05$，差异显著；$p<0.01$，差异极显著，下同）和最小显著性差异法（LSD）进行多重比较，柱状图、折线图等数据图则由 Excel、Origin8.0 进行绘制。

3. 结果与分析

1）森林不同小环境生态因子变化特点

（1）空气温度与相对湿度的日变化特征。

依据 HOBOmobile 蓝牙数据传输系统显示的数据，对林窗中心、林窗边缘和林内三个不同样地的空气温湿度变化特征进行比较分析，结果表明，在林窗中心位置的样方 A、样方 B 和样方 C 内观测到的最高温度分别为 30.9℃、30.4℃和 29.6℃，平均为 30.3℃；平均空气湿度分别为 88.7%、88.5%和 88%，平均为 88.4%。在林窗边缘位置的样方 A、样方 B 和样方 C 内观测到的最高温度分别为 33.3℃、31.4℃和 29.7℃，平均为 31.4℃；平均空气湿度分别为 90.7%、92.2%和 88.3%，平均为 90.4%。在林内位置的样方 A、样方 B 和样方 C 内观测到的最高温度分别为 29.4℃、29.6℃和 29.8℃，平均为 29.7℃；平均空气湿度分别为 88.4%、89.8%和 91.4%，平均为 89.9%。这些结果明显表现出，林窗边缘气温最高，空气湿度最大，林窗中心和林内的情况较复杂多样。这一结果可能与该森林相对较矮有一定的关系。

(2)光照强度日变化特征。

通过对 3 种生境(包括林窗中心、林内和林窗边缘)下设立的 9 个样方，进行 8～12 月空气温度、相对湿度和光照强度的定位观测，经过仪器数据的采集，对所获得的数据进行统计分析，得出了以下微环境因子的变化特征(图 15-3-1～图 15-3-3)。从图中可见林窗中心、林窗边缘和林内的平均光照强度变化呈正态分布，早晚的光照强度较低，在中午 10：00～12：00 光照强度达到最大值。林窗中心在上午 8：00～12：00 光照强度迅速上升，林窗边缘的光照强度上升速度次于林窗中心，两者都在上午 13：00 前达到光照强度峰值，而林内的光照强度是在上午 10：00～12：00 上升速度最快，在中午 12：00 至下午 13：00 才达到光照强度的峰值。林窗中心内的最高光照强度区间为 1600～1700lx；林窗边缘最高光照强度区间为 1400～1500lx；林内最高光照强度区间为 1200～1350lx。林窗中心光照强度日变化幅度最大，林窗边缘次之，林内的变化幅度最小。

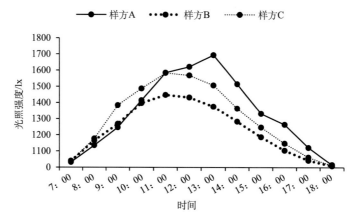

图 15-3-1　林窗中心光照强度平均日变化曲线图

Fig. 15-3-1　Curve of mean diurnal variation of central illumination of forest gap central

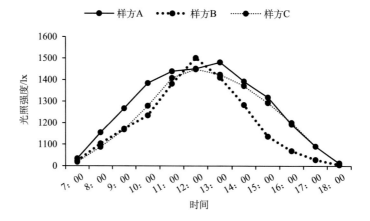

图 15-3-2　林窗边缘环境光照强度平均日变化曲线图

Fig.15-3-2　Curve of average diurnal variation of ambient illumination at forest edge

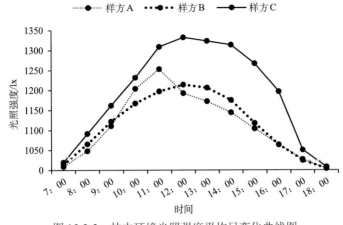

图 15-3-3 林内环境光照强度平均日变化曲线图

Fig. 15-3-3 Curve of average diurnal variation of ambient illumination in the forest

2) 不同生境下植物幼苗的光合生理生态特性

不同生境下不同植物幼苗光合参数对光环境变化的响应表现出多样的格局, 由表 15-3-1 可知, 矮紫金牛、滨木患、粗毛野桐、瓜馥木、土蜜树 5 种植物幼苗在林窗中心的光合速率最大, 显著高于林内, 可以认为这 5 种植物属于喜光或者适应高光强的植物, 为喜光灌木植物。黄椿木姜子在林内的光合速率高于林窗中心、林窗边缘, 可以认为它喜荫或适应低光强生境。而鸭脚木和腺叶野樱在不同生境下的光合速率差别不大, 可见它们能适应不同的光照强度。表 15-3-1 还显示了一个比较有意思的结果: 在对比各物种幼苗的其他光合参数时发现, 矮紫金牛、滨木患、粗毛野桐、土蜜树、黄椿木姜子和鸭脚木等的幼苗在不同光环境的气孔导度、胞间 CO_2 浓度和蒸腾速率的变化规律与其各自的净光合速率总体上保持一致, 但瓜馥木和腺叶野樱却相反。

表 15-3-1 铜鼓岭热带滨海丘陵自然森林植物幼苗叶片光合作用强度对不同生境的响应

Tab. 15-3-1 **Response of photosynthesis of seedlings to different habitats in coastal forest of Tongguling**

物种	生境	光合速率/[μmol CO_2/($m^2 \cdot s$)]	气孔导度/[mol H_2O/($m^2 \cdot s$)]	胞间 CO_2 浓度/(μmol CO_2/mol)	蒸腾速率 [mmol H_2O/($m^2 \cdot s$)]	叶片温度/℃
矮紫金牛	林窗中心	13.63±4.29	0.01±0.004 5	631.58±273.19	0.168±0.092 7	25.1±1.0
	林窗边缘	3.45±1.80	0.006 87±0.002 3	477.45±41.28	0.14±0.055 2	24.2±1.1
	林内	5.759±1.76	0.007 34±0.004 6	493.32±142.23	0.153±0.096 3	25.4±0.8
滨木患	林窗中心	8.28±5.42	0.005 31±0.001 7	661.74±193.08	0.11±0.037 9	24.8±0.9
	林窗边缘	2.03±0.92	0.008 09±0.004 7	418.22±40.36	0.171±0.087 5	24.8±1.8
	林内	3.76±0.64	0.007 2±0.000 6	469.61±14.40	0.159±0.007 9	25.4±0.8
粗毛野桐	林窗中心	9.09±2.83	0.007 65±0.006 7	1 564.66±2 230.05	0.163±0.149 9	24.7±1.3
	林窗边缘	4.57±1.24	0.004 69±0.001 3	557.10±65.76	0.103±0.028 1	25.7±1.5
	林内	2.34±1.91	0.003 88±0.002 9	670.48±656.59	0.079±0.063 9	23.9±1.3
瓜馥木	林窗中心	10.86±5.43	0.005 13±0.003 0	750.85±188.56	0.111±0.073 5	25.4±1.5
	林窗边缘	5.19±2.19	0.004 56±0.001 5	582.13±85.26	0.104±0.028 3	26.3±1.5
	林内	1.86±1.18	0.008 43±0.005 5	432.98±54.53	0.193±0.136 4	25.5±2.1

续表

物种	生境	光合速率/[μmol CO_2 /(m² · s)]	气孔导度/[mol H_2O/(m² · s)]	胞间 CO_2 浓度 /(μmol CO_2/mol)	蒸腾速率 [mmol H_2O/(m² · s)]	叶片温度 /℃
黄椿木姜子	林窗中心	3.56±0.67	0.008 99±0.005 1	447.01±89.97	0.185±0.092 9	25.6±1.1
	林窗边缘	1.21±0.86	0.007 38±0.006 0	415.93±54.85	0.158±0.137 3	24.0±1.7
	林内	9.53±6.42	0.009 38±0.007 3	521.71±337.01	0.196±0.149 9	25.5±1.0
土蜜树	林窗中心	13.21±5.04	0.005 22±0.002 2	705.20±310.21	0.117±0.047	25.9±1.8
	林窗边缘	2.69±1.60	0.004 79±0.002 1	510.75±150.52	0.099±0.049	24.4±0.8
	林内	4.66±1.68	0.006 69±0.001 1	513.23±60.27	0.148±0.024 8	25.3±0.4
腺叶野樱	林窗中心	6.55±1.09	0.006 41±0.003 6	590.42±262.18	0.138±0.076 1	25.6±0.8
	林窗边缘	2.65±1.92	0.005 98±0.0040	433.15±86.38	0.134±0.092 6	25.4±0.5
	林内	8.17±3.11	0.004 63±0.000 3	675.34±107.05	0.094±0.003 3	25.1±0.7
鸭脚木	林窗中心	9.23±1.34	0.004 58±0.001 4	543.69±103.96	0.09±0.03	25.4±1.2
	林窗边缘	5.15±1.15	0.003 2±0.002 4	424.536±76.81	0.06±0.05	23.2±0.9
	林内	4.45±0.59	0.005 95±0.002 5	439.35±220.68	0.12±0.05	24.9±0.5

4. 特点与讨论

在热带森林生长循环过程中，在不同时期内，各气候要素的变化有着较大的差异，错综复杂。在森林中较容易区分的三种环境是：林窗、林缘和林内。在本实验中发现，在林窗、林缘和林内光强变化比气温和湿度的变化更加明显和有规律。这种光环境变化的特性会造成森林环境时空上的变异性，进而能够满足更多物种的生长需求？本实验选择了 8 种树木的苗木开展比较研究，这 8 种树木的苗木对光的适应性都有一定的差异，对光强有不同的响应，确实表明了有些树木的苗木更能适合林窗的光环境，而有些适合林缘的光环境，有些却适合林内的光环境。

热带森林是一个由不同大小林窗斑块组成的群落，而林窗又是一个由不同物种和不同年龄、发育阶段结构个体组成的镶嵌斑块，林窗是森林的自身属性，林窗形成是森林生物多样性维持和发展的必然过程(卢训令，2006)。热带森林中光照条件的变化往往是和林窗的动态紧密联系的，因为林窗干扰的出现，极大地改善了森林内局部光照条件，促进了林内某些植物幼苗的生长和种子的萌发，给森林物种的更新提供了良好的机会，因此，林窗的动态变化又是热带雨林动态更新的动力之一。本研究表明，在 3 种不同光环境下，土蜜树、滨木患和矮紫金牛的净光合速率表现为：林窗中心＞林内＞林窗边缘；鸭脚木、粗毛野桐和瓜馥木的净光合速率表现为：林窗中心＞林窗边缘＞林内；而黄椿木姜子和腺叶野樱则表现为：林内＞林窗中心＞林窗边缘。这一结果初步表明，在选择的 8 种树木中，有 6 种树木的苗木(占 75%)生长更需要林窗的光环境。但不同树木的苗木对同一光环境的响应却有一定的差异。在林窗中心环境中，矮紫金牛幼苗的净光合速率为最大值，黄椿木姜子幼苗为最小值；林窗边缘环境下，瓜馥木幼苗净光合速率最大，鸭脚木幼苗最小；而林内黄椿木姜子幼苗的净光合速率为最大值，瓜馥木幼苗为最小值。

一般情况下，气孔导度会随着净光合速率的变化而变化，而蒸腾速率又由气孔的闭合程度来调节,因此,这些参数的变化是比较一致的(李招弟,2009)。但本研究发现,在 8 种树木的苗木中,有 6 种是一致的,占 75%,而瓜馥木和腺叶野樱幼苗在不同光环境下的气孔导度变化规律与其各自净光合速率表现相反。瓜馥木在林窗中心的净光合速率大于林窗边缘和林内,而在林窗下其气孔导度要低于其他两个光环境,是否可以解释为是其对高光强环境的适应结果,通过降低气孔导度和蒸腾速率的方式防止光抑制的发生而表现出一定的可塑性变化呢?但与瓜馥木相反,腺叶野樱虽在林内的净光合速率要大于林窗中心和林窗边缘,但在林窗环境中的气孔导度要大于另外两个光环境中的气孔导度,说明其是为了适应林窗光环境和有利于外界 CO_2 的输入,通过增加气孔导度和加强叶片蒸腾速率,使得幼苗体内水分运作加快,强化叶肉细胞的活力?曾经有学者提出,植物的叶片气孔导度会随着光合作用的条件变化而变化,表现为光合条件利于叶肉细胞时出现增大,反之就缩小(秦舒浩和李玲玲,2006)。也有研究者认为,如果光合速率和胞间 CO_2 浓度变化方向相同,并且气孔导度降低时光合速率的降低是气孔因素造成的,光合速率变化的原因可以通过考察胞间二氧化碳的浓度变化来判断,如果两者呈现出反向变化,同时气孔导度出现增大,那么就可以判断光合速率下降的原因是叶肉细胞同化能力减弱,而不是气孔减小导致的(Farquhar and Skarky,1982)。同样,这些光合特性的变化也是使得植物幼苗能够在林窗环境生长较好的原因之一,但要揭示其机制仍需要开展更深入的研究。

(二)自然杂交种海南海桑、尖瓣海莲与亲本等 6 种植物的幼苗生长对环境的适应性研究

1. 实验样地概况

海南清澜港省级自然保护区位于海南岛东北部的文昌市境内,地理坐标为东经 110°30′～110°02′,北纬 19°15′～20°09′。目前保护区总面积 2914.6hm²,其中核心区 884.1hm²、缓冲区 966.6hm²、实验区 1063.9hm²,保护了面积约为 1444.5hm² 的红树林植被。保护区由八门湾片区、会文片区、铺前片区三大区域组成,分布呈带状,涉及文昌市下辖的文城(包括头苑、清澜)、东阁、文教、东郊、龙楼、会文、铺前 7 个镇以及文昌市罗豆农场。

2. 研究材料与方法

1)研究材料

海南海桑(*Sonneratia* × *hainanensis*)、杯萼海桑(*Sonneratia alba*)、卵叶海桑(*Sonneratia ovata*)、尖瓣海莲(*Bruguiera* × *sexangula* var. *rhynchopetala*)(*Flora of China* 归并入海莲,实际上,在形态特征、生殖特征上仍然有一些区别)、木榄(*Bruguiera gymnorrhiza*)和海莲(*Bruguiera sexangula*)。

2)实验方法

A. 自然杂交种海南海桑与亲本幼苗生长对环境的适应性研究

3 种植物的所有种子同一时间萌发并在实验室繁育一年后,分别选取生长良好、无病虫害的幼苗为实验材料,按以下实验设计进行实验。

(1)设计 1 个在大棚外全光照环境下的对照组,即遮光强度为 0,用不同透光率的遮光网在大棚内设置遮光强度分别为 20%、40%、60%、80%四个处理组。每组有 3 个种,放置于同一塑料桶内,重复 3 次,时间 6 个月。

(2)设计 6 个盐度处理组 0、5‰、10‰、15‰、20‰、25‰,每组有 3 个种,放置于同一塑料桶内,每隔数天补充一些自来水,以保持盐度不变。每组处理设 3 个重复,于自然光下进行培养,以自来水浇灌组作为对照。每 30 天重新配制并更换盐水 1 次。整个培养时间为 6 个月。

(3)设计 5 个淹水处理组 0、4h/d、8h/d、12h/d、16h/d,每组有 3 个种,放置于同一塑料桶内,模拟半日潮,分成 2 次/d 进行,即每次淹水时间为 2h/d、4h/d、6h/d、8h/d。每组有 3 个种,放置于同一塑料桶内,重复 3 次,时间 6 个月。

以上实验结束后,按照侯福林等(林雪峰等,2018)的方法对光合作用、叶绿素、生长、生物量、抗氧化酶活性等指标进行测定。

B. 自然杂交种尖瓣海莲与亲本幼苗生长对环境的适应性研究

3 种植物的所有胚轴同一时间萌发并在实验室繁育一年后,分别选取生长良好、无病虫害的幼苗为实验材料,按以下实验设计进行实验。

(1)设计 1 个在大棚外全光照环境下的对照组,即遮光强度为 0,用不同透光率的遮光网在大棚内设置遮光强度分别为 20%、40%、60%、80%四个处理组。每组有 3 个种,放置于同一塑料桶内,重复 3 次,时间 6 个月。

(2)设计 8 个盐度处理组 0、5‰、10‰、15‰、20‰、25‰、30‰、35‰,每组有 3 个种,放置于同一塑料桶内,每隔数天补充一些自来水,以保持盐度不变。每组处理设 3 个重复,于自然光下进行培养,以自来水浇灌组作为对照。每 30 天重新配制并更换盐水 1 次。整个培养时间为 6 个月。

(3)设计 5 个淹水处理组 0、4h/d、8h/d、12h/d、16h/d,每组有 3 个种,放置于同一塑料桶内,模拟半日潮,分成 2 次/d 进行,即每次淹水时间为 2h/d、4h/d、6h/d、8h/d。每组有 3 个种,放置于同一塑料桶内,重复 3 次,时间 6 个月。

以上实验结束后,按照侯福林等(林雪峰等,2018)的方法对光合作用、叶绿素、生长、生物量、抗氧化酶活性等指标进行测定。

3. 结果与分析

1)自然杂交种海南海桑及其亲本幼苗生长对环境的适应性

A. 海南海桑及其亲本幼苗生长对遮光胁迫的适应性

(1)不同遮光强度对光合作用指标的影响。

不同遮光强度处理下,海南海桑、杯萼海桑和卵叶海桑的净光合速率差异显著($p<$

0.05）。如图 15-3-4（a）所示，随着遮光强度的增大，杯萼海桑、海南海桑和卵叶海桑幼苗的净光合速率都呈逐渐降低的趋势，在遮光强度为 0 时，3 个种的净光合速率均有最大值，在遮光强度 80%处理下均有最小值，降幅分别为 45.54%、65.74%和 64.88%。

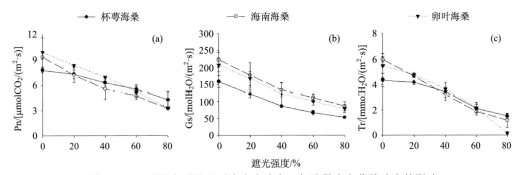

图 15-3-4　不同光照处理对净光合速率、气孔导度和蒸腾速率的影响

Fig. 15-3-4　Effect of shading degree on Pn、Gs、Tr

　　不同遮光强度处理下，海南海桑、杯萼海桑和卵叶海桑的气孔导度差异显著（$p<$
0.05）。如图 15-3-4（b）所示，随着遮光强度的增大，杯萼海桑、海南海桑和卵叶海桑幼苗的气孔导度都呈逐渐降低的趋势，在遮光强度为 0 时，3 个种的气孔导度均有最大值，在遮光强度 80%处理下均有最小值，降幅分别为 66.87%、62.80%和 62.27%。

　　不同遮光强度处理下，海南海桑、杯萼海桑和卵叶海桑的蒸腾速率差异显著（$p<$
0.05）。如图 15-3-4（c）所示，随着遮光强度的增大，杯萼海桑、海南海桑和卵叶海桑幼苗的蒸腾速率都呈逐渐降低的趋势，在遮光强度为 0 时，3 个种的蒸腾速率均有最大值，在遮光强度 80%处理下均有最小值，降幅分别为 65.69%、80.31%和 75.77%。

　　综上所述，3 个种的净光合速率对遮光强度增加的耐受能力大小为杯萼海桑＞卵叶海桑＞海南海桑。

　　（2）不同遮光强度对幼苗叶绿素含量的影响。

　　不同遮光强度处理下，海南海桑、杯萼海桑和卵叶海桑幼苗叶片的 Chla、Chlb、Chla+b和 Chla/Chlb 差异显著（$p<0.05$）。

　　从 Chla 指标上看[图 15-3-5（a）]，随着遮光强度的增大，杯萼海桑、海南海桑和卵叶海桑幼苗叶片的 Chla 均呈先增后降的趋势。杯萼海桑、海南海桑和卵叶海桑在遮光强度20%时有最大值，在遮光强度 80%时有最小值，降幅分别为 54.01%、65.47%、64.09%。

　　从 Chlb 指标上看[图 15-3-5（b）]，随着遮光强度的增大，杯萼海桑、海南海桑和卵叶海桑幼苗叶片的 Chlb 均呈先增后降的趋势。其中杯萼海桑、卵叶海桑在遮光强度 60%处有最大值，海南海桑在遮光强度 40%处有最大值。

　　从 Chla+b 指标上看[图 15-3-5（c）]，随着遮光强度的增大，杯萼海桑、海南海桑和卵叶海桑幼苗叶片的 Chla+b 均呈先增后降的趋势。海南海桑在各梯度下的 Chla+b 低于卵叶海桑和杯萼海桑，且卵叶海桑低于杯萼海桑。

　　从 Chla/Chlb 指标上看[图 15-3-5（d）]，杯萼海桑、海南海桑和卵叶海桑的 Chla/Chlb呈逐渐下降的趋势，降幅分别为 62.15%、72.06%、71.07%。

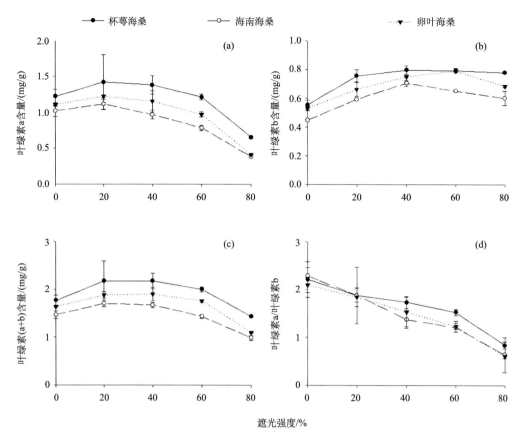

图 15-3-5　不同遮光处理对叶绿素含量的影响

Fig. 15-3-5　Effect of shading degree on Chla、Chlb、Chla+b、Chla/Chlb

综上所述，幼苗通过提高叶绿素含量，增强吸收光能的能力，缓解遮光对幼苗光合作用的影响。不同幼苗的 Chla+b 对低光照强度的耐受能力表现为杯萼海桑＞卵叶海桑＞海南海桑。

(3)不同遮光强度对幼苗生长指标的影响。

不同遮光强度处理下，海南海桑、杯萼海桑和卵叶海桑幼苗叶片的株高增量和基径增量差异极显著($p<0.01$)。

从株高增量指标上看[图 15-3-6(a)]，随着遮光强度的增大，杯萼海桑、海南海桑和卵叶海桑的株高增量呈逐渐降低的趋势。它们的株高增量在遮光强度为 0 处均有最大值，在遮光强度 80% 处均有最小值，降幅分别为 77.34%、92.27% 和 89.06%。可见幼苗的株高增量对遮光强度的耐受能力大小关系为杯萼海桑＞卵叶海桑＞海南海桑。从基径增量指标上看[图 15-3-6(b)]，随着遮光强度的增大，杯萼海桑的基径增量呈先增后降的趋势；海南海桑和卵叶海桑呈逐渐降低的趋势，它们的基径增量在遮光强度为 0 处均有最大值，在遮光强度 80% 处均有最小值，降幅分别为 91.92%、76.28%。可见幼苗的基径增量对遮光强度的耐受能力大小关系为杯萼海桑＞卵叶海桑＞海南海桑。

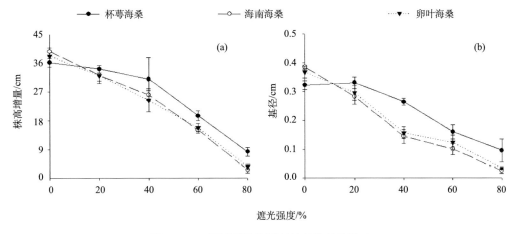

图 15-3-6　不同遮光处理对幼苗生长的影响

Fig. 15-3-6　Effect of shading degree on seedling height and basal diameter

(4)不同遮光强度对幼苗生物量累积的影响。

不同遮光强度处理下，海南海桑、杯萼海桑和卵叶海桑幼苗叶片的根干重、茎干重、叶干重等差异极显著($p<0.01$)。

从根干重指标上看[图 15-3-7(a)]，随着遮光强度的增大，3 个种的根干重均呈逐渐降低的趋势。它们在遮光强度 0 处均有最大值，在 80%处均有最小值，降幅分别为 85.79%、95.59%、91.62%。从茎干重指标上看[图 15-3-7(b)]，随着遮光强度的增大，3 个种的茎干重均呈逐渐降低的趋势。它们在遮光强度 0 处均有最大值，在 80%处均有最小值，降幅分别为 79.65%、94.23%、87.59%。从叶干重指标上看[图 15-3-7(c)]，随着遮光强度的增大，3 个种的叶干重均呈逐渐降低的趋势。它们在遮光强度 0 处均有最大值，在 80%处均有最小值，降幅分别为 90.29%、97.09%、93.26%。从总生物量指标上看[图 15-3-7(d)]，随着遮光强度的增大，三个种的总生物量均呈逐渐降低的趋势。它们在遮光强度 0 处均有最大值，在 80%处均有最小值，降幅分别为 82.6%、95.04%、89.56%。

综上所述，随着光照强度的降低，过低的光照强度会抑制幼苗的生物量积累，适当的降低光照强度会促进生物量积累。不同幼苗生物量的降幅反映出幼苗的耐阴能力大小为杯萼海桑>卵叶海桑>海南海桑。

(5)不同遮光强度对幼苗生长和生理指标的主成分分析。

为了准确分析评价海南海桑及其亲本幼苗对遮光的适应性，本研究选择幼苗不同遮光梯度处理下的 13 项生长信息指标进行了主成分分析。由表 15-3-2 可知，杯萼海桑和海南海桑的第一主成分和第二主成分方差累积贡献率分别为 99.367%和 98.357%，均大于 85%，这两个主成分能反映不同遮光强度影响下不同幼苗各指标大部分的信息，以第一主成分为主，使用这两个主成分进行幼苗对不同遮光强度的适应性评价是可行和合理的。卵叶海桑的第一主成分方差累积贡献率大于 85%，因此其第一主成分能反映不同遮光强度影响下不同幼苗各指标大部分的信息，可以用第一主成分进行幼苗对遮光强度的适应性评价。

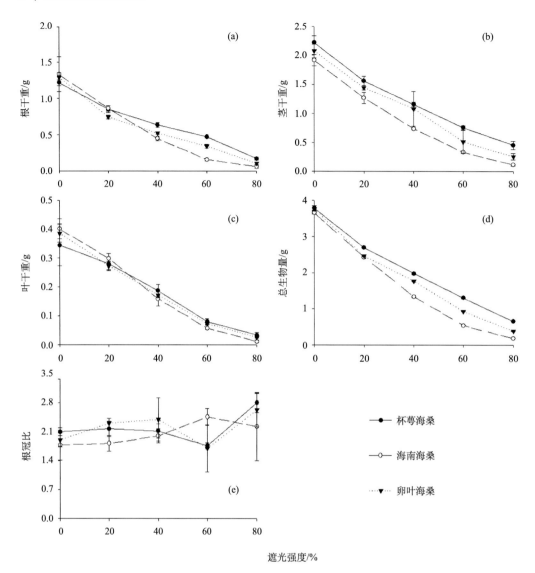

图 15-3-7　不同遮光处理对幼苗干重指标的影响

Fig. 15-3-7　Effect of shading degree on dry weight index

表 15-3-2　主成分分析特征根

Tab. 15-3-2　Principal components analysis of indices of seedling

物种	主成分	特征值	方差贡献率/%	累积贡献率/%
杯萼海桑	F1	10.916	83.971	83.971
	F2	2.001	15.396	99.367
海南海桑	F1	1.648	89.599	89.599
	F2	1.139	8.78	98.357
卵叶海桑	F1	11.914	91.645	91.645

由表 15-3-3 可知，杯萼海桑主成分得分从高到低的遮光强度分别为 20%、0、40%、60%、80%，在遮光强度为 20% 的处理下主成分得分最高，在遮光强度为 0 和 40% 处理下的主成分得分值较高，遮光强度≥60% 处理下的主成分得分值较低。海南海桑主成分得分从高到低的遮光强度分别为 0、20%、40%、60%、80%，在遮光强度为 0 的处理下主成分得分最高，在遮光强度为 20% 处理下的主成分得分值较高，遮光强度≥80% 处理下的主成分得分值最低。卵叶海桑主成分得分从高到低的遮光强度分别为 0、20%、40%、60%、80%，在遮光强度为 0 的处理下主成分得分最高，在遮光强度为 20%、40% 处理下的主成分得分值较高，遮光强度≥60% 处理下的主成分得分值最低。

表 15-3-3　不同遮光强度下的主成分值

Tab.15-3-3　**Values of the principal components with different shading treatments**

遮光强度/%	主成分得分		
	杯萼海桑	海南海桑	卵叶海桑
0	2.393	3.399	3.978
20	2.407	2.630	2.573
40	0.847	−0.129	0.165
60	−1.714	−2.070	−2.212
80	−3.876	−3.830	−4.505

主成分分析结果表明杯萼海桑在遮光强度 0～40% 处理下均能正常生长，在遮光强度 20% 最适生长，超过 40% 后，则抑制生长。海南海桑在遮光强度 0～20% 处理下均能正常生长，在遮光强度 0 最适生长，超过 20% 后，则抑制生长。卵叶海桑在遮光强度 0～40% 处理下均能正常生长，在遮光强度 0 最适生长，超过 40% 后，则抑制生长。通过对幼苗的 13 项指标的主成分分析得出的结果与上述研究的结论基本一致，且得分更能细致地反映物种在不同遮光环境中的状态。这表明海南海桑幼苗生长对遮光的适应性低于杯萼海桑和卵叶海桑。

B. 海南海桑及其亲本幼苗生长对盐度胁迫的适应性

(1)不同盐度梯度对光合作用指标的影响。

不同盐度强度处理下，海南海桑、杯萼海桑和卵叶海桑幼苗叶片的净光合速率、气孔导度、蒸腾速率差异极显著($p<0.01$)。

从净光合速率指标上看[图 15-3-8(a)]，随着盐度的增大，杯萼海桑、海南海桑和卵叶海桑的净光合速率均呈先增后降的趋势。其中杯萼海桑的净光合速率在 10‰ 处理下有最大值。海南海桑和卵叶海桑的净光合速率在 5‰ 处理下有最大值，降幅分别为 86% 和 71%。从气孔导度指标上看[图 15-3-8(b)]，随着盐度的增大，杯萼海桑、海南海桑和卵叶海桑的气孔导度均呈先增后降的趋势。其中杯萼海桑的气孔导度在 10‰ 处理下有最大值。海南海桑和卵叶海桑的气孔导度在 5‰ 处理下有最大值，降幅分别为 81.34% 和 66.5%。从蒸腾速率指标上看[图 15-3-8(c)]，随着盐度的增大，杯萼海桑、卵叶海桑的蒸腾速率均呈先增后降的趋势，杯萼海桑在 10‰ 处理下有最大值，卵叶海桑在 5‰ 处理下有最大值，海南海桑的蒸腾速率呈逐渐下降的趋势。

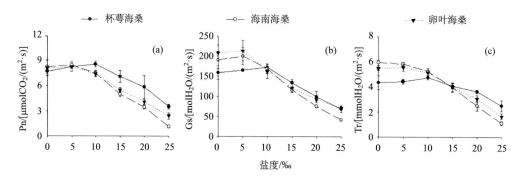

图 15-3-8　不同盐度处理对净光合速率、气孔导度和蒸腾速率的影响

Fig. 15-3-8　Effect of salinity on Pn、Gs、Tr

综上所述，幼苗的净光合速率对盐胁迫的耐受能力大小关系为杯萼海桑＞卵叶海桑＞海南海桑。

(2)不同盐度梯度对幼苗叶绿素含量的影响。

不同盐度强度处理下，海南海桑、杯萼海桑和卵叶海桑幼苗叶片的 Chla、Chlb、Chla+b 和 Chla/Chlb 差异极显著($p<0.01$)。

从 Chla 指标上看[图 15-3-9(a)]，随着盐度的增大，杯萼海桑、海南海桑和卵叶海桑的 Chla 均呈先增后降的趋势。其中杯萼海桑的 Chla 在盐度 10‰处理下有最大值。海南海桑和卵叶海桑的 Chla 在 5‰处理下均有最大值，降幅分别为82.8%和68.36%。从 Chlb 指标上看[图 15-3-9(b)]，随着盐度的增大，杯萼海桑的 Chlb 呈先增后降的趋势，而海南海桑和卵叶海桑呈逐渐降低的趋势。其中杯萼海桑的 Chlb 在 10‰处理下有最大值。海南海桑和卵叶海桑的 Chlb 在 0 处理下有最大值，在 25‰处理下有最小值，降幅为74.23%和60.98%。从 Chla+b 指标上看[图 15-3-9(c)]，随着盐度的增大，杯萼海桑、海南海桑、卵叶海桑的 Chla+b 均呈先增后降的趋势，杯萼海桑在盐度 10‰处理下有最大值。海南海桑和卵叶海桑在 5‰处理下有最大值，降幅分别为 80.02%和 66.27%。从 Chla/Chlb 指标上看[图 15-3-9(d)]，随着盐度的增大，海南海桑和卵叶海桑幼苗叶片的 Chla/Chlb 均呈先增后降的趋势，杯萼海桑的 Chla/Chlb 呈先增后降再增再降的趋势。

综上所述，不同的红树林幼苗通过提高叶绿素含量，增强吸收光能的能力，缓解盐度增加对幼苗光合作用的影响，进而缓解对幼苗生长不利的情况。不同幼苗的 Chla+b 对盐度的耐受能力表现为杯萼海桑＞卵叶海桑＞海南海桑。

(3)不同盐度梯度对幼苗生长指标的影响。

不同盐度强度处理下，海南海桑、杯萼海桑和卵叶海桑幼苗叶片的株高增量和基径增量差异极显著($p<0.01$)。

从株高增量指标上看[图 15-3-10(a)]，随着盐度的增大，杯萼海桑和卵叶海桑的株高增量呈先升后降的趋势，而海南海桑呈逐渐下降的趋势。其中，杯萼海桑和卵叶海桑分别在 10‰和 5‰处有最大值。这表明适当的盐度可以促进幼苗的株高增长，过高或过低的盐度会抑制幼苗的株高增长。幼苗的株高增量变化反映出，不同物种的耐盐能力

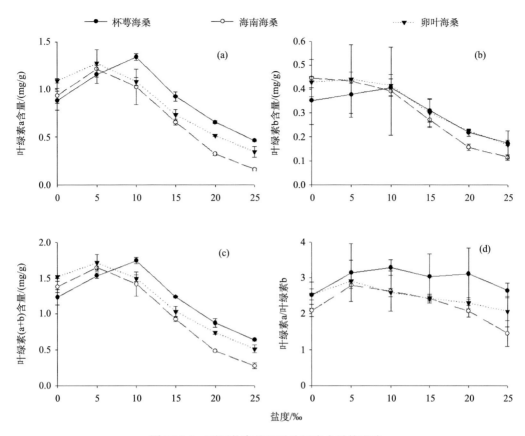

图 15-3-9　不同盐度处理对叶绿素含量的影响

Fig. 15-3-9　Effect of salinity on Chla、Chlb、Chla+b、Chla/Chlb

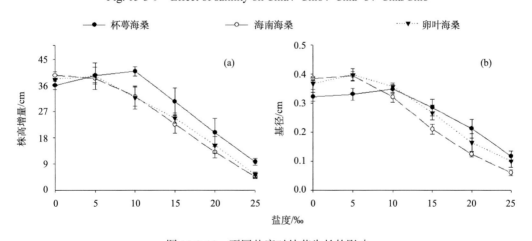

图 15-3-10　不同盐度对幼苗生长的影响

Fig. 15-3-10　Effect of salinity on seedling height and basal diameter

表现为杯萼海桑＞卵叶海桑＞海南海桑。从基径增量指标上看[图 15-3-10（b）]，随着盐度的增大，3 个种的基径增量均呈先增后降的趋势。卵叶海桑和海南海桑的基径增量均在 5‰处有最大值，降幅分别为 72.75%和 84.38%。杯萼海桑在 10‰处有最大值。表明适当的盐度可以促进幼苗的基径增大,过高或过低的盐度会抑制幼苗的基径增大。幼苗的基径增量变化反映出,不同物种的耐盐能力表现为杯萼海桑＞卵叶海桑＞海南海桑。

(4)不同盐度梯度对幼苗生物量累积的影响。

不同盐度强度处理下,海南海桑、杯萼海桑和卵叶海桑幼苗叶片的根干重、茎干重、叶干重、总生物量和根冠比差异极显著($p < 0.01$)。

从根干重指标上看[图 15-3-11(a)],随着盐度的增大,3 个种的根干重均呈先升后降的趋势。其中,杯萼海桑在 10‰处有最大值,在 25‰处有最小值。海南海桑和卵叶海桑分别在 5‰处有最大值,在 25‰处有最小值,降幅分别为 93.95%和 95.48%。

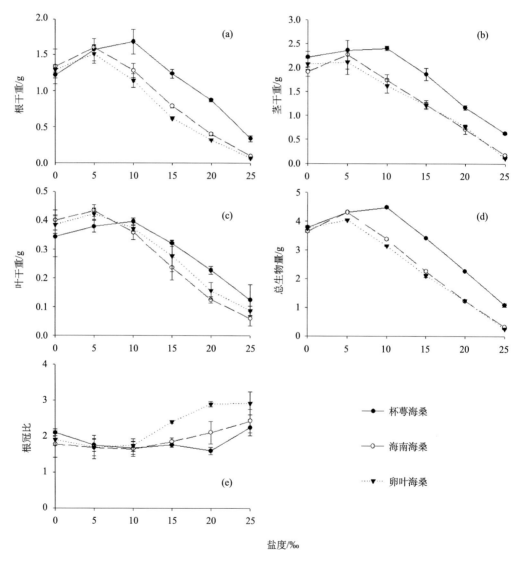

图 15-3-11　不同盐度处理对幼苗干重指标的影响

Fig. 15-3-11　Effect of salinity on dry weight index

从茎干重指标上看[图 15-3-11（b）]，随着盐度的增大，3 个种的茎干重均呈先升后降的趋势。其中，杯萼海桑在 10‰处有最大值。海南海桑和卵叶海桑分别在 5‰处有最大值，降幅分别为 94.69%和 92.31%。

从叶干重指标上看[图 15-3-11（c）]，随着盐度的增大，3 个种的叶干重均呈先升后降的趋势。其中，杯萼海桑在 10‰处有最大值。海南海桑和卵叶海桑分别在 5‰处有最大值，在 25‰处有最小值，降幅分别为 86.28%和 79.47%。

从总生物量指标上看[图 15-3-11（d）]，随着盐度的增大，3 个种的总生物量均呈先升后降的趋势。其中，杯萼海桑在 10‰处有最大值。海南海桑和卵叶海桑分别在 5‰处有最大值，在 25‰处有最小值，降幅分别为 94.09%和 92.66%。

综上所述，过高的海水盐度会抑制幼苗的生物量积累，适当的海水盐度会促进幼苗的生物量积累，不同幼苗生物量的降幅反映出幼苗的耐盐能力大小为杯萼海桑＞卵叶海桑＞海南海桑。

（5）不同盐度梯度对幼苗抗逆性生理指标的影响。

不同盐度强度处理下，海南海桑、杯萼海桑和卵叶海桑幼苗叶片的 SOD、POD、MDA 含量和 Pro 差异极显著（$p<0.01$）。

从 SOD 活性指标上看[图 15-3-12（a）]，随着盐度的增大，杯萼海桑和卵叶海桑幼苗叶片的 SOD 活性均呈先增后降的趋势，海南海桑呈逐渐下降的趋势。杯萼海桑和卵叶海桑在 10‰处有最大值，在 25‰处有最小值，降幅分别为 47.13%和 49.6%。这表明幼苗可以通过提高 SOD 活性来缓解盐胁迫导致幼苗生长不利的情况，不同的幼苗叶片内的 SOD 对盐度增加的耐受能力有所不同，表现为杯萼海桑＞卵叶海桑＞海南海桑。

从 MDA 含量指标上看[图 15-3-12（b）]，随着盐度的增大，杯萼海桑和卵叶海桑叶片内的 MDA 含量均呈先降后升的趋势，杯萼海桑在 10‰处有最小值，卵叶海桑在 5‰处有最小值。海南海桑呈逐渐增加的趋势。不同幼苗叶片内的 MDA 含量的幅度变化表明，盐胁迫下不同幼苗受损的程度大小表现为海南海桑＞卵叶海桑＞杯萼海桑。

从 POD 活性指标上看[图 15-3-12（c）]，随着盐度的增大，杯萼海桑幼苗叶片的 POD 活性呈先降后增的趋势，在 5‰处理下有最小值。海南海桑和卵叶海桑逐渐升高，增幅分别为 49.46%、75.10%。这表明幼苗可以通过提高 POD 活性来缓解盐胁迫导致幼苗生长不利的情况，不同幼苗叶片内的 POD 对盐度增加的耐受能力有所不同，表现为杯萼海桑＞卵叶海桑＞海南海桑。

从 Pro 含量指标上看[图 15-3-12（d）]，随着盐度的增大，杯萼海桑、海南海桑、卵叶海桑幼苗叶片的 Pro 含量均呈逐渐升高的趋势，增幅分别为 204.66%、179.95%和 199.86%。这表明不同的红树林幼苗通过提高叶片内的 Pro 含量，缓解海水盐度增加对幼苗胁迫损伤的影响，增强幼苗的逆境抵抗能力。不同幼苗叶片内的 Pro 含量对盐度增加的耐受能力表现为杯萼海桑＞卵叶海桑＞海南海桑。

（6）不同盐度梯度对幼苗生长和生理指标的主成分分析。

为了准确分析评价海南海桑及其亲本幼苗的耐盐能力，选择幼苗不同盐度梯度处理下的 10 项生长信息指标进行主成分分析。由表 15-3-4 可知，自然杂交种海南海桑及其亲本 3 个种的第一主成分（F1）的方差累积贡献率均大于 85%，所以第一主成分能反映不同盐度处理下海南海桑及其亲本幼苗各生长指标之间的关系，用这个主成分对海南海桑及其亲本的幼苗耐盐能力进行评价是可行的、合理的。

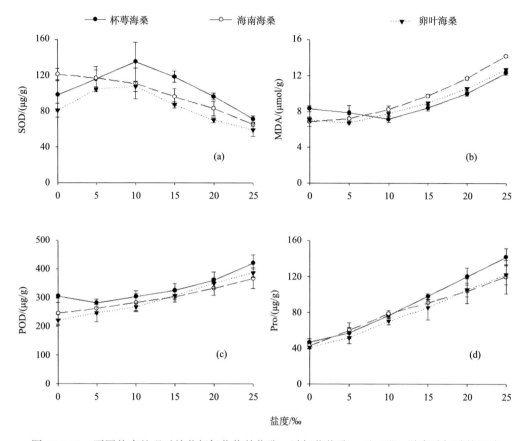

图 15-3-12　不同盐度处理对幼苗超氧化物歧化酶、过氧化物酶、丙二醛、游离脯氨酸的影响

Fig. 15-3-12　Effect of salinity on SOD、POD、MDA、Pro

表 **15-3-4**　**主成分分析特征根**

Tab. 15-3-4　**Principal components analysis of indices of seedling**

物种	主成分	特征值	方差贡献率/%	累积贡献率/%
杯萼海桑	F1	9.46	94.58	94.58
海南海桑	F1	9.42	94.2	94.2
卵叶海桑	F1	9.26	92.6	92.6

由表 15-3-5 可知，杯萼海桑主成分得分从高到低的处理盐度分别为 10‰、5‰、0、15‰、20‰、25‰，杯萼海桑幼苗在盐度为 10 ‰的处理下主成分得分最高，在盐度为 0、5‰和 15‰处理下的主成分得分值较高，盐度≥20‰ 处理下的主成分得分值较低。海南海桑主成分得分从高到低的处理盐度分别为 0、5‰、10‰、15‰、20‰、25‰，它们的幼苗在盐度为 0 的处理下主成分得分最高，在盐度为 5‰和 10‰处理下的主成分得分值

较高，盐度≥15‰ 处理下的主成分得分值较低。卵叶海桑的主成分得分从高到低的处理盐度分别为 5‰、0、10‰、15‰、20‰、25‰，它们的幼苗在盐度为 5‰的处理下主成分得分最高，在盐度为 0 和 10‰处理下的主成分得分值较高，盐度≥15‰ 处理下的主成分得分值较低。主成分分析结果表明杯萼海桑在盐度 0～15‰ 处理下均能正常生长，在盐度为 10‰下最适生长，当盐度超过 20‰后，则抑制生长。海南海桑和卵叶海桑在盐度 0～10‰处理下均能正常生长，海南海桑在盐度为 0 下最适生长，卵叶海桑在盐度 5‰下最适生长，当盐度超过 15‰后，则抑制生长。通过对幼苗的 10 项指标的主成分分析得出的结果与上述的研究结论基本一致，且得分更能细致地反映物种在不同盐度环境中的状态。这表明海南海桑幼苗生长对盐度的适应性低于杯萼海桑和卵叶海桑。

表 15-3-5　不同盐度梯度下的主成分值

Tab. 15-3-5　Values of the principal components with different salinity

盐度/‰	主成分得分		
	杯萼海桑	海南海桑	卵叶海桑
0	0.453	1.180	0.777
5	0.734	0.911	1.078
10	1.005	0.526	0.609
15	0.148	−0.181	−0.123
20	−0.674	−0.845	−0.814
25	−1.666	−1.491	−1.527

C. 海南海桑及其亲本幼苗对淹水胁迫的适应性研究

(1) 不同淹水时间对幼苗光合作用的影响。

不同淹水时间处理下，海南海桑、杯萼海桑和卵叶海桑幼苗叶片的净光合速率、气孔导度及蒸腾速率差异极显著($p < 0.01$)。

从净光合速率指标上看[图 15-3-13(a)]，随着淹水时间的延长，海南海桑和卵叶海桑的净光合速率均呈逐渐下降的趋势，杯萼海桑的净光合速率呈先增后降的趋势。海南海桑和卵叶海桑的净光合速率在淹水时间 0 处理下有最大值，在 16h/d 处理下有最小值，降幅分别为 67.54%和 64.48%。

从气孔导度指标上看[图 15-3-13(b)]，随着淹水时间的延长，杯萼海桑、海南海桑和卵叶海桑的气孔导度均呈逐渐下降的趋势。在淹水时间 0 处理下有最大值，在 16h/d 处理下有最小值，降幅分别为 74.42%、82.47%和 79.92%。

从蒸腾速率指标上看[图 15-3-13(c)]，随着淹水时间的延长，杯萼海桑、海南海桑和卵叶海桑的蒸腾速率均呈逐渐下降的趋势，在淹水时间 0 处理下有最大值，在 16h/d 处理下有最小值，降幅分别为 79.64%、88.16%和 81.88%。

综上所述，幼苗的净光合速率对淹水胁迫的耐受能力大小关系为杯萼海桑＞卵叶海桑＞海南海桑。

(2) 不同淹水时间对幼苗叶绿素含量的影响。

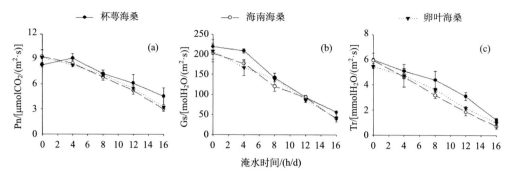

图 15-3-13　不同淹水时间对净光合速率、气孔导度和蒸腾速率的影响

Fig. 15-3-13　Effect of waterlogging time on Pn、Gs、Tr

不同淹水时间处理下,海南海桑、杯萼海桑和卵叶海桑幼苗叶片的 Chla、Chlb、Chla+b 和 Chla/Chlb 差异极显著($p < 0.01$)。

从 Chla 指标上看[图 15-3-14(a)],随着淹水时间的延长,杯萼海桑的 Chla 呈先增后降的趋势,海南海桑和卵叶海桑呈逐渐下降的趋势。其中杯萼海桑的 Chla 在淹水时间 4h/d 处理下有最大值。海南海桑和卵叶海桑的 Chla 在 0 处理下均有最大值,在 16h/d 处理下有最小值,降幅分别为 86.74% 和 83.42%。

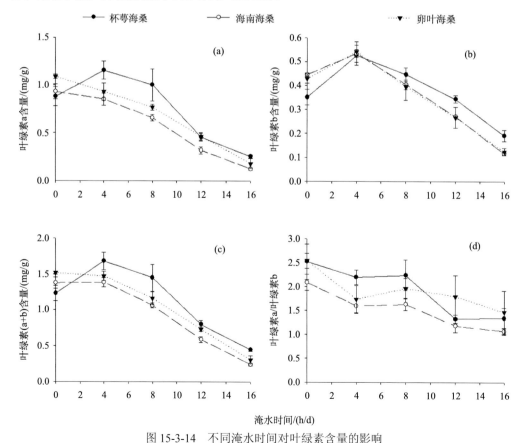

图 15-3-14　不同淹水时间对叶绿素含量的影响

Fig. 15-3-14　Effect of waterlogging time on Chla、Chlb、Chla+b、Chla/Chlb

从 Chlb 指标上看[图 15-3-14(b)]，随着淹水时间的延长，杯萼海桑、海南海桑和卵叶海桑的 Chlb 均呈先增后降的趋势，它们的 Chlb 在淹水时间 4h/d 处理下均有最大值，在 16h/d 处理下均有最小值，降幅分别为 45.46%、74.06%和 71.08%。

从 Chla+b 指标上看[图 15-3-14(c)]，随着淹水时间的延长，杯萼海桑的 Chla+b 呈先增后降的趋势，海南海桑和卵叶海桑呈逐渐下降的趋势。其中杯萼海桑的 Chla+b 在淹水时间 4h/d 处理下有最大值，在 16h/d 处理下有最小值。海南海桑和卵叶海桑的 Chla+b 在 0 处理下均有最大值，在 16h/d 处理下均有最小值，降幅分别为 82.63%和 79.92%。

Chla/Chlb 情况见图 15-3-14(d)，随着淹水时间的延长，总体呈下降趋势，海南海桑下降相对较快。

综上所述，不同的红树林幼苗通过提高叶绿素含量，增强吸收光能的能力，缓解淹水对幼苗光合作用的影响，进而缓解对幼苗生长不利的情况。不同幼苗的叶绿素含量对淹水的耐受能力表现为杯萼海桑＞卵叶海桑＞海南海桑。

(3)不同淹水时间对幼苗生长指标的影响。

不同淹水时间处理下，海南海桑、杯萼海桑和卵叶海桑幼苗叶片的株高增量和基径增量差异极显著($p<0.01$)。

从株高增量指标上看[图 15-3-15(a)]，随着淹水时间的延长，杯萼海桑、海南海桑和卵叶海桑的株高增量均呈先升后降的趋势。它们在淹水时间 4h/d 处理下有最大值，在 16h/d 处理下有最小值，降幅分别为 87%、95%和 92%。这表明适当的淹水时间可以促进幼苗的株高增长，过长的淹水时间会抑制幼苗的株高增长。幼苗的株高增量变化反映出，不同物种的耐淹能力表现为杯萼海桑＞卵叶海桑＞海南海桑。

从基径增量指标上看[图 15-3-15(b)]，随着淹水时间的延长，杯萼海桑、海南海桑和卵叶海桑均呈先增后降的趋势，它们在淹水时间 4h/d 处理下有最大值，在 16h/d 处理下有最小值，降幅分别为 82.5%、93.15 和 90.41%。这表明适当的淹水时间可以促进幼苗的基径增大，过高的淹水时间会抑制幼苗的基径增大。幼苗的基径增量变化反映出，不同物种的耐淹能力表现为杯萼海桑＞卵叶海桑＞海南海桑。

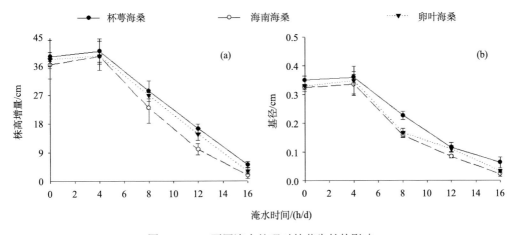

图 15-3-15 不同淹水处理对幼苗生长的影响

Fig. 15-3-15 Effect of waterlogging time on seedling height and basal diameter

(4)不同淹水时间对幼苗生物量累积的影响。

不同淹水时间处理下,海南海桑、杯萼海桑和卵叶海桑幼苗叶片的根干重、茎干重、叶干重、总生物量和根冠比差异极显著($p < 0.01$)。

从根干重指标上看[图 15-3-16(a)],随淹水时间的延长,杯萼海桑和卵叶海桑的根干重均呈先升后降的趋势,海南海桑呈逐渐下降的趋势。杯萼海桑和卵叶海桑的根干重在 4h/d 处理下有最大值,降幅为 77.6%和 90.81%。从茎干重指标上看[图 15-3-16(b)],随着淹水时间的延长,杯萼海桑、海南海桑和卵叶海桑的茎干重均呈先增后降的趋势,在 4h/d 处理下有最大值,降幅分别为 67%、90.37%和 84%。从叶干重指标上看[图 15-3-16(c)],随着淹水时间的延长,杯萼海桑的叶干重呈先增后降的趋势,海南海桑和卵叶海桑呈逐

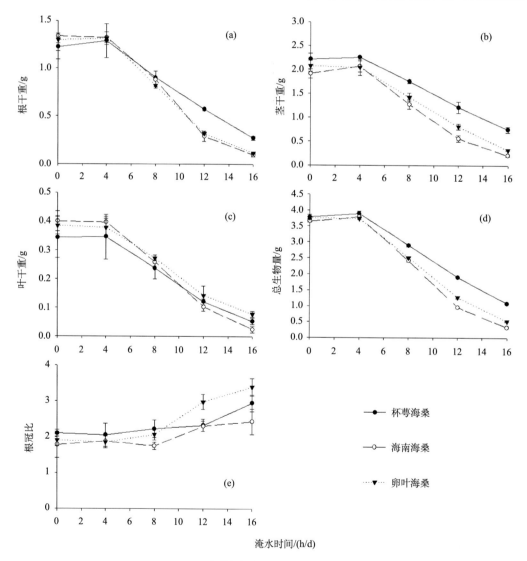

图 15-3-16　不同淹水处理对幼苗干重指标的影响

Fig. 15-3-16　Effect of waterlogging time on dry weight index

渐下降的趋势。杯萼海桑在淹水时间 4h/d 处理下有最大值，海南海桑和卵叶海桑在淹水时间 0 处有最大值，在 16/d 处有最小值，降幅分别为 93.76%和 79.83%。从总生物量指标上看[图 15-3-16(d)]，随着淹水时间的延长，杯萼海桑、海南海桑、卵叶海桑的总生物量均呈先增后降的趋势，在淹水时间 4h/d 处理下均有最大值，降幅为 71.49%、90.84%、86.13%。

综上所述，过高的淹水时间，会抑制幼苗的生物量积累，适当的淹水时间可以促进幼苗的生物量积累。不同幼苗生物量的降幅反映出幼苗的耐淹能力大小为杯萼海桑＞卵叶海桑＞海南海桑。

（5）不同淹水时间对幼苗抗逆性生理指标的影响。

不同淹水时间处理下，海南海桑、杯萼海桑和卵叶海桑幼苗叶片的 SOD 活性、POD 活性、MDA 含量、Pro 含量差异极显著（$p < 0.01$）。

从 SOD 活性指标上看[图 15-3-17(a)]，随着淹水时间的延长，杯萼海桑、海南海桑和卵叶海桑幼苗叶片的 SOD 活性均呈先增后降的趋势。其中卵叶海桑在 4h/d 处理下有最大值，而杯萼海桑和海南海桑在 8h/d 处理下有最大值，降幅分别为 34.72%、44.64%，并且海南海桑在各梯度下的 SOD 活性都低于卵叶海桑。表明幼苗可以通过提高 SOD 活性来缓解淹水胁迫导致幼苗生长不利的情况，不同的幼苗叶片内的 SOD 对淹水时间增加的耐受能力有所不同，表现为杯萼海桑＞卵叶海桑＞海南海桑。

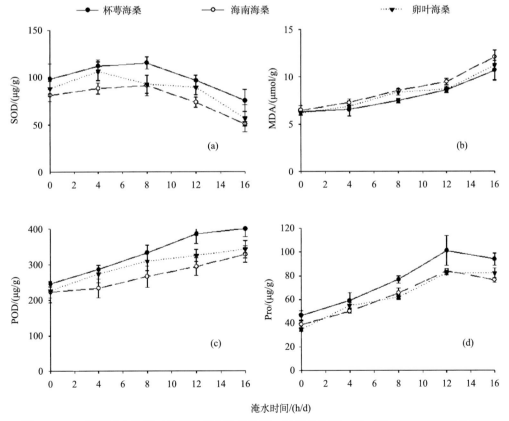

图 15-3-17　不同淹水处理对幼苗超氧化物歧化酶、过氧化物酶、丙二醛、游离脯氨酸的影响

Fig. 15-3-17　Effect of waterlogging time on SOD、POD、MDA、Pro

从 MDA 含量指标上看[图 15-3-17(b)]，随着淹水时间的延长，杯萼海桑、海南海桑和卵叶海桑幼苗叶片的 MDA 含量均呈逐渐增加的趋势，增幅分别为 69.21%、87.09%、和 82.32%。不同幼苗叶片内的 MDA 含量的变化表明，淹水胁迫下不同幼苗受损的程度大小为海南海桑＞卵叶海桑＞杯萼海桑。

从 POD 活性指标上看[图 15-3-17(c)]，随着淹水时间的增大，杯萼海桑、海南海桑和卵叶海桑的 POD 活性均呈逐渐增加的趋势，在 0 处理下均有最小值，在 16h/d 处理下均有最大值，增幅分别为 63.04%、48% 和 51.22%。表明幼苗可以通过提高 POD 活性来缓解淹水导致幼苗生长不利的情况，不同幼苗叶片内的 POD 对淹水时间增加的耐受能力有所不同，表现为杯萼海桑＞卵叶海桑＞海南海桑。

从 Pro 含量指标上看[图 15-3-17(d)]，随着淹水时间的增大，自然杂交种海南海桑及其亲本 3 个种幼苗叶片的 Pro 含量均呈先增后降的趋势。它们的 Pro 含量在 0 和 12h/d 处理下均有最小值和最大值，并且杯萼海桑在各淹水梯度都大于卵叶海桑和海南海桑。海南海桑和卵叶海桑的增幅分别为 116.74% 和 136.92%，降幅分别为 9.4% 和 0.5%。表明幼苗可以通过提高 Pro 含量来缓解淹水导致幼苗生长不利的情况，不同幼苗叶片内的 Pro 对淹水的耐受能力有所不同，表现为杯萼海桑＞卵叶海桑＞海南海桑。

(6)不同淹水时间对幼苗生长和生理指标的主成分分析。

植物对逆境的耐受能力是受生长指标、生理指标及其生化指标等多种因素综合作用影响的结果，单个因素无法准确地表现植物对逆境的耐受能力，为了准确分析评价海南海桑及其亲本幼苗的耐淹能力，选择幼苗不同淹水时间处理下的 10 项生长信息指标进行主成分分析。由表 15-3-6 可知，自然杂交种海南海桑及其亲本 3 个种的第一主成分(F1)的方差累积贡献率均大于 85%，所以第一主成分能反映不同淹水时间下海南海桑及其亲本幼苗各生长指标之间的关系，用这个主成分对海南海桑及其亲本的幼苗耐淹能力进行评价是可行的、合理的。

表 15-3-6　主成分分析特征根

Tab.15-3-6　**Principal components analysis of indices of seedling**

物种	主成分	特征值	方差贡献率/%	累积贡献率/%
杯萼海桑	F1	8.69	86.94	86.94
海南海桑	F1	8.90	89.00	89.00
卵叶海桑	F1	9.01	90.12	90.12

由表 15-3-7 可知，杯萼海桑主成分得分从高到低的淹水时间分别为 8h/d、4h/d、0、12h/d、16h/d，杯萼海桑幼苗在淹水时间为 8h/d 处理下主成分得分最高，淹水时间≥12h/d 处理下的主成分得分值较低。海南海桑主成分得分从高到低的淹水时间分别为 0、4h/d、8h/d、12h/d、16h/d，在淹水时间为 0 的处理下主成分得分最高，在淹水时间为 4h/d、8h/d 处理下主成分得分值较高，淹水时间≥12h/d 处理下的主成分得分值较低。卵叶海桑的主成分得分从高到低的淹水时间分别为 4h/d、0、8h/d、12h/d、16h/d，它们的幼苗在淹水时间为 4h/d 处理下主成分得分最高，在淹水时间为 0、8h/d 处理下的主成分得分值

较高，淹水时间≥12h/d 处理下的主成分得分值较低。主成分分析结果表明海南海桑及其亲本在淹水时间＜12h/d 处理下均能正常生长，其中杯萼海桑在淹水时间 8h/d 处理下最适生长，当淹水时间超过 12h/d 后，则抑制生长。海南海桑在淹水时间 0 处理下最适生长，卵叶海桑在 4h/d 处理下最适生长，当淹水时间超过 12h/d 后，则抑制生长。通过对幼苗的 10 项指标的主成分分析得出的结果与上述的研究结论基本一致，且得分更能细致地反映物种在不同淹水环境中的状态。这表明海南海桑幼苗生长对淹水时间的适应性低于杯萼海桑和卵叶海桑。

表 15-3-7　不同淹水时间下的主成分值

Tab.15-3-7　Values of the principal components with different waterlogging time

淹水时间/(h/d)	主成分得分		
	杯萼海桑	海南海桑	卵叶海桑
0	0.781	1.018	1.760
4	1.006	0.914	2.058
8	2.359	0.141	0.359
12	−2.126	−4.857	−3.392
16	−3.988	−7.336	−5.811

2）自然杂交种尖瓣海莲及其亲本幼苗生长对环境的适应性

A. 尖瓣海莲及其亲本对遮光胁迫的适应性研究

（1）不同遮光强度对幼苗光合作用的影响。

不同遮光强度处理下，木榄、尖瓣海莲和海莲幼苗叶片的净光合速率、气孔导度和蒸腾速率差异极显著（$p<0.01$）。

从净光合速率指标上看[图 15-3-18（a）]，随着遮光强度的增大，木榄、尖瓣海莲和海莲幼苗的净光合速率都呈逐渐降低的趋势，3 个种在遮光强度 0 时有最大值，在遮光强度 80%时有最小值，降幅分别为 28.05%、30.47%和 47.7%。

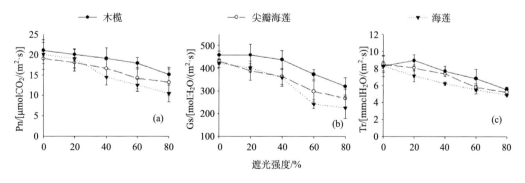

图 15-3-18　不同遮光处理对净光合速率、气孔导度和蒸腾速率的影响

Fig. 15-3-18　Effect of shading degree on Pn、Gs、Tr

从气孔导度指标上看[图 15-3-18(b)]，随着遮光强度的增大，木榄幼苗叶片的气孔导度呈递降的趋势，尖瓣海莲和海莲幼苗的气孔导度均呈逐渐降低的趋势。木榄的气孔导度在遮光强度 20%时有最大值，尖瓣海莲和海莲则在遮光强度 0 时有最大值。尖瓣海莲和海莲的气孔导度在遮光强度 80%处理下均有最小值，降幅分别为 37.68%和 46.61%。

从蒸腾速率指标上看[图 15-3-18(c)]，随着遮光强度的增大，木榄幼苗叶片的蒸腾速率呈先增后降的趋势，尖瓣海莲和海莲幼苗的蒸腾速率均呈逐渐降低的趋势。木榄的蒸腾速率在遮光强度 20%时有最大值，尖瓣海莲和海莲则在遮光强度 0 时有最大值。降幅分别为 38.12%和 51.02%。

综上所述，三个种的净光合速率对遮光强度增加的耐受能力大小为木榄＞尖瓣海莲＞海莲。

(2)不同遮光强度对幼苗叶绿素含量的影响。

不同遮光强度处理下，木榄、尖瓣海莲和海莲幼苗叶片的 Chla、Chlb 和 Chla+b 差异极显著($p<0.01$)，Chla/Chlb 差异不显著($p>0.05$)。

从 Chla 指标上看[图 15-3-19(a)]，随着遮光强度的增大，木榄、尖瓣海莲和海莲幼苗叶片的 Chla 均呈逐渐增加的趋势。在遮光强度 80%时，3 个种幼苗叶片的 Chla 均有最大值，与对照相比，增幅大小分别为 19.41%、13.83%、10.33%。

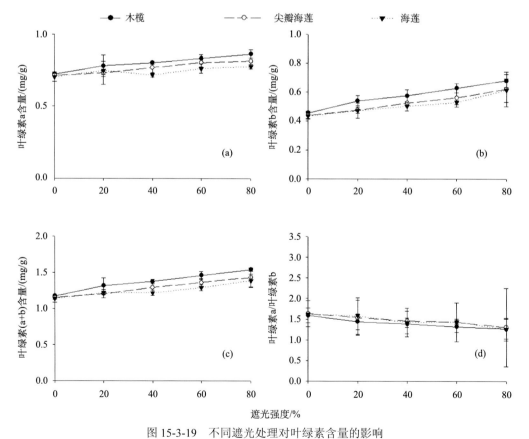

图 15-3-19　不同遮光处理对叶绿素含量的影响

Fig. 15-3-19　Effect of shading degree on Chla、Chlb、Chla+b、Chla/Chlb

从 Chlb 指标上看[图 15-3-19(b)]，随着遮光强度的增大，木榄、尖瓣海莲和海莲幼苗叶片的 Chlb 均呈逐渐增加的趋势。在遮光强度 80%时它们的 Chlb 均有最大值，与对照相比，增幅大小分别为 49.67%、41.86 和 40.83%。

从 Chla+b 指标上看[图 15-3-19(c)]，随着遮光强度的增大，木榄、尖瓣海莲和海莲幼苗叶片的 Chla+b 均呈逐渐增加的趋势。在遮光强度 80%时，3 个种幼苗叶片的 Chla+b 均有最大值，增幅大小分别为 31.10%、24.49%、22.12%。从 Chla/Chlb 指标上看[图 15-3-19(d)]，随着遮光强度的增大，木榄幼苗叶片的 Chla/Chlb 呈逐渐降低的趋势，降幅分别为 22.13%、19.76%、18.22%。

综上所述，幼苗通过提高叶绿素含量，增强吸收光能的能力，缓解遮光对幼苗光合作用的影响。不同幼苗的叶绿素含量对低光照强度的耐受能力表现为木榄>尖瓣海莲>海莲。

（3）不同遮光强度对幼苗生长指标的影响。

不同遮光强度处理下，木榄、尖瓣海莲和海莲幼苗叶片的株高增量和基径增量差异极显著（$p<0.01$）。

从株高增量指标上看[图 15-3-20(a)]，随着遮光强度的增大，木榄、尖瓣海莲和海莲的株高增量呈逐渐下降的趋势，降幅分别为 33.06%、45.21%和 51.58%。可见幼苗的株高增量对遮光强度的耐受能力大小关系为木榄>尖瓣海莲>海莲。从基径增量指标上看[图 15-3-20(b)]，随着遮光强度的增大，木榄、尖瓣海莲和海莲的基径增量呈逐渐下降的趋势，降幅分别为 47.06%、57.38%和 57.47%。可见幼苗的基径增量对遮光强度的耐受能力大小关系为木榄>尖瓣海莲>海莲。

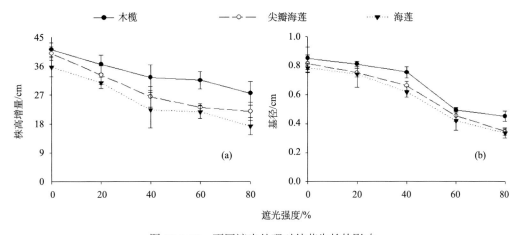

图 15-3-20　不同遮光处理对幼苗生长的影响

Fig. 15-3-20　Effect of shading degree on seedling height and basal diameter

（4）不同遮光强度对幼苗生物量累积的影响。

不同遮光强度处理下，木榄、尖瓣海莲和海莲幼苗叶片的根干重、叶干重、茎干重、总生物量、根冠比差异极显著（$p<0.01$）。

从根干重指标上看[图 15-3-21(a)]，随着遮光强度的增大，3 个种的根干重均呈先增后降的趋势。它们在遮光强度 20%时均有最大值，降幅分别为 57%、64%、66%。从茎干重指标上看[图 15-3-21(b)]，随着遮光强度的增大，3 个种的茎干重均呈先增后降的趋势。它们在遮光强度 20%时均有最大值，降幅分别为 51%、57%、56%。从叶干重指标上看[图 15-3-21(c)]，随着遮光强度的增大，3 个种的叶干重均呈先增后降的趋势。它们在遮光强度 20%时均有最大值，降幅分别为 52%、58%、61%。

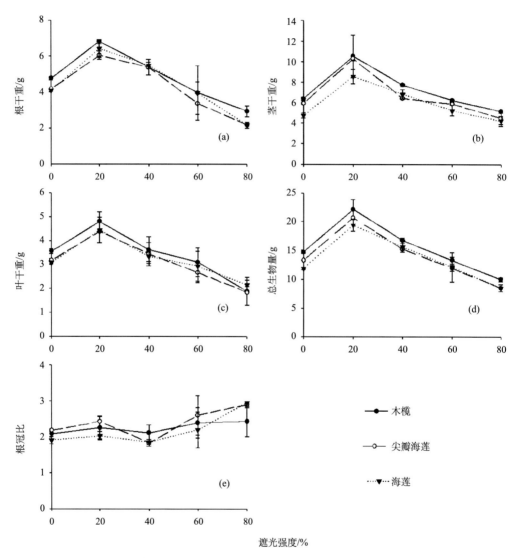

图 15-3-21　不同遮光处理对幼苗干重指标的影响

Fig. 15-3-21　Effect of shading on dry weight index

从总生物量指标上看[图 15-3-21(d)]，随着遮光强度的增大，3 个种的总生物量均呈先增后降的趋势。它们在遮光强度 20%时均有最大值，降幅分别为 41%、57%、59%。

综上所述，过低的光照强度会抑制幼苗的生物量积累，适当的降低光照强度会促进生物量的积累。不同幼苗生物量的降幅反映出幼苗的耐阴能力大小为木榄＞尖瓣海莲＞

海莲。

（5）不同遮光强度对幼苗生长和生理指标的主成分分析。

为了准确分析评价自然杂交种尖瓣海莲及其亲本幼苗对遮光环境的适应性，本研究选择幼苗不同遮光梯度处理下的 13 项生长信息指标进行了主成分分析。由表 15-3-8 可知，木榄、尖瓣海莲和海莲的第一主成分和第二主成分方差累积贡献率都大于 85%，这两个主成分能反映不同遮光强度影响下不同幼苗各指标大部分的信息，以第一主成分为主，使用这两个主成分进行幼苗对不同遮光强度的适应性评价是可行的、合理的。

表 15-3-8　主成分分析特征根

Tab. 15-3-8　Principal components analysis of indices of seedling

物种	主成分	特征值	方差贡献率/%	累积贡献率/%
木榄	F1	9.871	75.928	75.928
	F2	2.652	20.399	98.327
尖瓣海莲	F1	9.755	75.035	75.035
	F2	2.843	21.870	96.905
海莲	F1	9.728	74.829	74.829
	F2	2.560	19.692	94.521

由表 15-3-9 可知，木榄主成分得分从高到低的遮光强度分别为 20%、40%、0、60%、80%，在遮光强度为 20% 的处理下主成分得分最高，在遮光强度为 0 和 40% 处理下的主成分得分值较高，遮光强度≥60% 处理下的主成分得分值较低。尖瓣海莲主成分得分从高到低的遮光强度分别为 20%、0、40%、60%、80%，在遮光强度为 20% 的处理下主成分得分最高，在遮光强度为 0、40% 处理下的主成分得分值较高，遮光强度≥60% 处理下的主成分得分值最低。海莲主成分得分从高到低的遮光强度分别为 0、20%、40%、60%、80%，在遮光强度为 0 的处理下主成分得分最高，在遮光强度为 20%、40% 处理下的主成分得分值较高，遮光强度≥60% 处理下的主成分得分值最低。

表 15-3-9　不同遮光强度下的主成分值

Tab.15-3-9　Values of the principal components with different shading treatments

遮光强度/%	主成分得分		
	木榄	尖瓣海莲	海莲
0	0.603	1.368	2.095
20	2.994	2.960	1.636
40	1.063	0.304	0.552
60	−1.357	−1.588	−1.290
80	−3.302	−3.044	−3.193

主成分分析结果表明，木榄和尖瓣海莲都能在遮光强度 0～40% 处理下正常生长，且都在遮光强度 20% 最适生长，超过 40% 后，则抑制生长。不同之处在于，木榄在 40%

的得分比 0 高，有较强的耐阴性。海莲在 0～40%正常生长，遮光强度 0 处最适宜生长，超过 40%后，则抑制生长。通过对幼苗的 13 项指标的主成分分析得出的结果与上述研究的结论基本一致，且得分更能细致地反映物种在不同遮光环境中的状态。表明尖瓣海莲幼苗生长对遮光的适应性与木榄接近，都高于海莲。

B. 尖瓣海莲及其亲本幼苗对盐胁迫的适应性研究

(1)不同盐度梯度对幼苗光合作用的影响。

不同盐度处理下，木榄、尖瓣海莲和海莲幼苗叶片的净光合速率、气孔导度和蒸腾速率差异极显著($p < 0.01$)。

从净光合速率指标上看[图 15-3-22(a)]，随着盐度的增大，木榄、尖瓣海莲和海莲的净光合速率均呈先增后降的趋势。其中木榄的净光合速率在盐度 15‰处理下有最大值。尖瓣海莲的净光合速率在盐度 10‰处理下有最大值。海莲的净光合速率在盐度 5‰处理下有最大值。从气孔导度指标上看[图 15-3-22(b)]，随着盐度的增大，木榄、尖瓣海莲和海莲的气孔导度均呈先增后降的趋势。其中木榄的气孔导度在盐度 15‰处理下有最大值。尖瓣海莲的气孔导度在盐度 10‰处理下有最大值，海莲在盐度 5‰处理下有最大值。从蒸腾速率指标上看[图 15-3-22(c)]，随着盐度的增大，木榄、尖瓣海莲和海莲的蒸腾速率均呈先增后降的趋势。其中木榄的蒸腾速率在盐度 15‰处理下有最大值。尖瓣海莲和海莲的蒸腾速率在盐度 5‰处理下均有最大值，降幅分别为 50.39%和 61.22%。

综上所述，不同的红树林幼苗通过提高净光合速率，增强物质能量积累，缓解盐度增加对幼苗生长抑制的影响，增强幼苗的逆境抵抗能力。不同幼苗的净光合速率对盐度增加的耐受能力表现为木榄＞尖瓣海莲＞海莲。

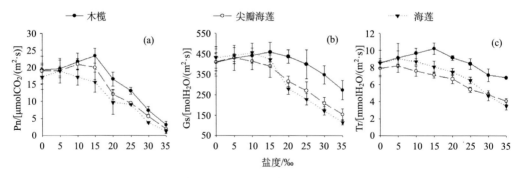

图 15-3-22 不同盐度处理对净光合速率、气孔导度和蒸腾速率的影响

Fig.15-3-22 Effect of salinity on Pn、Gs、Tr

(2)不同盐度梯度对幼苗叶绿素含量的影响。

不同盐度处理下，木榄、尖瓣海莲和海莲幼苗叶片的 Chla、Chlb、Chla+b 和 Chla/Chlb 差异极显著($p < 0.01$)。

从 Chla 指标上看[图 15-3-23(a)]，随着盐度的增大，木榄、尖瓣海莲和海莲的 Chla 均呈先减后增的趋势。其中木榄的 Chla 在盐度 15‰处理下有最小值。尖瓣海莲的 Chla 在盐度 10‰处理下有最小值，在 35‰处理下有最大值。海莲的 Chla 在 5‰处理下有最小值，在 35‰处理下有最大值。从 Chlb 指标上看[图 15-3-23(b)]，随着盐度的增大，木榄、尖瓣海莲和海莲的 Chlb 均呈先减后增的趋势。其中木榄的 Chlb 在盐度 15‰ 处理下有最小值。尖瓣海莲和海莲的 Chlb 在盐度 10‰ 处理下均有最小值，在 35‰ 处理下有最大值，增幅分别为 64.84% 和 46.1%。

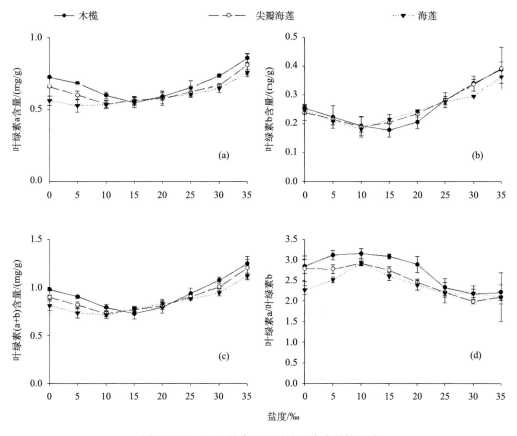

图 15-3-23　不同盐度处理对叶绿素含量的影响

Fig. 15-3-23　Effect of salinity on Chla、Chlb、Chla+b、Chla/Chlb

从 Chla+b 指标上看[图 15-3-23（c）]，随着盐度的增大，木榄、尖瓣海莲和海莲的 Chla+b 均呈先减后增的趋势。其中木榄的 Chla+b 在盐度 15‰ 处理下有最小值，在 35‰ 处理下有最大值。尖瓣海莲和海莲的 Chla+b 在 10‰ 处理下均有最小值，在 35‰ 处理下有最大值，增幅分别为 65.15% 和 56.62%。

综上所述，不同的幼苗通过提高叶绿素含量，增强吸收光能的能力，缓解盐度增加对幼苗光合作用的影响，进而缓解对幼苗生长不利的情况。不同幼苗的叶绿素含量对盐度的耐受能力表现为木榄＞尖瓣海莲＞海莲。

（3）不同盐度梯度对幼苗生长指标的影响。

不同盐度处理下，木榄、尖瓣海莲和海莲幼苗叶片的株高增量和基径增量差异极显著（$p < 0.01$）。

从株高增量指标上看[图 15-3-24（a）]，随着盐度的增大，自然杂交种尖瓣海莲及其亲本 3 个种的株高增量呈先升后降的趋势。其中，木榄的株高增量在 10‰处有最大值。尖瓣海莲和海莲在 5‰处有最大值，降幅分别为 91.62%和 96.61%。不同幼苗株高增量的幅度变化表明，3 个种在植株生长上的能力大小为木榄＞尖瓣海莲＞海莲。从基径增量指标上看[图 15-3-24(b)]，随着盐度的增大，自然杂交种尖瓣海莲及其亲本 3 个种的基径增量呈先升后降的趋势。其中，木榄基径增量在 10‰处有最大值，尖瓣海莲和海莲在 5‰处有最大值，在 35‰处有最小值，降幅为 73.31%、84.15%。不同幼苗株高增量的幅度变化表明，3 个种在植株生长上的能力大小为木榄＞尖瓣海莲＞海莲。

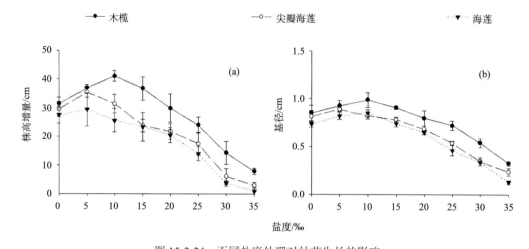

图 15-3-24　不同盐度处理对幼苗生长的影响

Fig. 15-3-24　Effect of salinity on seedling height and basal diameter

(4)不同盐度梯度对幼苗生物量积累的影响。

不同盐度处理下，木榄、尖瓣海莲和海莲幼苗叶片的根干重、茎干重、叶干重、总生物量差异极显著($p < 0.01$)，根冠比差异不显著($p > 0.05$)。

从根干重指标上看[图 15-3-25(a)]，随着盐度的增大，3 个种的根干重均呈先升后降的趋势。其中，木榄在 15‰处有最大值，在 35‰处有最小值。尖瓣海莲和海莲在 10‰处有最大值，在 35‰处有最小值，降幅分别为 86.01%和 86.49%。从茎干重指标上看[图 15-3-25(b)]，随着盐度的增大，3 个种的茎干重均呈先升后降的趋势。其中，它们的茎干重在 10‰处均有最大值，在 35‰处有最小值，降幅分别为 53.11%、62.46%和 82.2%。

从叶干重指标上看[图 15-3-25(c)]，随着盐度的增大，3 个种的叶干重均呈先升后降的趋势。其中，木榄在 15‰处有最大值，在 35‰处有最小值。尖瓣海莲在 10‰处有最大值，在 35‰处有最小值。海莲在 5‰处有最大值，在 35‰处有最小值。从总生物量指标上看[图 15-3-25(d)]，随着盐度的增大，3 个种的总生物量均呈先升后降的趋势。其中，木榄在 15‰处有最大值，在 35‰处有最小值。尖瓣海莲和海莲在 10‰处有最大值，在 35‰处有最小值，降幅分别为 83.26%和 89.30%。

综上所述，随着海水盐度的增加，过高的海水盐度会抑制幼苗的生物量积累，适当的海水盐度会促进幼苗的生物量积累，不同幼苗生物量的降幅反映出幼苗的耐盐能力大小为木榄＞尖瓣海莲＞海莲。

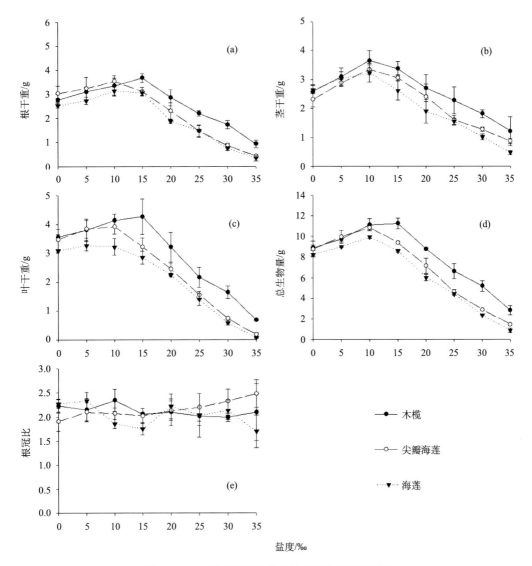

图 15-3-25　不同盐度处理对幼苗干重指标的影响

Fig. 15-3-25　Effect of salinity on dry weight index

（5）不同盐度梯度对幼苗抗逆性生理指标的影响。

不同盐度处理下，木榄、尖瓣海莲和海莲幼苗叶片的 SOD 活性、MDA 含量、Pro 含量差异极显著（$p<0.01$），POD 活性差异显著（$p<0.05$）。

从 SOD 活性指标上看[图 15-3-26（a）]，随着盐度的增大，木榄、尖瓣海莲、海莲幼苗叶片的 SOD 活性均呈先降后增的趋势。木榄在盐度 15‰时有最小值，尖瓣海莲在盐度 10‰时有最小值，海莲在盐度 5‰时有最小值。不同幼苗叶片内的 SOD 活性的幅度变化表明幼苗可以通过提高 SOD 活性来缓解盐胁迫导致幼苗生长不利的情况，不同幼苗叶片内的 SOD 对盐度增加的耐受能力有所不同，表现为木榄＞尖瓣海莲＞海莲。

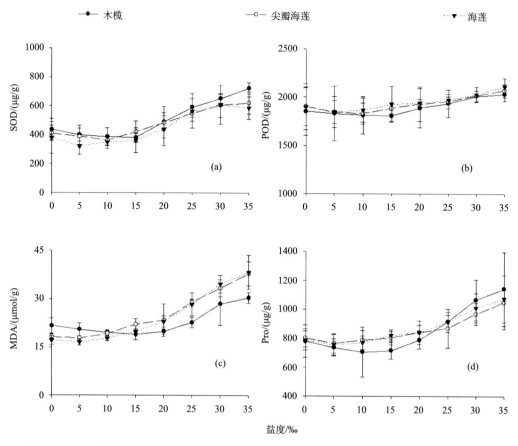

图 15-3-26　不同盐度处理对幼苗超氧化物歧化酶、过氧化物酶、丙二醛、游离脯氨酸的影响

Fig. 15-3-26　Effect of salinity on SOD、POD、MDA、Pro

　　从 POD 活性指标上看[图 15-3-26(b)]，随着盐度的增大，自然杂交种尖瓣海莲及其亲本 3 个种幼苗叶片的 POD 活性均呈先降后增的趋势。木榄的 POD 活性在盐度 15‰处有最小值。海莲在盐度 5‰时有最小值，尖瓣海莲在盐度 10‰时有最小值。不同幼苗叶片内的 POD 活性的幅度变化表明，幼苗可以通过提高 POD 活性来缓解盐胁迫导致幼苗生长不利的情况，不同幼苗叶片内的 POD 对盐度增加的耐受能力有所不同，表现为木榄＞尖瓣海莲＞海莲。

　　从 MDA 含量指标上看[图 15-3-26(c)]，随着盐度的增大，木榄、尖瓣海莲、海莲幼苗叶片内的 MDA 含量均呈先降后增的趋势。木榄在 15‰处有最小值，在 35‰处有最大值。尖瓣海莲和海莲在 5‰处有最小值，在 35‰处有最大值，增幅分别为 114%和 131%。不同幼苗叶片内的 MDA 含量的幅度变化表明，盐胁迫下不同幼苗受损的程度大小表现为海莲＞尖瓣海莲＞木榄。

　　从 Pro 含量指标上看[图 15-3-26(d)]，随着盐度的增大，木榄 3 个种幼苗叶片的 Pro 含量均呈先降后增的趋势。其中，木榄在盐度 10‰处有最小值。尖瓣海莲和海莲在盐度 5‰处均有最小值，在盐度 35‰处有最大值，增幅分别为 37%和 42%。可知不同的红树林幼苗通过提高叶片内 Pro 含量，缓解海水盐度增加对幼苗胁迫损伤的影响，增强幼苗的逆境抵抗能力。不同幼苗叶片内的 Pro 含量对盐度增加的耐受能力表现为木榄＞海莲＞尖瓣海莲。

(6)不同盐度梯度对幼苗生长和生理指标的主成分分析。

为了准确分析评价自然杂交种尖瓣海莲及其亲本植物的耐盐能力，选择幼苗不同盐度梯度处理下的15项生长信息指标进行主成分分析。由表 15-3-10 可知，自然杂交种尖瓣海莲及其亲本3个种的第一主成分(F1)的方差累积贡献率均大于85%，所以第一主成分能反映不同盐度处理下幼苗各生长指标之间的关系，用这个主成分对幼苗的耐盐能力进行评价是可行的、合理的。

表 15-3-10　主成分分析特征根

Tab. 15-3-10　Principal components analysis of indices of seedling

物种	主成分	特征值	方差贡献率/%	累积贡献率/%
木榄	F1	14.250	95.003	95.003
尖瓣海莲	F1	13.930	92.867	92.867
海莲	F1	14.180	94.533	94.533

由表 15-3-11 可知，木榄主成分得分从高到低的处理盐度分别为15‰、10‰、5‰、20‰、0、25‰、30‰、35‰，在盐度为15‰的处理下主成分得分最高，在盐度为5‰和10‰处理下的主成分得分值较高，盐度≥25‰ 处理下的主成分得分值较低。尖瓣海莲和海莲的主成分得分从高到低的处理盐度分别为10‰、5‰、15‰、0、20‰、25‰、30‰、35‰，它们的幼苗在盐度为10‰的处理下主成分得分最高，在盐度为0、5‰、15‰处理下的主成分得分值较高,盐度≥25‰ 处理下的主成分得分值较低。主成分分析结果表明，自然杂交种尖瓣海莲及其亲本3个种在盐度＜25‰处理下均能正常生长，木榄在盐度为15‰下最适生长，尖瓣海莲和海莲在盐度10‰下最适生长，当盐度超过25‰后，则抑制生长。通过对幼苗的15项指标的主成分分析得出的结果与上述的研究结论基本一致，且得分更能细致地反映物种在不同盐度环境中的状态。表明尖瓣海莲幼苗生长对盐度的适应性低于木榄，与海莲接近。

表 15-3-11　不同盐度梯度下的主成分值

Tab. 15-3-11　Values of the principal components with different salinity

盐度/‰	主成分得分		
	木榄	尖瓣海莲	海莲
0	0.658	1.867	2.152
5	2.173	3.537	3.507
10	3.548	3.783	4.198
15	4.060	2.548	2.187
20	1.518	0.572	0.155
25	−1.166	−1.783	−1.767
30	−4.051	−4.309	−4.128
35	−6.742	−6.216	−6.304

C. 尖瓣海莲及其亲本幼苗对淹水胁迫的适应性研究

(1)不同淹水时间对幼苗光合作用的影响。

不同淹水处理下,木榄、尖瓣海莲和海莲幼苗叶片的净光合速率、气孔导度、蒸腾速率差异极显著($p<0.01$)。

从净光合速率指标上看[图 15-3-27(a)],随着淹水时间的延长,自然杂交种尖瓣海莲及其亲本 3 个种的净光合速率均呈先增后降的趋势。尖瓣海莲和海莲的净光合速率在淹水时间 4h/d 处理下有最大值,在 16h/d 处理下有最小值,降幅分别为 45.05%和 47.44%。木榄的净光合速率在淹水时间 8h/d 处理下有最小值,在 16h/d 处理下有最小值。从气孔导度指标上看[图 15-3-27(b)],随着淹水时间的延长,自然杂交种尖瓣海莲及其亲本 3 个种的气孔导度均呈先增后降的趋势。尖瓣海莲和海莲的气孔导度在淹水时间 4h/d 处理下有最大值,在 16h/d 处理下有最小值,降幅分别为 27.14%和 36.89%。木榄的气孔导度在淹水时间 8h/d 处理下有最大值。从蒸腾速率指标上看[图 15-3-27(c)],随着淹水时间的延长,自然杂交种尖瓣海莲及其亲本 3 个种的蒸腾速率均呈先增后降的趋势。尖瓣海莲和海莲的蒸腾速率在淹水时间 4h/d 处理下有最大值,在 16h/d 处理下有最小值,降幅分别为 35.2%和 43.19%。木榄的蒸腾速率在淹水时间 8h/d 处理下有最大值。

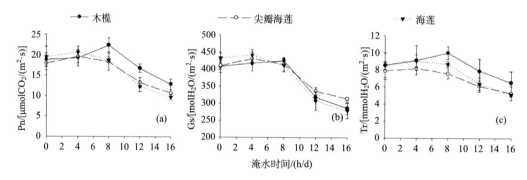

图 15-3-27　不同淹水处理对净光合速率、气孔导度和蒸腾速率的影响

Fig. 15-3-27　Effect of waterlogging time on Pn、Gs、Tr

综上所述,不同的红树林幼苗通过提高净光合速率,增强物质能量积累,缓解淹水增加对幼苗生长抑制的影响,增强幼苗的逆境抵抗能力。不同幼苗的净光合速率对淹水时间增加的耐受能力表现为木榄＞尖瓣海莲＞海莲。

(2)不同淹水时间对幼苗叶绿素含量的影响。

不同淹水处理下,木榄、尖瓣海莲和海莲幼苗叶片的 Chla、Chlb、Chla+b 和 Chla/Chlb 差异极显著($p<0.01$)。

从 Chla 指标上看[图 15-3-28(a)],随着淹水时间的延长,自然杂交种尖瓣海莲及其亲本 3 个种的 Chla 均呈先增后降的趋势。它们的 Chla 在淹水时间 8h/d 处理下均有最大值,在 16h/d 处理下有最小值。尖瓣海莲在各盐度梯度下均高于海莲和木榄。海莲和尖瓣海莲的降幅分别为 25.01%和 40.16%。从 Chlb 指标上看[图 15-3-28(b)],随着淹水时间的延长,自然杂交种尖瓣海莲及其亲本 3 个种的 Chlb 均呈先增后降的趋势,尖瓣海莲和海莲的 Chlb 在淹水时间 4h/d 处理下均有最大值,在 16h/d 处理下均有最小值,降幅分别为 30.57% 和 40.22%。木榄的 Chlb 在淹水时间 8h/d 处理下有最大值，在 16h/d 处理下有最小值。

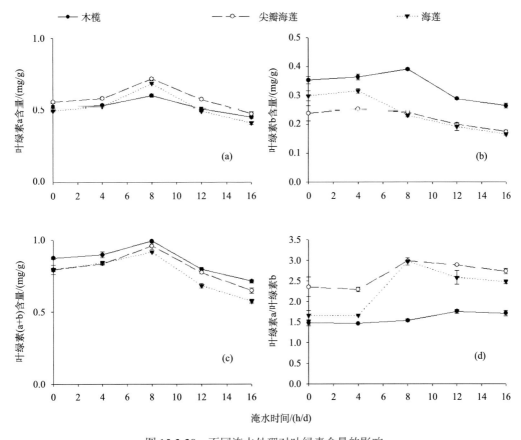

图 15-3-28　不同淹水处理对叶绿素含量的影响

Fig. 15-3-28　Effect of waterlogging time on Chla、Chlb、Chla+b、Chla/Chlb

从 Chla+b 指标上看[图 15-3-28(c)]，随着淹水时间的延长，自然杂交种尖瓣海莲及其亲本 3 个种的 Chla+b 均呈先增后降的趋势。它们的 Chla+b 在淹水时间 8h/d 处理下均有最大值，在 16h/d 处理下有最小值，木榄在各盐度梯度下均高于海莲和尖瓣海莲。海莲和尖瓣海莲的降幅分别为 24.9% 和 37.02%。

Chla/Chlb 总体上有随淹水时间的增加呈缓慢上升的趋势，到一个最高比值后，开始下降。但不同的种其最高比值出现的时间不一样，海莲和尖瓣海莲均出现在淹水时间为 8h 时，木榄为 12h[图 15-3-28(d)]。

综上所述，不同的红树林幼苗通过提高叶绿素含量，增强吸收光能的能力，缓解淹水对幼苗光合作用的影响，进而缓解对幼苗生长不利的情况。在淹水时间不超过 8h/d 的范围内，不同幼苗的叶绿素含量对淹水的耐受能力表现为木榄＞尖瓣海莲＞海莲。

(3)不同淹水时间对幼苗生长指标的影响。

不同淹水处理下，木榄、尖瓣海莲和海莲幼苗叶片的株高增量、基径增量差异极显著($p<0.01$)。

从株高增量指标上看[图 15-3-29(a)]，随着淹水时间的延长，自然杂交种尖瓣海莲及其亲本整体上先增加后降低。其中木榄的株高增量在淹水时间 12h/d 处理下有最大值。尖瓣海莲和海莲的株高增量在淹水时间 8h/d 处理下有最大值，在 16h/d 处理下有最小值，降幅分别为 24.95%和 27.49%。不同幼苗株高增量的幅度变化表明，3 个种在植株生长上的能力大小为木榄＞尖瓣海莲＞海莲。从基径增量指标上看[图 15-3-29(b)]，随着淹水时间的延长，自然杂交种尖瓣海莲及其亲本 3 个种的基径增量均呈先增后降的趋势。其中木榄的基径增量在淹水时间 12h/d 处理下有最大值。尖瓣海莲和海莲的基径增量在淹水时间 8h/d 处理下有最大值，在 16h/d 处理下有最小值，降幅分别为 20.83%和 30%。不同幼苗株高增量的幅度变化表明，3 个种在植株生长上的能力大小为木榄＞尖瓣海莲＞海莲。

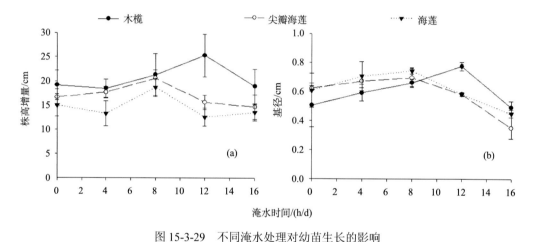

图 15-3-29　不同淹水处理对幼苗生长的影响

Fig. 15-3-29　Effect of waterlogging time on seedling height and basal diameter

(4)不同淹水时间对幼苗生物量积累的影响。

不同淹水处理下，木榄、尖瓣海莲和海莲幼苗叶片的根干重、茎干重、叶干重、总生物量($p<0.01$)差异极显著，根冠比差异不显著($p>0.05$)。

从根干重指标上看[图 15-3-30(a)]，随着淹水时间的延长，自然杂交种尖瓣海莲及其亲本 3 个种的根干重均呈先增后降的趋势。尖瓣海莲和海莲的根干重在 8h/d 处理下均有最大值，在 16h/d 处理下有最小值，降幅分别为 40%和 65.61%。木榄在淹水时间 12h/d 处理下有最大值，在 16h/d 处理下有最小值。不同幼苗根干重的幅度变化表明，3 个种在植物根生物量积累上的能力大小为木榄＞尖瓣海莲＞海莲。

从茎干重指标上看[图 15-3-30(b)]，随着淹水时间的延长，自然杂交种尖瓣海莲及其亲本 3 个种的根干重均呈先增后降的趋势。尖瓣海莲和海莲的茎干重在 8h/d 处理下均有最大值，在 16h/d 处理下有最小值，降幅为 45.09%和 70.88%。木榄在淹水时间 12h/d 处理下有最大值，在 16h/d 处理下有最小值。不同幼苗茎干重的幅度变化表明，3 个种在植物茎生物量积累上的能力大小为木榄＞尖瓣海莲＞海莲。

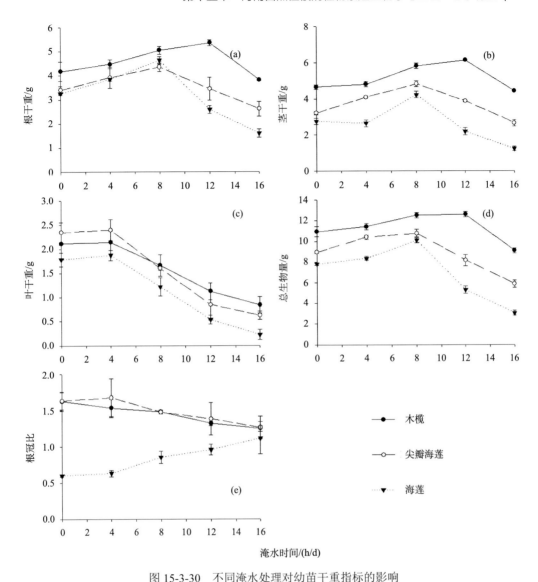

图 15-3-30　不同淹水处理对幼苗干重指标的影响

Fig. 15-3-30　Effect of waterlogging time on dry weight index

从叶干重指标上看[图 15-3-30（c）]，随着淹水时间的延长，木榄、尖瓣海莲、海莲的叶干重呈先增后降的趋势，在 4h/d 处理下有最大值，在 16h/d 处理下有最小值，降幅分别为 60.96%、74.13% 和 88.26%。不同幼苗叶干重的幅度变化表明，3 个种在植物叶生物量积累上的能力大小为木榄＞尖瓣海莲＞海莲。

从总生物量指标上看［图 15-3-30（d）]，随着淹水时间的延长，自然杂交种尖瓣海莲及其亲本 3 个种的总生物量均呈先增后降的趋势。尖瓣海莲和海莲的总生物量在 8h/d 处理下均有最大值，在 16h/d 处理下有最小值，降幅为 43.7% 和 67.28%。木榄在淹水时间 12h/d 处理下有最大值，在 16h/d 处理下有最小值。

综上所述，过高的淹水时间，会抑制幼苗的生物量积累，适当的淹水时间可以促进幼苗的生物量积累。不同幼苗生物量的降幅反映出幼苗的耐淹能力大小为木榄＞尖瓣海莲＞海莲。

(5)不同淹水时间对幼苗抗逆性生理指标的影响。

不同淹水处理下，木榄、尖瓣海莲和海莲幼苗叶片的 SOD 活性、MDA 含量、POD 活性、Pro 含量差异极显著($p<0.01$)。

从 SOD 活性指标上看[图 15-3-31(a)]，随着淹水时间的延长，木榄幼苗叶片的 SOD 活性呈先降后增的趋势，在 4h/d 处理下有最小值，在 16h/d 处理下有最大值。尖瓣海莲和海莲幼苗叶片的 SOD 活性均呈逐渐增加的趋势，增幅分别为 148.85%和 141.02%。不同幼苗叶片内的 SOD 活性的幅度变化表明，幼苗可以通过提高 SOD 活性来缓解淹水胁迫导致幼苗生长不利的情况，不同幼苗叶片内的 SOD 对淹水时间增加的耐受能力有所不同，表现为木榄＞尖瓣海莲＞海莲。

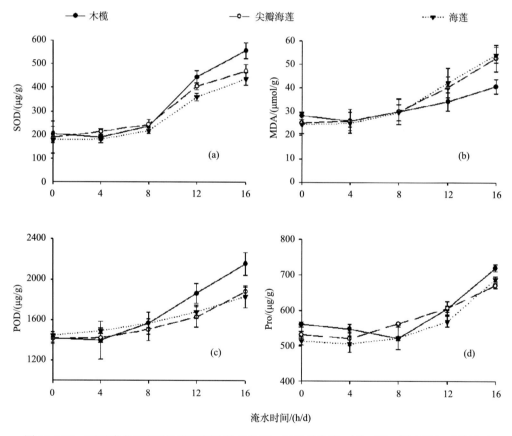

图 15-3-31　不同淹水处理对幼苗超氧化物歧化酶、过氧化物酶、丙二醛、游离脯氨酸的影响
Fig. 15-3-31　Effect of waterlogging time on SOD、POD、MDA、Pro

从 MDA 含量指标上看[图 15-3-31(b)]，随着淹水时间的延长，木榄幼苗叶片的 MDA 含量呈先降后增的趋势，在 4h/d 处理下有最小值。尖瓣海莲和海莲的 MDA 含量呈逐渐增加的趋势，增幅分别为 109%和 121%。不同幼苗叶片内 MDA 含量的幅度变化表明，

淹水胁迫下不同幼苗受损的程度大小表现为海莲＞尖瓣海莲＞木榄。

从 POD 活性指标上看[图 15-3-31(c)]，随着淹水时间的延长，木榄幼苗叶片的 POD 活性呈先降后增的趋势，在 4h/d 处理下有最小值。尖瓣海莲、海莲呈逐渐增加的趋势，在 0 处理下有最小值，在 16h/d 处理下有最大值，增幅分别为 33.23%、26.71%。不同幼苗叶片内的 POD 活性的幅度变化表明，幼苗可以通过提高 POD 活性来缓解淹水胁迫导致幼苗生长不利的情况，不同的幼苗叶片内的 POD 对淹水增加的耐受能力有所不同，表现为木榄＞尖瓣海莲＞海莲。

从 Pro 含量指标上看[图 15-3-31(d)]，随着淹水时间的延长，自然杂交种尖瓣海莲及其亲本 3 个种幼苗叶片的 Pro 含量均呈先降后增的趋势。木榄的 Pro 含量在 8h/d 处理下有最小值。尖瓣海莲和海莲在 4h/d 处理下均有最小值，在 16h/d 处理下均有最大值，增幅分别为 28.88%、36.29%。不同幼苗叶片内的 Pro 含量的幅度变化表明，幼苗可以通过提高 Pro 含量来缓解淹水胁迫导致幼苗生长不利的情况，不同幼苗叶片内的 Pro 含量，对淹水增加的耐受能力有所不同，表现为木榄＞海莲＞尖瓣海莲。

(6) 不同淹水时间对幼苗生长和生理指标的主成分分析。

为了准确分析评价自然杂交种尖瓣海莲及其亲本的耐淹能力，选择幼苗不同淹水时间处理下的 17 项生长信息指标进行主成分分析。由表 15-3-12 可知，木榄、尖瓣海莲和海莲的第一主成分和第二主成分方差累积贡献率都大于 85%，这两个主成分能反映不同淹水时间影响下不同幼苗各指标大部分的信息，以第一主成分为主，使用这两个主成分进行幼苗对不同淹水时间的适应性评价是可行的、合理的。

表 15-3-12　主成分分析特征根
Tab. 15-3-12　Principal components analysis of indices of seedling

物种	主成分	特征值	方差贡献率/%	累积贡献率/%
木榄	F1	11.301	66.476	66.476
	F2	4.976	29.269	95.745
尖瓣海莲	F1	13.513	79.488	79.488
	F2	3.049	17.935	97.423
海莲	F1	13.278	78.109	78.109
	F2	3.316	19.504	97.613

由表 15-3-13 可知，木榄主成分得分从高到低的淹水时间分别为 8h/d、4h/d、0、12h/d、16h/d，在淹水时间为 8h/d 的处理下主成分得分最高，在淹水时间为 4h/d 处理下的主成分得分值较高，淹水时间为 0、12h/d、16h/d 处理下的主成分得分值较低。尖瓣海莲的主成分得分从高到低的淹水时间分别为 8h/d、4h/d、0、12h/d、16h/d，在淹水时间为 8h/d 的处理下主成分得分最高，在淹水时间为 4h/d 处理下的主成分得分值较高，淹水时间为 0、12h/d、16h/d 处理下的主成分得分值较低。海莲的主成分得分从高到低的淹水时间分别为 4h/d、8h/d、0、12h/d、16h/d，在淹水时间为 4h/d 的处理下主成分得分最高，在淹水时间为 0～8h/d 处理下的主成分得分值较高，淹水时间为 0、12h/d、16h/d 处理下的主

成分得分值较低。主成分分析结果表明，木榄在淹水时间<16h/d 处理下均能正常生长，8h/d 处理时最适生长，当淹水时间超过 12h/d 后，则抑制生长。尖瓣海莲和海莲在淹水时间<12h/d 处理下均能正常生长，其中尖瓣海莲在 8h/d 处理时最适生长，海莲在 4h/d 处理时最适宜生长，当淹水时间超过 12h/d 后，则抑制生长。通过对幼苗的 17 项指标的主成分分析得出的结果与上述的研究结论基本一致，且得分更能细致地反映物种在不同淹水环境中的状态。这表明尖瓣海莲对淹水的适应性介于木榄和海莲之间。

表 15-3-13　不同淹水时间下的主成分值
Tab. 15-3-13　Values of the principal components with different waterlogging time

淹水时间/(h/d)	主成分得分		
	木榄	尖瓣海莲	海莲
0	0.249	0.904	1.039
4	1.012	2.032	2.613
8	2.421	2.839	1.147
12	0.152	−1.330	−1.777
16	-3.835	−4.446	−4.021

4. 特点与讨论

在自然界，较多的自然杂交种幼苗对环境的适应性均表现出各自不同的超亲特征，并能够适应与亲本物种不同的极端环境(Gross et al.，2003；Lexer et al.，2004)，如自然杂交种高山松等植物(张立沙等，2012)。本研究发现，所有的红树林植物实验幼苗在接受淹水时间、盐度变化或光照强度变化时，各指标均有其适宜范围和最佳值，并且杂交种在幼苗生长上表现出不同于亲本的特性，呈现较复杂的状况。

1)不同幼苗对光照强度的适应性差异

光照强度对植物幼苗的生长既存在促进作用也存在抑制作用。刁俊明等(2010)对无瓣海桑对光照的响应研究发现，随着光照强度的降低，无瓣海桑的幼苗生长受到抑制。本研究也得出了类似的结果，随着光照强度的降低，海桑属的自然杂交种海南海桑及其亲本杯萼海桑和卵叶海桑的幼苗生长受到抑制。木榄属的自然杂交种尖瓣海莲及其亲本木榄和海莲幼苗的生长也同样受到抑制。进一步的研究还发现随着光照强度降低，海南海桑的株高增量和基径增量的降幅(92.27%、91.92%)均大于亲本杯萼海桑(77.34%、70.94 %)和卵叶海桑(89.06%、76.28%)，这说明海南海桑的幼苗生长对光照强度的适应性低于两个亲本，表现出杂种劣势；尖瓣海莲幼苗的株高增量和基径增量的降幅(45.21%、57.38%)高于木榄(33.06%、47.06%)，低于海莲(51.58%、57.47%)，这表明尖瓣海莲幼苗生长对光照强度的适应性低于亲本木榄，强于亲本海莲。

叶绿素在光合作用中起着吸收光能的作用，其含量的高低直接影响植株光合作用的强弱。杨盛昌等(2003)研究表明秋茄叶片的叶绿素含量在低光照处理下高于高光强处理。而 Ball 和 Critchley(1982)发现实验条件下的白骨壤(海榄雌)叶片内的叶绿素指标并不因光照处理而发生改变，与对照没有显著差异。说明不同物种幼苗的叶绿素含量对光照强度变化的响应有所差异。本研究发现，海桑属的自然杂交种海南海桑及其亲本杯萼海桑和卵叶海桑幼苗叶片内的叶绿素总量随着遮光强度的增加先增后降；而木榄属的自然杂交种尖瓣海莲及其亲本木榄和海莲幼苗叶片内的叶绿素总量随着遮光强度的增加逐渐增加。

对海桑属的进一步研究发现，随着遮光强度的增大，海南海桑在各梯度下的叶绿素总量低于卵叶海桑和杯萼海桑，且卵叶海桑低于杯萼海桑。这表明海南海桑幼苗叶片内的叶绿素含量对光照强度变化的适应性均低于亲本杯萼海桑和卵叶海桑，表现为杂种劣势。对木榄属的进一步研究发现，随着遮光强度的增大，尖瓣海莲幼苗叶片内叶绿素总量的变化幅度（24.49%）大于海莲（22.12%），小于木榄（31.10%）。这表明尖瓣海莲幼苗叶片内的叶绿素含量对光照强度的适应性低于亲本木榄，高于亲本海莲。

光照强度是影响植物净光合速率的重要因素。随着光照强度水平的下降，秋茄幼苗的净光合速率显著下降（杨盛昌等，2003）。遮光90%以上时，白骨壤（海榄雌）幼苗叶片的净光合速率下降了约20%（Sobrado，1999）；本研究发现，海桑属的自然杂交种海南海桑及其亲本杯萼海桑和卵叶海桑幼苗的净光合速率也有类似的变化，随着遮光强度的增大，幼苗的净光合速率也随着降低。木榄属的自然杂交种尖瓣海莲和亲本海莲幼苗净光合速率也呈现降低趋势。

对海桑属的进一步研究发现，海南海桑幼苗净光合速率的下降幅度（65.74%）高于杯萼海桑（45.54%）和卵叶海桑（64.88%）。这说明海南海桑幼苗的净光合速率对光照强度变化的适应性低于两个亲本，表现出杂种劣势。对木榄属的进一步研究发现，尖瓣海莲幼苗净光合速率的下降幅度（30.47%）大于木榄（28.05），小于海莲（47.7%）。这说明尖瓣海莲幼苗的净光合速率对光照强度的适应性小于木榄，大于海莲。

主成分分析法，就是把多个相关联的指标转化为较少个数的几个主成分，这些主成分彼此互不相关，但又能综合反映原来多个指标的主要信息。由于主成分为综合变量，且相互独立，所以用主成分值可以较准确地了解各指标的综合表现（罗美娟，2012）。本研究通过海桑属和木榄属6种幼苗对光照强度变化的生长和光合指标的主成分分析发现，海桑属的杯萼海桑适应的遮光范围为0~40%，最佳遮光强度为20%，海南海桑适应的遮光范围为0~20%，最佳遮光强度为0，卵叶海桑适应的遮光范围为0~40%，最佳遮光强度为0。综合海桑属幼苗的生长和光合指标，总体反映出海南海桑幼苗对光照强度的适应性低于亲本杯萼海桑和卵叶海桑，表现出在光照强度适应上的杂种劣势。木榄属的木榄和尖瓣海莲适应的遮光范围均为0~40%，最适宜光照均为遮光20%。海莲适应的遮光范围为0~40%，最适宜生长的遮光强度为0。综合木榄属幼苗的生长和光合指标，总体反映出尖瓣海莲幼苗对光照强度的适应性低于木榄高于海莲，表现出倾向于亲本木榄的适应性。

2）不同幼苗对盐度适应性差异

高盐胁迫导致植株生长明显停滞，低盐胁迫也会造成植物生长速率变慢（游惠明，2015；廖宝文等，2010）。本研究发现，随着盐度的增大，杯萼海桑和卵叶海桑的株高增量呈先升后降的趋势，而海南海桑呈逐渐下降的趋势，基径增量均呈先增后降的趋势。木榄属的自然杂交种尖瓣海莲及其亲本木榄和海莲幼苗的株高增量、基径增量均表现出先升后降的趋势。

对海桑属进一步的研究发现，随着盐度的增大，杯萼海桑和卵叶海桑的株高增量分别在 10‰和 5‰处有最大值。卵叶海桑和海南海桑的基径增量在 5‰处均有最大值，海南海桑的降幅(72.75%)大于卵叶海桑(84.38%)。杯萼海桑的基径增量在 10‰处有最大值。这表明海南海桑幼苗的生长对盐度的适应性均低于亲本杯萼海桑和卵叶海桑。对木榄属进一步的研究发现，随着盐度的增大，木榄的株高增量在 10‰处有最大值。尖瓣海莲和海莲在 5‰处有最大值，尖瓣海莲的降幅(91.62%)小于海莲(96.61%)。木榄基径增量在 10‰处有最大值，尖瓣海莲和海莲在 5‰处有最大值，尖瓣海莲的降幅(73.31%)小于海莲(84.15%)。这表明尖瓣海莲幼苗生长对盐度的适应性要大于亲本海莲，小于亲本木榄。

盐胁迫通过抑制幼苗的光合作用来间接影响植株生长，并且盐胁迫强度越大，胁迫时间越长，植物的盐害作用则越显著。有研究表明，在大多数情况下，盐胁迫对幼苗光合作用的影响多表现为抑制作用(Soussi et al.，1999)。也有些植物在低盐胁迫下，盐度对光合作用具有一定的促进作用(Khavarinejad and Chaparzadeh，1998；Kurban et al.，1999)。本研究发现，随着盐度增加，海桑属的自然杂交种海南海桑及其亲本杯萼海桑和卵叶海桑幼苗的净光合速率总体上呈现先升后降的趋势，其中杯萼海桑的净光合速率在 10‰处理下有最大值。海南海桑和卵叶海桑的净光合速率在 5‰处理下有最大值。木榄属的自然杂交种尖瓣海莲及其亲本木榄和海莲幼苗的净光合速率总体上呈现先升后降的趋势，尖瓣海莲在 10‰处最大，木榄在 15‰处最大和海莲在 5‰处最大。

对海桑属进一步的研究发现，海南海桑幼苗净光合速率的降幅(86%)大于卵叶海桑(71%)。这表明海南海桑幼苗在净光合速率上对盐度的适应性低于亲本杯萼海桑和卵叶海桑，表现出杂种劣势。对木榄属进一步的研究发现，尖瓣海莲幼苗净光合速率的降幅(62.58%)大于木榄(33.05%)，小于海莲(73.30%)，这表明尖瓣海莲幼苗的净光合速率对盐度的适应性大于亲本海莲，小于亲本木榄。

盐胁迫会导致植物体产生大量的活性氧，进而引起一系列膜系统的过氧化，造成细胞膜质损伤。在这种情况下，为了避免细胞膜质损失，植物自身会产生抗氧化酶(SOD和 POD 等)用来清除体内过量的活性氧，缓解细胞膜系统的氧化损伤(Noetor and Foyer，1998)。本研究发现，随着盐度的增大，杯萼海桑和卵叶海桑幼苗叶片的 SOD 活性先增后降，海南海桑的 SOD 活性逐渐下降。杯萼海桑的 POD 活性先降后增，海南海桑和卵叶海桑的 POD 活性逐渐升高。随着盐度的增大，木榄、尖瓣海莲、海莲幼苗叶片的 SOD、POD 活性均呈先降后增的趋势，其中木榄的 SOD、POD 活性在盐度 15‰时有最小值，尖瓣海莲在盐度 10‰时有最小值，海莲在盐度 5‰时有最小值。

对海桑属进一步的研究发现，杯萼海桑 SOD 活性的降幅(47.13%)小于卵叶海桑(49.6%)。海南海桑 POD 活性的增幅(47.13%)小于卵叶海桑(49.6%)。这表明海南海桑叶片内抗氧化酶活性对盐度的适应性均低于亲本杯萼海桑和卵叶海桑，表现出杂种劣势。对木榄属进一步的研究表明，尖瓣海莲叶片内 SOD 和 POD 活性的变化幅度均都低于亲本木榄，高于海莲。这表明尖瓣海莲叶片内抗氧化酶活性对盐度的适应性介于亲本木榄和海莲之间，大于海莲，小于木榄。

侯建华等(2004)比较了羊草和灰色赖草对盐胁迫的适应性差异,发现杂交种对盐胁迫的敏感性与亲本灰色赖草接近,小于另一亲本羊草。本研究通过海桑属和木榄属6种幼苗对盐度变化的生长、光合和抗氧化酶活性指标的主成分分析发现,海桑属的杯萼海桑适应的盐度范围为0~15‰,最佳盐度为10‰,海南海桑适应的盐度范围为0~10‰,最佳盐度为0,卵叶海桑适应的盐度范围为0~10‰,最佳盐度为5‰。这表明海南海桑对盐度的适应性低于亲本杯萼海桑和卵叶海桑,表现出其盐度适应性上的杂种劣势。而木榄属的木榄、尖瓣海莲和海莲幼苗适宜生长的盐度范围都为0~20‰,木榄最佳生长盐度为15‰,尖瓣海莲和海莲的最佳生长盐度为10‰。这表明尖瓣海莲对盐度的适应性介于亲本木榄和海莲之间,更倾向于海莲。

3)不同幼苗对淹水适应性差异

生长在潮间带的红树植物与陆地植物有所不同,它们的生长过程需要一定的潮汐淹浸(Wang and Zhang,2001)。研究表明,适当的潮汐淹浸有利于红树植物幼苗的生长发育,然而当淹水时间过长,将导致红树林植物幼苗生长受到抑制甚至死亡(Hovenden et al.,1995)。本研究发现,随着淹水时间的延长,海桑属的自然杂交种海南海桑及其亲本杯萼海桑和卵叶海桑幼苗的株高增量、基径增量和生物量积累总体上均表现出先升后降的趋势,淹水时间4h/d时最大;木榄属的自然杂交种尖瓣海莲及其亲本木榄和海莲幼苗的株高增量、基径增量和生物量积累总体上均表现出先升后降的趋势,木榄在淹水时间12h/d时最大,尖瓣海莲和海莲在淹水时间8h/d时最大。

对海桑属进一步的研究发现,海南海桑幼苗的株高增量、基径增量和总生物量积累的降幅(95%、93.15%、90.84%)均大于亲本杯萼海桑(87%、82.5%、71.49%)和卵叶海桑(92%、90.41%、86.13%),这表明海南海桑幼苗的株高增量、基径增量和生物量积累对淹水时间的适应性均低于亲本杯萼海桑和卵叶海桑,表现出杂种劣势。对木榄属进一步的研究发现,尖瓣海莲幼苗的株高增量、基径增量和总生物量的降幅(24.95%、20.83%、43.7%)均低于亲本海莲(27.49%、30%、67.28%),这表明尖瓣海莲幼苗的株高增量、基径增量和生物量积累对淹水时间的适应性低于亲本木榄高于亲本海莲,更倾向于海莲。

淹水胁迫会造成幼苗叶片内的光合速率显著下降。在淹水胁迫的早期阶段,幼苗叶片会通过关闭气孔来缓解淹水带来的胁迫作用,气孔关闭使得二氧化碳的同化速率降低,导致植物光合速率的降低。随着淹水胁迫的逐渐加深,幼苗叶片内的叶绿素含量表现为逐渐减少的趋势,使得与光合作用有关的酶活性也会逐步降低,因而植物的光合作用受到严重的抑制(张阳等,2011)。本研究发现,随着淹水时间的延长,海南海桑和卵叶海桑的净光合速率均呈逐渐下降的趋势,杯萼海桑的净光合速率呈先增后降的趋势。木榄属的自然杂交种尖瓣海莲及其亲本木榄和海莲幼苗的净光合速率总体上均表现为先升后降的趋势,木榄在淹水时间8h/d时最大,尖瓣海莲和海莲在淹水时间4h/d时最大。

对海桑属进一步的研究发现,海南海桑幼苗的净光合速率的降幅(67.54%)大于亲本卵叶海桑(64.48%),这表明海南海桑幼苗的净光合速率对淹水时间的适应性低于两个亲本,表现出杂种劣势。对木榄属进一步的研究发现,尖瓣海莲幼苗的净光合速率的降幅(45.05%)小于海莲(47.44%),这表明尖瓣海莲幼苗的净光合速率对淹水时间的适应性低于亲本木榄,高于亲本海莲,且更倾向于海莲。

淹水胁迫下，植物可以通过诱导酶和抗氧化剂这2种机制来增强耐淹性，诱导酶主要包括 SOD 和 POD 等(吴麟等，2012)。本研究发现，随着淹水时间的延长海桑属的自然杂交种海南海桑及其亲本杯萼海桑和卵叶海桑幼苗叶片内的 SOD 活性总体上均表现出先升后降的趋势，POD 活性总体上表现为逐渐上升的趋势，木榄属的自然杂交种尖瓣海莲及其亲本海莲幼苗叶片内的 SOD、POD 活性总体上均表现为逐渐增加的趋势，木榄的 SOD、POD 活性呈现先降后增的趋势。

对海桑属进一步的研究发现，卵叶海桑在淹水时间 4h/d 处理下有最大值，而杯萼海桑和海南海桑在淹水时间 8h/d 处理下有最大值，降幅分别为34.72%、44.64%，并且海南海桑在各梯度下的 SOD 活性都低于卵叶海桑。海南海桑幼苗叶片内 POD 活性的增幅(48%)均低于亲本杯萼海桑(63.04%)和卵叶海桑(51.22%)。表明海南海桑幼苗叶片内 SOD 和 POD 活性对淹水时间的适应性均低于亲本杯萼海桑和卵叶海桑，表现出杂种劣势。尖瓣海莲幼苗叶片内 SOD 和 POD 活性的增幅(148.85%、33.23%)均高于亲本海莲(141.02%、26.71%)，这表明尖瓣海莲幼苗叶片内 SOD 和 POD 活性对淹水时间的适应性低于亲本木榄，高于亲本海莲，且更倾向于海莲。

本研究通过海桑属和木榄属 6 种幼苗对淹水时间变化的生长、光合和抗氧化酶活性指标的主成分分析发现，海桑属的杯萼海桑适应的淹水时间范围为 0~8h/d，最佳淹水时间 8h/d，海南海桑适应的淹水时间范围为 0~8h/d，最佳淹水时间 0h/d，卵叶海桑适应的淹水时间范围为 0~8h/d，最佳淹水时间 4h/d。海南海桑幼苗的淹水适宜范围与亲本杯萼海桑和卵叶海桑一样，但其最适宜的淹水环境，均低于亲本杯萼海桑和卵叶海桑，这说明海南海桑幼苗对淹水时间的适应性均低于亲本杯萼海桑和卵叶海桑，表现出杂种劣势。木榄属的木榄适应的淹水时间范围为 0~12h/d，最佳淹水时间 8h/d，尖瓣海莲适应的淹水时间范围为 0~8h/d，最佳淹水时间 8h/d，海莲适应的淹水时间范围为 0~8h/d，最佳淹水时间 4h/d。这表明尖瓣海莲幼苗对淹水时间的适应性低于亲本木榄，高于亲本海莲，更倾向于海莲。

综上所述，通过对海桑属和木榄属 6 种幼苗的光照、盐度、淹水三种环境因素的控制实验研究，结果表明不同环境条件下两个自然杂交种与它们各自亲本幼苗的生长、光合和抗氧化酶活性等指标，均表现出海桑属自然杂交种海南海桑对光照强度、盐度和淹水时间的适应性低于其两个亲本杯萼海桑和卵叶海桑，表现出其杂种劣势，而木榄属的自然杂交种尖瓣海莲对光照强度、盐度和淹水时间的适应性低于亲本木榄，高于亲本海莲，且更倾向于亲本海莲。

参 考 文 献

柴胜丰, 蒋运生, 韦霄, 等. 2010. 濒危植物合柱金莲木种子萌发特性[J]. 生态学杂志, 29(2): 233-237.

陈凯, 杨梅, 刘世男. 2019. 不同光照对观光木幼苗生长及光合生理特性的影响[J]. 北华大学学报(自然科学版), 20(4): 536-541.

陈鹭真, 王文卿, 林鹏, 等. 2005. 潮汐淹水时间对秋茄幼苗生长的影响[J]. 海洋学报, 27(2): 141-147.

陈鹭真, 钟才荣, 苏博, 等. 2010. 2008 年南方低温对我国红树植物的破坏作用[J]. 植物生态学报,

34(2): 186-194.

刁俊明, 曾宪录, 陈桂珠. 2010. 无瓣海桑幼苗对不同遮光度的生理生态响应[J]. 生态学杂志, 29(7): 1289-1294.

范德芹, 赵学胜, 朱文泉, 等. 2016. 植物物候遥感监测精度影响因素研究综述[J]. 地理科学进展, 35: 304-319.

高蕴璋. 1983. 中国植物志 第五十二卷 第二分册[M]. 北京: 科学出版社: 111-118.

郭柯. 2003. 山地落叶阔叶林优势树种米心水青冈幼苗的定居[J]. 应用生态学报, 14(2): 161-164.

何斌源. 2009. 全口潮海区红树林造林关键技术的生理生态基础研究[D]. 厦门: 厦门大学.

侯建华, 云锦凤, 张东晖. 2004. 羊草(*Leymus chinensis*)与灰色赖草(*Leymus cinereus*)及其杂交种(F₁)的抗旱生理特性比较[J]. 干旱地区农业研究, (4): 131-134.

李海生, 陈桂珠, 施苏华. 2004. 海南海桑遗传多样性的 ISSR 研究[J]. 中山大学学报(自然科学版), 43(2): 68-71.

李招弟. 2009. 红花玉兰(*Magnolia wufengensis*)幼苗光合特性及其对温度胁迫的生理响应[D]. 北京: 北京林业大学.

廖宝文, 邱凤英, 谭凤仪, 等. 2009. 红树植物秋茄幼苗对模拟潮汐淹浸时间的适应性研究[J]. 华南农业大学学报, 30(3): 49-54.

廖宝文, 邱凤英, 张留恩, 等. 2010. 盐度对尖瓣海莲幼苗生长及其生理生态特性的影响[J]. 生态学报, 30(23): 6363-6371.

廖宝文, 郑德章, 郑松发, 等. 1997. 海桑种子发芽条件的研究[J]. 中南林学院学报, 17(1): 25-27.

廖岩, 陈桂珠. 2007. 三种红树植物对盐胁迫的生理适应[J]. 生态学报, 6: 2208-2214.

林鹏. 1984. 红树林[M]. 北京: 海洋出版社: 1-104.

林鹏. 1997. 中国红树林生态系[M]. 北京: 科学出版社.

卢训令. 2006. 不同干扰背景下常绿阔叶林主要优势种幼苗幼树光合生理生态特性比较[D]. 开封: 河南大学.

罗美娟. 2012. 红树植物桐花树幼苗对潮汐淹水胁迫的响应研究[D]. 北京: 中国林业科学研究院.

莫竹承, 何斌源, 范航清. 1999. 抚育措施对红树植物幼树生长的影响[J]. 广西科学, 6(3): 231-234.

强劲. 2014. TDR 法、烘干法测定土壤含水量的比较研究[J]. 民营科技, (5): 19-20.

秦舒浩, 李玲玲. 2006. 遮光处理对西葫芦幼苗形态特征及光合生理特性的影响[J]. 应用生态学报, 17(4): 653-656.

冉春燕. 2006. 缙云山常绿阔叶林几个树种幼苗对不同光环境的响应与适应[D]. 重庆: 西南大学.

宋玉霞, 郭生虎, 牛东玲, 等. 2008. 濒危植物肉苁蓉(*Cistanche deserticola*)繁育系统研究[J]. 植物研究, 28(3): 278-282.

谭敦炎, 朱建雯. 1998. 雪莲的生殖生态学研究[J]. 新疆农业大学学报, 21(1): 1-5.

唐兰, 何平, 肖宜安, 等. 2006. 中国西南地区珍稀濒危及国家保护植物区系地理[J]. 广西植物, 26(2): 132-136.

王瑞江, 陈忠毅, 陈二英, 等. 1999. 国产海桑属植物的两个杂交种[J]. 广西植物, 19(3): 199-204.

韦艺. 2017. 光照及氮沉降互作对闽楠幼苗生长及生理特性的影响[D]. 南宁: 广西大学.

吴大荣, 王伯荪. 2001. 濒危树种闽楠种子和幼苗生态学研究[J]. 生态学报, 21(11): 1751-1760.

吴麟, 张伟伟, 葛晓敏, 等. 2012. 植物对淹水胁迫的响应机制研究进展[J]. 世界林业研究, 25(6): 27-33.

杨盛昌, 中须贺常雄, 林鹏. 2003. 光强对秋茄幼苗的生长和光合特性的影响[J]. 厦门大学学报(自然科学版), 2: 242-247.

杨小波, 王伯荪. 1999. 森林次生演替优势种苗木的光可塑性比较研究[J]. 植物学通报, 16(3): 304-309.

叶勇, 卢昌义, 胡宏友, 等. 2004. 三种泌盐红树植物对盐胁迫的耐受性比较[J]. 生态学报, 11: 2444-2450.

游惠明. 2015. 秋茄幼苗对盐度、淹水环境的生长适应[J]. 应用生态学报, 26(3): 675-680.

岳红娟, 仝川, 朱锦懋, 等. 2010. 濒危植物南方红豆杉种子雨和土壤种子库特征[J]. 生态学报, 30(16): 4389-4400.

张俊杰, 韦霄, 柴胜丰, 等. 2018. 珍稀濒危植物金丝李种子的休眠机理[J]. 生态学杂志, 298(5): 83-93.

张立沙, 代剑峰, 高琼, 等. 2012. 高山松与亲本种多种群在高海拔生境下的苗期适应性研究[J]. 北京林业大学学报, 34(5): 15-24.

张阳, 李瑞莲, 张德胜, 等. 2011. 涝渍对植物影响研究进展[J]. 作物研究, 25(2): 420-424.

张颖, 李燕华, 张晓楠, 等. 2017. 濒危红树植物红榄李开花生物学特征及繁育系统[J]. 应用与环境生物学报, 23(1): 77-81.

郑道君, 吴宇佳, 云勇, 等. 2016. 濒危植物海南龙血树种子萌发及其环境适应性分析[J]. 热带亚热带植物学报, 24(1): 71-79.

祖元刚, 张文辉, 阎秀峰, 等. 1999. 濒危植物裂叶沙参保护生物学[M]. 北京: 科学出版社: 1-11.

Agren J. 1996. Population size, pollinator limitation, and seed set in the self-incompatible herb *Lytbrum salicaria*[J]. Ecology, 77: 1779-1790.

Agyeman V K, Swaine M D, Thompson J. 1999. Responses of tropical forest seedings to irradiance and the derivation of a light response index[J]. Journal of Ecology, 87: 815-827.

Alberton B, Torres R S, Cancian L F, et al. 2017. Introducing digital cameras to monitor plant phenology in the tropics: Applications for conservation[J]. Perspectives in Ecology and Conservation, 15: 82-90.

Ball M C, Critchley C. 1982. Photosynthetic responses to irradiance by the grey mangrove, *Avicennia marina*, grown under the light regime [J]. Plant Physiology, 70: 1101-1106.

Borchert R, Rivera G. 2001. Photoperiodic control of seasonal development and dormancy in tropical stem-succulent trees[J]. Tree Physiology, 21: 213-221.

Byers D L. 1995. Pollen quantity and quality as explanations for low seed set in small populations exemplified by *Eupatorium*(Asteraccac)[J]. American Journal of Botany, 82: 1000-1006.

Clark J S, Macklin E, Wood L. 1998. Stages and spatial scales of recruitment limitation in southern Appalachian forests[J]. Ecological Monographs, 68(2): 213-235.

Cruden R W. 1977. Pollen-ovule ratios: A conservative indicator of breeding systems in flowering plants[J]. Evolution, 31(1): 32.

Coleman J S, Bazzaz F A. 1992. Effects of CO_2 and temperature on growth and resource use of co-occurring C_3 and C_4 annuals[J]. Ecology, 73(4): 1244-1259.

Dafni A. 1992. Pollination ecology[M]. New York: Oxford University Press.

Delagrange S, Messier C, Lechowicz M J, et al. 2004. Physiological, morpologyical and allocational plasticity in understory decideuous tree: Impormtance of plant size and light availability[J]. Tree Physiology, 24: 775-784.

Edwards E J, Benham D G, Marland L A, et al. 2004. Root production is determined by radiation flux in a temperate grassland community[J]. Globle Change Biology, 10: 209-227.

Ellstrand N C, Elam D R. 1993. Population genetic consequences of small population size: Implications for plant conservation[J]. Annual Review of Ecology and Systematics, 24: 217-243.

Farquhar G D, Sharkey T D. 1982, Stomatal Conductance and Photosynthesis[J]. Annual Review of Plant Physiology, 33(1): 317-345.

Fenner M. 1987. Seed Ecology[M]. New York: Chapman and Hall.

Givnish T J. 1988. Adaptation to sun and shade: A whole-plant perspection[J]. Australlian Journal of Plant Physiology, 15: 63-92.

Gross B L, Schwarzbach R E, Rieseberg L H. 2003. Origin(s) of the diploid hybrid species Helianthus deserticola (Asteraceae) [J]. American Journal of Botany, 90:1708-1719.

Gul B, Weber D J. 1996. Effect of salinity, light, and themperiod on the seed germination of *Allenrolfea occidentalis* [J]. Canadian Journal of Botany, 77: 1-7.

Hovenden M J, Curran M, Cole M A, et al. 1995. Ventilation and respiration in roots of one-year-old seedlings of grey mangrove *Avicennia marina*(Forssk.)Vierh[J]. Hydrobiologia, 295: 23-29.

Imai N, Takyu M, Nakamura Y, et al. 2006. Gap Formation and Regeneration of Tropical Mangrove Forests in Ranong, Thailand[J]. Plant Ecology, 186(1): 37-46.

Ke'ry M, Matthies D, Spillmann H H. 2000. Reduced fecundity and offspring performance in small populations of the declining grassland plants *Primula veris* and *Gentiana lutea*[J]. Journal of Ecology, 88: 17-30.

Khan M A, Gul B. 1998. High salt tolerance in germination dimorphic seeds of *Arthrocnemum indicum* [J]. International Journal of Plant Sciences, 159(5): 826-832.

Khan M A, Gul B, Weber D J. 2000. Germination responses to *Salicornia rubra* to temperature and salinity[J]. J Arid Environ, 45: 207-214.

Khavarinejad R A, Chaparzadeh N. 1998. The effects of NaCl and $CaCl_2$ on photosynthesis and growth of alfalfa plants[J]. Photosynthetica, (35): 461-466.

Kobe R K, Pacala W, Silander J A. 1995. Juvenile tree survivorship as a componnent of shade tolerance[J]. Ecological Application, 5: 517-532.

Kudoh H. 2016. Molecular phenology in plants: Innatura systems biology for the comprehensive understanding of seasonal responses under natural environments[J]. New Phytologist, 210: 399-412.

Kurban H, Saneoka H, Nehira K. 1999. Effect of salinity ongrowth, photosynthesis and mineral composition inleguminous plant *Alhagi pseudoalhagi* [J]. Soil Science and Plant Nutrition, 45(4): 851-862.

Kurten E L, Bunyavejchewin S, Davies S J. 2018. Phenology of a dipterocarp forest with seasonal drought: Insights into the origin of general flowering[J]. Journal of Ecology, 106: 126-136.

Lande R. 1995. Risk of population extinction from fixation of new deleterious mutations[J]. Evolution, 48: 1460-1469.

Lexer C, Lai Z, Rieseberg L H. 2004. Candidate gene polymorphisms associated with sail tolerance in wild sunflower hybrids: Implications for the origin of *Helianthus paradoxus*, a diploid hybrid species[J]. New Phytologist, 161: 225-233.

Lusk C H, Del Pozo A. 2010. Survival and growth of seedlings of 12 Chilean rainforest trees in two light environments: Gas exchange and biomass distribution correlates[J]. Austral Ecology, 27(2): 173-182.

Manfred J, Lesley P, Birgitte S. 2004. Habitat specificity, seed germination and experimental translocation of the endangered herb *Brachycome muelleri*(Asteraceae)[J]. Biological Conservation, 116: 251-267.

Mills M H, Schwartz M W. 2005. Rare plants at the extremes of distribution: Broadly and narrowly distributed rare species[J]. Biodiversity and Conservation, 14: 1401-1420.

Morgan J W. 1999. Effects of population size on seed production and germinability in an endangered, fragmented grassland plant[J]. Conservation Biology, 13: 266-273.

Mori A, Takeda H. 2004. Functional relationships between crown morphology and with -crown characteristics of understory saplings of three codominant conifers in central Japan[J]. Tree Physiology, 24: 661-670.

Noetor G, Foyer C H. 1998. Ascorbate and glutathione: Keeping active oxygen under control[J]. Annual Review of Plant Molecular Biology, 49: 274-279.

Parida A K, Das A B, Mittra B. 2004a. Effects of salt on growth, ion accumulation, photosynthesis and leaf anatomy of the mangrove, *Bruguiera parviflora*[J]. Trees, 18: 167-174.

Parida A K, Das A B, Sanada Y, et al. 2004b. Effects of salinity on biochemical components of the mangrove, *Aegiceras corniculatum*[J]. Aqua Bot, 80: 77-87.

Pias B, Guotian P. 2001. Flowering phenology and pollen-to-ovule ratio in coastal dune communities near Eurosiberian-Mediterranean border in the NW Iberian Peninsula. Flora, 196(6): 475-482.

Poorter L. 1999. Growth responses of 15 rainforest tree species to a light gradient: The relative importance of morphological and physiologyical traits[J]. Functional Ecological, 13: 396-410.

Primack R B, Laube J, Gallinat A S, et al. 2015. From observations to experiments in phenology research: Investigating climate change impacts on trees and shrubs using dormant twigs[J]. Annals of Botany, 116: 889-897.

Reich P B, Tjoelker M G, Walters M B, et al. 1998. Close association of RGR, leaf and root morphology, seed mass and shade tolerance in seedings of nine boreal tree species growth in high and low light[J]. Function Ecology, 12: 327-338.

Sih A, Baltus M S. 1987. Patch size, pollinator behaviour, and pollinator limitation in catnip[J]. Ecology, 68: 1679-1690.

Smith S M, Yang Y Y, Kamiya Y, et al. 1996. Effect of environment and gibberellins on the early growth and development of the red mangrove, *Rhizophora mangle*, L. [J]. Plant Growth Regulation, 20(3): 215-223.

Sobrado M A. 1999. Leaf photosynthesis of the mangrove *Avicennia germinans* as affected by NaCl[J]. Photosynthetica, 36: 547-555.

Soussi M, Lluch C, Ocana A. 1999. Comparative study ofnitrogen fixation and carbon metabolism in two chick-peacultivars under salt stress[J]. Journal of Experimental Botany, 50(340): 1701-1708.

Tomlinson P B. 1986. The botany of Mangroves[M]. Cambridge: Cambridge University Press.

Walters M B, Reich P B. 1996. Are shade tolerance, survival and growth linked? low light and nitrogen effects on harwood seedings[J]. Ecology, 77(3): 841-953.

Wang W Q, Zhang F S. 2001. The physiological and molecular mechanism of adaptation to anaerobiosis in higher plants[J]. Plant Physiology Communications, 37: 63-70.

Xia J, Wan S. 2008. Global response patterns of terrestrial plant species to nitrogen addition[J]. New Phytologist, 179: 428-439.

Yukai C, Xiaobo Y, Qi Y, Donghai, et al. 2014. Factors affecting the distribution pattern of wild plants with extremely small populations in hainan island, china[J]. Plos One, 9(5): e97751.

第十六章　海南岛、海南岛各市县及其乡镇植被图与说明

第一节　海南岛植被图与说明

一、海南岛植被图

（一）海南岛植被图(无市县界线)

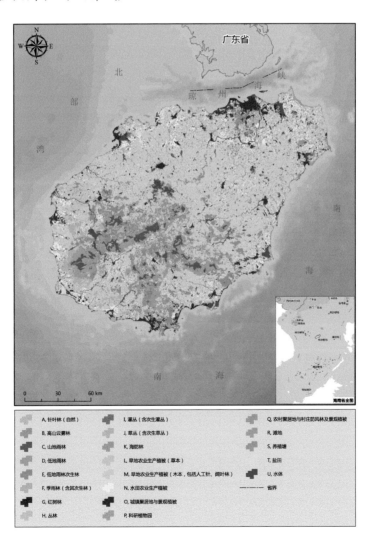

A. 针叶林（自然）　　　I. 灌丛（含次生灌丛）　　　Q. 农村聚居地与村庄防风林及景观植被

B. 高山云雾林　　　　　J. 草丛（含次生草丛）　　　R. 滩地

C. 山地雨林　　　　　　K. 海防林　　　　　　　　　S. 养殖塘

D. 低地雨林　　　　　　L. 旱地农业生产植被（草本）　T. 盐田

E. 低地雨林次生林　　　M. 旱地农业生产植被（木本，包括人工针、阔叶林）　U. 水体

F. 季雨林（含其次生林）　N. 水田农业生产植被

G. 红树林　　　　　　　O. 城镇聚居与景观植被　　　——— 省界

H. 丛林　　　　　　　　P. 科研植物园

(二)海南岛植被图(有市县界线)

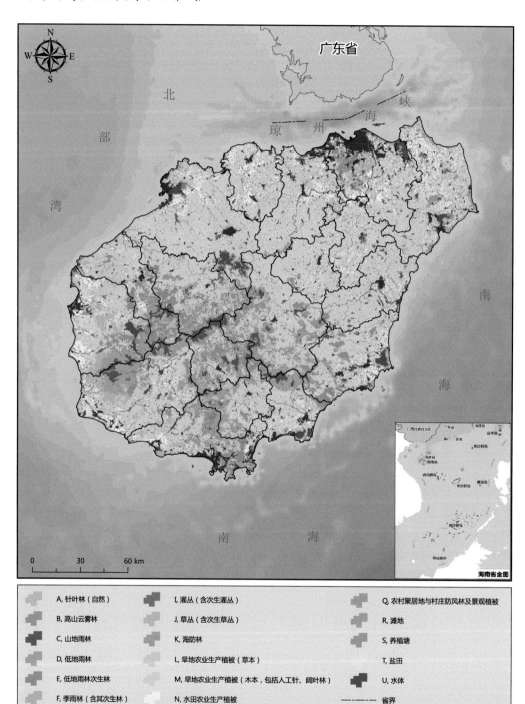

A, 针叶林（自然）	I, 灌丛（含次生灌丛）	Q, 农村聚居地与村庄防风林及景观植被
B, 高山云雾林	J, 草丛（含次生草丛）	R, 滩地
C, 山地雨林	K, 海防林	S, 养殖塘
D, 低地雨林	L, 旱地农业生产植被（草本）	T, 盐田
E, 低地雨林次生林	M, 旱地农业生产植被（木本，包括人工针、阔叶林）	U, 水体
F, 季雨林（含其次生林）	N, 水田农业生产植被	—·—·— 省界
G, 红树林	O, 城镇聚居地与景观植被	—— 市县界
H, 丛林	P, 科研植物园	

二、海南岛植被图的说明

在上面两张海南岛植被分布图中，一张有市县区域界线，一张没有市县区域界线，仅供读者参考。

海南的植被类型多样复杂，历史上关于海南的自然植被分类系统也多种多样。《海南植被志》在综合分析近70年有关海南植被研究的绝大多数文献的基础上，基本采用唐永銮(1982)的观点，海南岛属于湿润热带生态系统，水平地带性植被类型可细分为热带季雨林和热带雨林，不再使用常绿季雨林[广东省植物研究所，1976；《中国植被》编辑委员会(吴征镒等)，1980]、山地常绿阔叶林(陈树培，1982；丁坦等，2002；黄康有等，2007)、山地常绿林(符国瑗，1991；王伯荪和张炜银，2002)、稀树草原[《中国植被》编辑委员会(吴征镒等)，1980]等分类单位。《海南植被志》不再采用这些分类单位的理由，详细分析见《海南植被志》第一卷的第四章第三节。在自然植被类型方面，除水平地带性的热带雨林(低地雨林和山地雨林)、季雨林之外，在垂直地带性分布方面，在季雨林区，由于海拔相对不高，基本上没有垂直带上的差异，在热带雨林区，除了低地雨林和山地雨林外，还分布有高山云雾林、山顶灌丛；非地带性植被类型主要有红树林(含半红树林)、滨海丛林、滨河丛林、次生性灌丛和草丛及藤蔓丛等。海南植被图显现的信息为季雨林、低地雨林次生林、低地雨林和山地雨林，然后是高山云雾林和山顶灌丛及次生灌丛和次生草丛。藤蔓丛主要分布在海岸，较狭窄，无法表示。

另外，人工植被主要有靠近农村聚居地及村庄里的自然、半自然植被，称之为"村庄植被"，植被图中用"农村聚居地与村庄防风林及景观植被"来表达，包括了农村建设用地和周边的植被；还有人工营造的生态防护植被，靠近城镇聚居地和旅游景区等的人工植被或自然、半自然植被，称之为"生态景观植被"，植被图中用"城镇聚居地与景观植被"来表达；农业生产植被可分为水田农业生产植被和旱地农业生产植被等，后者可细分为草本旱地农业生产植被和木本旱地农业生产植被，其中木本旱地农业生产植被包括了各类用材林等林业生产植被，包括橡胶林、槟榔园、果树园等旱地作物生产植被。由于人工植被的分布情况变化较大，同时要区分各类人工植被类型，仍然需要加倍努力，才能做得更好。我们在这方面也做了尝试。但是由于人工植被变化频繁，若已经发生变化，请读者以实际变化后的为准。

概括起来是，《海南植被志》把海南植被区分为山顶灌丛、高山云雾林、山地雨林、低地雨林、低地雨林次生林、季雨林(含其次生林)、针叶林、红树林、丛林、次生灌丛、次生草丛、生态防护植被、生态景观植被、城镇聚居地与景观植被、农村聚居地与村庄防风林及景观植被、水田农业生产植被、木本旱地农业生产植被、草本旱地农业生产植被等，另加水体和滩地。

各类型的面积约为山顶灌丛 65.86hm^2、高山云雾林 3936.87hm^2、山地雨林71 684.39hm^2、低地雨林 129 709.18hm^2、低地雨林次生林 565 909.19hm^2、季雨林(次生林)54 426.81hm^2、针叶林 5141.79hm^2、红树林 3652.65hm^2、丛林 5246.89hm^2、次生灌丛3234.64hm^2、次生草丛4160.75hm^2、生态防护植被 13 984.61hm^2、生态景观植被 10 226.95hm^2、

城镇聚居地与景观植被 85 857.17hm²、农村聚居地与村庄植被 128 816.69hm²、水田农业生产植被 345 246.54hm²、木本旱地农业生产植被 1 753 804.54hm²、草本旱地农业生产植被 79 038.66hm²。另加水体 149 630.16hm² 和滩地 9038.92hm²。总面积约有 3 422 813.28hm² [说明,海南省陆地(主要包括海南岛和西沙群岛、中沙群岛、南沙群岛)总面积 3.54 万 km²,其中海南岛面积有 3.39 万 km²,由于把一些潟湖的海域计算在水体中,海南植被图中各项的面积为 3.42 万 km²,稍比海南岛纯陆域面积要大一些]。

综合前人的研究(司徒尚纪,1987)结果及现代植被的变化情况,海南自然植被锐减主要发生在 20 世纪的 30 年代至 90 年代初这 60 年左右的时间里。1987 年之前的 111 年间,海南天然林的覆盖率达 90%,天然林几乎遍布全岛[现在文昌市文城镇迈众村委会大城村的周边还幸存有天然的青梅(*Vatica mangachapoi*)林(杨小波等,2005),作者之一卢刚在 2017 年发现,幸存面积较小的这片青梅林也开始受到人为的侵占,呼吁相关部门要抓紧在该处建立保护小区],到 1900 年天然林的覆盖率还有 60.5%,1933 年约 50%,1950 年约为 35%,到 1979 年仅幸存 10.42%,1987 年的数据显示有些恢复,但 1993 年的数据再次显示,又回到 1979 年的状态,1994 年起停止天然林商业性采伐,到 2016 年恢复到 19.17%。这种变化均与人类活动密切相关,由于人类经济活动强度不断增强,尤其是橡胶种植业、沿海养殖业、旅游业和城市的扩张及农村外移等因素的影响,原有植被破坏较为严重,植被类型的分布变化很大。各市县,特别是沿海市县的植被类型发生较大的变化,转换速率快,绘制植被分布图极其困难。

另外,由于海南植物群落大多数是多优种群群落,不同的植物群落的界线不明显,很难细分到植被亚型以下的单位。

在受人类干扰强度相对较大的区域,自然植被破碎化严重,很多自然次生林多为残次林,灌丛和草丛也多为残次灌丛和草丛,面积较小,在图里很难表达出来,像一些耕地边缘面积较小的自然灌丛和草丛(含湿生的草丛),只能包含在水田农业生产植被和旱地农业生产植被中,尤其是一些弃荒的农田,可能已经发育成自然草丛,但由于它是一种临时性的草丛,随时都有可能发生变化,我们按土地属性归在水田农业生产植被中,因此,可能与实际情况有些出入。

还有一个方面也是我们在制图中感到相当困难的:我们没有办法做到图例统一在同一级别的植被类型分类单位水平上。有的是为了减少图例,如由南亚松林(*Pinus latteri*)、广东松林和海南油杉林构成的热带性针叶林,是可以细分的,为了减少图例,我们用了针叶林(植被型亚纲)来统称;但季雨林就没有办法区分落叶季雨林和半落叶季雨林的界线,也没有办法区分季雨林与其次生林的界线,因此,只划出了季雨林(次生林)(植被型);红树林也没有细分真红树林、草丛和半红树林,这也是因为半红树林多为窄带状,较难在图中表达,另外,由卤蕨等构成的草丛面积也较小,也较难表达,因此,只用红树林(植被型)来表达,图中细分到优势种为代表的群系,也仅是一种尝试。在海边沙滩上分布的藤蔓丛,也多为窄带状,也较难在图中表达等。总之,关于海南自然植被的分布情况,由于作者水平有限,有表达不到位之处,敬请读者原谅。

另外,还要特别说明的是,在海南植被图中,除了表达各类植被类型的分布情况外,还有水域,包括了面积相对较大的养殖池塘、河流、湖泊(含人工湖泊、水库)和潟湖等,我们还把没有植物生长的相对较大的陆域地块统称为滩地等。

海南植被分类单位与图中植被类型的关系简述如下：

I. 自然植被

（Ⅰ）森林

Ⅰ）针叶林*

Ⅱ）阔叶林

一、热带雨林

（一）低地雨林(图中原始林与次生林分开)*

（二）山地雨林*

二、季雨林(次生林)*

三、高山云雾林*

四、红树林[#](基于近几年开展的全面红树林调查数据做了尝试性细分到群系，第一卷中用类群)

五、滨海(岛屿)沙生性丛林(图中统称为丛林*)

六、滨江沙生性丛林(图中统称为丛林*)

（Ⅱ）灌丛*

（Ⅲ）草丛*

（Ⅳ）藤蔓丛

Ⅱ. 人工植被

（Ⅰ）生态防护植被*

（Ⅱ）生态景观植被*

（Ⅲ）农业生产植被(图中分解为水田农业生产植被*、草本旱地农业生产植被*和木本旱地农业生产植被*)

注：*为植被图中出现的植被类型级别，在县或乡镇植被图中，也努力尝试细分到植被亚型或到群系，第一卷中用类群。#为尝试性细分到群系，第一卷中用类群。

以下为海南各市县及各乡镇的植被分布图(按拼音字母顺序排列，分别是白沙县、保亭县、昌江县、澄迈县、儋州市、定安县、东方市、海口市、乐东县、临高县、陵水县、琼海市、琼中县、三亚市、屯昌县、万宁市、文昌市和五指山市)。

参 考 文 献

陈树培. 1982. 海南岛的植被概要[J]. 生态科学, 创刊号: 29-37.

丁坦, 廖文波, 金建华, 等. 2002. 海南岛吊罗山种子植物区系分析[J]. 广西植物, 22(4): 311-319.

符国瑗. 1986. 海南岛大田坡鹿保护区植被调查初报[J]. 植物生态学与地植物学丛刊, 10(2): 153-156.

广东省植物研究所. 1976. 广东植被[M]. 北京: 科学出版社.

黄康有, 廖文波, 金建华, 等. 2007. 海南岛吊罗山植物群落特征和物种多样性分析[J]. 生态环境, 16(3): 900-905.

司徒尚纪. 1987. 海南岛历史上土地开发研究[M]. 海口: 海南人民出版社.

唐永銮. 1982. 海南岛自然生态系统的分析[J]. 热带地理, 2(1): 1-9.

王伯荪, 张炜银. 2002. 海南岛热带森林植被的类群及其特征[J]. 广西植物, 22(2): 107-115.

杨小波, 吴庆书, 李跃烈, 等. 2005. 海南北部地区热带雨林的组成特征[J]. 林业科学, 41(3): 19-24.

《中国植被》编辑委员会(吴征镒等). 1980. 中国植被[M]. 北京: 科学出版社.

Beard J S. 1944. Climax vegetation in tropical America[J]. Ecology, 25: 137-138.

Beard J S. 1955. The classification of tropical America vegetation types[J]. Ecology, 36: 89-100.

第二节　海南各市县植被图与说明

　　海南省共 19 个市县, 在海南岛上有 18 个市县, 另外还有三沙市。海南岛上的 18 个市县, 按拼音字母顺序排列, 分别是白沙县、保亭县、昌江县、澄迈县、儋州市、定安县、东方市、海口市、乐东县、临高县、陵水县、琼海市、琼中县、三亚市、屯昌县、万宁市、文昌市和五指山市。

　　新建立的海南热带雨林国家公园范围涉及五指山、琼中、白沙、保亭、乐东、东方、昌江、陵水、万宁 9 个市县, 总面积 429 余平方千米, 东起万宁市南桥镇, 西至东方市板桥镇, 南至保亭县毛感乡, 北至白沙县青松乡, 地处东经 108°44'32"～110°04'43"、北纬 18°33'16"～19°14'16", 包括五指山、鹦哥岭、尖峰岭、霸王岭、吊罗山 5 个国家级自然保护区, 佳西岭、黎母山和猴猕岭 3 个省级自然保护区, 黎母山、尖峰岭、吊罗山和霸王岭 4 个国家森林公园, 阿陀岭、盘龙、子阳、猴猕岭、毛瑞和南高岭 6 个省级森林公园及南高岭、通什、毛瑞和卡法 4 个国有林场。但为了方便读者获得相关信息, 在各市县的植被图说明里, 仍然保留老的保护地或林场的名称, 比如原霸王岭国家级自然保护区, 原鹦哥岭国家级自然保护区等等。

一、白沙县

（一）白沙县植被图（无乡镇界线）

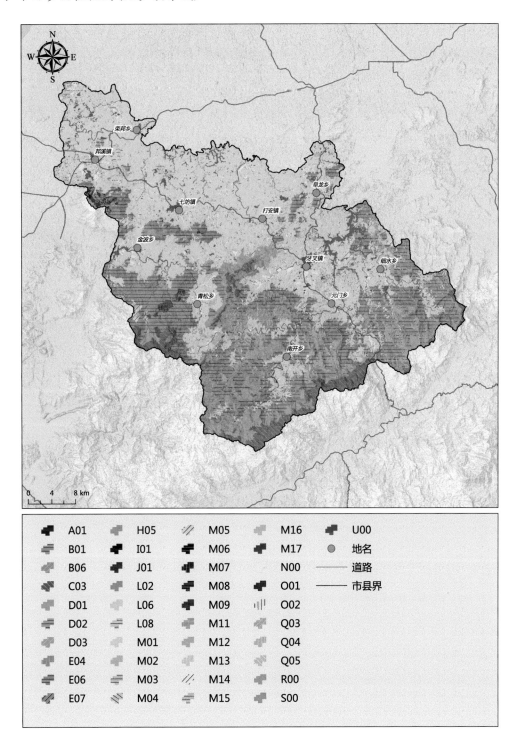

A01	H05	M05	M16	U00		
B01	I01	M06	M17	地名		
B06	J01	M07	N00	道路		
C03	L02	M08	O01	市县界		
D01	L06	M09	O02			
D02	L08	M11	Q03			
D03	M01	M12	Q04			
E04	M02	M13	Q05			
E06	M03	M14	R00			
E07	M04	M15	S00			

(二)白沙县植被图(有乡镇界线)

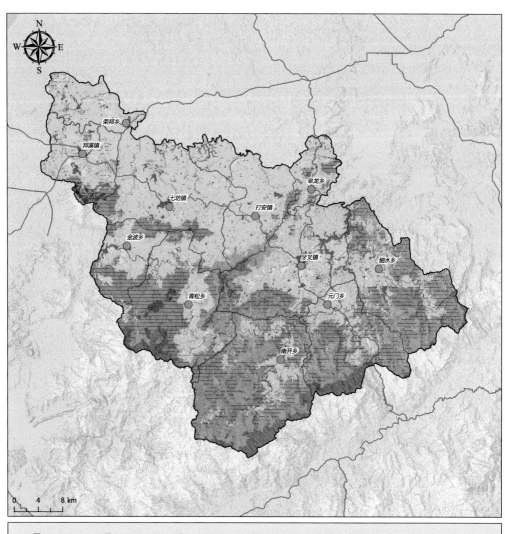

	A01		H05		M05		M16		U00
	B01		I01		M06		M17	●	地名
	B06		J01		M07		N00		道路
	C03		L02		M08		O01		市县界
	D01		L06		M09		O02		乡镇界
	D02		L08		M11		Q03		
	D03		M01		M12		Q04		
	E04		M02		M13		Q05		
	E06		M03		M14		R00		
	E07		M04		M15		S00		

（三）植被图的说明

　　白沙县位于海南中偏西部非沿海地区。除西北部雨量稍小，热量稍大一些，整个县域雨量较充沛，为海南典型的热带雨林区域之一，同时也是中国热带针叶林分布面积最大的县，植被类型多样复杂，植物种类极其丰富。人工种植的橡胶（*Hevea brasiliensis*）（南美热带雨林典型代表树种）群落发育良好。由于原霸王岭国家级自然保护区跨昌江县和白沙县，因此，白沙县的森林植被因海南长臂猿而与昌江县的森林植被齐名（陆阳等，1986；符国瑗，1988；余世孝等，1993；臧润国和杨彦承，1999；臧润国等，1999；龙文兴等，2011a）。与白沙县植被相关的研究工作，最早出现在现代学术刊物上的研究报告是在 20 世纪 60 年代（中山大学生物系植物教研室，1964）。同时，也因为原霸王岭国家级自然保护区跨昌江县和白沙县，霸王岭的植被研究工作也同时涉及了这两个县的植被内容（胡玉佳和丁小球，2000；龙文兴等，2011b），原鹦哥岭国家级自然保护区森林植被也开始引起学术界的关注（王发国等，2006；张荣京等，2010；郝清玉等，2013；江海声等，2013），分布在白沙县境内的植被与植物资源信息亦可从霸王岭、鹦哥岭的相关研究论文中获得；有的学者从林型角度研究白沙县森林的生态服务功能，这对了解白沙县森林植被亦有一定的帮助（林帅等，2009；林声洪等，2013）。从目前的研究论文来看，霸王岭植被的研究案例涉及的内容较多样且全面，主要涉及针叶林、热带雨林、季雨林[实际上，在霸王岭保护区内不存在季雨林，有学者称之为转化季雨林（刘万德等，2009），是人类干扰使局部地区相对干旱，形成的特殊的、热带雨林演替前期的阶段性植被类型，它们多数镶嵌分布在常绿的热带低地雨林中]、高山云雾林等的结构与组成比较研究（余世孝等，1993；黄运峰等，2012；陈玉凯等，2011），生物多样性比较（余世孝和臧润国，2001；Ding et al.，2012a）、森林更新与演替（臧润国和杨彦承，1999；臧润国等，1999；Ding et al.，2012b; Bu et al.，2014；Wang et al.，2016）、种群分布格局与功能性状等方面的研究（卜文圣等，2013；李丹等，2016; Long et al.，2011）。鹦哥岭的植被与植物资源的研究也越来越深入，并随着学者研究水平的提高，在国际上的影响力不断增强。霸王岭、鹦哥岭等国家级保护区和南高岭林场现在已经归入海南热带雨林国家公园。

　　以白沙县为主体，跨乐东县、五指山市和琼中县的原鹦哥岭国家级自然保护区内分布有蕨类植物 289 种，隶属 50 科 118 属（董仕勇，2013），种子植物 1973 种，隶属 185 科 939 属，其中乡土野生种子植物 1735 种，隶属 174 科 834 属（张荣京等，2013）。在人类活动较强的区域，或受人类活动干扰的区域，植物种类相对较少，如从牙叉镇到邦溪镇沿公路两侧 200m，曾记录过维管植物有 478 种，隶属 91 科 271 属。其中蕨类植物有 8 科 10 属 13 种；裸子植物有 1 科 1 属 1 种；双子叶植物有 72 科 223 属 399 种，单子叶植物有 10 科 37 属 65 种；从牙叉镇，经过阜龙乡的(小)鹦哥岭进入儋州的西培农场，沿公路两侧 200m，曾记录过维管植物 879 种，隶属 122 科 443 属。其中蕨类植物有 8 科 9 属 13 种；裸子植物有 4 科 4 属 4 种；双子叶植物有 98 科 380 属 779 种，单子叶植物有 12 科 50 属 83 种。从牙叉镇，经过元门乡到鹦哥岭进入琼中的什运乡，沿公路两侧 200m，曾记录过维管植物 589 种，隶属 95 科 363 属。其中蕨类植物有 10 科 12 属 17 种；裸子植物有 2 科 2 属 3 种；双子叶植物有 73 科 276 属 462 种，单子叶植物有 10 科

73 属 107 种；在邦溪省级自然保护区范围内曾记录有维管植物 454 种，隶属 102 科 328 属，其中蕨类植物有 12 种，隶属 10 科 10 属，裸子植物仅发现买麻藤(*Gnetum montanum*)1 种，被子植物有 441 种，隶属 91 科 317 属(海南省野生动植物管理局提供，2017 年)。

白沙县自然、半自然村庄植被可划分为东南部低山丘陵及西北部丘陵平原植被亚区，西南、南部山区植被亚区两个亚区。东南部低山丘陵及西北部丘陵平原植被亚区主要包括荣邦乡，邦溪镇，七坊镇，阜龙乡，打安镇，牙叉镇东南部、中部和北部地区，细水乡和元门乡北部区域；西南、南部山区植被亚区主要包括金波乡、青松乡、南开乡、牙叉镇西南部和元门乡南部区域。在人类活动区域的植被可称为自然半自然植被和人工植被。

在自然、半自然村庄植被中，常见的植物有高山榕(*Ficus altissima*)、对叶榕(*Ficus hispida*)、榕树(*Ficus microcarpa*)、槟榔(*Areca catechu*)、粉箪竹(*Bambusa chungii*)、青皮竹(*Bambusa textilis*)、甲竹(*Bambusa remotiflora*)、刺竹(印度刺竹)(*Bambusa arundinaceae*)、粉麻竹(*Dendrocalamus pulverulentus*)、香蕉(*Musa nana*)、椰子(*Cocos nucifera*)、苦楝、楹树(*Albizia chinensis*)、龙眼、荔枝(*Litchi chinensis*)、倒吊笔(*Wrightia pubescens*)、波罗蜜(*Artocarpus heterophyllus*)、华南胡椒(*Piper austrosinense*)、大叶蒟(*Piper laetispicum*)、假蒟(*Piper sarmentosum*)、海芋(*Alocasia odora*)、麒麟叶(*Epipremnum pinnatum*)、大管(*Micromelum falcatum*)等多种。

白沙县虽然地处海南中偏西部山区，但由于受人类活动的影响，自然森林也遭到一定程度的破坏，森林受到破坏后形成的次生灌丛、草丛多与自然次生林或人工植被镶嵌分布。在灌丛、草丛或灌草丛中，常见的植物有桃金娘(*Rhodomyrtus tomentosa*)、紫毛野牡丹(*Melastoma penicillatum*)、玉叶金花(*Mussaenda pubescens*)、海南赪桐(*Clerodendrum hainanense*)、野蕉(*Musa balbisiana*)、假鹰爪(*Desmos chinensis*)、棒花蒲桃(*Syzygium claviflorum*)、了哥王(*Wikstroemia indica*)、光荚含羞草(*Mimosa bimucronata*)、破布叶(*Microcos paniculata*)、黄花稔(*Sida acuta*)、锈毛野桐(*Mallotus anomalus*)、刺桑(*Streblus ilicifolius*)、余甘子(*Phyllanthus emblica*)、叶被木(*Streblus taxoides*)、粗叶榕(*Ficus hirta*)、火索麻(*Helicteres isora*)、红背山麻杆(*Alchornea trewioides*)、刺篱木(*Flacourtia indica*)、膜叶嘉赐树(*Casearia membranacea*)、黑叶谷木(*Memecylon nigrescens*)、厚皮树(*Lannea coromandelica*)、山芝麻(*Helicteres angustifolia*)、铁芒萁、毛排钱草(*Phyllodium elegans*)、排钱草(*Phyllodium pulchellum*)、小蓬草(加拿大蓬)(*Erigeron canadensis*)、褐毛狗尾草(*Setaria pallidifusca*)、地毯草(*Axonopus compressus*)、白花地胆草、芒、割鸡芒(*Hypolytrum nemorum*)、飞机草(*Chromolaena odorata*)、水蔗草(*Apluda mutica*)、散穗黑莎草(*Gahnia baniensis*)、粽叶芦(*Thysanolaena latifolia*)、金盏银盘(*Bidens biternata*)、粗叶耳草(*Hedyotis verticillata*)、鬼针草(*Bidens pilosa*)、白茅、斑茅(*Saccharum arundinaceum*)、五节芒(*Miscanthus floridulus*)等多种；常见的小乔木、乔木类植物有细基丸、潺槁木姜子、黄毛榕(金毛榕)(*Ficus fulva*)、乌墨(*Syzygium cumini*)、中平树(*Macaranga denticulata*)、黄牛木(*Cratoxylum cochinchinense*)、木棉、秋枫(*Bischofia javanica*)、白楸、黄豆树(菲律宾合欢、白格)(*Albizia procera*)、大果榕、对叶榕等多种；常见的藤本植物有海金沙(*Lygodium japonicum*)、粪箕笃(*Stephania longa*)、锡叶藤(*Tetracera sarmentosa*)、越南悬钩子(*Rubus cochinchinensis*)、

伞花茉栾藤（山猪菜）(*Merremia umbellata*)、龙须藤(*Bauhinia championii*)。

在西北部丘陵平原幸存的低地雨林次生林里，常见的植物有枫香(*Liquidambar formosana*)、楹树、岭南山竹子(*Garcinia oblongifolia*)、海南栲(*Castanopsis hainanensis*)、烟斗柯(*Lithocarpus corneus*)、印度栲(*Castanopsis indica*)、野漆(*Toxicodendron succedaneum*)、鸭脚木（鹅掌柴）(*Schefflera heptaphylla*)、竹叶木姜子(*Litsea pseudoelongata*)、九丁榕(*Ficus nervosa*)、木棉(*Bombax ceiba*)、银柴(*Aporosa dioica*)、海南红豆(*Ormosia pinnata*)、华润楠(*Machilus chinensis*)、山乌桕(*Triadica cochinchinensis*)、高山榕、苹果榕(*Ficus oligodon*)、潺槁木姜子(*Litsea glutinosa*)、乌墨、中平树、对叶榕、厚皮树、厚壳桂(*Cryptocarya chinensis*)、海南菜豆树(*Radermachera hainanensis*)、算盘子(*Glochidion puberum*)、禾串树(*Bridelia balansae*)、翻白叶树（异叶翅子木）(*Pterospermum heterophyllum*)、翅子树(*Pterospermum acerifolium*)、黄牛木、橄榄（白榄）(*Canarium album*)、木荷(*Schima superba*)、美叶菜豆树(*Radermachera frondosa*)、竹叶花椒、白楸(*Mallotus paniculatus*)、秋枫、草豆蔻(*Alpinia hainanensis*)、长花龙血树(*Dracaena angustifolia*)、三稔蒟（羽脉山麻杆）(*Alchornea rugosa*)、紫鸭跖草(*Tradescantia virginiana*)、山杜英(*Elaeocarpus sylvestris*)、三桠苦(*Melicope pteleifolia*)、假柿木姜子(*Litsea monopetala*)、笔管榕(*Ficus subpisocarpa*)、无患子(*Sapindus saponaria*)、瓜馥木(*Fissistigma oldhamii*)、海南暗罗(*Polyalthia laui*)、紫玉盘(*Uvaria macrophylla*)、钝叶樟（桂）(*Cinnamomum bejolghota*)、海南荛花(*Wikstroemia hainanensis*)、谷木(*Memecylon ligustrifolium*)、白茶(*Koilodepas hainanense*)、银叶树(*Heritiera littoralis*)、山龙眼(*Helicia formosana*)、大花五桠果(*Dillenia turbinata*)、锡叶藤、钩枝藤(*Ancistrocladus tectorius*)、柏拉木(*Blastus cochinchinensis*)、鼠刺栲(*Castanopsis fissa*)、公孙锥（细刺栲、越南白锥）、(*Castanopsis tonkinensis*)、黑面神(*Breynia fruticosa*)、野牡丹(*Melastoma malabathricum*)、紫毛野牡丹、桃金娘、割舌树(*Walsura robusta*)、九节(*Psychotria asiatica*)、大果榕(*Ficus auriculata*)、药用狗牙花(*Tabernaemontana bovina*)、金钟藤(*Merremia boisiana*)、玉叶金花、单叶省藤(*Calamus simplicifolius*)等多种。

在西南部山区还分布有高山云雾林、南亚松林和海南油杉林等针叶林、山地雨林和低地雨林及其次生林。在高山云雾林中，常见的植物有五列木(*Pentaphylax euryo*ides)、硬斗柯(*Lithocarpus hancei*)、金叶含笑(*Michelia foveolata*)、轮叶三棱栎(*Trigonobalanus verticillata*)、海南蕈树(*Altingia obovata*)、厚皮香(*Ternstroemia gymnanthera*)、猴头杜鹃(*Rhododendron simiarum*)、木荷、大头茶(*Polyspora axillaris*)、海南山胡椒(*Lindera robusta*)、黄叶树(*Xanthophyllum hainanense*)、乐东拟单性木兰(*Parakmeria lotungensis*)、红鳞蒲桃(*Syzygium hancei*)、灰毛杜英(*Elaeocarpus limitaneus*)、沙坝冬青(*Ilex chapaensis*)、红柯(*Lithocarpus fenzelianus*)、线枝蒲桃(*Syzygium araiocladum*)、广东松（华南五针松）(*Pinus kwangtungensis*)、海南五针松(*Pinus fenzeliana*)、饭甑青冈(*Cyclobalanopsis fleuryi*)、毛棉杜鹃(*Rhododendron moulmainense*)、隐脉红淡比(*Cleyera obscurinervia*)、罗浮柿(*Diospyros morrisiana*)、景烈樟、厚皮香八角(*Illicium ternstroemioides*)、海南木莲(*Manglietia fordiana* var. *hainanensis*)、樟叶泡花树(*Meliosma *squamulata*)、南烛(*Vaccinium bracteatum*)等多种(林家怡等，2007)。

白沙县分布的热带性针叶林，是海南也是中国面积最大、类型最多的热带性针叶林，其中青松地区最具代表性。在白沙县内主要有南亚松林、海南油杉林和广东松林。

在南亚松林中，常见的植物有南亚松、野漆(*Toxicodendron succedaneum*)、厚皮树、艾胶算盘子(*Glochidion lanceolarium*)、黄樟(*Cinnamomum parthenoxylon*)、乌墨、黄牛木、烟斗柯(*Lithocarpus corneus*)、胡颓子叶柯(*Lithocarpus elaeagnifolius*)、翅子树、银柴(*Aporosa dioica*)、楹树、细基丸(*Polyalthia cerasoides*)、九节(*Psychotria asiatica*)、水锦树(*Wendlandia uvariifolia*)、海南水锦树(*W. merrilliana*)、毛柿(*Diospyros strigosa*)、刚莠竹(*Microstegium ciliatum*)、斑茅(*Saccharum arundinaceum*)、草豆蔻(*Alpinia hainanensis*)、海南砂仁(*Amomum longiligulare*)、长花龙血树(*Dracaena angustifolia*)和大果油麻藤(褐毛黧豆)(*Mucuna macrocarpa*)、粉叶菝葜(*Smilax corbularia*)等。

在海南油杉林(针叶林)中，常见的植物有海南油杉(*Keteleeria hainanensis*)、公孙锥、陆均松(*Dacrydium pectinatum*)、五列木、凸脉冬青(*Ilex kobuskiana*)、黄叶树、樟叶泡花树、网脉琼楠(*Beilschmiedia tsangii*)、海南木莲、锈叶新木姜子(*Neolitsea cambodiana*)、海南蕈树（阿丁枫）、十蕊枫(*Acer laurinum*)、景烈樟、厚皮香、异形木(*Allomorphia balansae*)、米槠(*Castanopsis carlesii*)、厚壳桂等多种(林家怡，2013)。

在海南五针松林中，常见的植物有海南五针松、公孙锥、陆均松、五列木、琼崖柯、黄叶树、线枝蒲桃、木荷、藜蒴、毛棉杜鹃、林仔竹(*Oligostachyum nuspiculum*)和芒(*Miscanthus sinensis*)等多种(林家怡，2013)。

在山地雨林中常见的植物有陆均松、鸡毛松(*Dacrycarpus imbricatus*)、公孙锥、线枝蒲桃、五列木、鸭脚木、琼崖柯、凸脉冬青、黄叶树、黄桐(*Endospermum chinense*)、罗伞树(*Ardisia quinquegona*)、光叶菝葜(*Smilax corbularia* var. *woodii*)、厚边木犀(*Osmanthus marginatus*)、海南木莲、海南蕈树、猴头杜鹃(*Rhododendron simiarum*)、尖峰润楠(*Machilus monticola*)、轮叶三棱栎、红鳞蒲桃、栎子青冈(*Cyclobalanopsis blakei*)、卵叶樟(*Cinnamomum rigidissimum*)、华润楠、赤楠蒲桃(*Syzygium buxifolium*)、海南韶子(*Nephelium topengii*)、云南银柴(*Aporosa yunnanensis*)、谷木、四蕊三角瓣花(*Prismatomeris tetrandra*)、九节、柏拉木、假益智(*Alpinia maclurei*)、双盖蕨(*Diplazium donianum*)、小花山姜(*Alpinia brevis*)、木荷、柄果柯、密脉蒲桃(*Syzygium chunianum*)、海南山龙眼(*Helicia hainanensis*)、(越南)小果山龙眼(*Helicia cochinchinensis*)、巢蕨(*Neottopteris nidus*)、螳蜋藤(*Pothos repens*)、葡匐九节(*Psychotria serpens*)、掌叶海金沙(*Lygodium digitatum*)、铁草鞋(*Hoya pottsii*)、糙叶卷柏(*Selaginella scabrifolia*)和单叶新月蕨(*Pronephrium simplex*)等多种(林家怡，2013)。

在低地雨林及其次生林中，常见的植物有青梅、野生荔枝、海南韶子、鸭脚木、红毛丹(*Nephelium lappaceum*)、海南暗罗、野生龙眼(*Dimocarpus longan*)、密脉蒲桃、普洱茶(野茶)(*Camellia sinensis* var. *assamica*)、多香木(*Polyosma cambodiana*)、海南山龙眼(*Helicia hainanensis*)、厚壳桂、青藤公(*Ficus langkokensis*)、海南木莲、海南大风子(*Hydnocarpus hainanensis*)、海南粗榧(*Cephalotaxus mannii*)、南酸枣(*Choerospondias axillaris*)、红果樫木(*Dysoxylum binectariferum*)、大果榕、水翁蒲桃(*syzygium nervosum*)、

滑桃树(*Trevia nudiflora*)、秋枫、厚皮树、枫香、木棉、苦楝(*Melia azedarach*)、黄豆树(*Albizia procera*)、银柴、楹树、黄葛榕(*Ficus virens*)、倒吊笔、翻白叶树、木荷(*Schima superba*)、海南菜豆树、乌墨、野漆、桃金娘、土花椒、潺槁木姜子、岭南山竹子、草豆蔻、三稔蒟、紫鸭跖草、山杜英、三桠苦(三叉苦)、紫毛野牡丹、玉叶金花、白茅(*Imperata cylindrica*)、铁芒萁、粗叶悬钩子(*Rubus alceifolius*)、黄牛木、海南榄仁(*Terminalia nigrovenulosa*)、叶被木、刺桑、白楸、厚壳桂、烟斗柯、印度栲、钩枝藤、灯台树(*Cornus controversa*)、山乌桕、榕树、假苹婆(*Sterculia lanceolata*)、白榄、高山榕、海金沙、柏拉木、白茶、细基丸(*Polyalthia cerasoides*)、山龙眼、大花第伦桃、锡叶藤、鸭脚木、海南锦香草(*Phyllagathis hainanensis*)、条裂叉蕨(*Tectaria phaeocaulis*)、吊石苣苔(*Lysionotus pauciflorus*)、黑顶卷柏(*Selaginella picta*)、深绿卷柏(*Selaginella doederleinii*)、椭圆线柱苣苔(*Rhynchotechum ellipticum*)、双盖蕨、巢蕨(*Neottopteris nidus*)、崖姜蕨(*Pseudodrynaria coronans*)、海南叉蕨(*Tectaria fauriei*)、弯柄假复叶耳蕨(*Acrorumohra diffracta*)、华南实蕨(*Bolbitis subcordata*)、海南肋毛蕨(*Ctenitis decurrenti-pinnata*)、刺蕨(*Egenolfia appendiculata*)、虎克鳞盖蕨(*Microlepia hookeriana*)、乌蕨(*Stenoloma chusanum*)等多种。偶尔发现坡垒(*Hopea hainanensis*)、土沉香(*Aquilaria sinensis*)、大叶黑桫椤(*Alsophila gigantea*)、白桫椤(*Sphaeropteris brunoniana*)、油楠(*Sindora glabra*)等一些国家级重点保护植物。

　　由于白沙县是受人类活动干扰相对较弱的县，除西北部地区植被类型的分布变化较大外，东南部山区植被类型变化较小，保存较好，这使我们科研人员感到高兴，这也是白沙县人民对海南的贡献。但由于山高路远，调查研究还是不够深入，绘制植被分布图也较困难，其准确性有待后人进一步完善。现绘制的植被分布图，若有不妥之处，敬请原谅。以下为白沙县各乡镇植被分布图(按拼音字母顺序排列)。

参 考 文 献

卜文圣, 臧润国, 丁易, 等. 2013. 海南岛热带低地雨林群落水平植物功能性状与环境因子相关性随演替阶段的变化[J]. 生物多样性, 21(3): 278-287.

陈玉凯, 杨小波, 李东海, 等. 2011. 海南霸王岭海南油杉群落优势种群的种间联结性研究[J]. 植物科学学报, 29(3): 278-287.

董仕勇. 2013. (鹦哥岭)蕨类植物名录更新与濒危状况评估. 见: 江海声, 陈辈乐, 周亚东, 等. 海南鹦哥岭自然保护区生物多样性及其保育[M]. 北京: 中国林业出版社.

符国瑗. 1988. 海南岛坝王岭长臂猿自然保护区山地雨林的调查[J]. 广东林业科技, (1): 25-28.

郝清玉, 刘强, 王士泉, 等. 2013. 鹦哥岭山地雨林不同海拔区森林群落的生物量研究[J]. 热带亚热带植物学报, 21(6): 529-537.

胡玉佳, 丁小球. 2000. 海南岛坝王岭热带天然林植物物种多样性研究[J]. 生物多样性, 8(4): 370-377.

黄运峰, 丁易, 臧润国, 等. 2012. 海南岛霸王岭热带低地雨林树木的空间格局[J]. 植物生态学报, 36(4): 269-280.

江海声, 陈辈乐, 周亚东, 等. 2013. 海南鹦哥岭自然保护区生物多样性及其保育[M]. 北京: 中国林业出版社.

林家怡, 吴世捷, 庄雪影, 等. 2007. 海南鹦哥岭轮叶三棱栎(*Trigonobalanus verticillata*)群落特征与保护对策[J]. 生态学报, 27(6): 2230-2238.

林声洪, 余雪标, 王旭, 等. 2013. 海南白沙县主要森林类型碳汇功能及其经济价值评价[J]. 热带林业, 41(1): 4-7.

林帅, 李飞, 周亚东. 2009. 白沙县森林生态服务功能价值核算[J]. 热带林业, 37(4): 7-9.

李丹, 张萱蓉, 杨小波. 等. 2016. 自然保护区对濒危植物种群保护效果探索——以海南昌江县青梅种群为例[J]. 林业资源管理, 2(1): 118-125.

龙文兴, 丁易, 臧润国, 等. 2011a. 海南岛霸王岭热带云雾林雨季的环境特征[J]. 植物生态学报, 35(2): 137-146.

龙文兴, 臧润国, 丁易. 2011b. 海南岛霸王岭热带山地常绿林和热带山顶矮林群落特征[J]. 生物多样性, 19(5): 558-566.

刘万德, 臧润国, 丁易. 2009. 海南岛三种低海拔热带林的生物量变化规律[J]. 自然资源学报, (7): 1212-1222.

陆阳, 李鸣光, 黄雅文, 等. 1986. 海南岛霸王岭长臂猿自然保护区植被[J]. 植物生态学报, 10(2): 28-36.

王发国, 张荣京, 叶育石, 等. 2006. 海南鹦哥岭自然保护区的特有及珍稀濒危植物[C]. 全国系统与进化植物学研讨会暨系统与进化植物学青年研讨会.

余世孝, 张宏达, 王伯荪. 1993. 海南岛霸王岭热带山地植被研究 I. 永久样地设置与群落类型[J]. 生态科学, (2): 13-17.

余世孝, 臧润国. 2001. 海南岛霸王岭垂直带热带植被物种多样性的空间分析[J]. 生态学报, 21(9): 1438-1443.

臧润国, 杨彦承. 1999. 海南岛热带山地雨林林隙及其自然干扰特征[J]. 林业科学, 35(1): 2-8.

臧润国, 余世孝, 刘静艳, 等. 1999. 海南霸王岭热带山地雨林林隙更新规律的研究[J]. 生态学报, 19(2): 151-158.

中山大学生物系植物教研室. 1964. 中山大学植物生态学与地植物学的野外调查及试验工作[J]. 植物生态学报, (2): 117-118.

张荣京, 邢福武, 吴世捷, 等. 2013. 种子植物物种多样性. 见: 江海声, 陈辈乐, 周亚东, 等. 海南鹦哥岭自然保护区生物多样性及其保育[M]. 北京: 中国林业出版社.

张荣京, 陈红锋, 叶育石, 等. 2010. 海南鹦哥岭的种子植物资源[J]. 华南农业大学学报, 31(3): 116-118.

Bu W, Zang R, Ding Y. 2014. Field observed relationships between biodiversity and ecosystem functioning during secondary succession in a tropical lowland rainforest[J]. Acta Oecologica, 55: 1-7.

Ding Yi, Zang Runguo, Liu Shirong, et al. 2012a. Recovery of woody plant diversity in tropical rain forests in southern China after logging and shifting cultivation[J]. Biological Conservation, 145: 225-233.

Ding Yi, Zang Runguo, Letcher Susan G, et al. 2012b. Disturbance regime changes the trait distribution, phylogenetic structure, and community assembly of tropical rain forests[J]. Oikos, 121: 1263-1270.

Long W, Zang R, Ding Y. 2011. Air temperature and soil phosphorus availability correlate with trait differences between two types of tropical cloud forests[J]. Flora, 206: 896-903.

Wang X, Long W, Schamp B S, et al. 2016. vascular epiphyte diversity differs with host crown zone and diameter, but not orientation in a tropical cloud forest[J]. Plos One, 11(7): e0158548.

（四）各乡镇植被图

1. 邦溪镇植被图

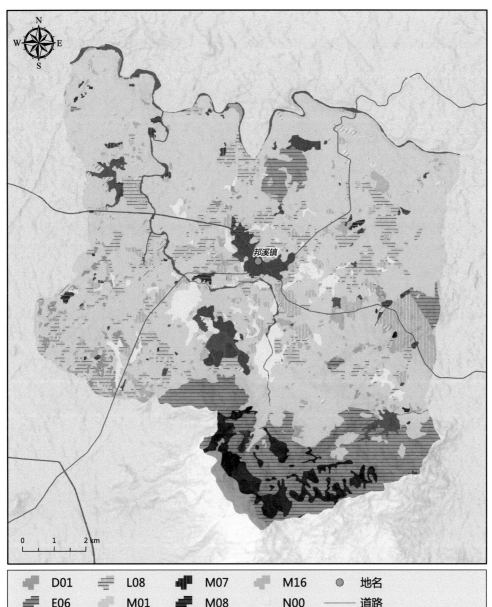

2. 打安镇植被图

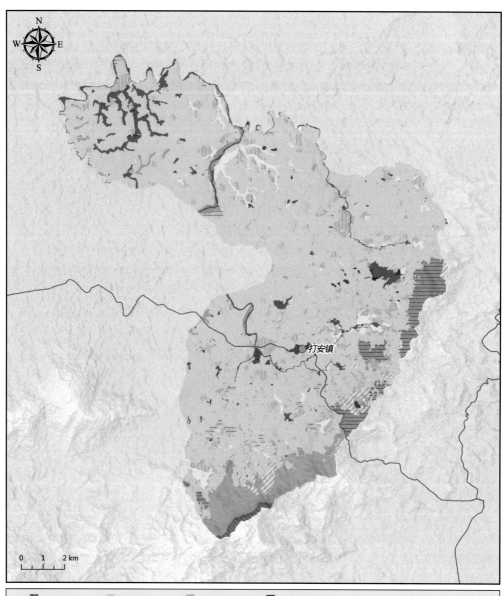

	C03		M01		M11		O01
	D01		M02		M12		Q04
	E06		M03		M14		S00
	H05		M04		M15		U00
	I01		M05		M16		地名
	J01		M07		M17	——	道路
	L08		M08		N00		

3. 阜龙乡植被图

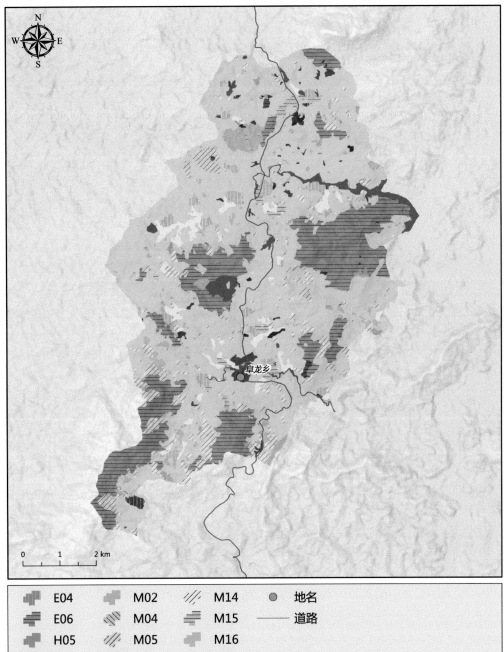

	E04		M02		M14	●	地名
	E06		M04		M15	——	道路
	H05		M05		M16		
	I01		M06		N00		
	J01		M07		O01		
	L08		M08		Q04		
	M01		M12		U00		

4. 金波乡植被图

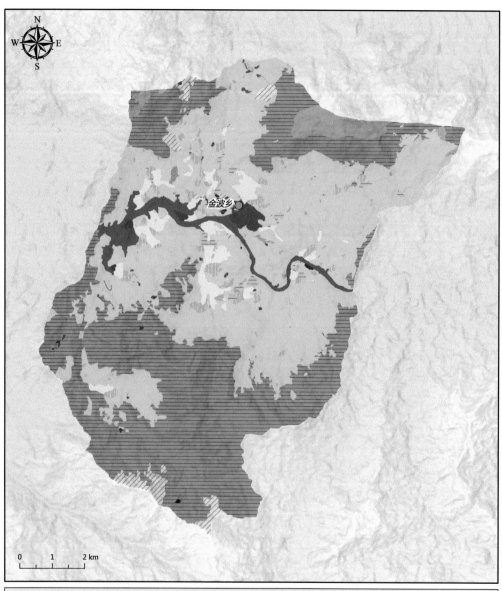

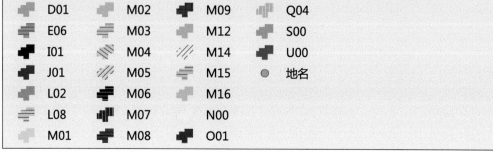

5. 南开乡植被图

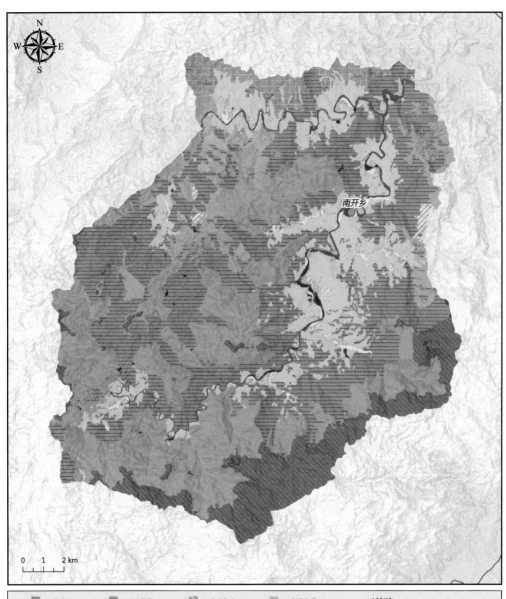

B01	H05	M04	M16	——— 道路
B06	I01	M05	N00	
C03	J01	M08	O01	
D01	L08	M11	Q04	
D02	M01	M12	R00	
D03	M02	M14	U00	
E06	M03	M15	● 地名	

6. 七坊镇植被图

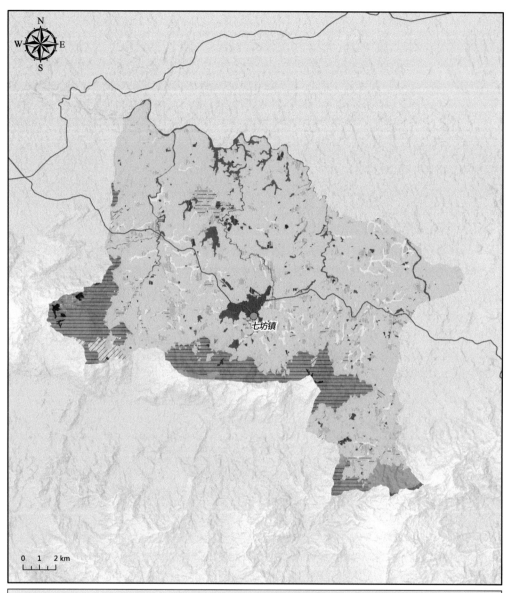

C03	M01	M11	N00	地名	
D01	M02	M12	O01	道路	
E06	M03	M13	Q03		
H05	M04	M14	Q04		
I01	M05	M15	R00		
J01	M07	M16	S00		
L08	M08	M17	U00		

7. 青松乡植被图

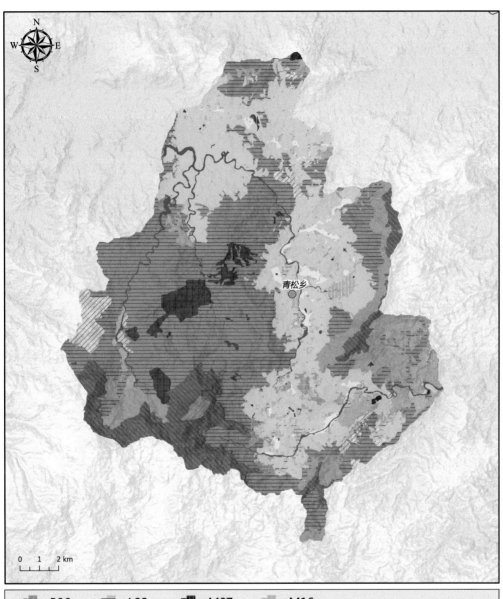

8. 荣邦乡植被图

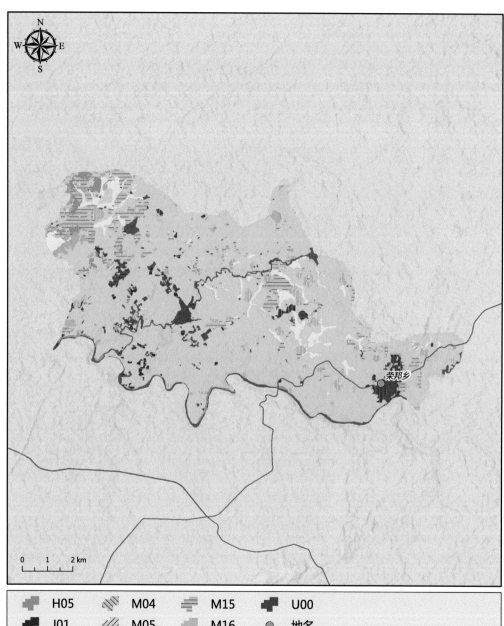

9. 细水乡植被图

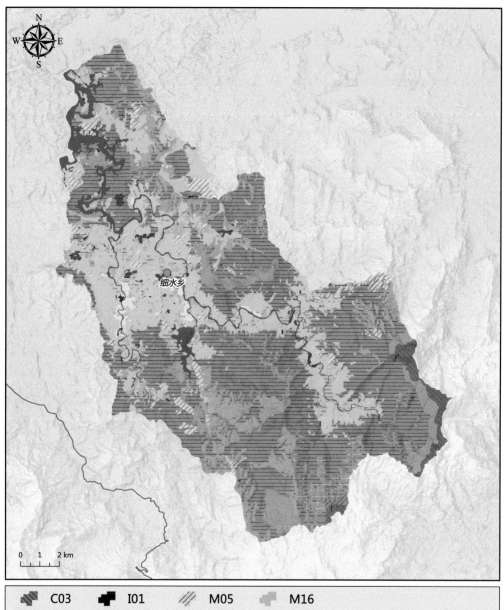

10. 牙叉镇植被图

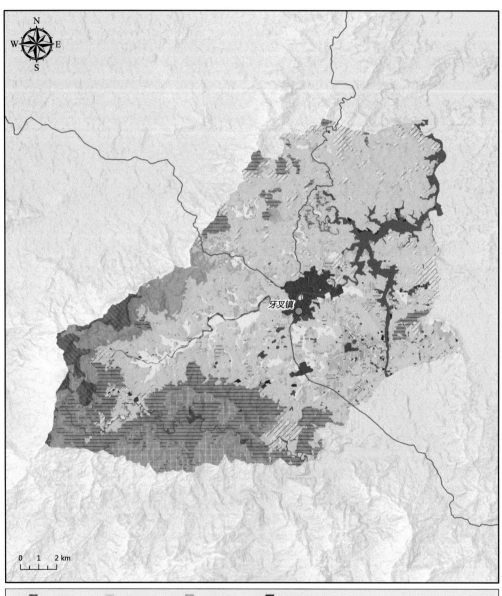

C03	M01	M11	O01
D01	M02	M12	O02
E06	M03	M14	Q04
H05	M04	M15	S00
I01	M05	M16	U00
J01	M07	M17	● 地名
L08	M08	N00	—— 道路

11. 元门乡植被图

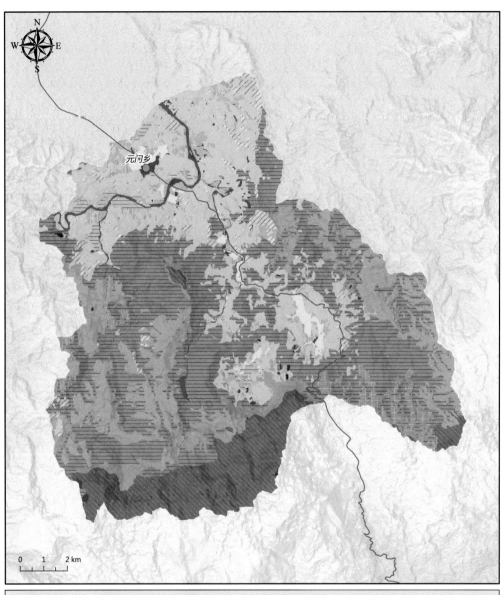

A01		I01		M07		N00	
C03		J01		M08		O01	
D01		L08		M11		Q04	
D03		M01		M12		U00	
E06		M02		M14		地名	
E07		M04		M15		道路	
H05		M05		M16			

二、保亭县

(一)保亭县植被图(无乡镇界线)

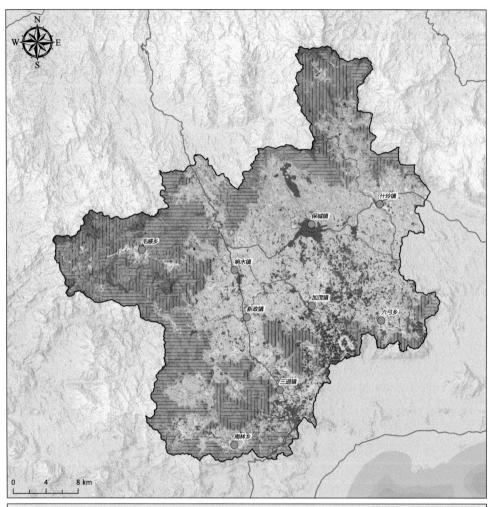

C02	E14	M05	N00	—— 道路
C03	H05	M06	O01	—— 市县界
D02	I01	M07	O02	
D03	I06	M08	Q04	
D04	J01	M11	Q05	
E07	L08	M12	Q07	
E08	M01	M14	R00	
E10	M02	M15	S00	
E11	M03	M16	U00	
E12	M04	M17	地名	

（二）保亭县植被图（有乡镇界线）

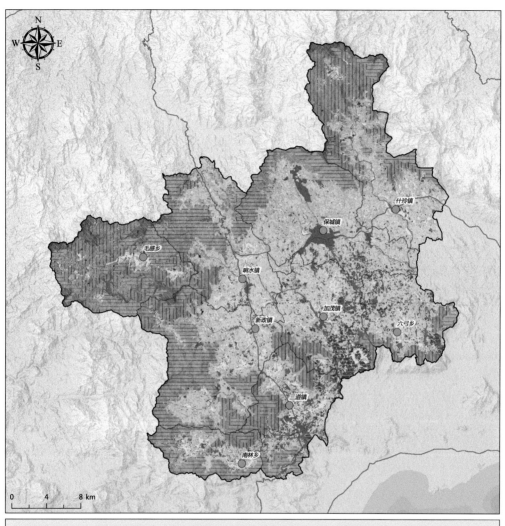

	C02		E14		M05		N00	——	道路
	C03		H05		M06		O01	——	市县界
	D02		I01		M07		O02	——	乡镇界
	D03		I06		M08		Q04		
	D04		J01		M11		Q05		
	E07		L08		M12		Q07		
	E08		M01		M14		R00		
	E10		M02		M15		S00		
	E11		M03		M16		U00		
	E12		M04		M17		地名		

(三)植被图的说明

保亭县位于海南南部非沿海地区。由于保亭县北部山区与吊罗山连成一体，因此，随着原吊罗山国家级自然保护区归入海南热带雨林国家公园，保亭县也有部分区域进入了国家公园。吊罗山的森林植被与植物资源的研究工作，或多或少涉及保亭县(曲仲湘和林英，1955，内部资料)。自1955年后，不断有学者从不同角度开展保亭县植被与植物资源的研究工作(符国瑷和马利，1996；叶凡等，2009；姜灿荣，2013；魏甫等，2013)。与此同时，研究海南植被与植物资源方面涉及保亭县的文献也不少，特别是涉及石灰岩植被与植物资源的文献相对多一些(邢福武和吴德邻，1995；苏文拔，2006；余文刚等，2006；云勇等，2015；秦新生等，2005a，2005b；林泽钦等，2016)。这些工作对了解保亭县植被与植物资源历史和进一步调查研究植被与植物资源的特点有非常重要的意义。

保亭县整个县域雨量充沛，为海南典型的热带雨林区域之一，植物种类丰富，在七仙岭地区曾记录植物1105种，隶属151科538属，其中蕨类植物有54种，隶属16科30属；裸子植物有5种，隶属3科3属；被子植物有1046种，隶属132科505属，其中双子叶植物有921种，隶属115科437属；单子叶植物有125种，隶属17科68属。在七仙岭的森林中，海南苹婆(*Sterculia hainanensis*)等种群发育较好，在林内相对潮湿的环境中，秋海棠科(Begoniaceae)植物相对丰富，颇有特色；在三道镇区域，初步调查记录有维管植物698种，隶属376属102科，其中蕨类植物有14科21属34种；被子植物有88科355属664种，其中双子叶植物有77科291属548种，单子叶植物有11科64属116种。在毛感石灰岩地区曾记录过维管植物579种，隶属105科324属，其中蕨类植物有12科21属33种；裸子植物有3科3属4种；双子叶植物有79科238属444种，单子叶植物有11科62属98种。

另外，保亭县是海南种植热带水果红毛丹(*Nephelium lappaceum*)最好的地区，分布有较多的红毛丹野生近缘种海南韶子(*Nephelium topengii*)，后者在海南中部山区广泛分布，在海南有很强的适应性，通过嫁接等园艺技术，海南有可能做大做强红毛丹种植产业。

依据地形地貌的特点及植被特征，保亭县自然，自然、半自然植被可分为中部、东部、东南部丘陵植被亚区，环北部、西部和南部低山丘陵植被亚区等两个亚区。人工植被主要是农业生产植被，其中旱地农业生产植被点的比例较大。

中部、东部、东南部丘陵植被亚区主要包括六弓乡，加茂镇及什玲镇南部，保城镇中偏南部，响水镇南部，新政镇东北部和三道镇北部、东部及东南部；环北部、西部和南部低山丘陵植被亚区主要包括西北部、北部山区响水镇的中部、北部，保城镇北部，什玲镇的中部、北部区域，西部石灰岩山区毛感乡，西南部、南部低山丘陵小亚区的南林乡，新政镇中部、西部和三道镇的西北部、西部及西南部。

中部、东部、东南部丘陵植被亚区是保亭县人类活动最强烈的区域。自然、半自然植被主要有低地雨林次生林、灌丛和草丛及自然、半自然村庄植被。

在低地雨林次生林里，常见的植物有秋枫(*Bischofia javanica*)、笔管榕(*Ficus subpisocarpa*)、木棉(*Bombax ceiba*)、厚皮树(*Lannea coromandelica*)、美丽梧桐(*Firmiana pulcherrima*)、山杜英(*Elaeocarpus sylvestris*)、谷木(*Memecylon ligustrifolium*)、美叶菜

豆树(*Radermachera frondosa*)、幌伞枫(*Heteropanax fragrans*)、中平树(*Macaranga denticulata*)、枫香(*Liquidambar formosana*)、山乌桕(*Triadica cochinchinensis*)、大果榕(*Ficus auriculata*)、黄杞(*Engelhardia roxburghiana*)、倒吊笔(*Wrightia pubescens*)、黄牛木(*Cratoxylum cochinchinense*)、棟叶吴茱(*Tetradium glabrifolium*)、鹧鸪麻(*Kleinhovia hospita*)、鹊肾树(*Streblus asper*)、三稔蒟(*Alchornea rugosa*)、白饭树(*Flueggea virosa*)、刺柊(*Scolopia chinensis*)、银柴(*Aporosa dioica*)、禾串树(*Bridelia balansae*)、白背算盘子(*Glochidion wrightii*)、白茶(*Koilodepas hainanense*)、白树(*Suregada multiflora*)、锈毛野桐(*Mallotus anomalus*)、破布叶(*Microcos paniculata*)、细基丸(*Polyalthia cerasoides*)、海南合欢(*Albizia attopeuensis*)、九节(*Psychotria rubra*)、粗叶木(*Lasianthus chinensis*)、鸦胆子(*Brucea javanica*)、轮叶木姜子(*Litsea verticillata*)、潺槁木姜子(*Litsea glutinosa*)、粗糠柴(*Mallotus philippinensis*)、叶被木(*Streblus taxoides*)、野生龙眼(*Dimocarpus longan*)、赤才(*Lepisanthes rubiginosa*)、假蒟(*Piper sarmentosum*)、基及树(福建茶)(*Carmona microphylla*)、暗罗(*Polyalthia suberosa*)、桄榔(*Arenga pinnata*)、高山榕(*Ficus altissima*)、海南栲(*Castanopsis hainanensis*)、保亭紫金牛(*Ardisia baotingensis*)、桃金娘(*Rhodomyrtus tomentosa*)、紫毛野牡丹(*Melastoma penicillatum*)、毛叶黄杞(*Engelhardia spicata*)、土蜜树(*Bridelia tomentosa*)、野牡丹(*Melastoma malabathricum*)、马缨丹(*Lantana camara*)、光滑黄皮(*Clausena lenis*)、土花椒、黑面神(*Breynia fruticosa*)、刺篱木(*Flacourtia indica*)、金钟藤(多花山猪菜)(*Merremia boisiana*)、掌叶鱼黄草(*Merremia vitifolia*)、瓜馥木(*Fissistigma oldhamii*)、牛筋果(*Harrisonia perforata*)、牛眼睛(*Capparis zeylanica*)、龙须藤(*Bauhinia championii*)、白藤(*Calamus tetradactylus*)、单叶省藤(*Calamus simplicifolius*)、华马钱(*Strychnos cathayensis*)、毛藤竹(*Dinochloa puberula*)、铁线蕨(*Adiantum capillus-veneris*)、小叶海金沙(*Lygodium scandens*)、掌叶海金沙(*Lygodium digitatum*)等多种。

在灌丛、草丛或灌草丛中，常见的植物有山黄麻(*Trema tomentosa*)、三稔蒟、变叶榕(*Ficus variolosa*)、野牡丹、桃金娘、毛叶黄杞、余甘子(*Phyllanthus emblica*)、厚皮树、倒吊笔、破布叶、土花椒、紫毛野牡丹、黄毛榕(*Ficus fulva*)、白楸(*Mallotus paniculatus*)、玉叶金花(*Mussaenda pubescens*)、粗糠柴、鹊肾树、赤才、鹧鸪麻、锈毛野桐、福建茶、叶被木、白饭树、展毛野牡丹(*Melastoma normale*)、对叶榕(*Ficus hispida*)、斑茅(*Saccharum arundinaceum*)、褐毛狗尾草(*Setaria pallidifusca*)、地毯草(*Axonopus compressus*)、铺地黍(*Panicum repens*)、茅根(*Perotis indica*)、五节芒(*Miscanthus floridulus*)、飞机草(*Chromolaena odorata*)、小蓬草(加拿大蓬)(*Erigeron canadensis*)、葫芦茶(*Tadehagi triquetrum*)、刺葵(*Phoenix loureiroi*)、鱼骨木(*Canthium dicoccum*)、银柴、马缨丹、细基丸、珍珠茅(*Scleria levis*)、糙叶丰花草(*Spermacoce hispida*)、含羞草(*Mimosa pudica*)、风筝果(*Hiptage benghalensis*)、楠藤(*Mussaenda erosa*)、多花山猪菜、粽叶芦(*Thysanolaena latifolia*)、金腰箭(*Synedrella nodiflora*)、白茅(*Imperata cylindrica*)、芒(*Miscanthus sinensis*)、疣粒野生稻(*Oryza meyeriana*)、竹节草(*Chrysopogon aciculatus*)、野蕉(*Musa balbisiana*)、草豆蔻(*Alpinia hainanensis*)、毛藤竹、黄牛木、木棉、毛叶猫尾木(*Markhamia stipulata* var. *kerrii*)、酸豆(*Tamarindus indica*)、苦楝(*Melia *azedarach*）等。

在河沟的灌丛、草丛或灌草丛中常见的有水竹（*Phragmites karka*）、鹧鸪麻、小露兜（*Pandanus fibrosus*）、白饭树、苦楝、滑桃树（*Trevia nudiflora*）、水翁蒲桃（*syzygium nervosum*）、石芒草（*Arundinella nepalensis*）、光荚含羞草（*Mimosa bimucronata*）、草豆蔻、玉叶金花、马缨丹、肾蕨（*Nephrolepis auriculata*）、华南毛蕨（*Cyclosorus parasiticus*）、光叶藤蕨（*Stenochlaena palustris*）、展毛野牡丹等多种植物。

在自然、半自然村庄植被里常见的植物有海南苹婆、槟榔青（*Spondias pinnata*）、木棉、厚皮树、叶被木、刺桑（*Streblus ilicifolius*）、白薯莨（*Dioscorea hispida*）、槟榔（*Areca catechu*）、椰子（*Cocos nucifera*）、杧果（*Mangifera indica*）、木薯（*Manihot esculenta*）、橡胶（*Hevea brasiliensis*）、番薯（*Ipomoea batatas*）、芋（*Colocasia esculenta*）、华山姜（*Alpinia oblongifolia*）、益智（*Alpinia oxyphylla*）、蒌叶（*Piper betle*）、假蒟、野芋（*Colocasia antiquorum*）等多种。

环北部、西部和南部低山丘陵植被亚区可分为西部石灰岩山区植被小亚区，西南部、南部低山丘陵植被小亚区和西北部、北部山区植被小亚区等三个植被小亚区。

在这一区域的环北部、西部海拔相对较高处发现有山地雨林，主要有陆均松（*Dacrydium pectinatum*）、鸡毛松（*Dacrycarpus imbricatus*）、线枝蒲桃（*Syzygium araiocladum*）等山地雨林树种分布，但山地雨林特征比五指山、吊罗山等的山地雨林相对较弱。在南部的低山偶尔也会出现山地雨林的树种，山地雨林特征一样不是很明显，或者说，仅为低地雨林向山地雨林的过渡类型，仍然属低地雨林范畴。但是这一区域是重要的涵养水源区，自然森林植被的保护尤其重要。

这一区域主要分布有低地雨林及其次生林、灌丛和草丛及自然、半自然村庄植被等植被类型。在三个植被小亚区里，低地雨林及其次生林中的组成或优势度等均有一定的差异，灌丛和草丛及自然、半自然村庄植被相似性较高。

西部石灰岩山区植被小亚区为保亭县特殊的石灰岩山区区域。在石灰岩山低地雨林及其次生林中常见的植物有枫香、木棉、野生龙眼、野生荔枝、海南韶子、细子龙（*Amesiodendron chinense*）、细齿叶柃（光柃）（*Eurya nitida*）、山乌桕、黄牛木、鸭脚木（*Schefflera heptaphylla*）、黑面神、九节、海南菜豆树（*Radermachera hainanensis*）、药用狗牙花（*Tabernaemontana bovina*）、海南买麻藤（*Gnetum hainanense*）、大萼木姜子（*Litsea baviensis*）、潺槁木姜子、黄叶树（青蓝）（*Xanthophyllum hainanense*）、大花五桠果（*Dillenia turbinata*）、刺篱木、大叶刺篱木（*Flacourtia rukam*）、刺柊、大头茶（*Polyspora axillaris*）、木荷（*Schima superba*）、水东哥（*Saurauia tristyla*）、钩枝藤（*Ancistrocladus tectorius*）、密脉蒲桃（*Syzygium chunianum*）、乌墨（*Syzygium cumini*）、岭南山竹子（*Garcinia oblongifolia*）、翻白叶树（*Pterospermum heterophyllum*）、翅子树（*Pterospermum acerifolium*）、假苹婆（*Sterculia lanceolata*）、橄榄（*Canarium album*）、乌榄（*Canarium pimela*）、小叶买麻藤（*Gnetum parvifolium*）、苏铁蕨（*Brainea insignis*）、黑桫椤（*Alsophila podophylla*）、巢蕨（*Neottopteris nidus*）、狭叶铁角蕨（*Asplenium scortechinii*）、乌毛蕨（*Blechnum orientale*）、光叶藤蕨、黄毛石韦（*Pyrrosia mollis*）、崖姜蕨（*Pseudodrynaria coronans*）等多种。偶尔发现阴生桫椤（*Alsophila latebrosa*）、大叶黑桫椤

（*Alsophila gigantea*）、白桫椤（*Sphaeropteris brunoniana*）、海南苏铁（*Cycas hainanensis*）、海南粗榧（*Cephalotaxus mannii*）、陆均松、大叶风吹楠（*Horsfieldia kingii*）、土沉香（*Aquilaria sinensis*）、斯里兰卡天料木（红花天料木、母生）（*Homalium ceylanicum*）、见血封喉（*Antiaris toxicaria*）、海南紫荆木（*Madhuca hainanensis*）、海南龙血树（*Dracaena cambodiana*）、青皮木（*Schoepfia jasminodora*）、蝴蝶树（*Heritiera parvifolia*）等。

在西南部、南部低山丘陵植被小亚区的低地雨林次生林中，常见的植物有榕树（*Ficus microcarpa*）、细子龙、海南大风子（*Hydnocarpus hainanensis*）、大果榕、高山榕、青梅（*Vatica mangachapoi*）、破布叶、水锦树（*Wendlandia uvariifolia*）、海南藤春（*Alphonsea hainanensis*）、枝花李榄（枝花流苏树）（*Chionanthus ramiflorus*）、白茶、锈毛野桐、岭南酸枣（*Spondias lakonensis*）、九节、拱网核果木（*Drypetes arcuatinervia*）、仔榄树（*Hunteria zeylanica*）、穗花轴榈（*Licuala fordiana*）、白颜树（*Gironniera subaequalis*）、叶轮木（*Ostodes paniculata*）、山苦茶（*Mallotus peltatus*）、海南核果木（*Drypetes hainanensis*）、小盘木（*Microdesmis caseariifolia*）、野生荔枝、翻白叶树、火筒树（*Leea indica*）、海南琼楠（*Beilschmiedia wangii*）、假苹婆、毛柿（*Diospyros strigosa*）、蕉木（*Chieniodendron hainanense*）、翅苹婆（*Pterygota alata*）、单叶豆（*Ellipanthus glabrifolius*）、多毛茜草树（毛山黄皮）（*Aidia pycnantha*）、蝴蝶树、黄樟（*Cinnamomum parthenoxylon*）、黄椿木姜子（*Litsea variabilis*）、密花树（*Myrsine seguinii*）、刺柊、银柴、禾串树、白背算盘子、山乌桕、白树、毛叶冬青（*Ilex pubilimba*）、细基丸、橄榄、海南合欢、粗叶木、大管（*Micromelum falcatum*）、谷木、中平树、黄牛木、厚皮树、桄榔、海南栲、黄杞、美叶菜豆树（*Radermachera frondosa*）、坡垒（*Hopea hainanensis*）、贡甲（*Maclurodendron oligophlebium*）、海南染木树（*Saprosma hainanensis*）、鸭脚木、黄桐（*Endospermum chinense*）、药用狗牙花、海南柿（*Diospyros hainanensis*）、阔叶蒲桃（*Syzygium megacarpum*）、大花五桠果、腺叶野樱（腺叶桂樱）（*Laurocerasus phaeosticta*）、琼楠（*Beilschmiedia intermedia*）、厚壳桂（*Cryptocarya chinensis*）、野蕉、黄藤（*Daemonorops jenkinsiana*）、白藤、省藤、鸡血藤（*Callerya reticulata*）、瓜馥木、紫玉盘（*Uvaria macrophylla*）、三脉马钱、蜈蚣藤（百足藤）（*Pothos repens*）、麒麟叶（*Epipremnum pinnatum*）、巢蕨、崖姜蕨、毛藤竹、抱树莲（*Drymoglossum piloselloides*）、密花冬青（*Ilex confertiflora*）、银叶树（*Heritiera littoralis*）、破布叶、黄豆树（菲律宾合欢、白格）（*Albizia procera*）、大叶仙茅（*Curculigo capitulata*）、海芋（*Alocasia odora*）、海南观音座莲（*Angiopteris hainanensis*）、阴石蕨（*Humata repens*）和越南鳞毛蕨（*Dryopteris chapaensis*）等多种植物。

在西北部、北部山区植被小亚区的低地雨林及其次生林中常见的植物有翅苹婆、野生荔枝、细子龙、秋枫、桂木（*Artocarpus nitidus*）、红楝（曲梗崖摩）（*Aglaia spectabilis*）、海南苏铁、海南玫瑰木（*Rhodamnia dumetorum* var. *hainanensis*）、竹节树（*Carallia brachiata*）、海南破布叶（*Microcos chungii*）、海南梧桐（*Firmiana hainanensis*）、长柄银叶树（*Heritiera angustata*）、海南韶子、藤竹（*Dinochloa utilis*）、海南栲、大果木姜子（*Litsea lancilimba*）、药用狗牙花、白茶、黄桐、琼榄（*Gonocaryum lobbianum*）、海南柿、半枫荷（*Semiliquidambar cathayensis*）、假苹婆、蝴蝶树、青梅、野生荔枝、鸭脚木、囊瓣木（*Miliusa horsfieldii*）、土沉香（*Aquilaria sinensis*）、海南大风子、斯里兰卡天料木、粘木

（*Ixonanthes reticulata*）、野生龙眼、南酸枣（*Choerospondias axillaris*）、乌心楠（*Phoebe tavoyana*）、黄叶树、调羹树（*Heliciopsis lobata*）、毛天料木（*Homalium mollissimum*）、木荷、百足藤、麒麟尾、红花芒毛苣苔（*Aeschynanthus moningeriae*）、扁蒴苣苔（*Cathayanthe biflora*）、吊石苣苔（*Lysionotus pauciflorus*）、裂叶秋海棠（*Begonia palmata*）、牛齿兰（*Appendicula cornuta*）、竹叶兰（*Arundina graminifolia*）、丛生羊耳蒜（*Liparis cespitosa*）、小巧羊耳蒜（*Liparis delicatula*）、裂唇羊耳蒜（*Liparis fissilabris*）、大叶仙茅（*Curculigo capitulata*）、仙茅（*Curculigo orchioides*）、深绿卷柏（*Selaginella doederleinii*）、海南海金沙（*Lygodium conforme*）、林下凤尾蕨（*Pteris grevilleana*）、巢蕨、崖姜蕨、黑桫椤、大叶黑桫椤（大桫椤）、白桫椤（*Sphaeropteris brunoniana*）。

在灌丛、草丛或灌草丛中常见的植物有伞花茉栾藤（山猪菜）（*Merremia umbellata*）、桃金娘、紫毛野牡丹、毛叶黄杞、银柴、土蜜树、野牡丹、马缨丹、光滑黄皮、土花椒、黑面神、刺篱木、九节、秋枫、桄榔、美丽梧桐、山杜英、谷木、美叶菜豆树、幌伞枫、中平树、枫香、山乌桕、大果榕、黄杞、广东粗叶木（*Lasianthus curtisii*）、翻白叶树、山苦茶、钝叶新木姜子（*Neolitsea obtusifolia*）、单叶豆、余甘子、叶被木、苦楝、破布叶、厚皮树、黄牛木、斜基粗叶木（*Lasianthus attenuatus*）、木棉，靠近水边相对湿润的区域分布有水柳（*Homonoia riparia*）、狭叶蒲桃（*Syzygium tsoongii*）、竹叶蒲桃（*Syzygium myrsinifolium*）、水翁蒲桃、密脉蒲桃、水石榕（*Elaeocarpus hainanensis*）、山杜英、石楠（*Photinia serratifolia*）、光荚含羞草、小露兜、剑叶凤尾蕨（*Pteris ensiformis*）、扇叶铁线蕨（*Adiantum flabellulatum*）、越南鳞毛蕨（*Dryopteris chapaensis*）、五节芒、石果珍珠茅（*Scleria lithosperma*）、金腰箭、飞机草、芒、竹节草、斑茅、粽叶芦、白茅、褐毛狗尾草、茅根、乌毛蕨、条纹凤尾蕨（*Pteris cadieri*）、加拿大蓬、水蔗草（*Apluda mutica*）、散穗黑莎草（*Gahnia baniensis*）、割鸡芒（*Hypolytrum nemorum*）、团叶槲蕨（*Drynaria bonii*）、崖姜蕨、粗叶耳草（*Hedyotis verticillata*）、毛排钱草（*Phyllodium elegans*）、海南叶下珠（*Phyllanthus hainanensis*）等多种。

在自然、半自然村庄植被常分布有苦楝、椰子、波罗蜜、厚皮树、马缨丹、桃金娘、野牡丹、黑面神、九节、野生荔枝、野生龙眼、秋枫、木棉、大蒲桃（*Syzygium grande*）、乌墨、黄皮、龙眼、槟榔、接骨草（*Sambucus javanica*）、芋、野芋、假蒟、粉箪竹（*Bambusa chungii*）、青皮竹（*Bambusa textilis*）、长药甲竹（*Lingnania longianthera*）、槟榔青、木奶果（*Baccaurea ramiflora*）、野蕉、麻风树（*Jatropha curcas*）、普洱茶（野茶）（*Camellia sinensis* var. *assamica*）、乌桕（*Triadica sebifera*）、山矾（*Symplocos sumuntia*）、白桂木（*Artocarpus hypargyreus* var. *assamica*）、倒吊笔、海芋、大管、高山榕、对叶榕、榕树、鹊肾树、杜果、荔枝、降香檀（*Dalbergia odorifera*）、文定果（*Muntingia calabura*）、香蕉（*Musa nana*）、番石榴（*Psidium guajava*）、铁芒萁（*Dicranopteris linearis*）、地胆草、地桃花（*Urena lobata*）等多种。

参 考 文 献

董仕勇. 2004. 海南岛蕨类植物的分类、区系地理与保育[D]. 北京: 中国科学院研究生院(植物研究所).

符国瑷, 马利. 1996. 保亭县毛拉洞水库区的植被[J]. 热带林业, 1(3): 108-113.

姜灿荣. 2013. 海南保亭山地雨林森林抚育问题的探讨[J]. 中南林业调查规划, 32(2): 1-3.

林泽钦, 杨小波, 陈玉凯, 等. 2016. 海南本地野生维管植物区系研究[J]. 热带作物学报, 37(2): 351-358.

刘强, 毕华, 杨再鸿, 等. 2003. 海南三道农场植被调查[J]. 热带林业, 31(3): 45-46.

秦新生, 张荣京, 陈红锋, 等. 2005a. 海南岛石灰岩地区珍稀濒危植物及其保护[J]. 中山大学学报(自然科学版), 44(s1): 291-298.

秦新生, 严岳鸿, 土发国, 等. 2005b. 海南岛石灰岩地区蕨类植物区系特点[J]. 中山大学学报(自然科学版), 44(s2): 200-208.

曲仲湘, 林英. 1955. 五指山和吊罗山森林植被的考察研究工作(内部资料).

苏文拔. 2006. 海南石灰岩植被与生物多样性保护与管理[C]. 见: 海南石灰岩生境保护研讨会. 海南昌江.

魏甫, 李新建, 何欢, 等. 2013. 保亭县森林资源现状分析与经营措施探讨[J]. 华东森林经理, (2): 17-19.

邢福武, 吴德邻. 1995. 海南岛特有植物的研究[J]. 热带亚热带植物学报, (1): 1-12.

叶凡, 杨小波, 岳平, 等. 2009. 海南省保亭黎族地区药用植物资源调查研究[J]. 时珍国医国药, 20(12): 3130-3134.

余文刚, 罗毅波, 金志强. 2006. 海南岛野生兰科植物多样性及其保护区域的优先性[J]. 植物生态学报, 30(6): 911-918.

云勇, 唐清杰, 严小微, 等. 2015. 海南野生稻资源调查收集与保护[J]. 植物遗传资源学报, 16(4): 715-719.

(四)各乡镇植被图

1. 保城镇植被图

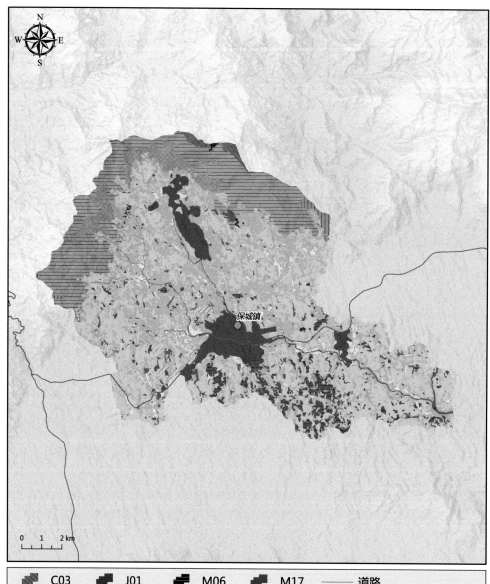

	C03		J01		M06		M17	——	道路
	D02		L08		M07		N00		
	D03		M01		M08		O01		
	E07		M02		M12		Q05		
	E08		M03		M14		R00		
	E11		M04		M15		U00		
	I01		M05		M16	●	地名		

2. 加茂镇植被图

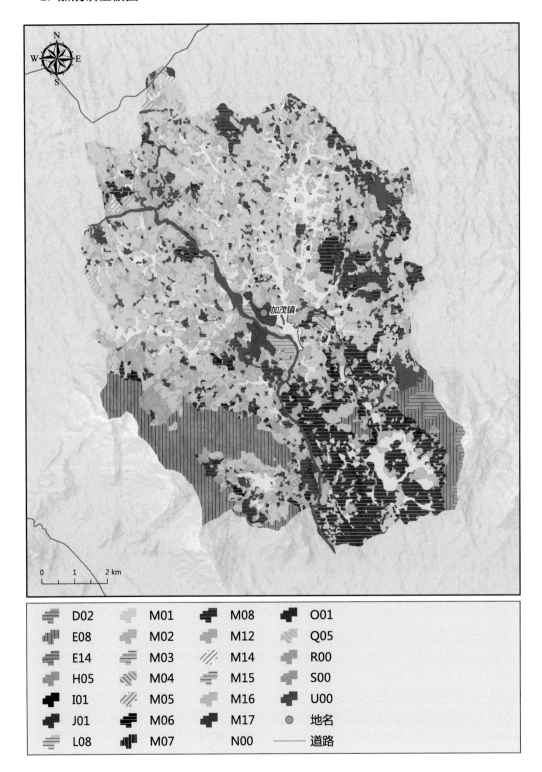

D02		M01		M08		O01	
E08		M02		M12		Q05	
E14		M03		M14		R00	
H05		M04		M15		S00	
I01		M05		M16		U00	
J01		M06		M17		地名	
L08		M07		N00		道路	

3. 六弓乡植被图

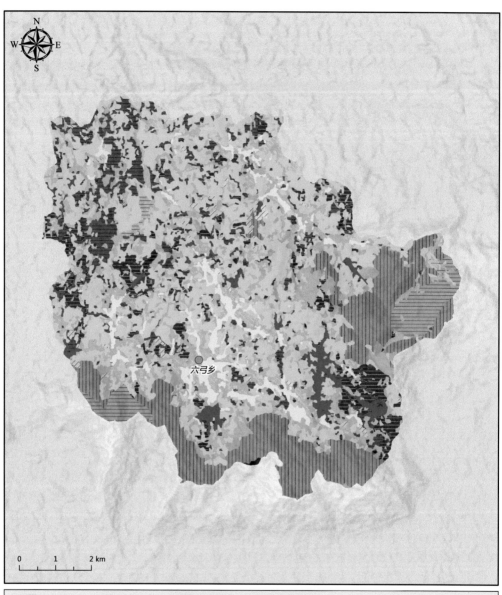

4. 毛感乡植被图

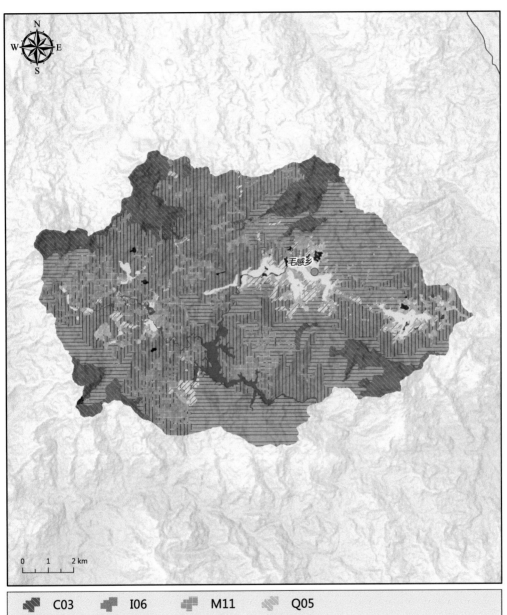

5. 南林乡植被图

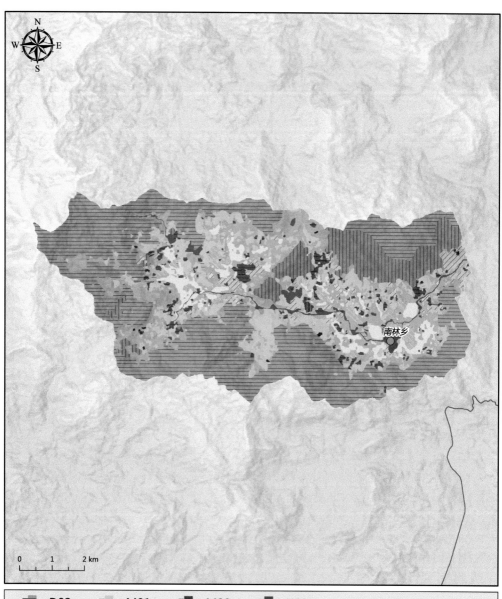

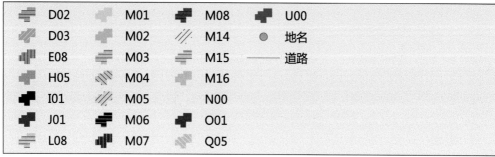

6. 三道镇植被图

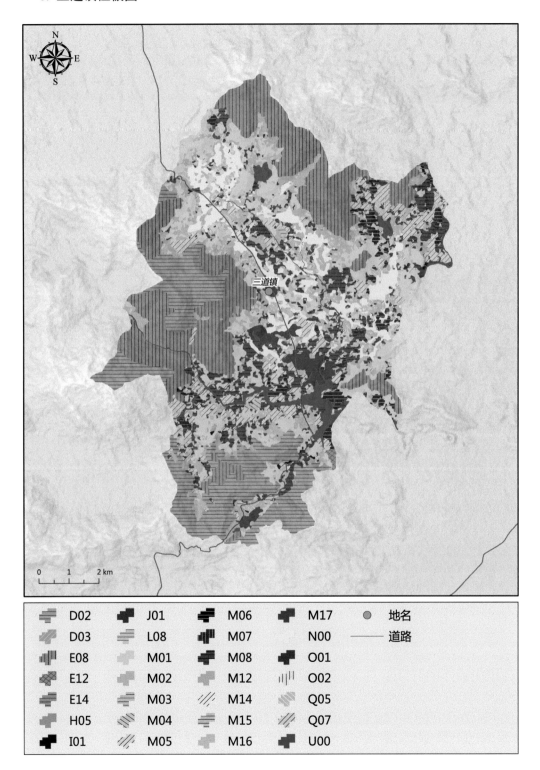

<table>
<tr><td></td><td>D02</td><td></td><td>J01</td><td></td><td>M06</td><td></td><td>M17</td><td>●</td><td>地名</td></tr>
<tr><td></td><td>D03</td><td></td><td>L08</td><td></td><td>M07</td><td></td><td>N00</td><td>——</td><td>道路</td></tr>
<tr><td></td><td>E08</td><td></td><td>M01</td><td></td><td>M08</td><td></td><td>O01</td><td></td><td></td></tr>
<tr><td></td><td>E12</td><td></td><td>M02</td><td></td><td>M12</td><td></td><td>O02</td><td></td><td></td></tr>
<tr><td></td><td>E14</td><td></td><td>M03</td><td></td><td>M14</td><td></td><td>Q05</td><td></td><td></td></tr>
<tr><td></td><td>H05</td><td></td><td>M04</td><td></td><td>M15</td><td></td><td>Q07</td><td></td><td></td></tr>
<tr><td></td><td>I01</td><td></td><td>M05</td><td></td><td>M16</td><td></td><td>U00</td><td></td><td></td></tr>
</table>

7. 什玲镇植被图

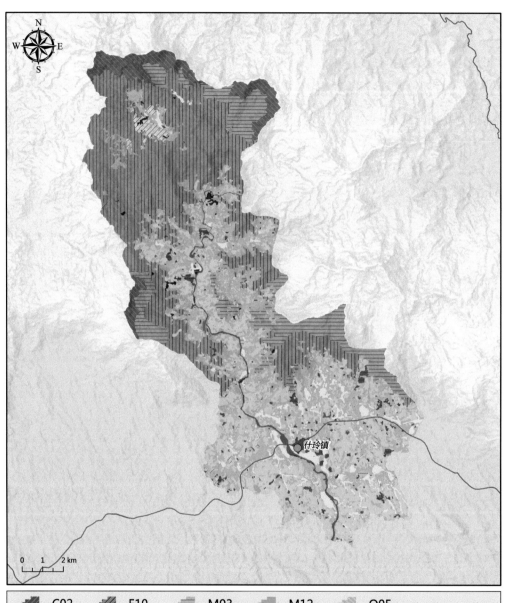

C02	E10	M03	M12	Q05	
C03	H05	M04	M14	R00	
D02	I01	M05	M15	U00	
D03	J01	M06	M16	地名	
D04	L08	M07	M17	道路	
E07	M01	M08	N00		
E08	M02	M11	O01		

什玲镇

8. 响水镇植被图

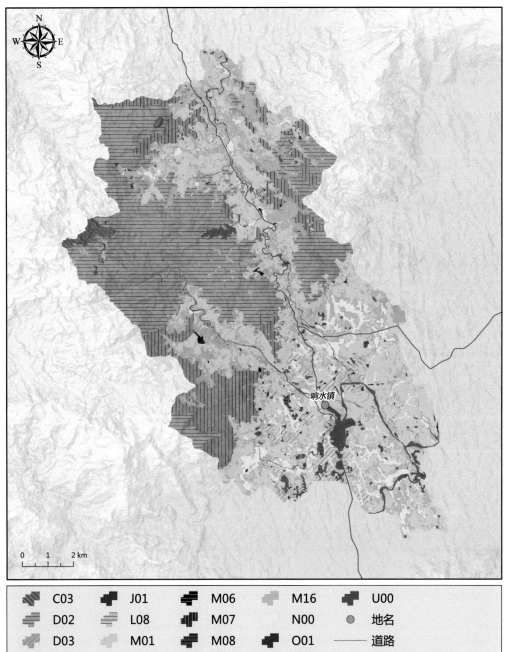

C03	J01	M06	M16	U00
D02	L08	M07	N00	地名
D03	M01	M08	O01	道路
E07	M02	M11	Q04	
E08	M03	M12	Q05	
H05	M04	M14	R00	
I01	M05	M15	S00	

9. 新政镇植被图

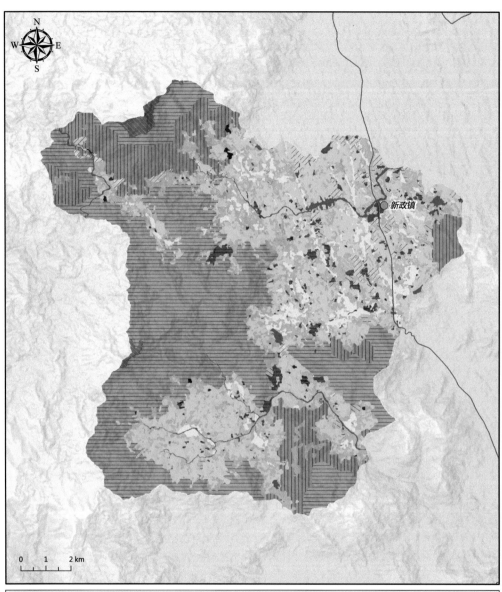

C03		J01		M06		M16		道路
D02		L08		M07		N00		
D03		M01		M08		O01		
E08		M02		M11		Q05		
E14		M03		M12		S00		
H05		M04		M14		U00		
I01		M05		M15		地名		

三、昌江县

(一)昌江县植被图(无乡镇界线)

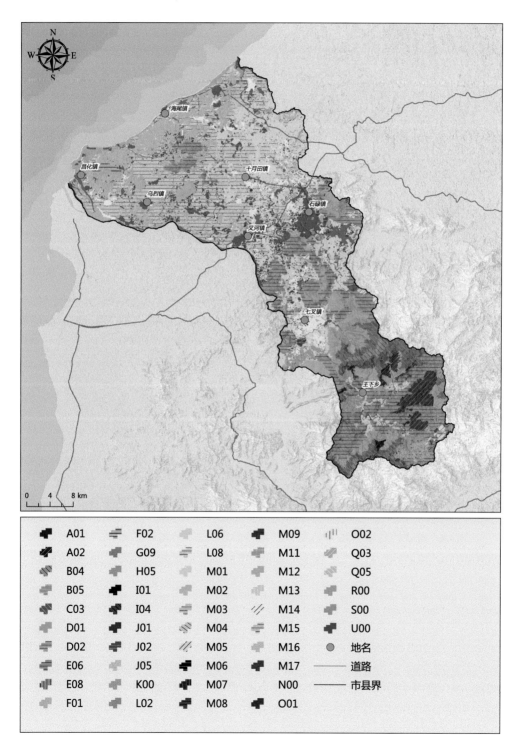

A01	F02	L06	M09	O02
A02	G09	L08	M11	Q03
B04	H05	M01	M12	Q05
B05	I01	M02	M13	R00
C03	I04	M03	M14	S00
D01	J01	M04	M15	U00
D02	J02	M05	M16	地名
E06	J05	M06	M17	道路
E08	K00	M07	N00	市县界
F01	L02	M08	O01	

(二)昌江县植被图(有乡镇界线)

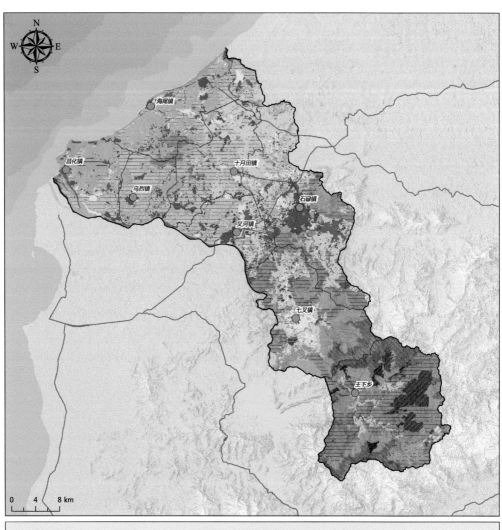

A01	F02	L06	M09	O02
A02	G09	L08	M11	Q03
B04	H05	M01	M12	Q05
B05	I01	M02	M13	R00
C03	I04	M03	M14	S00
D01	J01	M04	M15	U00
D02	J02	M05	M16	地名
E06	J05	M06	M17	道路
E08	K00	M07	N00	市县界
F01	L02	M08	O01	乡镇界

(三)植被图的说明

与昌江县植被有关的研究工作,最早出现在现代学术刊物上的研究报告是在 20 世纪 60 年代(中山大学生物系植物教研室,1964),昌江县自然植被因霸王岭而出名(陆阳等, 1986;符国瑗,1988;余世孝等,1993;臧润国和杨彦承,1999;臧润国等,1999;龙 文兴等,2011)。但由于原霸王岭国家级自然保护区跨昌江县和白沙县,霸王岭的植被研 究工作也同时涉及了两个县的植被内容(胡玉佳和丁小球,2000;龙文兴等,2011)。昌 江县境内主要有七叉镇、昌化岭及保梅岭等区域的植被研究工作,涉及的主要内容有低 地雨林、季雨林及相应的灌丛和草丛等(吴云昆,1993;杨小波和李跃烈,2003;龙文兴 等,2008;符国瑗和谭丁兰,2009)。从目前的研究论文来看,霸王岭植被的研究内容涉 及的内容较多样且全面,主要涉及针叶林、热带雨林、季雨林、高山云雾林等的结构与 组成比较研究(余世孝等,1993;黄运峰等,2012;陈玉凯等,2011),生物多样性(余世 孝和臧润国,2001;Ding et al.,2012a)、森林更新与演替(臧润国和杨彦承,1999;臧 润国等,1999;Ding et al.,2012b; Bu et al.,2014;Wang et al.,2016)、种群分布格局 与功能性状等方面的研究(卜文圣等,2013;李丹等,2016; Long et al.,2011),并且随 着学者研究水平的提高,在国际上的影响力不断增强。

昌江县可划分为西北部滨海平原植被亚区,中部、西部低丘陵平原植被亚区和东南 部丘陵山区植被亚区等三个亚区。西北部滨海平原植被亚区主要包括昌化镇和海尾镇滨 海区域;中部、西部低丘陵平原植被亚区主要包括乌烈镇、十月田镇、叉河镇和石碌镇 及昌化镇和海尾镇的东部区域;东南部丘陵山区植被亚区主要是七叉镇。原霸王岭国家 级自然保护区的西部、西南部,保梅岭省级自然保护区、原峨贤岭省级自然保护区东部 区域和昌化岭县级自然保护区分布在昌江县境内,较大面积的自然植被得到较为有效的 保护。原霸王岭国家级自然保护区、原峨贤岭省级自然保护区等现已经归入海南热带雨 林国家公园。

西北部滨海平原植被亚区的自然植被类型主要有滨海丛林、灌(草)丛、藤蔓丛和零 星分布的红树林植物。另外,在人居环境周边分布有自然、半自然植被。植物种类较丰 富且较特殊。例如,在海尾镇石港塘湿地公园一带的植物有 200 多种,经初步调查鉴定, 维管植物有 255 种,隶属 79 科,其中蕨类植物有 4 科 6 种,被子植物有 75 科 249 种, 其中双子叶植物 58 科 191 种,单子叶植物 13 科 58 种。

在昌江县内几乎没有自然的红树林分布,仅有一些幸存的小片丛,或人工栽植的植 株。能见到的红树林植物有海漆(*Excoecaria agallocha*)、卤蕨(*Acrostichum aureum*)、桐 花树(*Aegiceras corniculatum*)、榄李(*Lumnitzera racemosa*)、白骨壤(*Avicennia marina*), 半红树林植物主要有水黄皮(*Pongamia pinnata*)、黄槿(*Hibiscus tiliaceus*)、苦郎树(许 树)(*Clerodendrum inerme*)和阔苞菊(*Pluchea indica*)等。

在滨海藤蔓丛中,常见的植物有厚藤(*Ipomoea pes-caprae*)、蔓荆和仙人掌(*Opuntia dillenii*)。

在滨海(沙坝)丛林里,黄槿、榕树(*Ficus microcarpa*)、厚皮树(*Lannea coromandelica*)、苦楝(*Melia azedarach*)、楝叶吴萸(*Tetradium glabrifolium*)、土蜜树

(*Bridelia tomentosa*)、叶被木(*Streblus taxoides*)、暗罗(*Polyalthia suberosa*)、潺槁木姜子、打铁树(*Myrsine linearis*)、酒饼簕(东风橘)(*Atalantia buxifolia*)和细叶谷木(*Memecylon scutellatum*)等多种为常见植物。

在滨海灌(草)丛中，常见的植物有鹊肾树(*Streblus asper*)、叶被木、打铁树、刺柊(*Scolopia chinensis*)、苦楝树、厚皮树、猫尾木(*Markhamia stipulata*)、鱼木(*Crateva religiosa*)、楝叶吴萸、滨木患(*Arytera littoralis*)、细叶谷木、车桑子(坡柳)(*Dodonaea viscosa*)、桃金娘(*Rhodomyrtus tomentosa*)、银叶巴豆(*Croton cascarilloides*)、破布叶(*Microcos paniculata*)、柄果木(*Mischocarpus sundaicus*)、牛筋果(*Harrisonia perforata*)、海南榄仁(鸡占)(*Terminalia nigrovenulosa*)、细叶裸实(*Gymnosporia diversifolia*)、酒饼簕、仙人掌、潺槁木姜子、野牡丹(*Melastoma malabathricum*)、鸦胆子(*Brucea javanica*)、九节(*Psychotria asiatica*)、无根藤(*Cassytha filiformis*)、了哥王(*Wikstroemia indica*)、华三芒草(*Aristida chinensis*)、臭根子草(*Bothriochloa bladhii*)、金须茅(*Chrysopogon orientalis*)、黄茅(*Heteropogon contortus*)、割鸡芒(*Hypolytrum nemorum*)、飞机草(*Chromolaena odorata*)、水蔗草(*Apluda mutica*)、小蓬草(加拿大蓬)(*Erigeron canadensis*)、金盏银盘(*Bidens biternata*)、鬼针草(*Bidens pilosa*)，偶尔见海南龙血树(*Dracaena cambodiana*)种群。

在水生草丛中，常见的植物有香蒲(*Typha orientalis*)、水竹(卡开芦)(*Phragmites karka*)、莲(*Nelumbo nucifera*)(人工种植)、荇菜(*Nymphoides peltata*)、大薸(*Pistia stratiotes*)、高杆莎草(*Cyperus exaltatus*)、香附子(*Cyperus rotundus*)、水蜈蚣(*Kyllinga brevifolia*)等多种水生植物，边上有露兜树(*Pandanus tectorius*)和田菁(*Sesbania cannabina*)。

在自然、半自然村庄植被中，常见的植物有苦楝、榕树、木麻黄(*Casuarina equisetifolia*)、桉树(*Eucalyptus* sp.)、酸豆(*Tamarindus indica*)、槟榔(*Areca catechu*)、香蕉(*Musa nana*)、椰子(*Cocos nucifera*)、紫檀(*Pterocarpus indicus*)、黄槿、腰果(*Anacardium occidentale*)、降香檀(*Dalbergia odorifera*)(人工种植)、露兜树、鹊肾树、叶被木、乌墨(*Syzygium cumini*)、黄牛木(*Cratoxylum cochinchinense*)、土蜜树、土坛树(*Alangium salviifolium*)、海南菜豆树(*Radermachera hainanensis*)和猫尾木等多种。

中部、西部低丘陵平原植被亚区的自然植被类型主要有季雨林次生林(沙河一带为主)、热带雨林次生林(石碌镇保梅岭为主)、季雨林和低地雨林过渡类型次生林(其他区域)、灌丛、草丛及自然、半自然村庄植被等。在低丘陵中还保存较好的自然森林植被，植物种类较有特色且多样。例如，在昌化岭上，海南龙血树种群分布的数量是海南最多、密度最大的。在保梅岭省级自然保护区记录有野生种子植物 149 科 644 属 1219 种(含变种、亚种及变型)，其中裸子植物 6 科 6 属 7 种，双子叶植物 124 科 524 属 1033 种，单子叶植物 19 科 114 属 179 种(海南省野生动植物管理局提供)；在石碌铁矿区初步调查记录有维管植物 366 种，隶属 84 科，其中蕨类植物有 8 科 10 种，裸子植物有 1 科 2 种，被子植物有 75 科 354 种，其中双子叶植物有 64 科 299 种，单子叶植物有 11 科 55 种；在昌化岭上，记录有维管植物 96 科 241 属 294 种(含亚种和变种)，其中蕨类植物 5 科 5 属 5 种；裸子植物仅有买麻藤科(Gnetaceae)的买麻藤(*Gnetum montanum*)一种，被子

植物有 90 科 235 属 288 种，符国瑗和谭丁兰(2009)还在昌化岭发现了昌化岭青冈
(*Cyclobalanopsis changhualingensis*)等新种。

在这一植被亚区的季雨林或季雨林与热带雨林过渡类型的次生林中，常见的植物有
海南龙血树、海南李榄(*Chionanthus hainanensis*)、鸭脚木(*Schefflera heptaphylla*)、广东
刺柊(*Scolopia saeva*)、台琼海桐(*Pittosporum pentandrum* var. *formosanum*)、刺柊、细基
丸(*Polyalthia cerasoides*)、桃金娘、潺槁木姜子、翻白叶树(*Pterospermum heterophyllum*)、
假苹婆(*Sterculia lanceolata*)、闭花木(*Cleistanthus sumatranus*)、银叶巴豆、海南榄仁、
厚皮树、假鹰爪(*Desmos chinensis*)、毛萼紫薇(*Lagerstroemia balansae*)、了哥王、岭南
山竹子、银柴(*Aporosa dioica*)、绿玉树(*Euphorbia tirucalli*)、白饭树(*Flueggea virosa*)、
黄豆树(*Albizzia procera*)、海南栲(*Castanopsis hainanensis*)、榕树、倒吊笔(*Wrightia
pubescens*)、乌心楠(*Phoebe tavoyana*)、黄牛木、乌墨、中平树(*Macaranga denticulata*)、
对叶榕(*Ficus hispida*)、厚壳桂(*Cryptocarya chinensis*)、割舌树(*Walsura robusta*)、黑面
神(*Breynia fruticosa*)、九节、广东酒饼簕(*Atalantia kwangtungensis*)、紫毛野牡丹
(*Melastoma penicillatum*)、槟榔青(*Spondias pinnata*)、火索麻(*Helicteres isora*)、土花椒、
刺篱木(*Flacourtia indica*)、细叶谷木(*Memecylon scutellatum*)、细叶裸实、余甘子
(*Phyllanthus emblica*)、黄杞(*Engelhardia roxburghiana*)、叶被木、刺桑(*Streblus
ilicifolius*)、土坛树、牛筋果(*Harrisonia perforata*)、赤才(*Lepisanthes rubiginosa*)、猫尾
木、破布叶、乌毛蕨(*Blechnum orientale*)、铁芒萁(*Dicranopteris linearis*)、单叶省藤
(*Calamus simplicifolius*)、锡叶藤(*Tetracera sarmentosa*)、小刺槌果藤(*Capparis
micracantha*)、粪箕笃(*Stephania longa*)、无根藤、海金沙(*Lygodium japonicum*)、买麻
藤、眼镜豆(*Entada rheedii*)和牛眼马钱(*Strychnos angustiflora*)等多种，偶尔还有荔枝
(*Litchi chinensis*)、青梅、龙眼、油楠(*Sindora glabra*)、海南大风子(*Hydnocarpus
hainanensis*)、海南巴豆(*Croton laui*)、海南核果木(*Drypetes hainanensis*)、竹节树(*Carallia
brachiata*)、青枣核果木(*Drypetes cumingii*)、网脉核果木(*Drypetes perreticulata*)、枫香
(*Liquidambar formosana*)和幌伞枫(*Heteropanax fragrans*)的分　布等。

这一地段的灌木林较分散，在陆生的灌丛里常见的植物有厚皮树、对叶榕、小簕竹
(*Bambusa flexuosa*)、了哥王、火索麻、红背山麻杆(*Alchornea trewioides*)、刺篱木、破
布叶、山芝麻(*Helicteres angustifolia*)、光荚含羞草(*Mimosa bimucronata*)、黄花稔(*Sida
acuta*)、锈毛野桐(*Mallotus anomalus*)、粗叶榕(*Ficus hirta*)、翼叶九里香(*Murraya alata*)、
坡柳、海金沙(*Lygodium japonicum*)、锡叶藤、越南悬钩子(*Rubus cochinchinensis*)、伞
花茉栾藤(山猪菜)(*Merremia umbellata*)、粪箕笃、龙须藤(*Bauhinia championii*)、排钱
草(*Phyllodium pulchellum*)、飞机草、加拿大蓬、铁芒萁、白花地胆草(*Elephantopus
tomentosus*)、芒、白茅(*Imperata cylindrica*)、斑茅(*Saccharum arundinaceum*)和毛排钱草
等多种；在水生的灌丛里，常见的植物主要有水柳(*Homonoia riparia*)、水油甘
(*Phyllanthus rheophyticus*)、斑茅和甜根子草(*Saccharum spontaneum*)等。

在坡地上的草丛常见的有臭根子草（光孔颖草）、金须茅、黄茅、割鸡芒、飞机草、
水蔗草、加拿大蓬、金盏银盘、鬼针草、叶被木、锈毛野桐、野牡丹、桃金娘、余甘子、
白楸(*Mallotus paniculatus*)和破布叶等多种。江河边的草丛常见水竹、甜根子草、小簕竹、

厚皮树、芒、白茅、斑茅等植物。

村庄植被常见的植物有木棉(*Bombax ceiba*)、吉贝(*Ceiba pentandra*)、苦楝、木麻黄(*Casuarina equisetifolia*)、榕树、土坛树、鹊肾树、椰子、桉树、酸豆、槟榔、香蕉、印度紫檀、黄槿、露兜树、腰果(*Anacardium occidentale*)、降香檀(海南黄花梨,人工种植)。

在保梅岭分布有较好的热带雨林次生林,植物种类多达 1000 多种,分布有青梅、鸡毛松(*Dacrycarpus imbricatus*)、油丹、荔枝、细子龙(*Amesiodendron chinense*)、海南韶子(*Nephelium topengii*)和海南柿(*Diospyros hainanensis*)等热带雨林代表植物种类,亦见黑桫椤(*Alsophila podophylla*)、土沉香(*Aquilaria sinensis*)、海南苏铁(*Cycas hainanensis*)、降香檀(海南黄花梨)、斯里兰卡天料木(红花天料木、母生)(*Homalium ceylanicum*)、野生龙眼、海南大风子等分布。

东南部丘陵山区植被亚区植被类型多样复杂,植物种类也丰富多样。在水平地带性方面主要分布有季雨林(次生林)和热带雨林及它的次生林、灌丛和草丛,在垂直地带性方面分布有低地雨林、山地雨林、高山云雾林和高山山顶灌丛。另外,还分布以南亚松为优势种的热带针叶林。

季雨林次生林主要分布在七叉镇的西北部,以大仍村、乙在村和过去的燕窝岭一带为中心,向南到峨贤岭一带,向北到金牛岭一带。常见的植物有海南榄仁(鸡尖)、厚皮树、木棉、黄豆树(菲律宾合欢、白格)(*Albizia procera*)、榕树、海南龙血树(*Dracaena cambodiana*)、黄牛木、火索麻、银柴、叶被木、刺桑、土花椒、刺篱木、刺柊、细叶谷木、黑面神、银叶巴豆、余甘子、黄杞、破布叶、鹧鸪麻、潺槁木姜子、大花五桠果(*Dillenia turbinata*)、乌墨、土蜜树、大管(*Micromelum falcatum*)、鸦胆子(*Brucea javanica*)、海南韶子、土坛树、海南菜豆树、牛筋果、赤才、猫尾木、粪箕笃、尖叶槌果藤、小刺槌果藤、小叶海金沙和锡叶藤等。

灌丛主要分布在山脚下的小山丘上或被当地农民放火烧山后的火烧迹地上,多与甘蔗园地及草地镶嵌分布。在灌丛中常见的植物有海南榄仁、银叶巴豆、牛筋果、厚皮树、木棉、香合欢(黑格)(*Albizia odoratissima*)、海南菜豆树、刺柊、鹊肾树、刺桑、鱼藤(*Derris trifoliata*)、叶被木、东风橘、基及树(福建茶)(*Carmona microphylla*)、土坛树和马缨丹(*Lantana camara*)。

在这一地区的草丛中,常见的植物有斑茅、芒、五节芒(*Miscanthus floridulus*)、石芒草(*Arundinella nepalensis*)、纤毛鸭嘴草(*Ischaemum ciliare*)、飞机草、白茅、破布叶、土蜜树、刺柊、叶被木、大管、鸦胆子、土坛树、刺篱木、牛筋果和赤才。

热带雨林次生林为这一亚区的主要植被类型,著名的原霸王岭国家级自然保护区主要跨这一亚区和白沙的青松乡。截至 2007 年,在原霸王岭国家级自然保护区内曾记录有维管植物 2213 种,隶属 220 科 967 属,其中包括蕨类植物 131 种,隶属 36 科 73 属;裸子植物 13 种,隶属 5 科 8 属;被子植物 2069 种,隶属 179 科 886 属。

在七叉镇镇内的低地雨林主要分布于海拔 700m 以下的坡面或沟谷,如在大炎村、王下村一带就有分布,常见的植物有青梅、细子龙、高山榕(*Ficus altissima*)、白茶、海南暗罗、铁芒萁、荔枝、纤枝蒲桃(*Syzygium stenocladum*)、黄叶树(*Xanthophyllum hainanense*)、粗叶木(*Lasianthus chinensis*)、叶被木、艳山姜(*Alpinia zerumbet*)等。

在七叉镇镇内的山地雨林主要分布于海拔 700m 以上至海拔 1100m 范围内的坡面或沟谷中，常见的植物有陆均松（*Dacrydium pectinatum*）、线枝蒲桃、竹叶青冈、五列木（*Pentaphylax euryoides*）、公孙锥（细刺栲、越南白锥）（*Castanopsis tonkinensis*）、鸭脚木、岭罗麦（*Tarennoidea wallichii*）、黄杞（*Engelhardia roxburghiana*）、狭叶泡花树（*Meliosma angustifolia*）、药用狗牙花（*Tabernaemontana bovina*）、红柯（琼崖柯）（*Lithocarpus fenzelianus*）、琼岛柿（*Diospyros maclurei*）、柏拉木、白颜树（*Gironniera subaequalis*）、厚皮香八角（*Illicium ternstroemioides*）、谷木、药用狗牙花、粗毛野桐、保亭金线兰（*Anoectochilus baotingensis*）、绿花带唇兰（*Tainia penangiana*）、草豆蔻（*Alpinia hainanensis*）、艳山姜、假益智（*Alpinia maclurei*）、蜘蛛抱蛋（*Aspidistra elatior*）、簇花球子草（*Peliosanthes teta*）、露兜草、扁担藤（*Tetrastigma planicaule*）、大叶钩藤（*Uncaria macrophylla*）、单叶省藤、楠藤（*Mussaenda erosa*）、水密花（*Combretum punctatum* var. *squamosum*）、海南崖豆藤（*Millettia pachyloba*）、买麻藤、山橙（*Melodinus suaveolens*）、东方瓜馥木（*Fissistigma tungfangense*）、三羽新月蕨（*Pronephrium triphyllum*）、中华复叶耳蕨（*Arachniodes chinensis*）、和金毛狗（*Cibotium barometz*）等。

高山云雾林常见的植物有平托桂（景列樟）（*Cinnamomum tsoi*）、短叶罗汉松（*Podocarpus macrophyllus* var. *maki*）、赤楠蒲桃、锈毛杜英（*Elaeocarpus howii*）、毛叶黄杞（*Engelhardia spicata*）、丛花山矾（*Symplocos poilanei*）、亨氏香楠（柳叶山黄皮）（*Aidia henryi*）、黄杞、五列木、药用狗牙花、海南鹅掌柴（*Schefflera hainanensis*）、碟斗青冈（*Cyclobalanopsis disciformis*）、毛棉杜鹃（南亚杜鹃）（*Rhododendron moulmainense*）、海南越橘（*Vaccinium hainanense*）、海南荚蒾（*Viburnum hainanense*）、九节、鸭脚木、鹿蹄草（*Pyrola calliantha*）、麦冬（*Ophiopogon japonicus*）、假益智、卷柏（*Selaginella tamariscina*）、鞭叶铁线蕨（*Adiantum caudatum*）、琼崖石韦（*Pyrrosia eberhardtii*）、舌蕨（*Elaphoglossum conforme*）、阴石蕨（*Humata repens*）和蛇足石杉（*Huperzia serrata*）等多种。另外在石灰岩区域分布有山顶灌丛，常见的植物有轮叶戟（*Lasiococca comberi* var. *pseudoverticillata*）、刺桑、海南核果木（*Drypetes hainanensis*）、长叶野桐（*Mallotus esquirolii*）、笔管榕（*Ficus subpisocarpa*）、斯里兰卡天料木、闭花木（*Cleistanthus sumatranus*）、米仔兰（*Aglaia odorata*）、仔榄树、海南藤春（*Alphonsea hainanensis*）、密脉蒲桃（*Syzygium chunianum*）、海南大风子、囊瓣木（*Miliusa horsfieldii*）、云南野桐（*Mallotus yunnanensis*）、莲桂（*Dehaasia hainanensis*）、海南红豆（*Ormosia pinnata*）、海南染木树（*Saprosma hainanensis*）、割舌树、假柴龙树（*Nothapodytes obtusifolia*）、中华九里香（*Murraya paniculata*）、翅苹婆（*Pterygota alata*）、幌伞枫（*Heteropanax fragrans*）、赛木患（*Lepisanthes oligophylla*）、山樣叶泡花树（*Meliosma thorelii*）等多种（张荣京等，2005）。

在七叉镇还分布着较有特色的热带针叶林南亚松林，位于原霸王岭国家级自然保护区中东六林场一带，东至荣兔河，南至大炎新村、三派村、牙老村北约 1km 处，西以三派村北的南亚松林缘为界，面积约 1400hm²，在桐才村一带有原始南亚松林分布。常见的植物有南亚松（*Pinus latteri*）、毛柿（*Diospyros philippensis*）、山芝麻、九节、翻白叶树、余甘子、野牡丹、野漆（*Toxicodendron succedaneum*）、琼中柯（*Lithocarpus chiungchungensis*）、密脉蒲桃、银柴、闽粤石楠（*Photinia benthamiana*）、山乌桕（*Triadica cochinchinensis*)、毛菍(*Melastoma sanguineum*)、木荷、黑面神、算盘子(*Glochidion puberum*)、黄牛木、盆架树(*Alstonia rostrata*)、丛花山矾、细齿叶柃(*Eurya nitida*)、琼岛染木树(*Saprosma merrillii*)、华润楠(*Machilus chinensis*)、岭罗麦、黄杞、雷公青冈、海南杨桐(*Adinandra hainanensis*)、橄榄、托盘青冈(*Cyclobalanopsis patelliformis*)、锡叶藤、蛇葡萄(*Ampelopsis glandulosa*)、黄毛五月茶(*Antidesma fordii*)、粉叶菝葜(*Smilax corbularia*)、鞭叶铁线蕨、铁芒萁、淡竹叶(*Lophatherum gracile*)、矮紫金牛(*Ardisia humilis*)、假益智、粗毛玉叶金花(*Mussaenda hirsutula*)、肖菝葜(*Heterosmilax japonica*)、翅柄菝葜(*Smilax perfoliata*)、络石(*Trachelospermum jasminoides*)、玉叶金花(*Mussaenda pubescens*)、瓜馥木(*Fissistigma oldhamii*)、杜虹花(*Callicarpa formosana*)、粽叶芦(*Thysanolaena latifolia*)和飞机草等,偶见越南黄牛木(*Cratoxylum formosum*)、海南苏铁(*Cycas hainanensis*)和葫芦苏铁(*Cycas changjiangensis*),现归并为台湾苏铁(*Cycas taiwaniana*)等。

参 考 文 献

卜文圣, 臧润国, 丁易, 等. 2013. 海南岛热带低地雨林群落水平植物功能性状与环境因子相关性随演替阶段的变化[J]. 生物多样性, 21(3): 278-287.

陈玉凯, 杨小波, 李东海, 等. 2011. 海南霸王岭海南油杉群落优势种群的种间联结性研究[J]. 植物科学学报, 29(3): 278-287.

符国瑷. 1988. 海南岛霸王岭长臂猿自然保护区山地雨林的调查[J]. 广东林业科技, (1): 25-28.

符国瑷, 谭丁兰. 2009. 海南岛昌化岭植物区系调查报告[J]. 热带林业, 37(3): 48-49.

胡玉佳, 丁小球. 2000. 海南岛坝王岭热带天然林植物物种多样性研究[J]. 生物多样性, 8(4): 370-377.

黄运峰, 丁易, 臧润国, 等. 2012. 海南岛霸王岭热带低地雨林树木的空间格局[J]. 植物生态学报, 36(4): 269-280.

陆阳, 李鸣光, 黄雅文, 等. 1986. 海南岛坝王岭长臂猿自然保护区植被[J]. 植物生态学报, 10(2): 28-36.

李丹, 张萱蓉, 杨小波, 等. 2016. 自然保护区对濒危植物种群的保护效果探索——以海南昌江县青梅种群为例[J]. 林业资源管理, (1): 118-125.

龙文兴, 丁易, 臧润国, 等. 2011. 海南岛霸王岭热带云雾林雨季的环境特征[J]. 植物生态学报, 35(2): 137-146.

龙文兴, 杨小波, 李东海, 等. 2008. 海南七差地区植被数量分类[J]. 植物科学学报, 26(1): 41-46.

龙文兴, 臧润国, 丁易. 2011. 海南岛霸王岭热带山地常绿林和热带山顶矮林群落特征[J]. 生物多样性, 19(5): 558-566.

吴云昆. 1993. 海南岛昌江县昌化镇草地及其利用途径[J]. 草业科学, (3): 31-34.

杨小波, 李跃烈. 2003. 海南西南部不同植被类型样地的土壤养分特性及持水性比较研究[J]. 海南大学学报(自然科学版), 21(4): 334-338.

余世孝, 臧润国. 2001. 海南岛霸王岭垂直带热带植被物种多样性的空间分析[J]. 生态学报, 21(9): 1438-1443.

余世孝, 张宏达, 王伯荪. 1993. 海南岛霸王岭热带山地植被研究 Ⅰ. 永久样地设置与群落类型[J]. 生态科学, (2): 13-17.

臧润国, 杨彦承. 1999. 海南岛热带山地雨林林隙及其自然干扰特征[J]. 林业科学, 35(1): 2-8.

臧润国, 余世孝, 刘静艳, 等. 1999. 海南霸王岭热带山地雨林林隙更新规律的研究[J]. 生态学报, 19(2): 151-158.

张俊艳, 成克武, 臧润国, 等. 2014. 海南岛热带针阔叶林交错区群落环境特征[J]. 林业科学, 50(8): 1-6.

张荣京, 秦新生, 邢福武. 2005. 海南昌江县石灰岩地区轮叶戟群落特征研究[J]. 中山大学学报(自然科学版), 44(s1): 283-290.

中山大学生物系植物教研室. 1964. 中山大学植物生态学与地植物学的野外调查及试验工作[J]. 植物生态学报, (2): 117-118.

Bu W, Zang R, Ding Y. 2014. Field observed relationships between biodiversity and ecosystem functioning during secondary succession in a tropical lowland rainforest[J]. Acta Oecologica, 55: 1-7.

Ding Yi, Zang Runguo, Letcher Susan G, et al. 2012b. Disturbance regime changes the trait distribution, phylogenetic structure, and community assembly of tropical rain forests[J]. Oikos, 121: 1263-1270.

Ding Yi, Zang Runguo, Liu Shirong, et al. 2012a. Recovery of woody plant diversity in tropical rain forests in southern China after logging and shifting cultivation[J]. Biological Conservation, 145: 225-233.

Long W, Zang R, Ding Y. 2011. Air temperature and soil phosphorus availability correlate with trait differences between two types of tropical cloud forests[J]. Flora, 206: 896-903.

Wang X, Long W, Schamp B S, et al. 2016. Vascular Epiphyte Diversity Differs with Host Crown Zone and Diameter, but Not Orientation in a Tropical Cloud Forest[J]. Plos One, 11(7): e0158548.

(四)各乡镇植被图

1. 叉河镇植被图

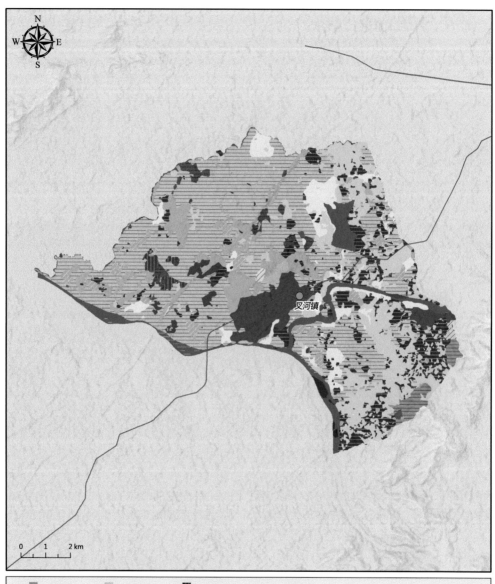

2. 昌化镇植被图

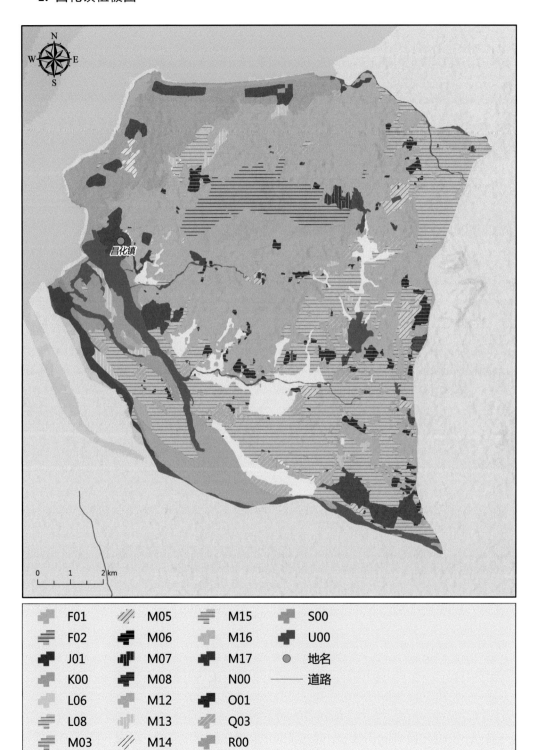

	F01		M05		M15		S00
	F02		M06		M16		U00
	J01		M07		M17		地名
	K00		M08		N00	—	道路
	L06		M12		O01		
	L08		M13		Q03		
	M03		M14		R00		

3. 海尾镇植被图

	E06		L06		M06		M17	● 地名
	G09		L08		M07		N00	—— 道路
	I01		M01		M08		O01	
	J01		M02		M12		Q03	
	J02		M03		M13		R00	
	K00		M04		M14		S00	
	L02		M05		M16		U00	

海尾镇

0 1 2 km

4. 七叉镇植被图

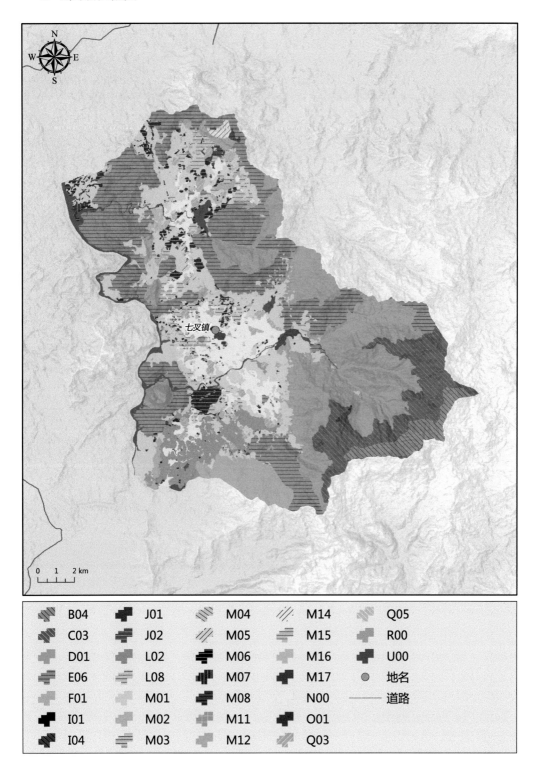

5. 十月田镇植被图

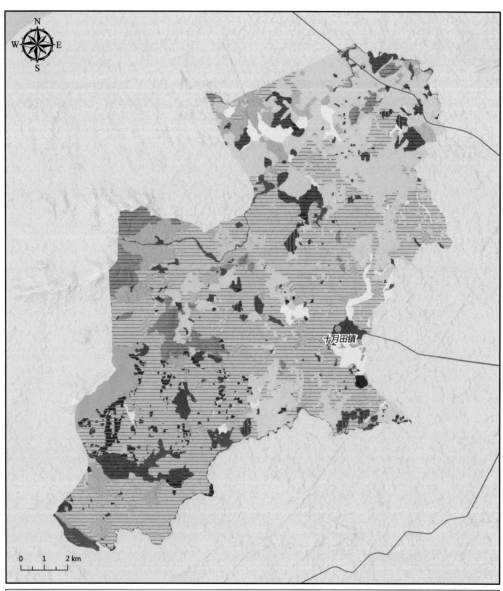

6. 石碌镇植被图

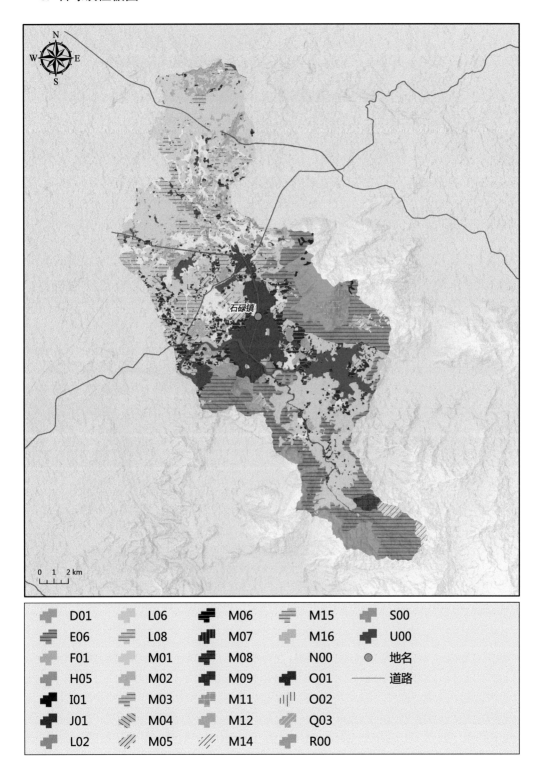

7. 王下乡植被图

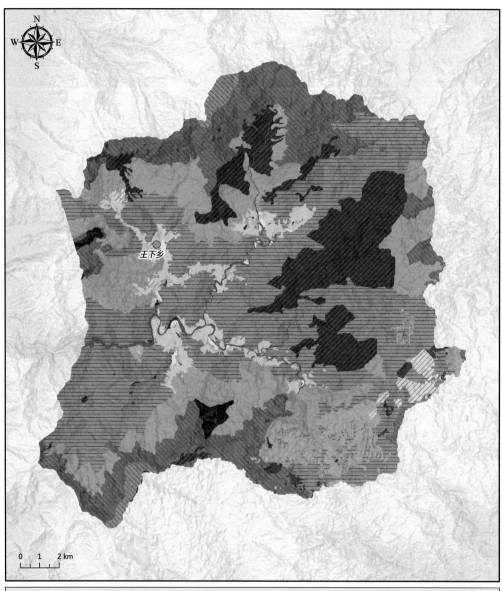

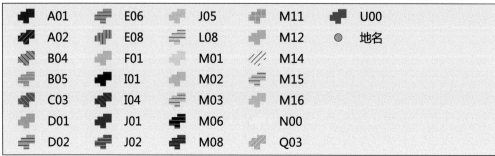

8. 乌烈镇植被图

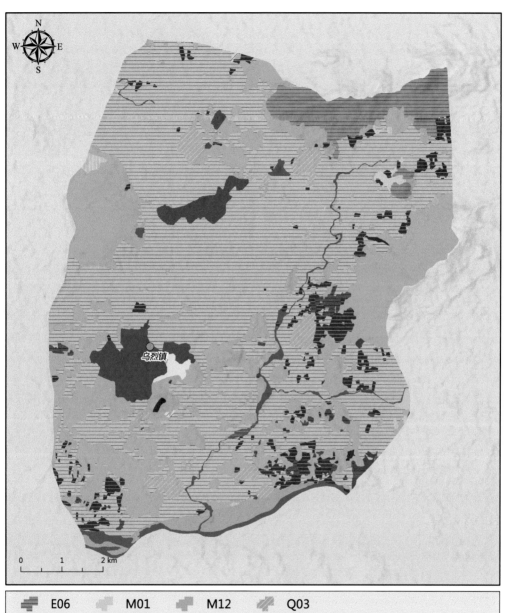

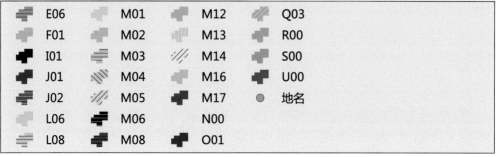

四、澄迈县

(一)澄迈县植被图(无乡镇界线)

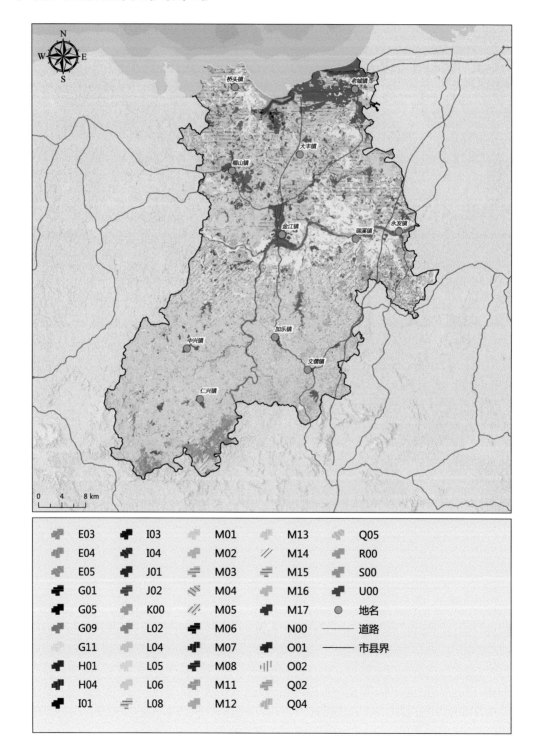

	E03		I03		M01		M13		Q05
	E04		I04		M02		M14		R00
	E05		J01		M03		M15		S00
	G01		J02		M04		M16		U00
	G05		K00		M05		M17	●	地名
	G09		L02		M06		N00	——	道路
	G11		L04		M07		O01	——	市县界
	H01		L05		M08		O02		
	H04		L06		M11		Q02		
	I01		L08		M12		Q04		

（二）澄迈县植被图（有乡镇界线）

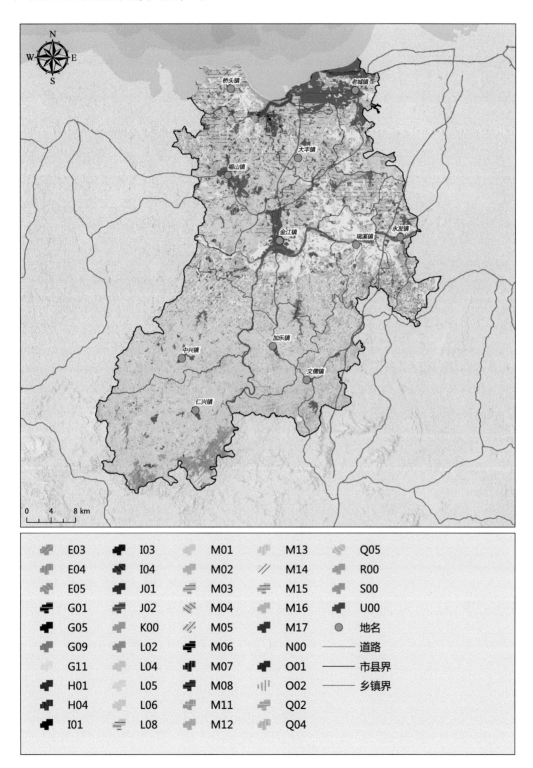

	E03		I03		M01		M13		Q05
	E04		I04		M02		M14		R00
	E05		J01		M03		M15		S00
	G01		J02		M04		M16		U00
	G05		K00		M05		M17		地名
	G09		L02		M06		N00		道路
	G11		L04		M07		O01		市县界
	H01		L05		M08		O02		乡镇界
	H04		L06		M11		Q02		
	I01		L08		M12		Q04		

(三)植被图的说明

澄迈县位于海南的西北部低丘陵、平原区域,人类活动相对较为强烈,自然植被基本遭到破坏,仅部分沿海的红树林因及时建立保护区得到了一定程度的保护,南部低丘陵(加笼坪)等地区的部分热带雨林次生林因得到社会热心人士的关注,引起政府的重视,从而得到了保护与恢复。

但是涉及澄迈县自然植被的文献不多,关于澄迈县的自然森林保护的人物事迹报告还是有一些(符定伟,2000;杨玉峰和孙玉正,2007)。20 世纪 80 年代,澄迈县的红树林植被也开始得到学者的关注(林鹏和卢昌义,1985;陈焕雄和陈二英,1985;陈树培等,1987),但基本没有专门研究报道,完全针对澄迈县红树林的研究工作是近几年的事(吴瑞等,2015),以及作者 2016 年完成的"澄迈花场湾县级红树林自然保护区科学考察与规划(内部资料)"(杨小波等,2016)。

目前在澄迈县境内北部花场湾一带还有保存较好的红树林,南部加笼坪一带有保存和恢复的小面积的热带雨林次生林,除此之外,其他自然植被多为热带雨林残次林、灌丛和草丛,在一些农村周边分布有一些自然、半自然植被等。尽管自然植被受人类活动影响较大,但在澄迈县境内还分布有较多的植物种类,作者在 2016 年完成的瑞溪镇加连村等村庄周边的加莲潭地区(特别是在一个小小低洼地,发育着植物种类相对丰富的低地雨林次生林,原设了一个县级保护,现在撤销,但保护点应保留)不足 1km^2 的调查,记录了维管植物 385 种,隶属 90 科 259 属。其中蕨类植物有 11 科 14 属 18 种;裸子植物有 2 科 2 属 2 种;被子植物有 77 科 243 属 365 种,其中双子叶植物 66 科 187 属 294 种,单子叶植物 11 科 56 属 71 种;在加笼坪的初步调查记录了植物种类 451 种(10 个栽培种),隶属 89 科 266 属,其中蕨类植物有 28 种,隶属 15 科 18 属,裸子植物有 2 科 2 属 2 种,被子植物有 421 种,隶属 65 科 246 属(双子叶植物 51 科,118 属 273 种,单子叶植物 14 科,128 属 148 种)。

从植被角度区划,澄迈县可划分为北部滨海平原植被亚区,主要包括老城镇、桥头镇、福山镇、大丰镇 4 个镇,中部平原植被亚区,包括金江镇、瑞溪镇和永发镇 3 镇,南部低丘陵、平原植被亚区等三个亚区,主要包括加乐镇、文儒镇、中兴镇和仁兴镇 4 镇。

北部滨海平原植被亚区的自然植被主要有红树林、半红树林和湿生草丛、次生灌丛、草丛,在农村周边小面积分布有自然、半自然森林植被。

在红树林、半红树林和咸水、半咸水湿生草丛里,常见的植物有红海榄(*Rhizophora stylosa*)、角果木(*Ceriops tagal*)、木榄(*Bruguiera gymnorrhiza*)、秋茄(*Kandelia obovata*)、白骨壤(*Avicennia marina*)、桐花树(*Aegiceras corniculatum*)、榄李(*Lumnitzera racemosa*)、无瓣海桑(*Sonneratia apetala*)、老鼠簕(*Acanthus ilicifolius*)、小花老鼠簕(*Acanthus ebracteatus*)(吴瑞等,2015)、卤蕨(*Acrostichum aureum*)、海漆(*Excoecaria agallocha*)、苦郎树(许树)(*Clerodendrum inerme*)、黄槿(*Hibiscus tiliaceus*)、海杧果(*Cerbera manghas*)、水黄皮(*Pongamia pinnata*)、阔苞菊(*Pluchea indica*)、鱼藤(*Derris trifoliata*)、水竹(*Phragmites karka*)、厚藤(*Ipomoea pes-caprae*)、露兜树(*Pandanus tectorius*)、草海

桐(*Scaevola taccada*)、海刀豆(*Canavalia rosea*)等。

在灌丛与草丛中，常见的植物有破布叶(*Microcos paniculata*)、厚皮树(*Lannea coromandelica*)、白背叶(*Mallotus apelta*)、盐肤木(*Rhus chinensis*)、土花椒、棒花蒲桃(*Syzygium claviflorum*)、黑嘴蒲桃(*Syzygium bullockii*)、黄牛木(*Cratoxylum cochinchinense*)、对叶榕(*Ficus hispida*)、假苹婆(*Sterculia lanceolata*)、斑茅(*Saccharum arundinaceum*)、芒(*Miscanthus sinensis*)、桃金娘(*Rhodomyrtus tomentosa*)、飞机草(*Chromolaena odorata*)、紫毛野牡丹(*Melastoma penicillatum*)、白茅(*Imperata cylindrica*)、铺地黍(硬骨草)(*Panicum repens*)、铁芒萁(*Dicranopteris linearis*)、无根藤(*Cassytha filiformis*)、马缨丹(*Lantana camara*)、心叶黄花稔(*Sida cordifolia*)，在水溪边和泉水边的湿生草丛中，常见的植物有蜈蚣草(*Eremochloa ciliaris*)、井栏边草(凤尾草)(*Pteris multifida*)、华南毛蕨(*Cyclosorus parasiticus*)、马齿苋(*Portulaca oleracea*)、毛蓼(*Polygonum barbatum*)、火炭母(*Polygonum chinense*)、酢浆草(*Oxalis corniculata*)、水龙(*Ludwigia adscendens*)和草龙(*Ludwigia hyssopifolia*)等。

北部滨海平原植被亚区的农村周边也分布有自然、半自然森林植被。例如，在沿海地区的农村，可看到分布在其周边的自然、半自然村庄植被。常见植物有榕树(*Ficus microcarpa*)、高山榕(*Ficus altissima*)、荔枝(*Litchi chinensis*)、龙眼(*Dimocarpus longan*)、波罗蜜(*Artocarpus heterophyllus*)、见血封喉(*Antiaris toxicaria*)、胭脂(*Artocarpus tonkinensis*)、椰子(*Cocos nucifera*)、苦楝(*Melia azedarach*)、黄皮(*Clausena lansium*)、槟榔(*Areca cathecu*)、土坛树(*Alangium salviifolium*)、麻楝(*Chukrasia tabularis*)、山楝(*Aglaia roxburghiana*)、番荔枝(*Annona squamosa*)、番石榴(*Psidium guajava*)、假苹婆、白楸(*Mallotus paniculatus*)、榄仁树(*Terminalia catappa*)、飞机草、马缨丹、藿香蓟(*Ageratum conyzoides*)、蒌叶(*Piper betle*)等多种。

中部平原植被亚区的自然植被主要分布有热带低地雨林残次林、次生灌丛、草丛。例如，在瑞溪镇加连村附近的小凹地(加连潭)幸存有小面积的低地雨林残次林，在林中常见的植物有黄桐(*Endospermum chinense*)、鸭脚木(*Schefflera heptaphylla*)、黄樟(*Cinnamomum parthenoxylon*)、黄椿木姜子(*Litsea variabilis*)、黄牛奶树(*Symplocos cochinchinensis* var. *laurin*a)、黄桐、猴耳环(*Archidendron clypearia*)、岭南山竹子、山油柑(*Acronychia pedunculata*)、香港樫木(*Dysoxylum hongkongense*)、见血封喉、三桠苦(*Melicope pteleifolia*)、假苹婆、粉箪竹(*Bambusa chungii*)、油茶(*Camellia oleifera*)(栽培逸为野生)、云南银柴(*Aporosa yunnanensis*)、细叶谷木(*Memecylon scutellatum*)、破布叶、黄牛木(林缘)、白楸(林缘)、膜叶嘉赐树(*Casearia membranacea*)、银柴(*Aporosa dioica*)、潺槁木姜子(*Litsea glutinosa*)、假槟榔(*Archontophoenix alexandrae*)、膨大短肠蕨(*Allantodia dilatata*)、华南鳞盖蕨(*Microlepia hancei*)、沙皮蕨(*Hemigramma decurrens*)、长叶肾蕨(*Nephrolepis biserrata*)、乌毛蕨、毛叶肾蕨(*Nephrolepis hirsutata*)、铁芒萁、穗花轴榈(*Licuala fordiana*)、鱼尾葵(*Caryota maxima*)、白粉藤(*Cissus repens*)、火炭母、假益智(*Alpinia maclurei*)，偶尔发现猪笼草(*Nepenthes mirabilis*)的分布，林外缘分布有桉树(*Eucalyptus* sp.)、加勒比松(*Pinus caribaea*)、马占相思(*Acacia mangium*)等。

另外，在非沿海地区的自然、半自然农村植被中，可分为两种情况，距南渡江稍远的村庄，在其周边的植物群落中，常见的植物有见血封喉、斯里兰卡天料木(红花天料木、母生)(*Homalium ceylanicum*)、荔枝、三桠苦(三叉苦)、大粒咖啡(*Coffea liberica*)、龙眼、铁椤(*Aglaia lawii*)、飞机草、马缨丹、火炭母、九节、假蒟(*Piper sarmentosum*)、白花假马鞭(*Stachytarpheta dichotoma*)、乌蔹莓(*Cayratia japonica*)、多刺鸡藤(*Calamus tetradactyloides*)、鹊肾树(*Streblus asper*)、榕树、槟榔、厚皮树、波罗蜜、鹧鸪麻(*Kleinhovia hospita*)、野芋(*Colocasia antiquorum*)、露兜树、落葵(*Basella alba*)、藤构(*Broussonetia kazinoki* var. *australis*)、华南毛蕨、海芋(*Alocasia odora*)、黑面神、苦郎树、小簕竹(*Bambusa flexuosa*)、甲竹(*Bambusa remotiflora*)。

在南渡江滨江丛林及靠近南渡江边的村庄自然、半自然植被中，常见的植物有滑桃树(*Trevia nudiflora*)、鹊肾树、朴树(*Celtis sinensis*)、见血封喉、铁椤、波罗蜜、阳桃(杨桃)(*Averrhoa carambola*)、量天尺(*Hylocereus undatus*)、甲竹、桉树、椰子、苦楝、假蒟、野芋、露兜树、华南毛蕨、海芋、飞机草、黑面神、许树、小簕竹、海南白桐(*Claoxylon hainanense*)、榄仁树。

在灌丛与草丛中，常见的植物有桃金娘、打铁树(柳叶密花树)(*Myrsine linearis*)、斑茅、岗松(*Baeckea frutescens*)、破布叶、白楸、野牡丹、基及树(福建茶)(*Carmona microphylla*)、细叶裸实(*Gymnosporia diversifolia*)、光滑黄皮(*Clausena lenis*)、土花椒、黑面神(*Breynia fruticosa*)、刺篱木(*Flacourtia indica*)、倒吊笔(*Wrightia pubescens*)、无根藤、黄牛木、潺槁木姜子、九节(*Psychotria asiatica*)、假苹婆、铁芒萁、飞机草、小蓬草(加拿大蓬)(*Erigeron canadensis*)、地胆草(*Elephantopus scaber*)、蜈蚣草、水蔗草(*Apluda mutica*)、竹节草(*Chrysopogon aciculatus*)、芒(*Miscanthus sinensis*)、露兜树、白背黄花稔、地桃花等。

南部低丘陵、平原植被亚区自然植被主要分布有热带低地雨林次生林、次生灌丛和草丛。在澄迈的自然植被里，分布在加笼坪一带的热带低地雨林次生林具有较丰富的植物多样性(符定伟，2000；杨玉峰和孙玉正，2007)，初步调查记录的植物种类有458种，仍需进一步开展调查研究工作。在这一区域常见的植物有白颜树(*Gironniera subaequalis*)、鸭脚木、黄杞(*Engelhardia roxburghiana*)、黄桐、大花五桠果(*Dillenia turbinata*)、海南韶子(*Nephelium topengii*)、荔枝、土沉香(*Aquilaria sinensis*)、猴耳环、显脉杜英(*Elaeocarpus dubius*)、十蕊枫(*Acer laurinum*)、橄榄(*Canarium album*)、乌材(*Diospyros eriantha*)、黄毛榕(*Ficus fulva*)、中平树(*Macaranga denticulata*)、白楸、水锦树(*Wendlandia uvariifolia*)、岭南山竹子、二色波罗蜜(*Artocarpus styracifolius*)、水东哥(*Saurauia tristyla*)、山杜英(*Elaeocarpus sylvestris*)、粗叶榕(*Ficus hirta*)、算盘子(*Glochidion puberum*)、长花龙血树(*Dracaena angustifolia*)、钩枝藤(*Ancistrocladus tectorius*)、藤牡丹(*Diplectria barbata*)、钟花草(*Codonacanthus pauciflorus*)、闭花耳草(*Hedyotis cryptantha*)、露兜草(*Pandanus austrosinensis*)、海芋、粽叶芦(*Thysanolaena latifolia*)、白花酸藤果(*Embelia ribes*)、枫香(*Liquidambar formosana*)、黄牛木、三桠苦、山鸡椒(*Litsea cubeba*)、假苹婆、石斑木(*Rhaphiolepis indica*)、黄樟、乌墨(*Syzygium cumini*)、野漆(*Toxicodendron succedaneum*)、山麻树(*Commersonia bartramia*)、楝叶吴

萸（*Tetradium glabrifolium*）、山乌桕（*Triadica cochinchinensis*）、桃金娘、黑面神、白背叶、余甘子（*Phyllanthus emblica*）、两面针（*Zanthoxylum nitidum*）、方叶五月茶（*Antidesma ghaesembilla*）、金锦香（*Osbeckia chinensis*）、白花悬钩子（*Rubus leucanthus*）、眼镜豆（*Entada rheedii*）、毛麝香（*Adenosma glutinosum*）、夜香牛（*Vernonia cinerea*）、益智（*Alpinia oxyphylla*）（栽培）、芒、匍匐九节（*Psychotria serpens*）、深绿卷柏（*Selaginella doederleinii*）、福建观音座莲（*Angiopteris fokiensis*）、铁芒萁、掌叶海金沙（*Lygodium digitatum*）、小叶海金沙（*Lygodium scandens*）、乌毛蕨、半边旗（*Pteris semipinnata*）、剑叶凤尾蕨（*Pteris ensiformis*）、华南毛蕨、单叶新月蕨（*Pronephrium simplex*）、双盖蕨（*Diplazium donianum*）、巢蕨（*Neottopteris nidus*）、乌蕨（*Stenoloma chusanum*）、华南鳞盖蕨、黄藤（*Daemonorops jenkinsiana*）、红藤（*Daemonorops jankinsianus*）、白藤（多穗白藤）（*Calamus tetradactylus*）等多种。这里说明一下，红藤已经并入黄藤，但作者认为两个种在形态上有很大的差异，在本书中保留红藤这个种。偶尔发现阴生桫椤（*Alsophila latebrosa*）的分布。

在滨江丛林中，常见的植物有滑桃树、黄槿、竹节树、岭南山竹子、黄牛木、倒吊笔、水竹、刺桑（*Streblus ilicifolius*）、九节、锡叶藤（*Tetracera sarmentosa*）、瓜馥木（*Fissistigma oldhamii*）、银柴、水锦树、对叶榕、波罗蜜、光荚含羞草、白茅、白饭树（*Flueggea virosa*）、槟榔、桉树、苦楝、马占相思、三裂叶野葛（*Pueraria phaseoloides*）、粽叶芦（*Thysanolaena latifolia*）等植物。

在灌丛与草丛中，常见的植物有岭南山竹子、黄牛木、潺槁木姜子、鸭脚木、水锦树、红背山麻杆（*Alchornea trewioides*）、裸花紫珠（*Callicarpa nudiflora*）、破布叶、白楸、银柴、对叶榕、山黄麻、樟树（*Cinnamomum camphora*）（栽培）、芭蕉（*Musa basjoo*）（栽培）、牛眼马钱（*Strychnos angustiflora*）、马缨丹、乌毛蕨、越南悬钩子（*Rubus cochinchensis*）、飞机草、锡叶藤、黑面神、箭檬花椒（*Zanthoxylum avicennae*）、无根藤、野漆（*Toxicodendron succedaneum*）、水茄、露兜树、革命菜（*Crassocephalum crepidioides*）、白饭树、三桠苦（三叉苦）、樟叶素馨（*Jasminum cinnamomifolium*）、小叶海金沙、华南毛蕨、假臭草（*Praxelis clematidea*）、大青（*Clerodendrum cyrtophyllum*）、膜叶嘉赐树（*Casearia membranacea*）、金腰箭（*Synedrella nodiflora*）、胜红蓟、毛叶丁香罗勒（*Ocimum gratissimum var. suave*）、益母草（*Leonurus japonicus*）、斑茅、粽叶芦、白茅、芒等。

参 考 文 献

陈定如, 陈学宪. 1981. 海南岛野生牧草资源调查[J]. 华南师范大学学报(自然科学版), (2): 27-43.

陈焕雄, 陈二英. 1985. 海南岛红树林分布的现状[J]. 热带海洋学报, (3): 76-81+95-96.

陈树培, 梁志贤, 邓义. 1987. 广东海岸带植被的特殊类型——红树林[J]. 海洋开发与管理, (3): 25-29.

符定伟. 2000. 加笕坪的守护者——一个黎族老人和两亿元的山林[J]. 今日海南, (1): 45-46+51.

林鹏, 卢昌义. 1985. 海南岛的红树群落[J]. 厦门大学学报(自然科学版), (1): 116-127.

吴瑞, 张光星, 涂志刚, 等. 2015. 海南省花场湾红树林资源现状调查分析[J]. 热带农业科学, 35(7): 54-56.

杨玉峰, 孙玉正. 2007. 一位老人与一片林海[J]. 国土绿化, (7): 33.

杨小波, 李东海, 吕晓波, 等. 2016. 澄迈花场湾县级红树林自然保护区科学考察与规划工作报告(内部资料).

（四）各乡镇植被图

1. 大丰镇植被图

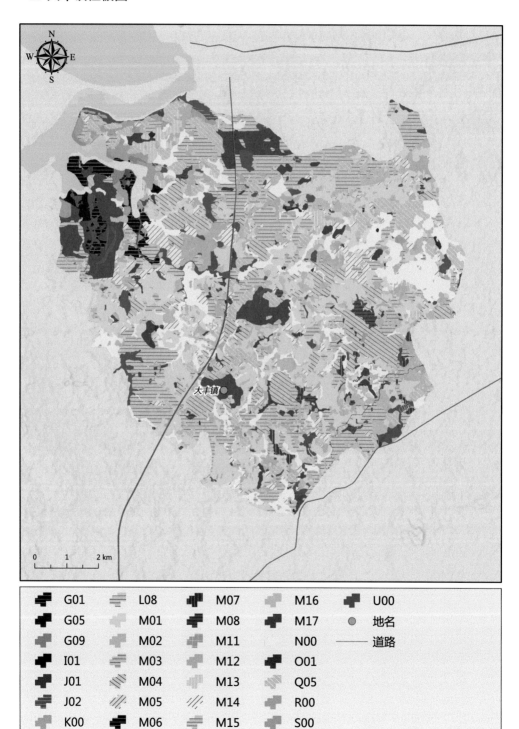

2. 福山镇植被图

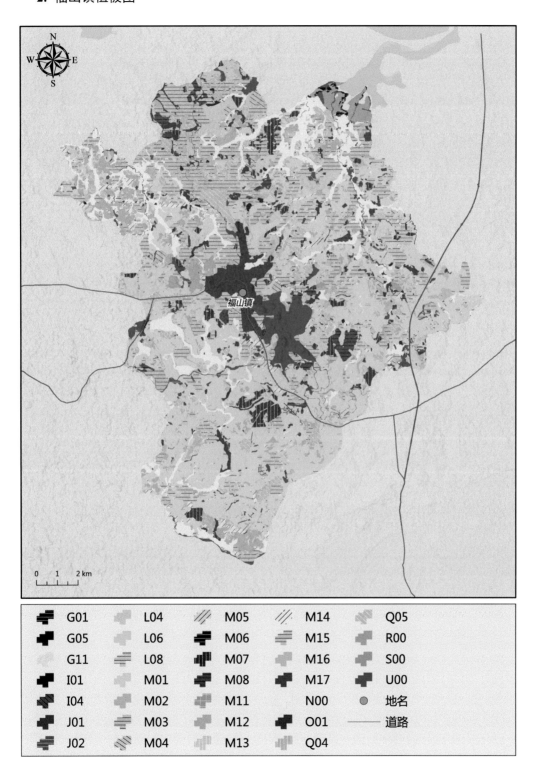

3. 加乐镇植被图

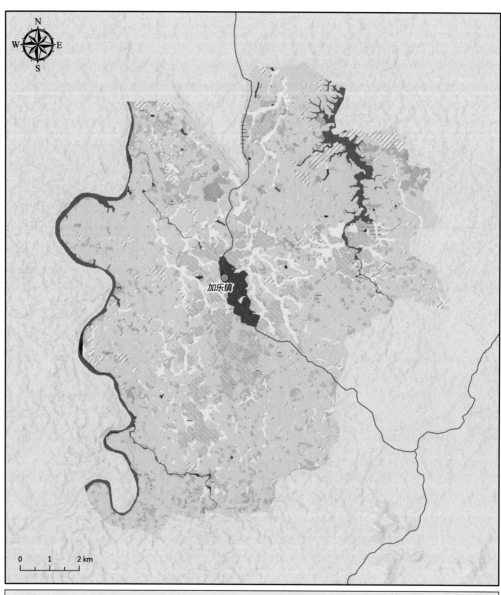

4. 金江镇植被图

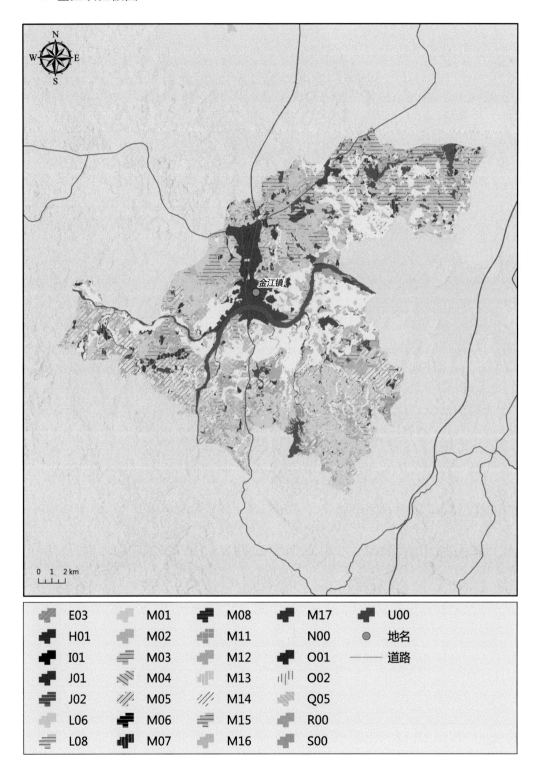

	E03		M01		M08		M17		U00
	H01		M02		M11		N00	●	地名
	I01		M03		M12		O01	——	道路
	J01		M04		M13		O02		
	J02		M05		M14		Q05		
	L06		M06		M15		R00		
	L08		M07		M16		S00		

5. 老城镇植被图

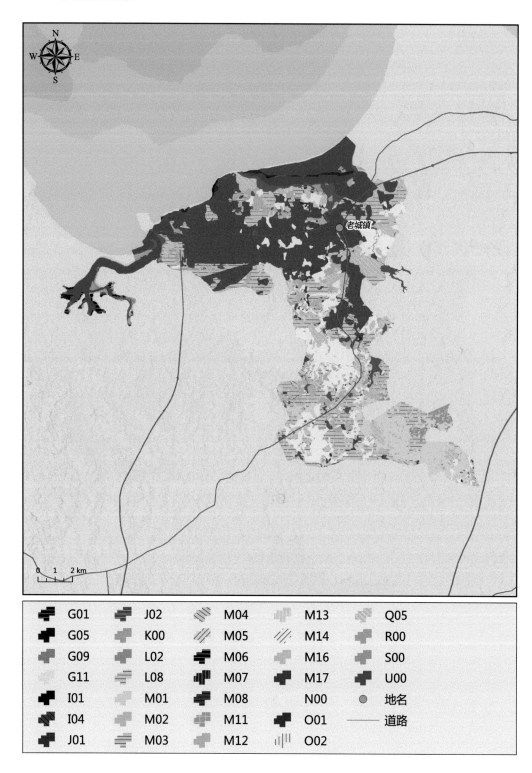

6. 桥头镇植被图

桥头镇

E03		L06		M07		N00	●	地名
G01		L08		M08		O01		
G05		M01		M12		Q04		
H01		M02		M13		Q05		
I01		M03		M14		R00		
J01		M04		M16		S00		
K00		M06		M17		U00		

7. 仁兴镇植被图

8. 瑞溪镇植被图

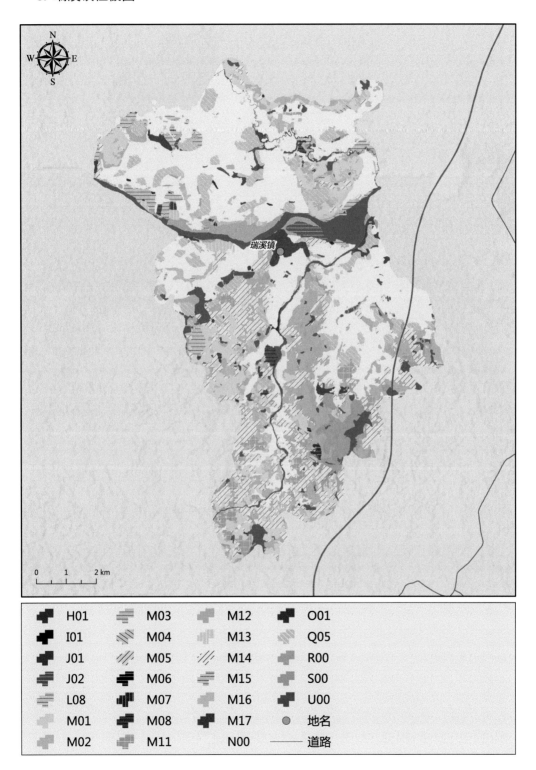

H01		M03		M12		O01	
I01		M04		M13		Q05	
J01		M05		M14		R00	
J02		M06		M15		S00	
L08		M07		M16		U00	
M01		M08		M17		地名	
M02		M11		N00		道路	

9. 文儒镇植被图

10. 永发镇植被图

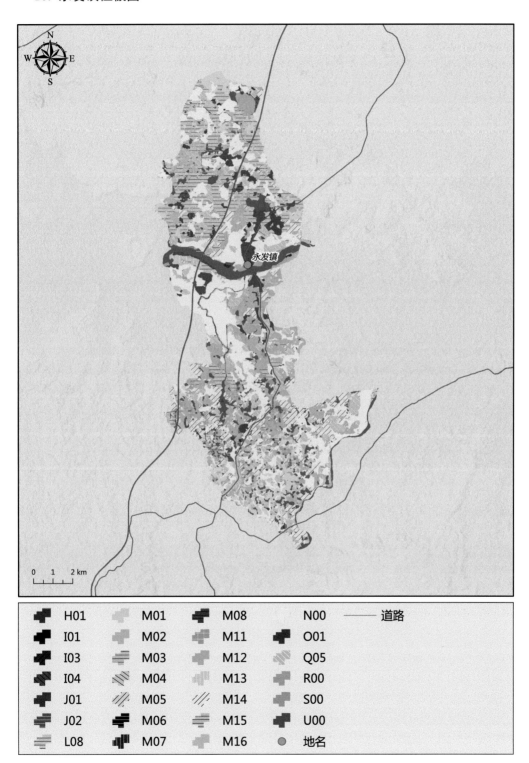

H01		M01		M08		N00		道路
I01		M02		M11		O01		
I03		M03		M12		Q05		
I04		M04		M13		R00		
J01		M05		M14		S00		
J02		M06		M15		U00		
L08		M07		M16		地名		

11. 中兴镇植被图

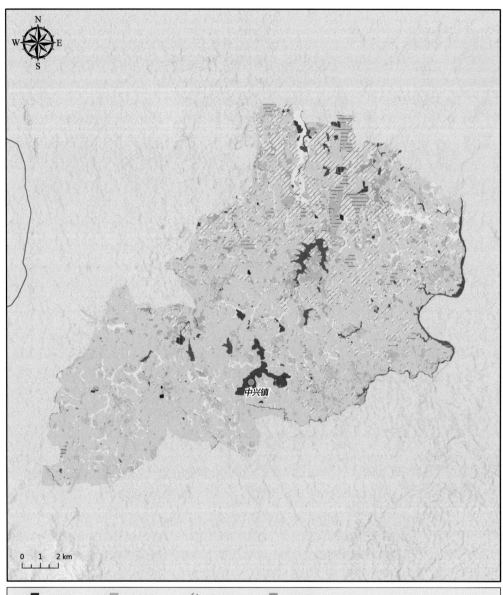

五、儋州市

(一)儋州市植被图(无乡镇界线)

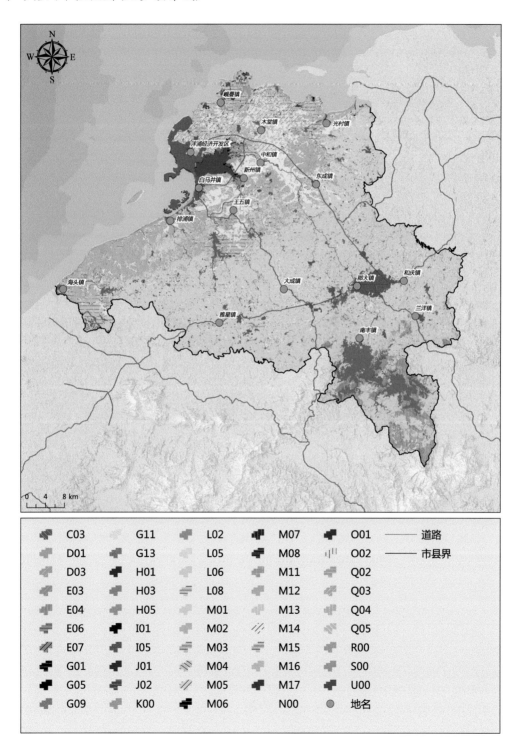

（二）儋州市植被图(有乡镇界线)

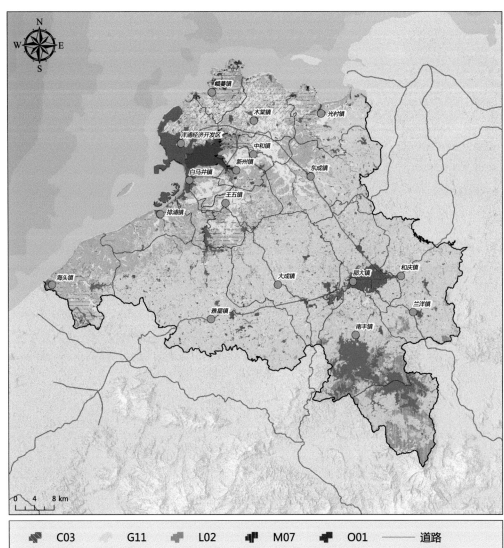

(三)植被图的说明

儋州市位于海南西部低丘陵、平原区，是海南人类活动最早的地区之一，人类活动对自然植被造成了很大的干扰和破坏，目前自然植被已经很少，主要残存有西北部的红树林、河边的一些滨河丛林及东南部山谷中的低地雨林。与儋州市植被有关的研究工作，最早出现在现代刊物研究报告上是在 20 世纪 60 年代，当时报道在儋州海岸发现了南亚松残林和大面积竹林(中山大学生物系植物教研室，1964)，可惜这片南亚松林已经找不到，到 80 年代有些学者开展了部分农村自然、半自然村庄植被研究工作(郑坚端，1982)，目前在儋州的农村仍然保存较好的村庄森林植被，如在光村镇现在还分布有较大面积的自然、半自然荔枝林，中和镇七里村的北门江支流保存有较好的玉蕊淡水丛林等。但是由于儋州市大多数区域人类活动影响较大，在学术界影响较大的儋州自然或自然、半自然植被研究工作很少，王明全和刘少军(2007)开展了基于 MODIS 数据的儋州市植被覆盖变化研究工作，符国瑷(1995)、黄少华等(2006)和吴瑞等(2016)等学者开展过儋州市境内局部地区的植被资源调查研究，其他与儋州市植被有关的研究工作多出现在一些比较研究或描述性的文献中(莫燕妮等，1999；辛欣等，2016)。

儋州市可划分为西北部、北部滨海平原植被亚区，东部、中部和西部低丘陵平原植被亚区，南部低山丘陵植被亚区等三个亚区。西北部、北部滨海平原植被亚区主要包括光村镇、木棠镇、峨蔓镇、三都镇(含洋浦经济开发区)、中和镇、新州镇、白马井镇、排浦镇和海头镇。东部、中部和西部低丘陵平原植被亚区主要包括南丰镇、雅星镇、王五镇、东成镇、大成镇、那大镇、和庆镇、兰洋镇的北部。南部低山丘陵植被亚区为兰洋镇的南部(兰洋镇番加片区)。

在西北部、北部滨海平原植被亚区里，自然植被主要有红树林和半红树林、滨海丛林、滨河丛林、藤蔓丛、灌丛和草丛及自然、半自然村庄植被。

在红树林和半红树林植物群落中，常见的植物有木榄(*Bruguiera gymnorrhiza*)、红海榄(*Rhizophora stylosa*)、红树(*Rhizophora apiculata*)、海莲(*Bruguiera sexangula*)、秋茄(*Kandelia obovata*)、角果木(*Ceriops tagal*)、白骨壤(*Avicennia marina*)、小花老鼠簕(*Acanthus ebracteatus*)、海漆(*Excoecaria agallocha*)、海桑(*Sonneratia caseolaris*)、桐花树(*Aegiceras corniculatum*)、榄李(*Lumnitzera racemosa*)、卤蕨(*Acrostichum aureum*)、苦郎树(许树)(*Clerodendrum inerme*)、水黄皮(*Pongamia pinnata*)、黄槿(*Hibiscus tiliaceus*)、桐棉(杨叶肖槿)(*Thespesia populnea*)、海杧果(*Cerbera manghas*)、银叶树(*Heritiera littoralis*)和阔苞菊(*Pluchea indica*)等。

在藤蔓丛中，常见的植物有厚藤(*Ipomoea pes-caprae*)、海刀豆(*Canavalia rosea*)、蔓荆(*Vitex trifolia*)、羽芒菊(*Tridax procumbens*)、匐枝栓果菊(*Launaea sarmentosa*)、蟛蜞菊(*Sphagneticola calendulacea*)、蕹菜(*Ipomoea aquatica*)(淡水)等。

在滨海丛林中，常见的植物有楝叶吴萸(*Tetradium glabrifolium*)、黄花三宝木(*Trigonostemon fragilis*)、牛眼睛(*Capparis zeylanica*)、台琼海桐(*Pittosporum pentandrum* var. *formosanum*)、土坛树(*Alangium salviifolium*)、鹊肾树(*Streblus asper*)、马缨丹(*Lantana camara*)、刺茉莉(*Azima sarmentosa*)、铁灵花(*Celtis philippensis* var. *wightii*)、

酒饼簕（东风橘）(*Atalantia buxifolia*)、翼叶九里香(*Murraya alata*)、绿玉树（光棍树）(*Euphorbia tirucalli*)、光叶柿(*Diospyros diversilimba*)、鱼木(*Crateva religiosa*)等多种。

在滨河丛林（玉蕊群落）里，常见的植物有玉蕊(*Barringtonia racemosa*)、乌墨(*Syzygium cumini*)、水翁蒲桃(*Syzygium nervosum*)、滑桃树(*Trevia nudiflora*)，离水稍远些(1～5m)的伴生植物还有鹊肾树、对叶榕(*Ficus hispida*)、蛇葡萄(*Ampelopsis glandulosa*)、肾蕨(*Nephrolepis auriculata*)和水黄皮。这一群落分布在中和镇七里村，是海南最有特色的淡水湿地丛林，也是目前海南被发现的第一片淡水玉蕊丛林。

在灌丛或草丛，或它们的混合群落中，常见的植物有仙人掌(*Opuntia dillenii*)、厚藤、海刀豆(*Canavalia rosea*)、蔓荆、岗松(*Baeckea frutescens*)、野牡丹(*Melastoma malabathricum*)、细叶裸实(*Gymnosporia diversifolia*)、露兜树(*Pandanus tectorius*)、打铁树（柳叶密花树）(*Myrsine linearis*)、厚皮树(*Lannea coromandelica*)、桃金娘(*Rhodomyrtus tomentosa*)、光棍树、牛角瓜(*Calotropis gigantea*)、越南巴豆(*Croton kongensis*)、酒饼簕、牛筋果(*Harrisonia perforata*)、草海桐(*Scaevola taccada*)、鹊肾树、基及树（福建茶）(*Carmona microphylla*)、刺柊(*Scolopia chinensis*)、光叶柿、茅根(*Perotis indica*)、绢毛飘拂草(*Fimbristylis sericea*)、铺地黍(*Panicum repens*)、飞机草(*Chromolaena odorata*)、球柱草(*Bulbostylis barbata*)、白茅(*Imperata cylindrica*)等多种，在这些植被类型中，还零星地分布有木麻黄(*Casuarina equisetifolia*)、鱼木、竹节树(*Carallia brachiata*)、乌桕(*Triadica sebifera*)和苦楝(*Melia azedarach*)等多种乔木(arbor)种类。

在这一带的自然、半自然村庄植被里，常见的植物有荔枝(*Litchi chinensis*)、土坛树、海桐(*Pittosporum tobira*)、黄皮(*Clausena lansium*)、椰子(*Cocos nucifera*)、番荔枝(*Annona squamosa*)、番木瓜(*Carica papaya*)、花椒(*Zanthoxylum bungeanum*)、番石榴(*Psidium guajava*)、龙眼(*Dimocarpus longan*)、凤凰木(*Delonix regia*)、紫檀（印度紫檀）(*Pterocarpus indicus*)、黄槿、小簕竹(*Bambusa flexuosa*)、楝叶吴萸、大叶相思(*Acacia auriculiformis*)、白饭树(*Flueggea virosa*)、小叶九里香(*Murraya microphylla*)、鱼木、白花丹(*Plumbago zeylanica*)、洋金花(*Datura metel*)、磨盘草(*Abutilon indicum*)、大尾摇(*Heliotropium indicum*)、苍耳(*Xanthium strumarium*)、苦郎树(*Clerodendrum inerme*)、乌墨、竹节树(*Carallia brachiata*)、厚皮树、香蒲桃(*Syzygium odoratum*)、假赤楠(*Syzygium buxifoliodeum*)、鱼木(*Crateva religiosa*)、滑桃树、苦梓(*Gmelina hainanensis*)、酸豆(*Tamarindus indica*)、潺槁木姜子(*Litsea glutinosa*)、乌桕(*Triadica sebifera*)、破布叶(*Microcos paniculata*)、鹊肾树、苦楝、榕树(*Ficus microcarpa*)、牛筋果和细叶裸实等多种。有时荔枝或黄皮等成为单一优势的自然、半自然森林。

在东部、中部和西部低丘陵平原植被亚区里，自然植被或自然、半自然植被主要有低地雨林次生灌丛和草丛及村庄植被。

在平原地带的灌丛植物群落中，常见的植物有桃金娘、野牡丹、银柴(*Aporosa dioica*)、厚皮树、假鹰爪(*Desmos chinensis*)、黑面神(*Breynia fruticosa*)、余甘子(*Phyllanthus emblica*)、了哥王(*Wikstroemia indica*)、刺篱木(*Flacourtia indica*)、广东刺柊(*Scolopia saeva*)、膜叶嘉赐树(*Casearia membranacea*)、黑叶谷木(*Memecylon nigrescens*)、破布叶、山芝麻(*Helicteres angustifolia*)、光荚含羞草(*Mimosa bimucronata*)、

黄花稔(*Sida acuta*)、锈毛野桐(*Mallotus anomalus*)、粗叶榕(*Ficus hirta*)、细基丸(*Polyalthia cerasoides*)、潺槁木姜子、对叶榕、紫玉盘(*Uvaria macrophylla*)、暗罗(*Polyalthia suberosa*)、细基丸、黄樟(*Cinnamomum parthenoxylon*)、阴香(*Cinnamomum burmanni*)、乌心楠(*Phoebe tavoyana*)、毛黄肉楠(*Actinodaphne pilosa*)、木姜子(*Litsea pungens*)、小果山龙眼(越南山龙眼)(*Helicia cochinchinensis*)、大花五桠果(*Dillenia turbinata*)、番石榴(*Psidium guajava*)、毛茛(*Melastoma sanguineum*)、毛果扁担杆(*Grewia eriocarpa*)、山麻树(*Commersonia bartramia*)、五月茶(*Antidesma bunius*)、方叶五月茶(*Antidesma ghaesembilla*)、算盘子(*Glochidion puberum*)、白饭树、土蜜树(*Bridelia tomentosa*)、鸡骨香(*Croton crassifolius*)、白背叶(*Mallotus apelta*)、白楸(*Mallotus paniculatus*)、石岩枫(*Mallotus repandus*)、三稔蒟(*Alchornea rugosa*)、红背山麻杆(*Alchornea trewioides*)、山乌柏(*Triadica cochinchinensis*)、粗叶悬钩子(海南悬钩子)(*Rubus alceifolius*)、越南悬钩子(*Rubus cochinchinensis*)、石斑木(*Rhaphiolepis indica*)、两面针(*Zanthoxylum nitidum*)、三桠苦(三叉苦)(*Melicope pteleifolia*)、山油柑(*Acronychia pedunculata*)、大管(*Micromelum falcatum*)、假黄皮(*Clausena excavata*)、酒饼簕、赤才(*Lepisanthes rubiginosa*)、滨木患(*Arytera littoralis*)、车桑子(坡柳)(*Dodonaea viscosa*)、土坛树、鱼尾葵(*Caryota maxima*)、刺葵(*Phoenix loureiroi*)、猪肚木(*Canthium horridum*)、山石榴(*Catunaregam spinosa*)、破布木、基及树、黑叶小驳骨(*Justicia ventricosa*)、马缨丹、裸花紫珠(*Callicarpa nudiflora*)、尖尾枫(*Callicarpa longissima*)、大青(*Clerodendrum cyrtophyllum*)、臭牡丹(*Clerodendrum bungei*)、铁芒萁(*Dicranopteris linearis*)、毛排钱草(*Phyllodium elegans*)、排钱草(*Phyllodium pulchellum*)、飞机草、小蓬草(加拿大蓬)(*Erigeron canadensis*)、白花地胆草(*Elephantopus tomentosus*)、芒(*Miscanthus sinensis*)、白茅、斑茅(*Saccharum arundinaceum*)、五节芒(*Miscanthus floridulus*)、海金沙(*Lygodium japonicum*)、粪箕笃(*Stephania longa*)、了哥王、锡叶藤(*Tetracera sarmentosa*)、龙须藤(*Bauhinia championii*)等多种。散生的乔木类植物有黄牛木(*Cratoxylum cochinchinense*)、木棉(*Bombax ceiba*)、秋枫(*Bischofia javanica*)、白楸、大果榕(*Ficus auriculata*)、假柿木姜子(*Litsea monopetala*)、黄椿木姜子(*Litsea variabilis*)、鹧鸪麻(*Kleinhovia hospita*)、水翁蒲桃(小溪边)等。

在低丘陵地带,分布有发育较好的灌丛植物群落,常见的植物有黄毛榕(*Ficus fulva*)、中平树(*Macaranga denticulata*)、假苹婆(*Sterculia lanceolata*)、台湾毛楤木(*Aralia decaisneana*)、八角枫(*Alangium chinense*)、南酸枣(*Choerospondias axillaris*)、野漆(*Toxicodendron succedaneum*)、大叶荛花(*Wikstroemia liangii*)、细枝柃(*Eurya loquaiana*)、棒花蒲桃(*Syzygium claviflorum*)、紫毛野牡丹(*Melastoma penicillatum*)、白毛紫珠(*Callicarpa candicans*)、短柄紫珠(*Callicarpa brevipes*)、火索麻(*Helicteres isora*)、三稔蒟、红背山麻杆、银柴、黑面神、锈毛野桐、刺桑(*Streblus ilicifolius*)、大花五桠果、黄牛木、山杜英(*Elaeocarpus sylvestris*)、白楸、对叶榕、厚皮树、猫尾木、楹树(*Albizia chinensis*)和美叶菜豆树(*Radermachera frondosa*)、深绿卷柏(*Selaginella doederleinii*)、乌毛蕨(*Blechnum orientale*)、飞机草、加拿大蓬、白花地胆草、芒、白茅、斑茅、五节芒、割鸡芒(*Hypolytrum nemorum*)、棕叶芦(*Thysanolaena latifolia*)、海南海金沙(*Lygodium conforme*)、小叶买麻藤(*Gnetum parvifolium*)、毛瓜馥木(*Fissistigma maclurei*)、苍白秤钩风(*Diploclisia glaucescens*)、小刺槌果藤(*Capparis micracantha*)、锡叶藤、趾叶栝楼(*Trichosanthes pedata*)、钩枝藤(*Ancistrocladus tectorius*)、越南悬钩子、壮丽玉叶金花(*Mussaenda antiloga*)、猪菜藤(*Hewittia malabarica*)、多花山猪菜和红藤(*Daemonorops jankinsianus*)等多种。散生的乔木类植物有乌墨、木棉、秋枫、白楸、黄豆树(菲律宾合欢、白格)(*Albizia procera*)、大果榕、假柿木姜子、黄椿木姜子、岭南山竹子(*Garcinia oblongifolia*)等。

在草丛植物群落中,常见的植物有芒、五节芒、斑茅、粽叶芦、白茅、水蔗草(*Apluda mutica*)、散穗黑莎草(*Gahnia baniensis*)、割鸡芒、飞机草、加拿大蓬、金盏银盘(*Bidens biternata*)、鬼针草(*Bidens pilosa*)、粗叶耳草(*Hedyotis verticillata*)、毛排钱草、排钱草、锈毛野桐、刺桑、野牡丹、桃金娘、余甘子、叶被木(*Streblus taxoides*)、枫香(*Liquidambar formosana*)、黄杞(*Engelhardtia roxburghiana*)等多种。在淡水草丛中,常见的植物有水竹(*Phragmites karka*)、草龙(*Ludwigia hyssopifolia*)、毛草龙(*Ludwigia octovalvis*)、藤构(葡蟠)(*Broussonetia kazinoki* var. *australis*)、水田稗(*Echinochloa oryzoides*)、北越苎麻(*Boehmeria lanceolata*)、大蔍草(*Actinoscirpus grossus*)、大苞水竹叶(*Murdannia bracteata*)、密穗砖子苗(*Cyperus compactus*)、大叶水竹草(*Murdannia edulis*)、密花杜若(*Pollia thyrsiflora*)、水筛(*Blyxa japonica*)、球穗扁莎(*Pycreus flavidus*)、黄花蔺(*Limnocharis flava*)、华南毛蕨(*Cyclosorus parasiticus*)、香附子(*Cyperus rotundus*)、钝棱荸荠(*Eleocharis congesta*)。偶尔可发现水蕨(*Ceratopteris thalictroides*)等的分布。

在自然、半自然村庄植被中,常见的植物有粉箪竹(*Bambusa chungii*)、青皮竹(*Bambusa textilis*)、甲竹(*Bambusa remotiflora*)、小簕竹、粉麻竹(*Dendrocalamus pulverulentus*)、龙眼、荔枝、倒吊笔、假苹婆、猫尾木(*Markhamia stipulata*)、石栗(*Aleurites moluccana*)、波罗蜜、海芋(*Alocasia odora*)、麒麟叶(*Epipremnum pinnatum*)、大管、华南胡椒(华南蒟)(*Piper austrosinense*)、大叶蒟(*Piper laetispicum*)、香蕉、椰子、苦楝、高山榕(*Ficus altissima*)、对叶榕、榕树、楹树(*Albizia chinensis*)、光叶柿、苦梓(*Gmelina hainanensis*)、赤楠蒲桃、油楠、膜叶嘉赐树、海南菜豆树(*Radermachera hainanensis*)、鸭脚木、铁冬青(*Ilex rotunda*)等多种。

在南部低山丘陵植被亚区里主要分布有热带雨林次生林、灌丛和草丛等自然植被类型。植物种类最丰富的地区应属番加省级自然保护区及其周边的一些农村地区,尤其是分布在一些河沟边的次生林物种较为丰富。曾记录过在该地区分布的植物主要有坡垒(*Hopea hainanensis*)、大叶黑桫椤(*Alsophila gigantea*)、黑桫椤(*A. podophylla*)、普洱茶(野茶)(*Camellia sinensis* var. *assamica*)、见血封喉(*Antiaris toxicaria*)、青梅(*Vatica mangachapoi*)、土沉香(*Aquilaria sinensis*)、油楠(*Sindora glabra*)、蕉木(*Chieniodendron hainanense*)、海南破布叶(*Microcos chungii*)、粘木(*Ixonanthes reticulata*)、毛萼紫薇(*Lagerstroemia balansae*)、海南栀子(*Gardenia hainanensis*)、桃榄(*Pouteria annamensis*)、银珠(*Peltophorum tonkinense*)、海南韶子(*Nephelium topengii*)、苦梓含笑(*Michelia balansae*)、龙眼(*Dimocarpus longan*)、荔枝、白沙黄檀(*Dalbergia peishaensis*)、长柄冬青(*Ilex dolichopoda*)、海南猴欢喜(*Sloanea hainanensis*)、长柄梭罗(*Reevesia longipetiolata*)、海南暗罗（*Polyalthia laui*）、长序厚壳桂（*Cryptocarya metcalfiana*）、密鳞紫金牛（*Ardisia densilepidotula*）、单叶省藤（*Calamus simplicifolius*）、单叶豆（*Ellipanthus glabrifolius*）、单花水油甘（*Phyllanthus nanellus*）、多刺鸡藤（*Calamus tetradactyloides*）、海南九节（*Psychotria hainanensis*）、海南匙羹藤（*Gymnema hainanense*）、海南柄果木（*Mischocarpus hainanensis*）、钝叶厚壳桂（*Cryptocarya impressinervia*）、赛木患（*Lepisanthes oligophylla*）、狭瓣鹰爪（*Artabotrys hainanensis*）、闭花耳草（*Hedyotis cryptantha*）、山柑（*Cansjera rheedei*）、毛银柴（*Aporosa villosa*）、枫香（*Liquidambar formosana*）、鸭脚木（*Schefflera heptaphylla*）、胭脂（*Artocarpus tonkinensis*）、细子龙（*Amesiodendron chinense*）、厚皮树、三桠苦（三叉苦）、大青、宿苞厚壳树（*Ehretia asperula*）、九节（*Psychotria asiatica*）、黄桐（*Endospermum chinense*）、白茶（*Koilodepas hainanense*）、露兜草、银柴、穗花轴榈（*Licuala fordiana*）、大花五桠果、变色山槟榔（*Pinanga baviensis*）、棕竹（*Rhapis excelsa*）、白颜树（*Gironniera subaequalis*）、岭南山竹子（*Garcinia oblongifolia*）、闭鞘姜（*Costus speciosus*）、黄毛榕、粗叶榕（*Ficus hirta*）、海南狗牙花（*Tabernaemontana bufalina*）、垂穗石松（*Lycopodium cernuum*）、红鳞蒲桃（*Syzygium hancei*）、粗毛野桐、黄杞、蜘蛛抱蛋（*Aspidistra elatior*）、白藤（*Calamus tetradactylus*）。在沟谷边可发现黑桫椤、大叶黑桫椤，偶尔可发现石碌含笑（*Michelia shiluensis*）、红椿（*Toona ciliata*）、油楠（*Sindora glabra*）、普洱茶(野茶)、坡垒、见血封喉（*Antiaris toxicaria*）等。

在灌丛或草丛等自然植被中，常见的植物有厚皮树、翻白叶树（*Pterospermum heterophyllum*）、白楸、枫香、鸭脚木、细基丸、水锦树、谷木（*Memecylon ligustrifolium*）、野牡丹、黑面神、厚壳桂（*Cryptocarya chinensis*）、对叶榕、漆树、三桠苦(三叉苦)、大青、宿苞厚壳树、苦楝树、赤才、白背叶、芒、铁芒萁、粽叶芦、肖菝葜（*Heterosmilax japonica*）、白粉藤（*Cissus repens*）、圆叶南蛇藤（*Celastrus kusanoi*）等多种。

参 考 文 献

符国瑗. 1995. 儋州市雅星林场植被调查报告[J]. 热带林业, (2): 88-94.
海南省野生动植物保护管理局. 2013. 海南番加省级自然保护区总体规划(2014-2025)(内部资料).
黄少华, 栾乔林, 周小飞, 等. 2006. 沙河水库植被调查与分析[J]. 华南热带农业大学学报, 12(2): 27-33.
莫燕妮, 庚志忠, 苏文拔. 1999. 海南岛红树林调查报告[J]. 热带林业, (1): 12-15.
王明全, 刘少军. 2007. 基于MODIS数据的儋州市植被覆盖变化研究[C] 见: 中国气象学会2007年年会生态气象业务建设与农业气象灾害预警分会场论文集. 北京: 中国气象学会.
吴瑞, 陈晓慧, 陈丹丹, 等. 2016. 海南省新英湾红树林资源现状调查分析[J]. 热带农业科学, 36(8): 35-37.
辛欣, 宋希强, 雷金睿, 等. 2016. 海南红树林植物资源现状及其保护策略[J]. 热带生物学报, 7(4): 477-483.
郑坚端. 1982. 海南岛儋县宝岛新村自然植被的变迁及其对环境的某些影响[J]. 植物生态学报, 6(3): 207-218.
中山大学生物系植物教研室. 1964. 中山大学植物生态与地植物学的野外调查及试验工作[J]. 植物生态学与地植物学丛刊, (2): 257-258.

(四)各乡镇植被图

1. 白马井镇植被图

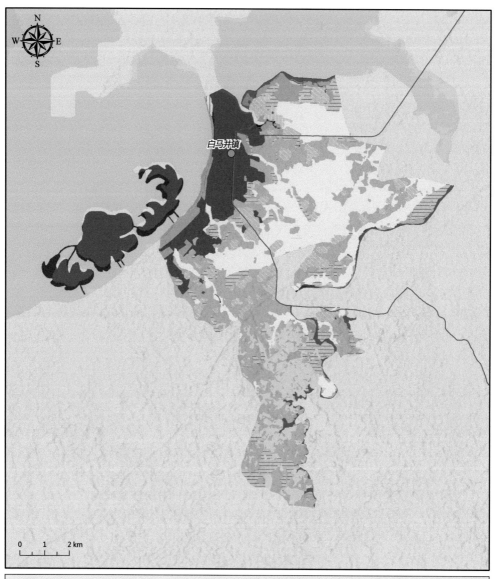

2. 大成镇植被图

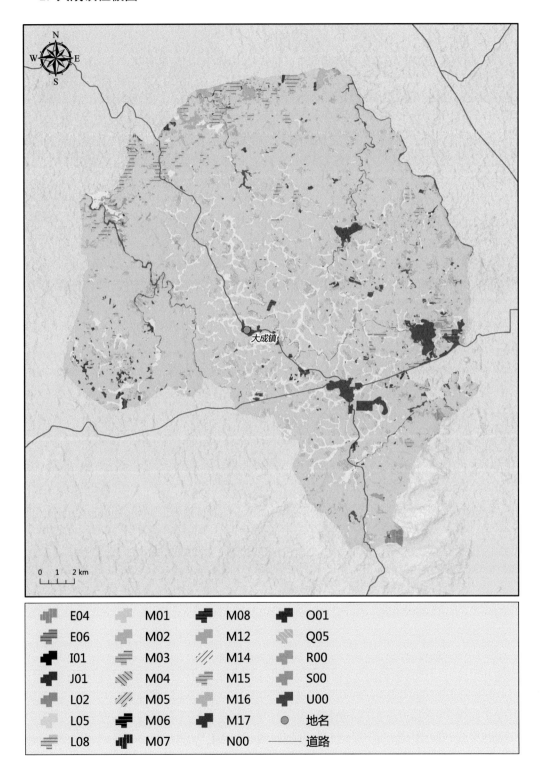

E04		M01		M08		O01	
E06		M02		M12		Q05	
I01		M03		M14		R00	
J01		M04		M15		S00	
L02		M05		M16		U00	
L05		M06		M17		地名	
L08		M07		N00		道路	

3. 东成镇植被图

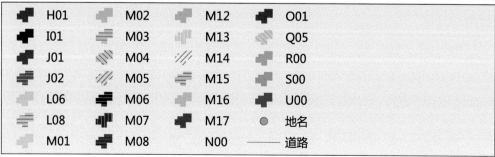

4. 峨蔓镇植被图

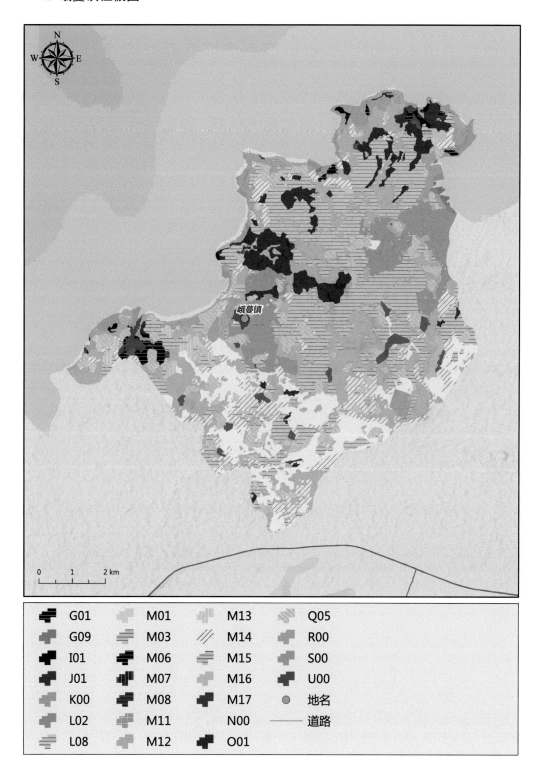

	G01		M01		M13		Q05
	G09		M03		M14		R00
	I01		M06		M15		S00
	J01		M07		M16		U00
	K00		M08		M17	●	地名
	L02		M11		N00	——	道路
	L08		M12		O01		

5. 光村镇植被图

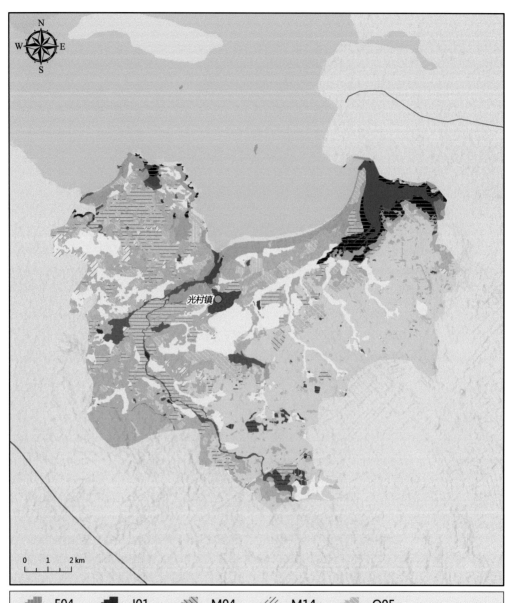

E04	J01	M04	M14	Q05
G01	K00	M05	M15	R00
G05	L06	M06	M16	S00
G09	L08	M07	M17	U00
G13	M01	M08	N00	地名
I01	M02	M12	O01	道路
I04	M03	M13	Q04	

6. 海头镇植被图

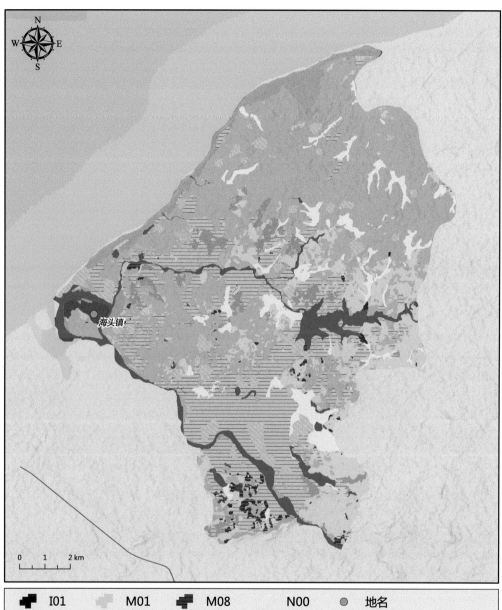

I01	M01	M08	N00	地名	
J01	M02	M12	O01	道路	
J02	M03	M13	Q03		
K00	M04	M14	Q05		
L02	M05	M15	R00		
L06	M06	M16	S00		
L08	M07	M17	U00		

7. 和庆镇植被图

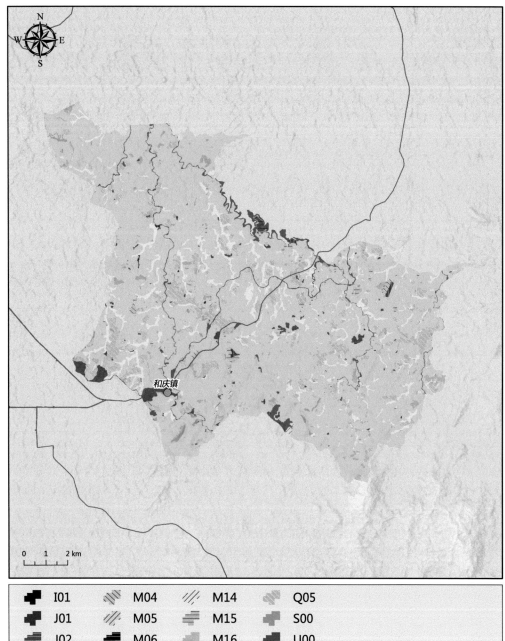

8. 兰洋镇植被图

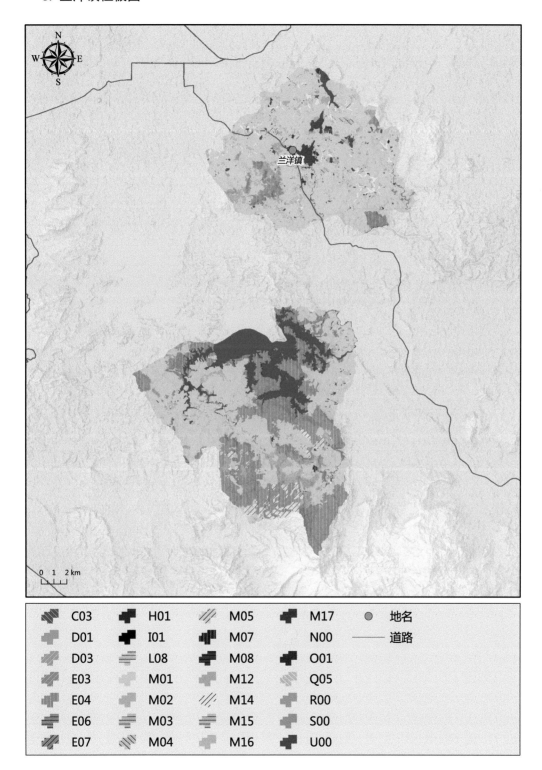

9. 木棠镇植被图

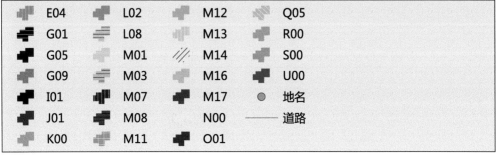

10. 那大镇植被图

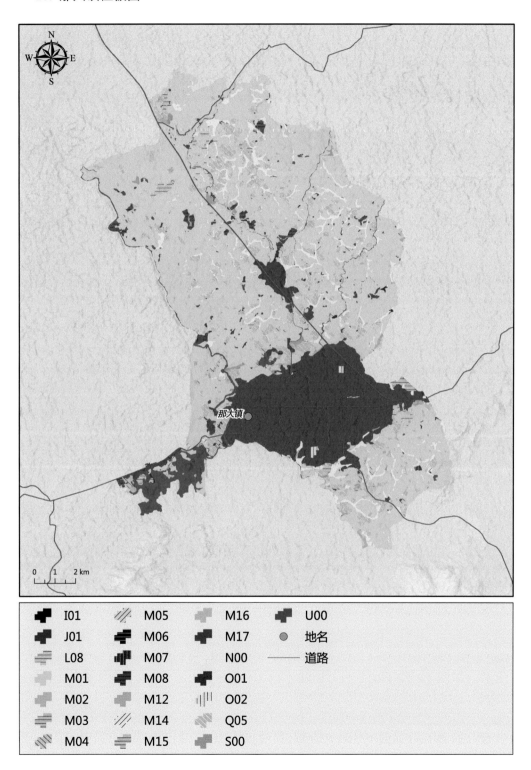

11. 南丰镇植被图

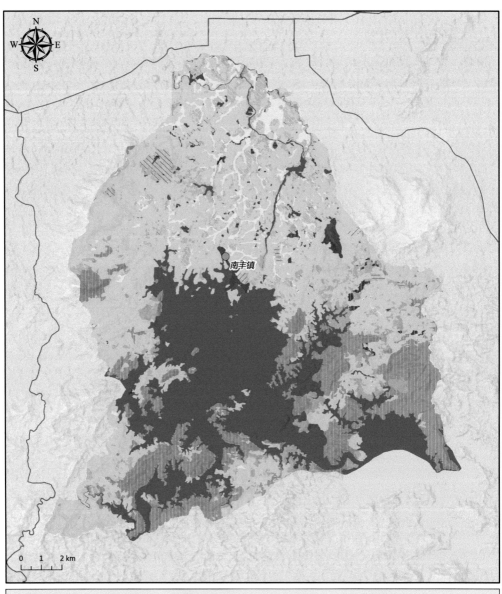

D03	L08	M07	N00 ● 地名
E04	M01	M08	O01 —— 道路
E06	M02	M12	Q02
E07	M03	M14	Q05
I01	M04	M15	R00
J01	M05	M16	S00
J02	M06	M17	U00

12. 排浦镇植被图

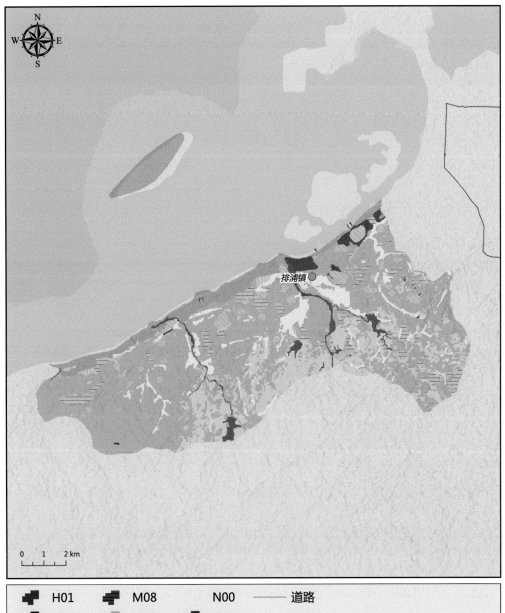

H01		M08		N00	——— 道路
I01		M12		O01	
J01		M13		Q05	
K00		M14		R00	
L08		M15		S00	
M01		M16		U00	
M07		M17		地名	

排浦镇

13. 三都镇植被图

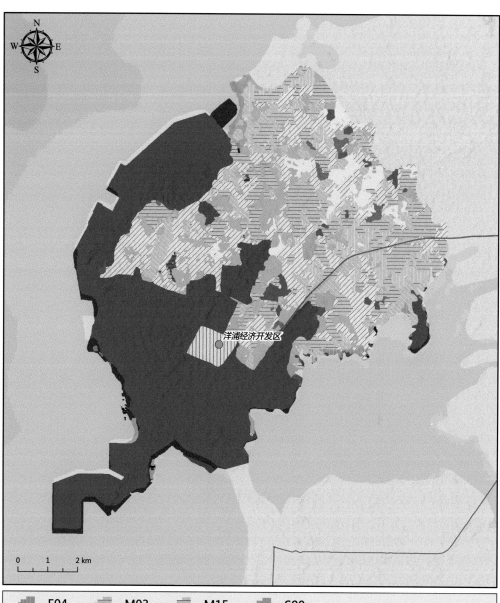

洋浦经济开发区

0 1 2 km

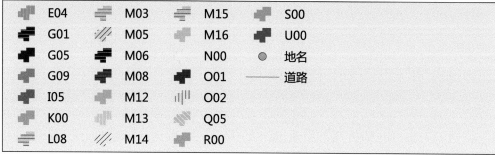

E04		M03		M15		S00
G01		M05		M16		U00
G05		M06		N00		地名
G09		M08		O01		道路
I05		M12		O02		
K00		M13		Q05		
L08		M14		R00		

14. 王五镇植被图

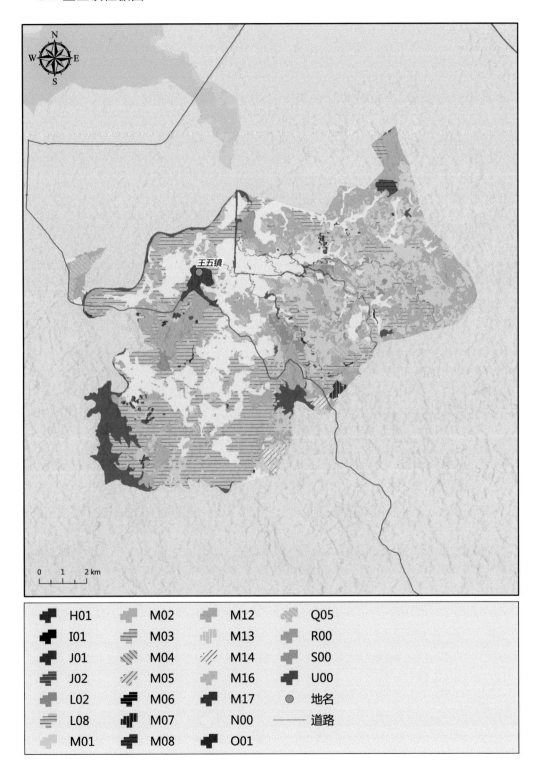

H01	M02	M12	Q05	
I01	M03	M13	R00	
J01	M04	M14	S00	
J02	M05	M16	U00	
L02	M06	M17	地名	
L08	M07	N00	道路	
M01	M08	O01		

15. 新州镇植被图

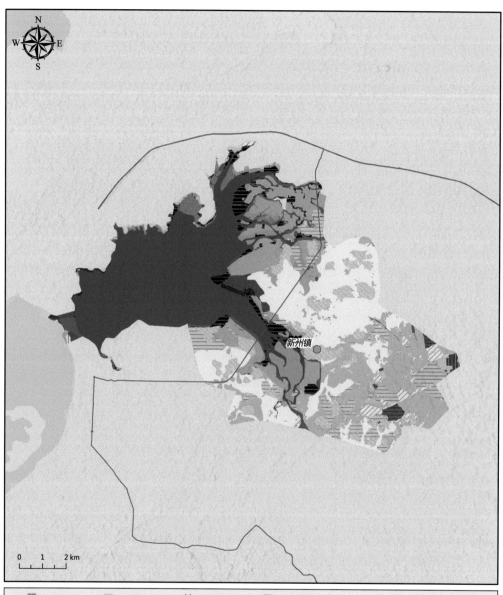

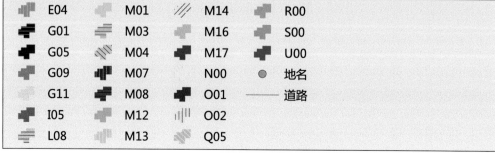

16. 雅星镇植被图

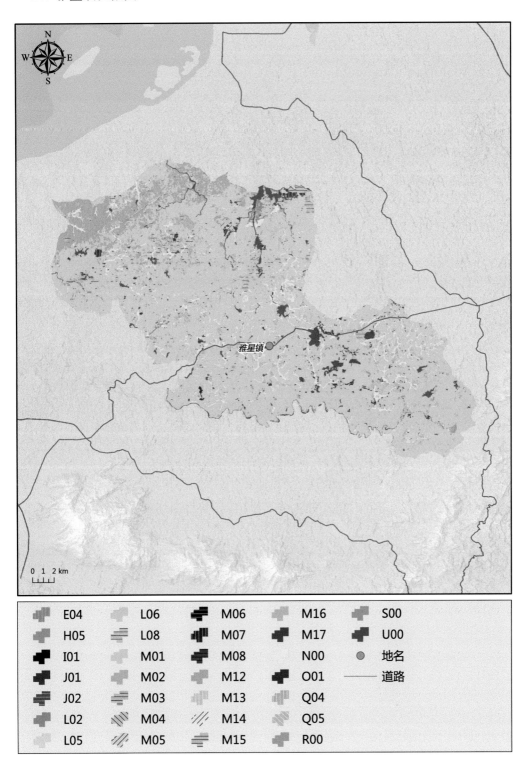

E04	L06	M06	M16	S00
H05	L08	M07	M17	U00
I01	M01	M08	N00	● 地名
J01	M02	M12	O01	—— 道路
J02	M03	M13	Q04	
L02	M04	M14	Q05	
L05	M05	M15	R00	

17. 中和镇植被图

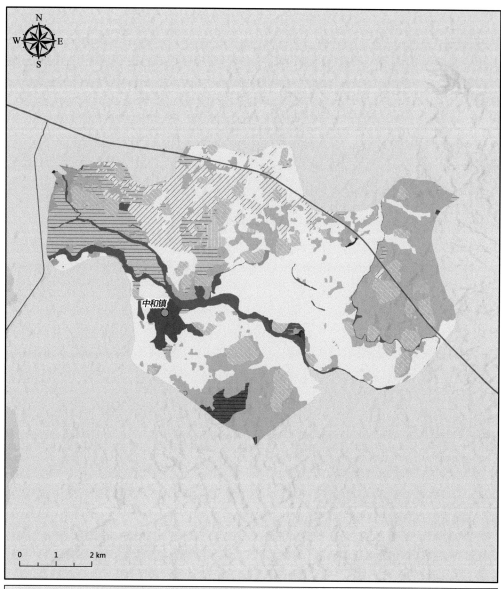

G01		M03		N00	—— 道路
H01		M07		O01	
H03		M08		Q05	
I01		M12		R00	
J02		M13		S00	
L08		M14		U00	
M01		M16		地名	

六、定安县

（一）定安县植被图（无乡镇界线）

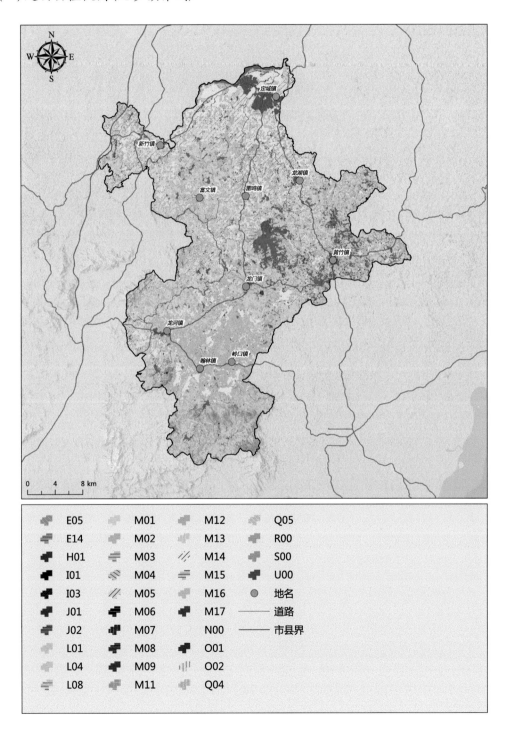

(二)定安县植被图(有乡镇界线)

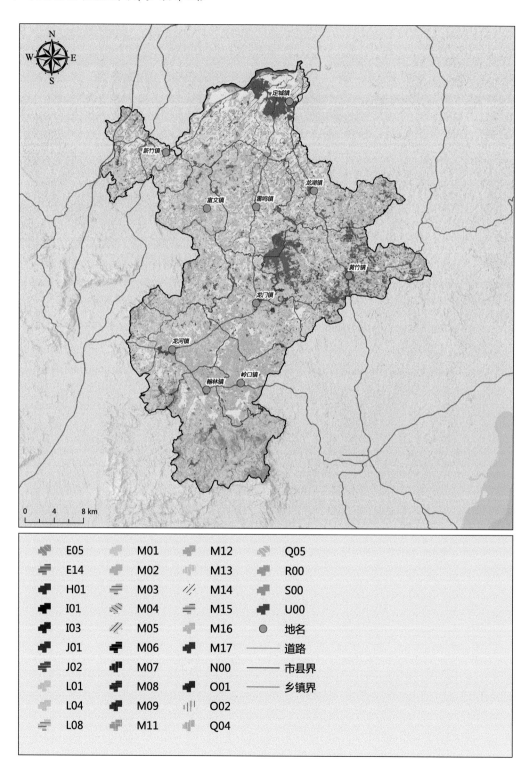

（三）植被图的说明

定安县位于海南北部平原区，农业活动相当强烈，目前多为农业生产植被。较早出现在文献报道中的有关定安县开展森林植被研究的是定安县翰林的次生热带森林的调查研究(符国瑗，1993)，该文按《中国植被》(中国植被编辑委员会，1980)的分类方案，定义翰林的热带森林为热带常绿季雨林，符合当时对海南森林植被的理解，实际上应归为热带雨林次生林。后陆续有一些学者开展了定安县火山岩地区植被与植物资源及其他植被类型的生态学调查研究工作(田建平等，2013；范志伟等，2016)。笔者在 2008 年后，陆续 3 次进入定安南丽湖开展植被调查工作，完成定安南丽湖植被调查报告，该报告陆续被符国基和邹伟(2012)完成的《旅游规划环境影响评价——以海南省南丽湖风景名胜区为例》及王旭(2016)完成的《海南南丽湖国家湿地公园生态资源及其保护》引用，定性和定量地描述了南丽湖周边地区的植被种类与植被类型。

目前在定安县境内主要在其南部翰林地区分布有少量的热带雨林次生林，少许的被人类干扰较少的低地雨林。除此之外，其他自然植被多为热带雨林残次林、灌丛和草丛，在一些农村周边分布有一些自然、半自然植被等。尽管自然植被受人类活动影响较大，但在定安县境内还分布有较多的植物种类，笔者在 2008 年、2010 年和 2011 年完成的定安南丽湖周边植被与植物资源调查，记录了该地区的维管植物 325 种，隶属 82 科。其中蕨类植物有 7 科 12 种；裸子植物有 3 科 5 种，被子植物有 72 科 308 种，其中双子叶植物有 62 科 254 种，单子叶植物有 10 科 54 种。在定城周边两个农村的调查还记录了维管植物 286 种，隶属 78 科。其中蕨类植物有 7 科 9 种；裸子植物有 1 科 1 种，被子植物有 70 科 276 种，其中双子叶植物有 60 科 229 种，单子叶植物有 10 科 47 种；在文笔峰调查记录了维管植物 324 种，隶属 79 科 218 属。其中蕨类植物有 9 科 12 属 15 种；被子植物有 70 科 206 属 309 种，其中双子叶植物有 58 科 158 属 249 种，单子叶植物有 12 科 48 属 60 种；仅依据样方记录，在翰林镇镇区东南方向的加露岭等地样方内的调查，计有维管植物 74 科 159 属 214 种(其中乔木 138 种)(符国瑗，1993)等。显然，定安县境内仍然保存有一定数量的植物种类。

定安县可划分为北部平原植被亚区，主要包括定城镇、新竹镇、富文镇、雷鸣镇、龙湖镇、龙门镇和黄竹镇 7 个镇；南部低丘陵平原植被亚区，主要包括龙河镇、岭口镇和翰林镇 3 个镇。

北部平原植被亚区的自然植被主要分布有热带低地雨林残次林、灌丛、草丛和自然、半自然农村植被等。

在热带低地雨林残次林中，常见的植物有鸭脚木(*Schefflera heptaphylla*)、假苹婆(*Sterculia lanceolata*)、破布叶(*Microcos paniculata*)、潺槁木姜子(*Litsea glutinosa*)、黄樟(*Cinnamomum parthenoxylon*)、野生荔枝(*Litchi chinensis*)、黄椿木姜子、岭南山竹子(*Garcinia oblongifolia*)、假玉桂(*Celtis timorensis*)、厚皮树(*Lannea coromandelica*)、山杜英(*Elaeocarpus sylvestris*)、猴耳环(*Archidendron clypearia*)、倒吊笔(*Wrightia pubescens*)、降香檀(*Dalbergia odorifera*)、山石榴(*Catunaregam spinosa*)、对叶榕(*Ficus hispida*)、九节(*Psychotria asiatica*)、买麻藤(*Gnetum montanum*)、细基丸(*Polyalthia cerasoides*)、假蒟(*Piper sarmentosum*)、了哥王(*Wikstroemia indica*)、刺篱木(*Flacourtia indica*)、刺柊(*Scolopia chinensis*)、黄牛木(*Cratoxylum cochinchinense*)、白楸(*Mallotus paniculatus*)、黄桐(*Endospermum chinense*)、山黄麻(*Trema tomentosa*)、叶被木(*Streblus taxoides*)、构树(*Broussonetia papyrifera*)、两面针(*Zanthoxylum nitidum*)、飞龙掌血(*Toddalia asiatica*)、鸦胆子(*Brucea javanica*)、赤才(*Lepisanthes rubiginosa*)、小叶海金沙(*Lygodium scandens*)、铁芒萁(*Dicranopteris linearis*)、肾蕨(*Nephrolepis auriculata*)、蜈蚣草(*Eremochloa ciliaris*)、井栏边草(凤尾草)(*Pteris multifida*)、半边旗(*Pteris semipinnata*)、华南毛蕨(*Cyclosorus parasiticus*)及多种禾本科(Poaceae)、菊科(Asteraceae)植物，偶尔可见土沉香(*Aquilaria sinensis*)等。

在灌丛和草丛中，常见的植物有桃金娘(*Rhodomyrtus tomentosa*)、白背叶(*Mallotus apelta*)、铁芒萁、黑嘴蒲桃(*Syzygium bullockii*)、黄牛木、对叶榕、假苹婆、岗松(*Baeckea frutescens*)、紫毛野牡丹(*Melastoma penicillatum*)、无根藤(*Cassytha filiformis*)、马缨丹(*Lantana camara*)、白楸、飞机草(*Chromolaena odorata*)、黄花稔(*Sida acuta*)、银柴(*Aporosa dioica*)、厚皮树、苦楝(*Melia azedarach*)、破布叶、簕欓花椒(*Zanthoxylum avicennae*)、芒(*Miscanthus sinensis*)、光荚含羞草(*Mimosa bimucronata*)、露兜树(*Pandanus tectorius*)、山芝麻(*Helicteres angustifolia*)、野牡丹(*Melastoma malabathricum*)、土蜜树(*Bridelia tomentosa*)、乌桕(*Triadica sebifera*)、小簕竹(*Bambusa flexuosa*)、斑茅(*Saccharum arundinaceum*)、蟛蜞菊(*Sphagneticola calendulacea*)、巴西含羞草(无刺含羞草)(*Mimosa diplotricha*)、红花灰叶(*Tephrosia coccinea*)、含羞草(*Mimosa pudica*)等，偶尔有红厚壳(琼崖海棠)(*Calophyllum inophyllum*)分布。

在自然、半自然农村植被中，常见的植物有鸭脚木、山杜英、枫香(*Liquidambar formosana*)、乌桕、潺槁木姜子、黄牛木、对叶榕、假苹婆、小簕竹、甲竹(*Bambusa remotiflora*)、山楝(*Aphanamixis polystachya*)、海芋(*Alocasia odora*)、假蒟、荔枝、黄椿木姜子(*Litsea variabilis*)、穗花轴榈(*Licuala fordiana*)、长花龙血树(*Dracaena angustifolia*)、贡甲(*Maclurodendron oligophlebium*)、鱼尾葵(*Caryota maxima*)、破布叶、暗罗(*Polyalthia suberosa*)、薜荔(*Ficus pumila*)、矮紫金牛(*Ardisia humilis*)、三稔蒟(*Alchornea rugosa*)、阴香(*Cinnamomum burmanni*)、假柿木姜子(*Litsea monopetala*)、细叶谷木(*Memecylon scutellatum*)、岭南山竹子、鸦胆子、椰子(*Cocos nucifera*)、波罗蜜(*Artocarpus heterophyllus*)、阳桃(杨桃)(*Averrhoa carambola*)、苦楝、槟榔(*Areca catechu*)、龙眼(*Dimocarpus longan*)、桉树(*Eucalyptus* sp.)、辣椒(*Capsicum annuum*)、猴耳环、山石榴、倒吊笔、九节、斯里兰卡天料木(红花天料木、母生)(*Homalium ceylanicum*)(栽培植株)、榕树(*Ficus microcarpa*)、垂叶榕(*Ficus benjamina*)、土坛树(*Alangium salviifolium*)、铁椤(*Aglaia lawii*)、白楸、马缨丹、叶被木、基及树(福建茶)(*Carmona microphylla*)、厚皮树、黑面神(*Breynia fruticosa*)、番石榴(*Psidium guajava*)、飞机草、蒌叶(*Piper betle*)、野芋(*Colocasia antiquorum*)、白鹤藤(*Argyreia acuta*)、鬼针草(*Bidens pilosa*)等多种，偶尔可见见血封喉(*Antiaris toxicaria*)、土沉香、琼崖海棠和枫香等的分布。

南部低丘陵平原植被亚区的自然植被主要分布有热带低地雨林次生林、灌丛、草丛和自然、半自然农村植被等。

该地区常见的植物有鸭脚木、银柴、枫香、山地五月茶（*Antidesma montanum*）、九节、海芋、淡竹叶（*Lophatherum gracile*）、黄桐、黄叶树（青蓝）（*Xanthophyllum hainanense*）、肉实树（*Sarcosperma laurinum*）、野牡丹、假槟榔（*Archontophoenix alexandrae*）、紫花珍珠茅（*Scleria purpurascens*）、单叶新月蕨（*Pronephrium simplex*）、黄毛榕（*Ficus fulva*）、算盘子（*Glochidion puberum*）、假苹婆、桃金娘、杜茎山（*Maesa japonica*）、乌毛蕨（*Blechnum orientale*）、高良姜（*Alpinia officinarum*）、铜盆花（*Ardisia obtusa*）、假黄皮（*Clausena excavata*）、猴耳环、多刺鸡藤（*Calamus tetradactyloides*）、山椒子（*Uvaria grandiflora*）、紫玉盘（*Uvaria macrophylla*）、白背叶、山乌桕（*Triadica cochinchinensis*）、破布叶、黄桐、大青（*Clerodendrum cyrtophyllum*）、红背山麻杆（*Alchornea trewioides*）、乌榄（*Canarium pimela*）、海南红豆（*Ormosia pinnata*）、假柿木姜子、白桐（*Claoxylon indicum*）、狭叶泡花树（*Meliosma angustifolia*）、岭南山竹子、山柑（*Cansjera rheedei*）、腺叶野樱（*Laurocerasus phaeosticta*）、秋枫（*Bischofia javanica*）、海南白桐（*Claoxylon hainanense*）、水同木（水同榕、哈氏榕）（*Ficus fistulosa*）、红毛丹（*Nephelium lappaceum*）、海南藤春（阿芳）（*Alphonsea hainanensis*）、海南韶子（*Nephelium topengii*）、黄牛木、调羹树（*Heliciopsis lobata*）、越南山矾（*Symplocos cochinchinensis*）、越南冬青（*Ilex cochinchinensis*）、海金沙（*Lygodium japonicum*）、扭肚藤（*Jasminum elongatum*）、海南茄（*Solanum procumbens*）、蛇王藤（*Passiflora cochinchinensis*）、白花悬钩子（*Rubus leucanthus*）、钩枝藤（*Ancistrocladus tectorius*）、越南悬钩子（*Rubus cochinchinensis*）、白花酸藤果（*Embelia ribes*）、粉叶菝葜（*Smilax corbularia*）、短柄巴戟天（*Morinda brevipes*）、玉叶金花（*Mussaenda pubescens*）、海南地不容（*Stephania hainanensis*）、锡叶藤（*Tetracera sarmentosa*）、毛藤竹（*Dinochloa puberula*）、弓果黍（*Cyrtococcum patens*）、心叶稷（*Panicum notatum*）、竹叶草（*Oplismenus compositus*）、三桠苦（三叉苦）（*Melicope pteleifolia*）、皂帽花（*Dasymaschalon trichophorum*）、变色山槟榔（*Pinanga baviensis*）、刺轴榈（*Licuala spinosa*）、子楝树（*Decaspermum gracilentum*）、杜茎山、红算盘子（*Glochidion coccineum*）、野牡丹、百两金（*Ardisia crispa*）、山石榴、台湾毛楤木（黄毛楤木）（*Aralia decaisneana*）、对叶榕（*Ficus hispida*）、钝叶紫金牛等多种，偶尔可见青梅（*Vatica mangachapoi*）、母生、荔枝、油丹（*Alseodaphne hainanensis*）、蝴蝶树（*Heritiera parvifolia*）、见血封喉、土沉香、琼崖海棠、油楠（*Sindora glabra*）、普洱茶（野茶）（*Camellia sinensis* var. *assamica*）、海南木莲（绿兰）（*Manglietia fordiana* var. *hainanensis*）、苦梓含笑（*Michelia balansae*）、海南大风子（*Hydnocarpus hainanensis*）等国家级、省级重点保护植物或有地方特色的植物。

参 考 文 献

范志伟, 沈奕德, 李晓霞, 等. 2016. 林业有害植物金钟藤新枝在海南的月生长动态[J]. 生物安全学报, 25(1): 13-17.

符国基, 邹伟. 2012. 旅游规划环境影响评价——以海南省南丽湖风景名胜区为例[M]. 北京: 科学出版社.

符国瑗. 1993. 海南定安县翰林的热带绿季雨林[J]. 生态科学, (2)：18-26.

田建平, 戴水平, 张俊清, 等. 2013. 海南省定安县火山岩地区药用植物资源调查[J]. 海南医学院学报, 19(9)：1189-1193.

王旭. 2016. 海南南丽湖国家湿地公园生态资源及其保护[M]. 北京: 中国商务出版社.

中国植被编辑委员会. 1980. 中国植被[M]. 北京: 科学出版社.

（四）各乡镇植被图

1. 定城镇植被图

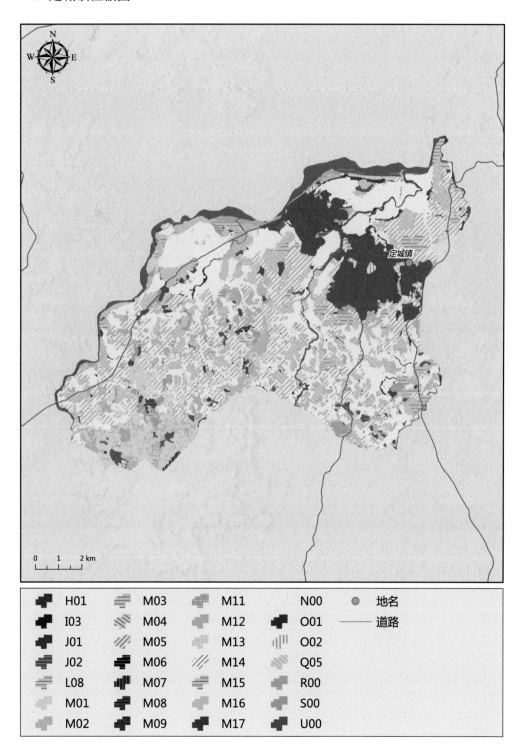

2. 富文镇植被图

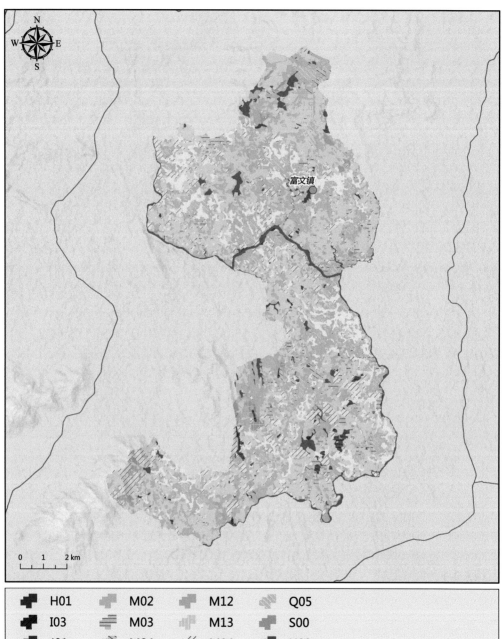

3. 翰林镇植被图

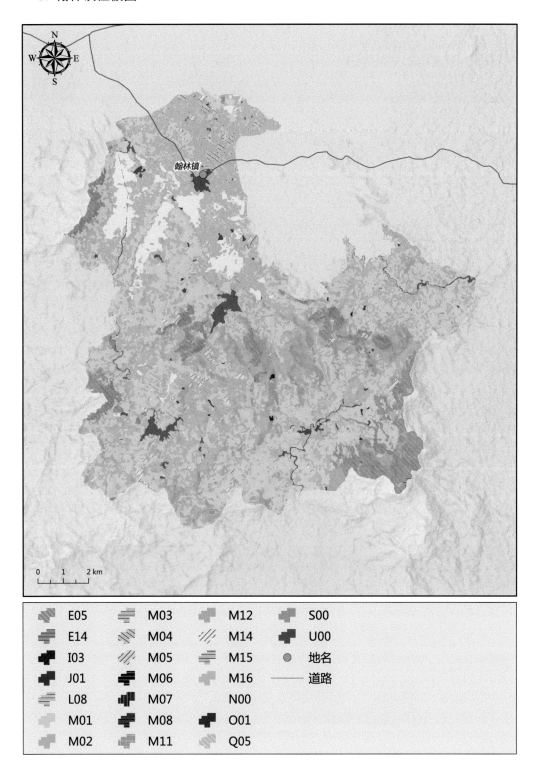

翰林镇

0   1   2 km

	E05		M03		M12		S00
	E14		M04		M14		U00
	I03		M05		M15		地名
	J01		M06		M16	——	道路
	L08		M07		N00		
	M01		M08		O01		
	M02		M11		Q05		

4. 黄竹镇植被图

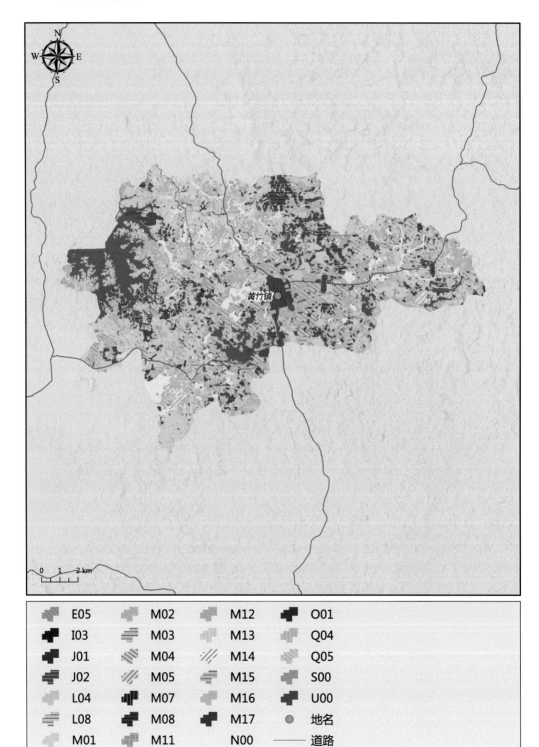

黄竹镇

E05	M02	M12	O01
I03	M03	M13	Q04
J01	M04	M14	Q05
J02	M05	M15	S00
L04	M07	M16	U00
L08	M08	M17	地名
M01	M11	N00	道路

5. 雷鸣镇植被图

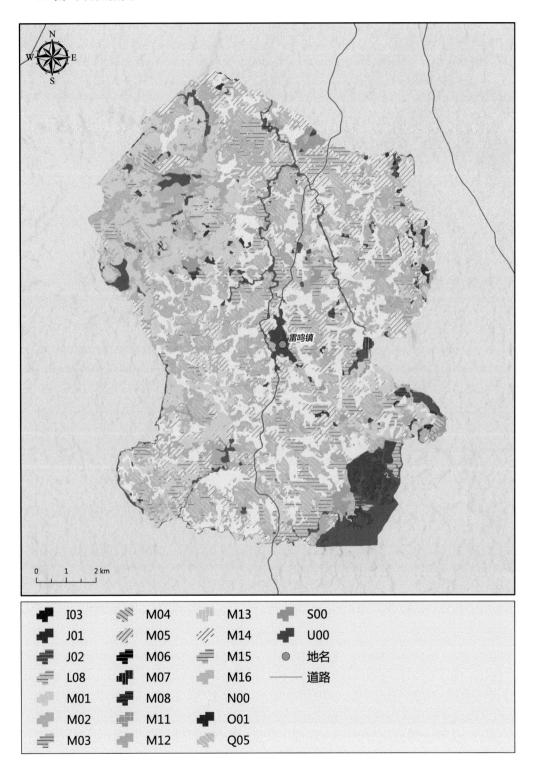

	I03		M04		M13		S00
	J01		M05		M14		U00
	J02		M06		M15	●	地名
	L08		M07		M16	—	道路
	M01		M08		N00		
	M02		M11		O01		
	M03		M12		Q05		

6. 岭口镇植被图

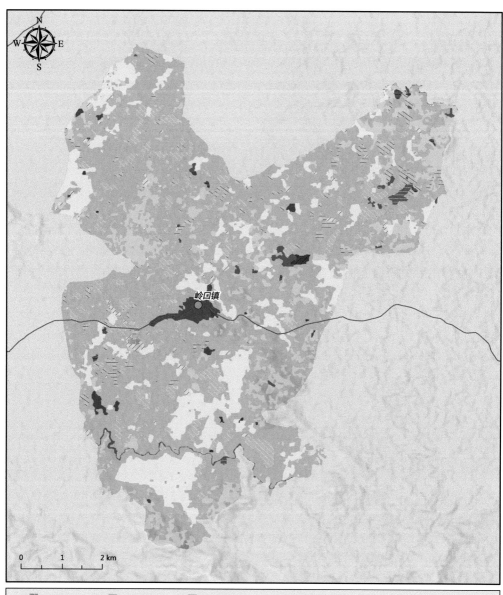

7. 龙河镇植被图

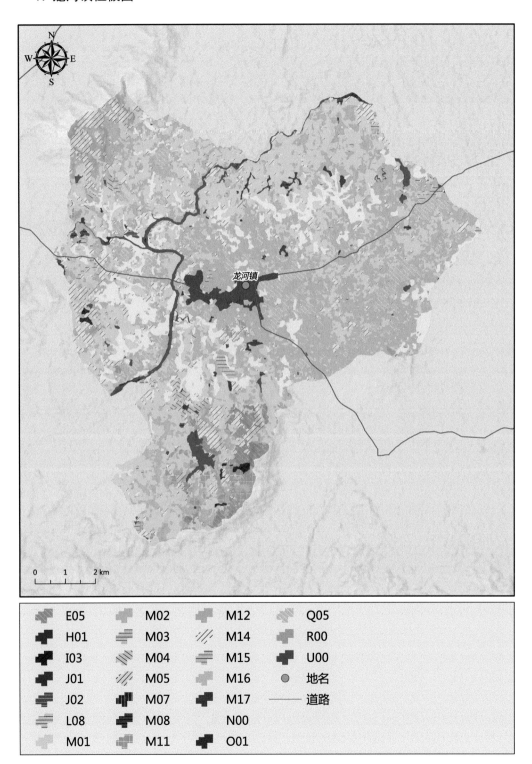

8. 龙湖镇植被图

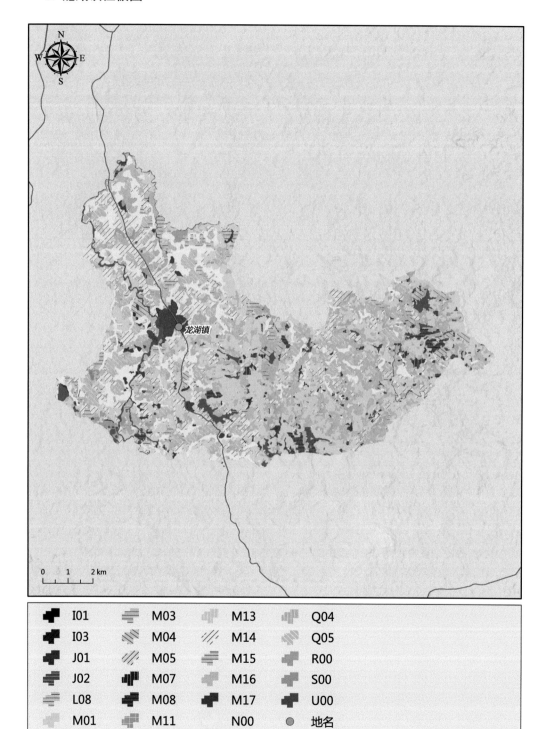

	I01		M03		M13		Q04
	I03		M04		M14		Q05
	J01		M05		M15		R00
	J02		M07		M16		S00
	L08		M08		M17		U00
	M01		M11		N00		地名
	M02		M12		O01		道路

9. 龙门镇植被图

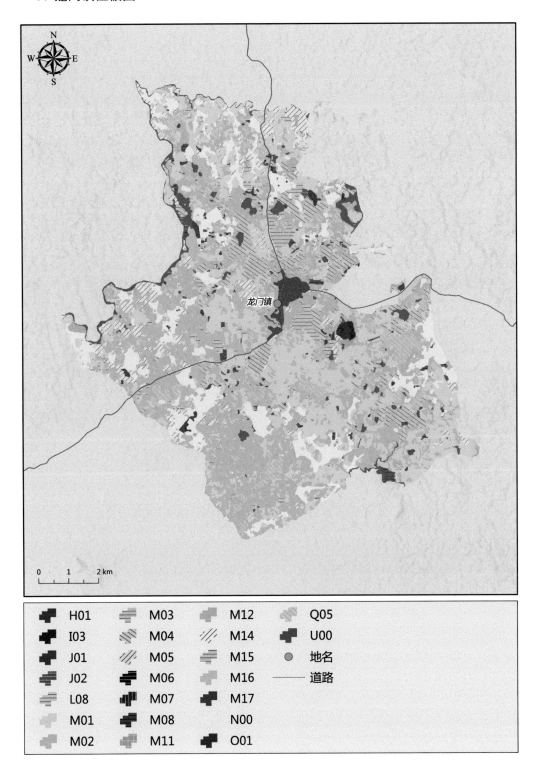

H01	M03	M12	Q05
I03	M04	M14	U00
J01	M05	M15	地名
J02	M06	M16	道路
L08	M07	M17	
M01	M08	N00	
M02	M11	O01	

10. 新竹镇植被图

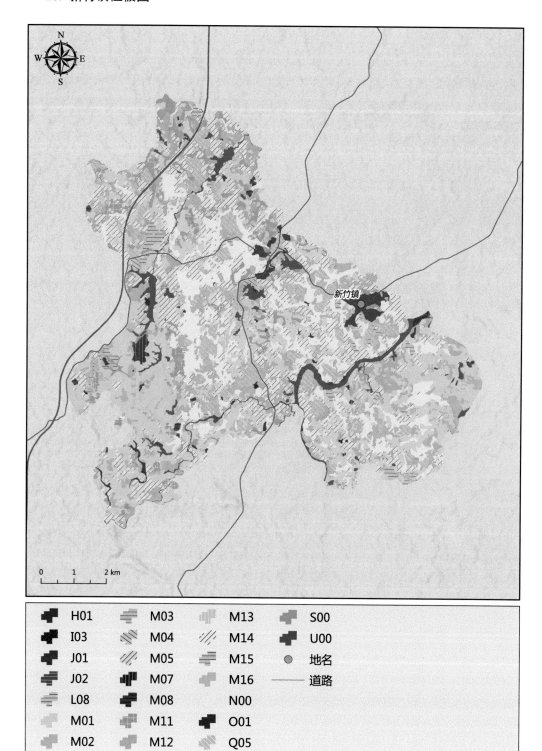

新竹镇

H01	M03	M13	S00
I03	M04	M14	U00
J01	M05	M15	地名
J02	M07	M16	道路
L08	M08	N00	
M01	M11	O01	
M02	M12	Q05	

0 1 2 km

七、东方市

(一)东方市植被图(无乡镇界线)

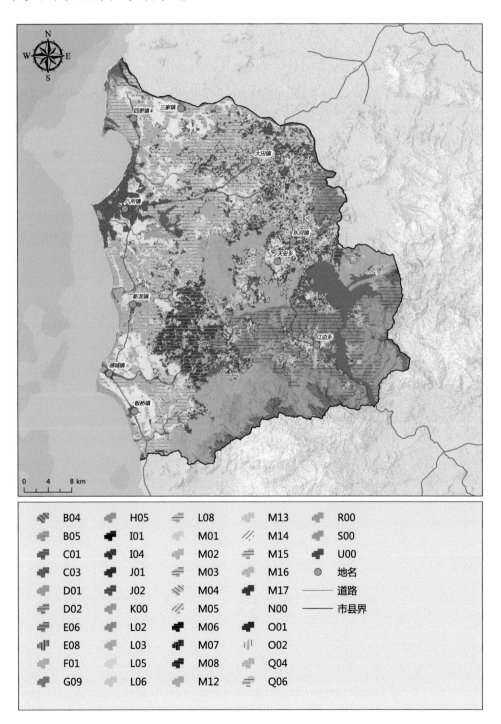

（二）东方市植被图（有乡镇界线）

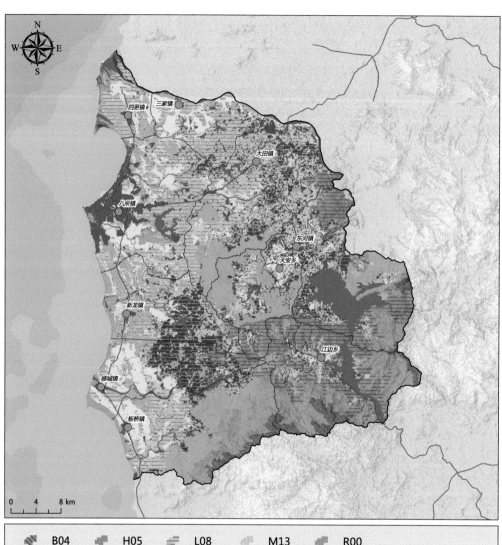

	B04		H05		L08		M13		R00
	B05		I01		M01		M14		S00
	C01		I04		M02		M15		U00
	C03		J01		M03		M16		地名
	D01		J02		M04		M17	——	道路
	D02		K00		M05		N00	——	市县界
	E06		L02		M06		O01	——	乡镇界
	E08		L03		M07		O02		
	F01		L05		M08		Q04		
	G09		L06		M12		Q06		

(三)植被图的说明

东方市位于海南西偏南部，其沿海地区为海南降雨量相对较少的区域。东方市自然植被相关研究最早出现在现代科学刊物上应是 20 世纪 60 年代的事(焦启源，1956；阳含熙，1957)，到 20 世纪 80 年代出现了较完整的东方市境内某一区域的植被调查研究报道或某一种植被类型的调查研究报道(陈定如和莫熙穆，1983；陈学钦和王德钟，1985；符国瑗，1986)，近些年，有学者在东方市主要开展了一些石灰岩地区的森林植被研究或保护植物种群动态研究工作(张荣京等，2007；张萱蓉等，2016)。

东方市可划分为西部滨海平原植被亚区，北部平原植被亚区和东部、东南部丘陵山区植被亚区等三个亚区。西部滨海平原植被亚区主要包括四更镇、八所镇的西南部、新龙镇、感城镇和板桥镇的西部沿海地区；北部平原植被亚区主要包括三家镇、大田镇和八所镇的东北部；东部、东南部丘陵山区植被亚区主要包括东河镇、天安乡、江边乡、新龙镇、感城镇和板桥镇的东部区域。东方市境内分布有海南大田国家级自然保护区、原猴猕岭省级自然保护区(其东南部在乐东县境内)，原峨贤岭省级自然保护区大部分区域(东部在昌江县境内)及原尖峰岭国家级自然保护区的北部区域等，自然植被得到较好的保护。原猴猕岭省级自然保护区、原峨贤岭省级自然保护区和原尖峰岭国家级自然保护区现归入海南热带雨林国家公园。

在西部滨海平原植被亚区内，主要分布有红树林，自然红树林植物仅有白骨壤(海榄雌)(*Avicennia marina*)，半红树林植物有水黄皮(*Pongamia pinnata*)、黄槿(*Hibiscus tiliaceus*)，现在种植有拉关木(*Laguncularia racemosa*)等红树林植物。其他自然植被类型有灌丛、草丛及其混合灌草丛及自然、半自然村庄植被。

在灌丛、草丛及其混合灌草丛中，常见的植物有厚皮树(*Lannea coromandelica*)、黄牛木(*Cratoxylum cochinchinense*)、苦楝(*Melia azedarach*)、暗罗(*Polyalthia suberosa*)、牛角瓜(*Calotropis gigantea*)、小叶海金沙(*Lygodium scandens*)、华南毛蕨(*Cyclosorus parasiticus*)、条纹凤尾蕨(*Pteris cadieri*)、假鹰爪(*Desmos chinensis*)、白楸(*Mallotus paniculatus*)、潺槁木姜子(*Litsea glutinosa*)、细圆藤(*Pericampylus glaucus*)、粪箕笃(*Stephania longa*)、蒌叶(*Piper betle*)、牛眼睛(*Capparis zeylanica*)、土牛膝(*Achyranthes aspera*)、刺葵(*Phoenix loureiroi*)、白花苋(*Aerva sanguinolenta*)、刺苋(*Amaranthus spinosus*)、了哥王(*Wikstroemia indica*)、中华粘腺果(*Commicarpus chinensis*)、避霜花(*Pisonia aculeata*)、龙珠果(*Passiflora foetida*)、白背黄花稔(*Sida rhombifolia*)、心叶黄花稔(*Sida cordifolia*)等多种。另外常见有人工栽培植物大叶相思(*Acacia auriculiformis*)、木麻黄(*Casuarina equisetifolia*)、桉树(*Eucalyptus* sp.)等。

在草丛中，常见的植物有黄茅(*Heteropogon contortus*)、两歧飘拂草(*Fimbristylis dichotoma*)、羽芒菊(*Tridax procumbens*)、铺地黍(*Panicum repens*)、马唐(*Digitaria sanguinalis*)、白茅(*Imperata cylindrica*)、白背黄花稔和狗尾草(*Setaria viridis*)，在靠近河口的河滩上常见斑茅(*Saccharum arundinaceum*)、甜根子草(*Saccharum spontaneum*)等。

在自然、半自然村庄植被中，常见的植物有降香檀(黄花梨)(*Dalbergia odorifera*)、椰子(*Cocos nucifera*)、对叶榕(*Ficus hispida*)、榕树(*Ficus microcarpa*)、黄槿、榄仁树

(*Terminalia catappa*)、粉箪竹(*Bambusa chungii*)、小籬竹(*Bambusa flexuosa*)、倒吊笔(*Wrightia pubescens*)、波罗蜜(*Artocarpus heterophyllus*)、香蕉(*Musa nana*)、海芋(*Alocasia odora*)、苦楝、粟米草(*Mollugo stricta*)、土牛膝、华黄细心、白背黄花稔、含羞草(*Mimosa pudica*)、鸦胆子(*Brucea javanica*)、土坛树(*Alangium salviifolium*)、平叶酸藤子(*Embelia undulata*)、飞机草(*Chromolaena odorata*)、野茄(*Solanum undatum*)、马缨丹(*Lantana camara*)、苦郎树(许树)(*Clerodendrum inerme*)、潺槁木姜子、桃金娘(*Rhodomyrtus tomentosa*)、黑面神(*Breynia fruticosa*)等多种。

在北部平原植被亚区内，主要分布有滨江丛林、季雨林次生林及灌丛和草丛、季雨林和低地雨林过渡类型的残次林、自然半自然村庄植被等。

滨江丛林主要分布在三家镇昌化江河岸，有鹧鸪麻(*Kleinhovia hospita*)、鹊肾树(*Streblus asper*)、土坛树、垂叶榕(*Ficus benjamina*)、榕树、滑桃树(*Trevia nudiflora*)、倒吊笔、铁椤(*Aglaia lawii*)等多种植物。

在季雨林里，常见的植物有黄豆树(菲律宾合欢、白格)(*Albizia procera*)、厚皮树、海南榄仁(*Terminalia nigrovenulosa*)、银柴(*Aporosa dioica*)、赤才(*Lepisanthes rubiginosa*)、毛萼紫薇(*Lagerstroemia balansae*)、龙眼(*Dimocarpus longan*)、黄荆(*Vitex negundo*)、肖婆麻(*Helicteres hirsuta*)、刺篱木(*Flacourtia indica*)、白茅、黄茅、海金沙(*Lygodium japonicum*)、单节假木豆(*Dendrolobium lanceolatum*)、海南巴豆(*Croton laui*)、车桑子(坡柳)(*Dodonaea viscosa*)、山黄麻(*Trema tomentosa*)、刺葵、排钱草(*Phyllodium pulchellum*)、香花藤(*Aganosma marginata*)、乌墨(*Syzygium cumini*)。

季雨林和低地雨林过渡类型的残次林多零星分布于一些环境特殊的低洼处或小沟谷中，如在三家镇玉雄村就有分布。常见的植物有秋枫(*Bischofia javanica*)、野生龙眼、假苹婆(*Sterculia lanceolata*)、鹧鸪麻、垂叶榕、笔管榕(*Ficus subpisocarpa*)、厚皮树等多种。

在北部平原植被亚区的灌丛里，常见的植物有刺柊(*Scolopia chinensis*)、银叶巴豆(*Croton cascarilloides*)、牛筋果(*Harrisonia perforata*)、海南榄仁、黑嘴蒲桃(*Syzygium bullockii*)、苦楝、黄荆(*Vitex negundo*)、鹊肾树、圆叶刺桑(*Taxotrophis ilicifolius*)、单节假木豆、蛇婆子(*Waltheria indica*)、留萼木(柏启木)(*Blachia pentzii*)、肖婆麻、鱼藤(*Derris trifoliata*)、叶被木(*Streblus taxoides*)、酒饼簕(东风橘)(*Atalantia buxifolia*)、海南巴豆、刺葵、了哥王、基及树(福建茶)(*Carmona microphylla*)、细叶裸实(*Gymnosporia diversifolia*)、土坛树、赤才、闭花木(*Cleistanthus sumatranus*)、破布叶(*Microcos paniculata*)、钝叶鱼木(*Crateva trifoliata*)、潺槁木姜子(*Litsea glutinosa*)、海岸扁担杆(*Grewia piscatorum*)、火索麻(*Helicteres isora*)、车桑子(坡柳)、马缨丹、海金沙(*Lygodium japonicum*)和飞机草等多种。

在北部平原植被亚区里，草丛植物资源也较为丰富。依据陈定如和莫熙穆(1983)、符国瑷(1986)的实地调查，该地区草丛植物常见的草本或亚灌木有羽芒菊、短穗画眉草(*Eragrostis cylindrica*)、糙叶丰花草(*Spermacoce hispida*)、黄茅、圆果雀稗、山香(*Hyptis suaveolens*)、茅根(*Perotis indica*)、链荚豆(*Alysicarpus vaginalis*)、蛇婆子、小叶黄花稔(*Sida alnifolia*)、白茅、飞机草、海金沙、排钱草、青香茅(*Cymbopogon caesius*)、双花草（*Dichanthium annulatum*）、蜈蚣草（*Eremochloa ciliaris*）、臭根子草（光孔颖草）（*Bothriochloa bladhii*）、土牛膝、白花苋、刺苋、华黄细心、白背黄花稔、心叶黄花稔、水蔗草（*Apluda mutica*）、小蓬草（加拿大蓬）（*Erigeron canadensis*）、鬼针草（*Bidens pilosa*）、铺地黍、鸭姆草（*Paspalum scrobiculatum*）、四生臂形草（*Brachiaria subquadripara*）、丁癸草（*Zornia gibbosa*）、龙爪茅（*Dactyloctenium aegyptium*）、竹节草（*Chrysopogon aciculatus*）、马唐、狗牙根（*Cynodon dactylon*）、黄珠子草（*Phyllanthus virgatus*）和狗尾草（*Setaria viridis*）等多种。

东部、东南部丘陵山区亚区是东方市植被类型最复杂的区域，可细分为热带雨林小亚区和季雨林小亚区。地带性植被有季雨林及其次生林、灌丛和草丛、热带雨林及其次生林、灌丛和草丛及高山云雾林，还分布有滨江丛林等非地带性植被类型，植物种类也相当丰富。例如，在跨东方市和乐东县的原猴猕岭省级自然保护区有植物1389种（含变种、亚种及变型，具体情况见乐东县的说明），其中蕨类植物有24科44属84种，野生种子植物有156科678属1305种（含变种、亚种及变型）（海南省野生动植物管理局提供）；原峨贤岭自然保护区共有野生维管植物171科595属1091种（含变种、亚种及变型），其中蕨类植物有35科64属149种，裸子植物有5科5属6种，被子植物有131科526属936种（海南省野生动植物管理局提供）。

在热带雨林小亚区的原始林中常见的植物有青梅（*Vatica mangachapoi*）、野生荔枝（*Litchi chinensis*）、海南韶子（*Nephelium topengii*）、细子龙（*Amesiodendron chinense*）、油丹（*Alseodaphne hainanensis*）、皱皮油丹（*Alseodaphne rugosa*）、斯里兰卡天料木（*Homalium ceylanicum*）、白茶（*Koilodepas hainanense*）、水同木（*Ficus fistulosa*）、瓜馥木（*Fissistigma oldhamii*）、海南暗罗（*Polyalthia laui*）、大果木姜子（*Litsea lancilimba*）、大叶蒟（*Piper laetispicum*）、槌果藤（*Capparis heyneana*）、黄叶树（*Xanthophyllum hainanense*）、小果山龙眼（越南山龙眼）（*Helicia cochinchinensis*）、膜叶嘉赐树（*Casearia membranacea*）、木荷（*Schima superba*）、五列木（*Pentaphylax euryoides*）、钩枝藤（*Ancistrocladus tectorius*）、红背山麻杆（*Alchornea trewioides*）、赤楠蒲桃（*Syzygium buxifolium*）、红鳞蒲桃（*Syzygium hancei*）、烟斗柯（*Lithocarpus corneus*）、毛柿（*Diospyros strigosa*）、紫玉盘（*Uvaria macrophylla*）、破布叶、翻白叶树（*Pterospermum heterophyllum*）、青果榕（杂色榕）（*Ficus variegata*）、斜叶榕（*Ficus tinctoria* subsp. *gibbosa*）、沙煲暗罗（*Polyalthia obliqua*）、大花五桠果（*Dillenia turbinata*）、二色波罗蜜（*Artocarpus styracifolius*）、野生龙眼、橄榄（*Canarium album*）、山楝（*Aphanamixis polystachya*）、潺槁木姜子、赛木患（*Lepisanthes oligophylla*）、多花山竹子（*Garcinia multiflora*）、九节（*Psychotria asiatica*）、罗伞树（*Ardisia quinquegona*）、药用狗牙花（*Tabernaemontana bovina*）、乌材（*Diospyros eriantha*）、琼楠（*Beilschmiedia intermedia*）、钝叶厚壳桂（*Cryptocarya impressinervia*）、高山榕（*Ficus altissima*）、长柄梭罗（*Reevesia longipetiolata*）、白颜树（*Gironniera subaequalis*）、鸭脚木（*Schefflera heptaphylla*）、海南红豆（*Ormosia pinnata*）、锈叶新木姜子（*Neolitsea cambodiana*）、黑柿（*Diospyros nitida*）、红毛山楠（*Phoebe hungmoensis*）、土沉香（*Aquilaria sinensis*）、秋枫、乌心楠（*Phoebe tavoyana*）、粗毛野桐（*Hancea hookeriana*）、南酸枣（*Choerospondias axillaris*）、穗花轴榈

(*Licuala fordiana*)、陆均松(*Dacrydium pectinatum*)、鸡毛松(*Dacrycarpus imbricatus*)、线枝蒲桃(*Syzygium araiocladum*)、短穗柯(*Lithocarpus brachystachyus*)、苦梓含笑(*Michelia balansae*)、猴欢喜(*Sloanea sinensis*)、竹叶青冈(*Cyclobalanopsis neglecta*)、托盘青冈(*Cyclobalanopsis patelliformis*)、饭甑青冈(*Cyclobalanopsis fleuryi*)、多种灰木属(*Symplocos*)植物、枝花李榄(*Chionanthus ramiflorus*)、长序厚壳桂(*Cryptocarya metcalfiana*)、四蕊三角瓣花(*Prismatomeris tetrandra*)、粗叶木(*Lasianthus chinensis*)、肖蒲桃(*Syzygium acuminatissimum*)、岭南山竹子(*Garcinia oblongifolia*)、贡甲(*Maclurodendron oligophlebium*)、黑桫椤(*Alsophila podophylla*)、白桫椤(*Sphaeropteris brunoniana*)、海南狗牙花、柏拉木、刺轴桐(*Licuala spinosa*)、多种省藤属(*Calamus*)植物、粗叶木(*Lasianthus chinensis*)、黄竹仔(*Bambusa mutabilis*)、深绿卷柏(*Selaginella doederleinii*)、卷柏(*Selaginella tamariscina*)、山橙(*Melodinus suaveolens*)、杜仲藤(*Urceola micrantha*)、巢蕨(*Neottopteris nidus*)、崖姜蕨(*Pseudodrynaria coronans*)、抱树莲(*Drymoglossum piloselloides*)、海南紫荆木(*Madhuca hainanensis*)、鲶蒴栲(*Castanopsis fissa*)、硬斗柯(*Lithocarpus hancei*)、白花含笑(*Michelia mediocris*)、黄桐(*Endospermum chinense*)、虎克鳞盖蕨(*Microlepia hookeriana*)、楠藤(*Mussaenda erosa*)、亮叶鸡血藤(*Callerya nitida*)、海南深裂鳞始蕨(*Lindsaea lobata* var. *hainaniana*)、阴石蕨(*Humata repens*)、南亚松(*Pinus latteri*)、红脉南烛(*Lyonia rubrovenia*)、铁冬青(*Ilex rotunda*)、厚皮香八角(*Illicium ternstroemioides*)、罗伞(鸭脚罗伞)(*Brassaiopsis glomerulata*)等。

在热带雨林小亚区的次生林、灌丛和草丛中里常见的植物有枫香(*Liquidambar formosana*)、海南榄仁(鸡尖)、香合欢(*Albizia odoratissima*)、黄牛木(*Cratoxylum cochinchinense*)、乌墨、木棉(*Bombax ceiba*)、海南栲(*Castanopsis hainanensis*)、厚皮树、粗糠柴(*Mallotus philippinensis*)、多毛茜草树(毛山黄皮)(*Aidia pycnantha*)、银柴、柔毛鸦胆子(*Brucea mollis*)、猫尾木(*Markhamia stipulata*)、幌伞枫(*Heteropanax fragrans*)、岭南山竹子、槟榔青(*Spondias̄ pinnata*)、铁青树(*Olax wightiana*)、对叶榕、山样子(*Buchanania arborescens*)、紫玉盘、光叶巴豆(*Croton laevigatus*)、青果榕、闭花木(*Cleistanthus saichikii*)、刺桑(*Streblus ilicifolius*)、破布叶、猪肚木(*Canthium horridum*)、土蜜树(*Bridelia tomentosa*)、毛柿、割舌树(*Walsura robusta*)、潺槁木姜子、白楸、肖槿(*Thespesia lampas*)、细基丸(*Polyalthia cerasoides*)、土花椒、余甘子(*phyllanthus emblica*)、牛筋果(*Harrisonia perforata*)、鹊肾树(*Streblus asper*)、毛刺蒴麻(*Triumfetta cana*)、黑面神、桃金娘、毛菍(*Melastoma sanguineum*)、红背山麻杆、大叶刺篱木(*Flacourtia rukam*)、九节、粗脉紫金牛(*Ardisia crassinervosa*)、芒(*Miscanthus sinensis*)、白茅、飞机草、五节芒(*Miscanthus floridulus*)、斑茅、长柄艾纳香(*Blumea membranacea*)、毛毡草(*Blumea hieraciifolia*)等。

在季雨林小亚区常见的植物有厚皮树、楹树(*Albizia chinensis*)、榕树、木棉、黄花三宝木(*Trigonostemon fragilis*)、黄豆树、鹧鸪麻、构树(*Broussonetia papyrifera*)、海南榄仁、猫尾木、牛筋果、猪肚木、米仔兰、粗毛野桐、大叶钩藤、刺桑、暗罗、黄桐、鱼藤、叶被木、破布叶、槌果藤、野生龙眼、银柴、黄藤(*Daemonorops jenkinsiana*)、粗叶榕(五指毛桃)(*Ficus hirta*)、三稔蒟、山黄麻、山麻杆、三桠苦(*Melilope pteleifolia*)、细叶谷木、海金沙、穗花轴榈（*Licuala fordiana*）、飞机草、锈毛野桐（*Mallotus anomalus*）等，河溪边还有肿柄菊（*Tithonia diversifolia*）、条纹凤尾蕨、卷柏、巴西含羞草（*Mimosa diplotricha*）、掌叶鱼黄草（掌叶山猪菜）（*Merremia vitifolia*）、白饭树（*Flueggea virosa*）、粗糠柴、对叶榕、野芭蕉、山麻杆、两广檀（*Dalbergia benthami*）、山猪菜、海南狗牙花、喜光花（*Actephila merrilliana*）、海南臭黄荆（*Premna hainanensis*）和多花楔翅藤（*Sphenodesme floribunda*）。

参 考 文 献

陈定如, 莫熙穆. 1983.东方县高坡岭天然草场的基本特点及其改造利用的初步探讨[J]. 中国草地学报, (1): 39-42.

陈学钦, 王德钟. 1985.东方县热带草地资源及经济评价[J]. 草业科学, (4): 43-45.

符国瑗. 1986.海南岛大田坡鹿保护区植被调查初报[J]. 植物生态学与地植物学, (2): 153-156.

焦启源. 1956.中国的挥发油类植物资源及其今后发展前途[J]. 林业科学, (4): 81-94.

阳含熙. 1957. 越南的森林植物查源[J]. 林业科学, 3(4): 465-482.

张荣京, 秦新生, 邢福武, 等. 2007.海南石灰岩植被的分布与保育概况[J]. 热带林业, 35(s1): 10-13.

张萱蓉, 李丹, 杨小波, 等.2016. 海南省万宁市野生荔枝资源种群特征研究[J]. 西北植物学报, 26(3): 596-605.

张萱蓉, 李丹, 杨小波, 等. 2017. 海南省东方市野生龙眼种群动态特征研究[J].广西植物, 37(4): 417-425.

(四)各乡镇植被图

1. 八所镇植被图

2. 板桥镇植被图

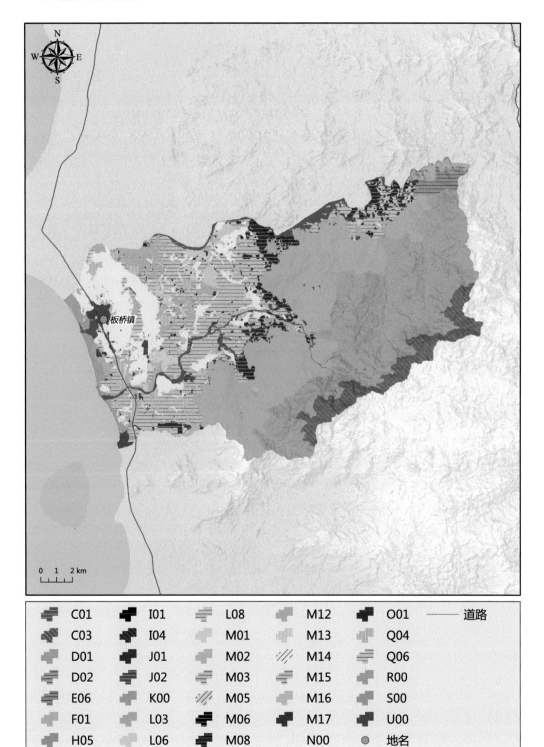

3. 大田镇植被图

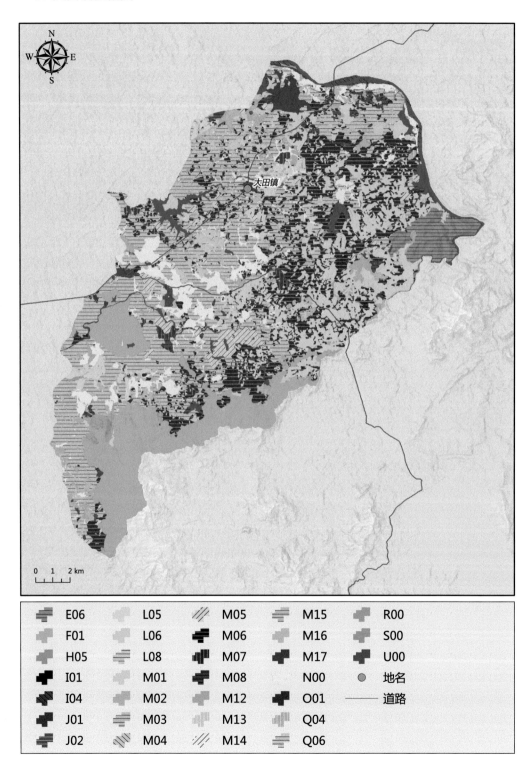

大田镇

E06		L05		M05		M15		R00	
F01		L06		M06		M16		S00	
H05		L08		M07		M17		U00	
I01		M01		M08		N00		地名	
I04		M02		M12		O01		道路	
J01		M03		M13		Q04			
J02		M04		M14		Q06			

0 1 2 km

4. 东河镇植被图

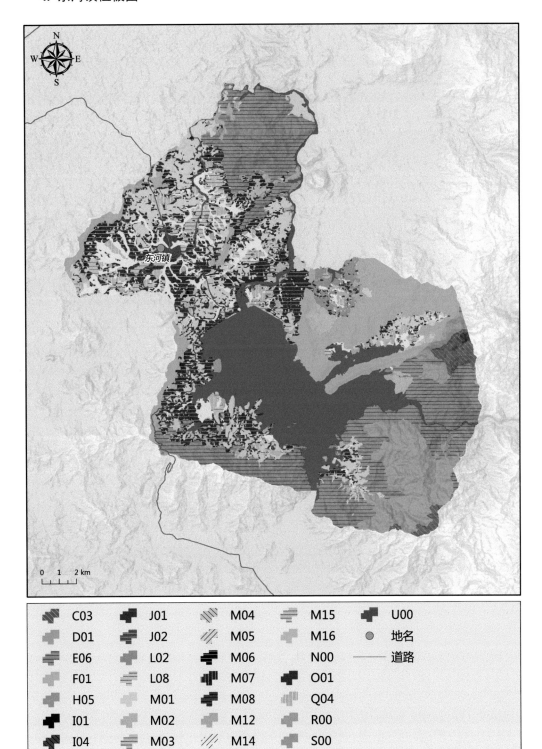

C03	J01	M04	M15	U00
D01	J02	M05	M16	地名
E06	L02	M06	N00	道路
F01	L08	M07	O01	
H05	M01	M08	Q04	
I01	M02	M12	R00	
I04	M03	M14	S00	

5. 感城镇植被图

E06	L03	M05	M15	S00
F01	L06	M06	M16	U00
H05	L08	M07	N00	地名
I04	M01	M08	O01	道路
J01	M02	M12	Q04	
J02	M03	M13	Q06	
K00	M04	M14	R00	

6. 江边乡植被图

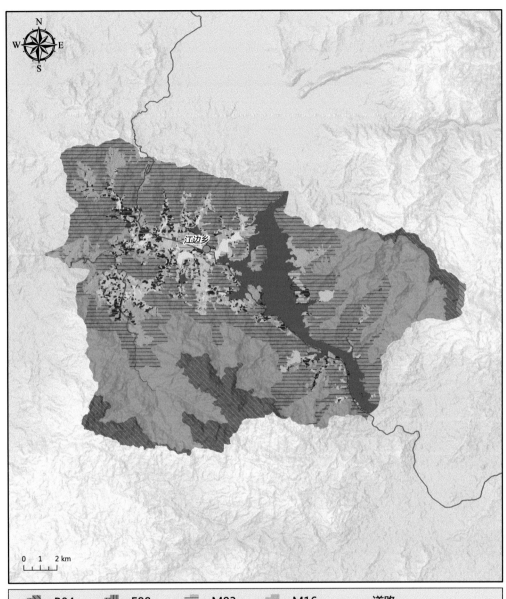

B04	E08	M03	M16	——— 道路
B05	F01	M05	M17	
C01	I04	M06	N00	
C03	J01	M07	Q04	
D01	L08	M08	R00	
D02	M01	M12	U00	
E06	M02	M15	● 地名	

7. 三家镇植被图

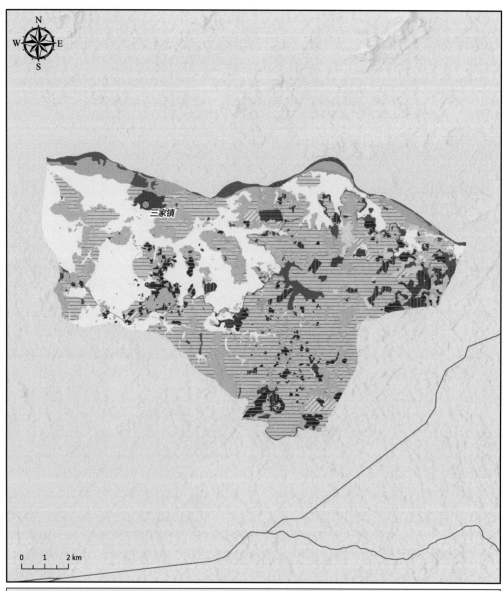

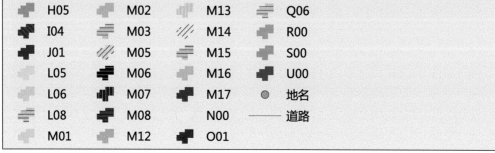

8. 四更镇植被图

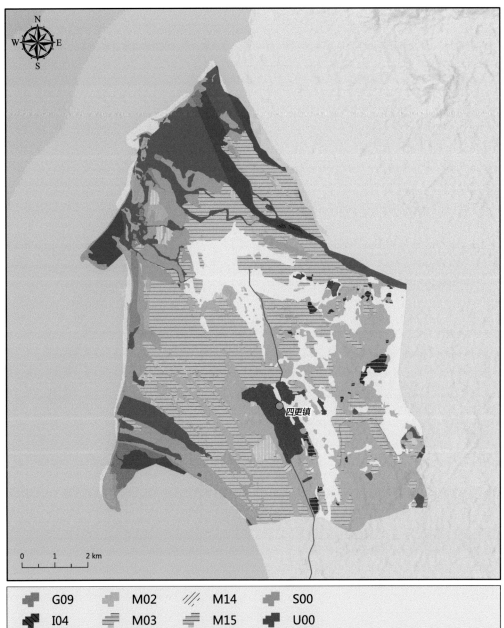

9. 天安乡植被图

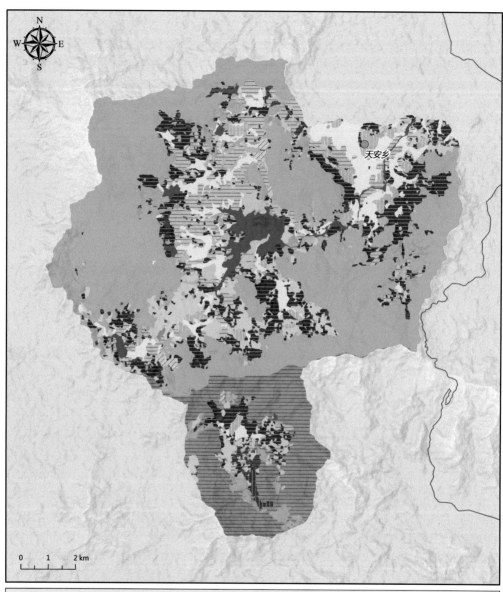

天安乡

0　1　2 km

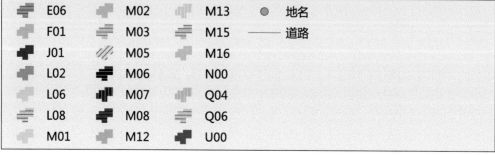

	E06		M02		M13	●	地名
	F01		M03		M15	——	道路
	J01		M05		M16		
	L02		M06		N00		
	L06		M07		Q04		
	L08		M08		Q06		
	M01		M12		U00		

10. 新龙镇植被图

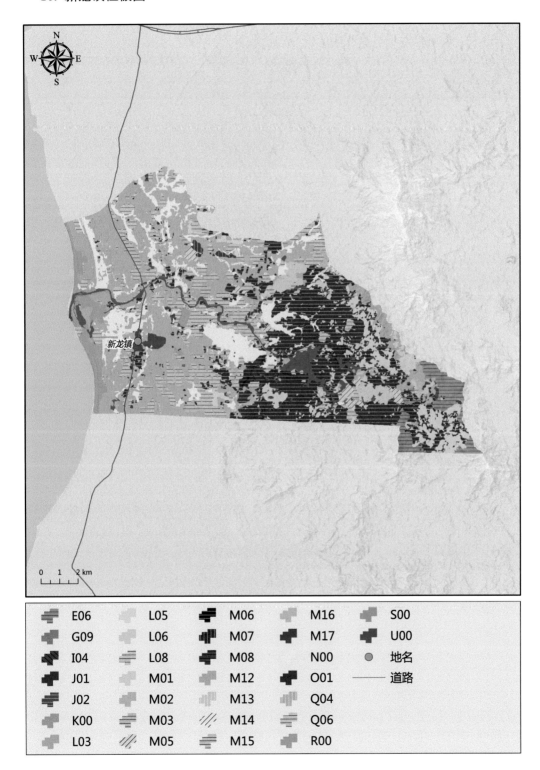

E06		L05		M06		M16		S00
G09		L06		M07		M17		U00
I04		L08		M08		N00		地名
J01		M01		M12		O01		道路
J02		M02		M13		Q04		
K00		M03		M14		Q06		
L03		M05		M15		R00		

八、海口市

(一)海口市植被图(无乡镇界线)

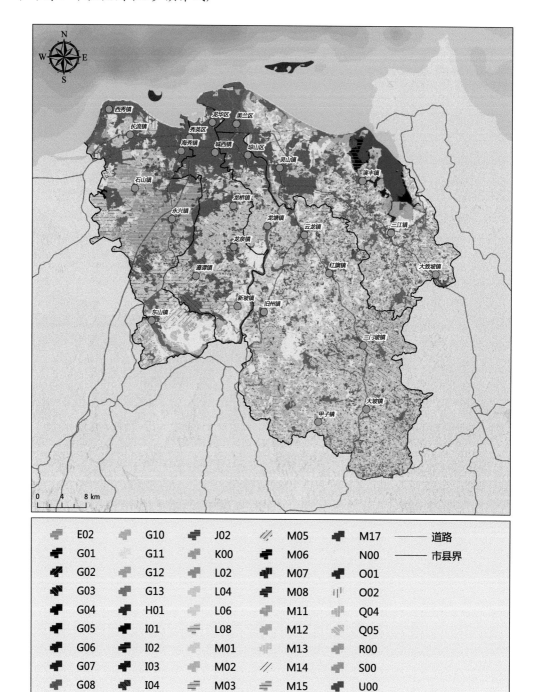

(二)海口市植被图(有乡镇界线)

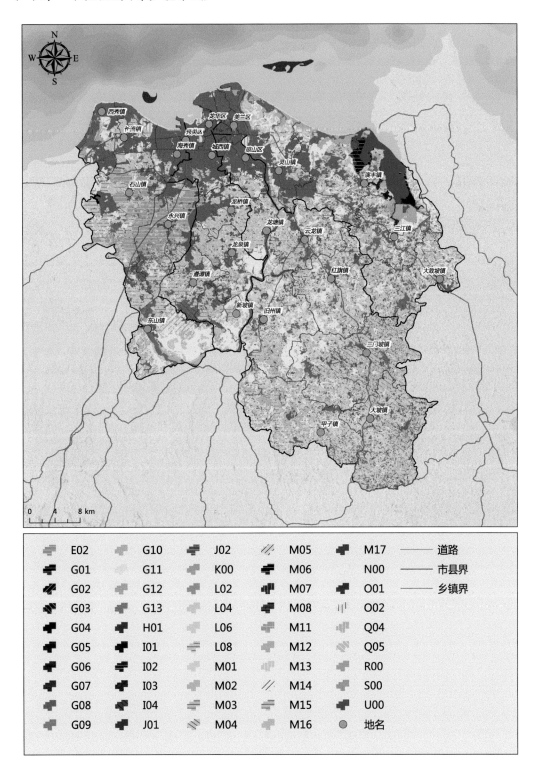

E02	G10	J02	M05	M17	—— 道路
G01	G11	K00	M06	N00	—— 市县界
G02	G12	L02	M07	O01	—— 乡镇界
G03	G13	L04	M08	O02	
G04	H01	L06	M11	Q04	
G05	I01	L08	M12	Q05	
G06	I02	M01	M13	R00	
G07	I03	M02	M14	S00	
G08	I04	M03	M15	U00	
G09	J01	M04	M16	● 地名	

(三)植被图的说明

海口市位于海南的北部平原地区,植被类型多样,特别是分布在演丰、三江一带(东寨港)的红树林植被倍受学者的关注(Π.A.金傑里等,1958;林鹏,1997;王丽荣等,2010),东寨港红树林湿地为全国唯一的红树林国家级保护区,也是国际重要湿地之一。同时,火山岩植被与植物资源的特殊性也引发学者的兴趣(何平荣,2008;罗涛等,2009;杨小波,2009;张荣京等,2015)。海口市境内植物种类相当丰富,依据笔者20多年的多个点的野外调查和室内鉴定结果,在海口市调查记录到的野生植物种类有1647种(不含农业栽培品种,不含海口市西海岸热带雨林博览园新引种的植物种类和变种,不含一些科研实验园或企业引种试种的植物),其中蕨类有28种,隶属15科20属;裸子植物有40种,隶属15科15属;被子植物有1579种,隶属149科849属;其中双子叶植物有1206种,隶属127科667属;单子叶植物有373种,隶属22科182属(杨小波等,2009)。

海口市可划分为滨海植被亚区、南渡江西岸植被亚区(羊山地区)和南渡江东岸植被亚区等三个亚区。地带性植被类型为热带低地雨林次生林,靠近村庄的热带雨林次生林或多或少带有人工痕迹,亦称之为自然、半自然村庄植被,非地带性植被类型主要有红树林、半红树林,滨海丛林,滨江(河、小溪)丛林,次生灌丛和草丛。其中草丛可分为旱生性草丛和淡水湿地草丛。

滨海植被亚区主要包括三江、演丰、灵山、城市建成区、西秀、长流、海秀等镇的沿海地区。该区主要分布有红树林、半红树林,滨海丛林和滨海藤蔓丛等自然植被。红树林、半红树林主要分布在演丰镇和三江镇,灵山镇和新埠镇有少量分布;滨海丛林主要以黄槿(*Hibiscus tiliaceus*)林为主,西秀镇的新海村西边等沿海一侧有分布,但面积较小;滨海藤蔓丛以厚藤(*Ipomoea pes-caprae*)群落为主,在灵山、新埠、西秀、长流、海秀等沿海地区沙滩上有少量分布;在东寨港有少量海草床分布,种类有贝克喜盐草(*Halophila beccarii*)、羽叶二药藻(*Halodule pinifolia*),其中贝克喜盐草占绝对优势(王道儒,2015年提供)。

南渡江西岸植被亚区(羊山地区)主要包括东山、石山、永兴、府城(建成区)、龙桥、龙泉、龙塘、遵谭、新坡等镇,西秀、长流、海秀等镇的非沿海地区也属这一亚区。主要分布以荔枝(*Litchi chinensis*)、龙眼(*Dimocarpus longan*)、秋枫(*Bischofia javanica*)林为主的热带低地雨林次生林(或称之为荔枝林)或以榕树(多种,*Ficus* sp.)、荔枝或龙眼林为主的自然、半自然村庄植被;非地带性淡水湿地(羊山湿地)植被,以水车前(*Ottelia alismoides*)、水菜花(*O.cordata*)、黑藻(*Hydrilla verticillata*)群落和风箱树(*Cephalanthus tetrandrus*)、红鳞扁莎(*Pycreus sanguinolentus*)、野荸荠(*Eleocharis plantaginciformis*)群落为主。

南渡江西岸植被亚区(羊山地区)调查记录植物有807种,除去本地栽培和外来植物126种,本区有天然野生维管植物681种,隶属129科461属。其中,蕨类植物有13科18属25种;裸子植物有1科1属1种;被子植物有115科442属655种,在被子植物中,双子叶植物有98科341属511种;单子叶植物有17科101属144种。该地区兰科植物也较丰富,分布有多花脆兰(*Acampe rigida*)、云南叉柱兰(*Cheirostylis yunnanensis*)、金塔隔距兰(*Cleisostoma filiforme*)、红花隔距兰(*Cleisostoma williamsonii*)、海南石斛(*Dendrobium hainanense*)、美花石斛(*Dendrobium loddigesii*)、美冠兰(*Eulophia graminea*)、密花地宝兰(*Geodorum densiflorum*)、钗子股(*Luisia morsei*)、台湾白点兰(*Thrixspermum formosanum*)、白点兰(*Thrixspermum centipeda*)、抱茎白点兰(*Thrixspermum amplexicaule*)、火焰兰(*Renanthera coccinea*)和斜瓣翻唇兰(*Hetaeria obliqua*)(何平荣，2008)，现在较大面积种植(金钗)石斛(*Dendrobium nobile*)。

　　另外，羊山地区湿地草丛生态系统类型多样，淡水水生植物丰富，初步调查该地区水生植物有 32 科 47 属 62 种，其中挺水植物 49 种，沉水植物 7 种，浮叶植物 3 种，漂浮植物 3 种。包括海南植物新记录种 1 个——石龙尾(*Limnophila sessiliflora*)，新记录归化种 1 个——海菖蒲(*Enhalus acoroides*)(张荣京等，2015)。有 3 种国家二级保护植物：水蕨(*Ceratopteris thalictroides*)、海菜花(*Ottelia acuminata*)和野生稻(*Oryza rufipogon*)。水菜花、水车前、野生稻和猪笼草(*Nepenthes mirabilis*)等为该地区最具代表性的湿生、半湿生植物，但凤眼蓝（水浮莲、水葫芦）(*Eichhornia crassipes*)、大薸(*Pistia stratiotes*)和空心莲子草(水花生)(*Alternanthera philoxeroides*)等湿地入侵植物也不容忽视。

　　在该区农村地区广泛分布以荔枝、龙眼和秋枫为优势种的森林群落，在复杂的植物组成中，海南苏铁(*Cycas hainanensis*)、见血封喉(*Antiaris toxicaria*)、降香檀(海南黄花梨，历史记录有野生分布，现在广泛种植)(*Dalbergia odorifera*)、软荚红豆(苍叶红豆)、(*Ormosia semicastrata*)、金粟兰(*Chloranthus spicatus*)、大叶桂樱(*Laurocerasus zippeliana*)、白桂木(*Artocarpus hypargyreus*)、圆基火麻树(*Dendrocnide basirotunda*)等为该地区代表或特色植物。其中圆基火麻树目前仅在火山口下发现其分布，该植物含有较高的蚁酸，皮肤接触后会奇痒，在野外尽可能不触摸它。另外，该地区入侵植物也很多，其中最有负面影响的是微甘菊(*Mikania micrantha*)，有关部门要高度重视。

　　南渡江东岸植被亚区主要包括大坡、甲子、三门坡、旧州、红旗、云龙、大致坡等镇，三江、演丰、灵山等镇的非沿海地区也属这一亚区，主要分布以榕树(多种)、荔枝或龙眼林为主的低地雨林次生林或称之为自然、半自然的村庄植被。南渡江东岸植被亚区野生植物种类丰富，以演丰镇为例，境内现有植物种类 946 种，隶属 124 科，其中蕨类有 22 种，隶属 13 科；裸子植物有 8 种，隶属 5 科；被子植物有 916 种，隶属 106 科；其中双子叶植物有 714 种，隶属 87 科；单子叶植物有 202 种，隶属 19 科。在这些植物中，草本植物有 338 种，占种总数的 35.73%，木本植物有 531 种，占 56.13%，藤本植物有 77 种，占 8.14%。在木本植物中，乔木类有 276 种，灌木类有 285 种。该镇最具代表性的植物为红树林植物。陆生野生植物有见血封喉、土沉香(*Aquilaria sinensis*)、山楝(*Aglaia roxburghiana*)、榕树(*Ficus microcarpa*)、高山榕(*F. altissima*)、垂叶榕(*F. benjamina*)、荔枝、龙眼、榄仁树(*Terminalia catappa*)、竹节树(*Carallia brachiata*)、胭脂(*Artocarpus tonkinensis*)、朴树(*Celtis sinensis*)等多种。红旗镇境内植物种类也相当丰富，据多次多个点的野外调查和室内鉴定结果，该镇现有植物种类 642 种(不含常见的部分农业栽培种类与品种)，隶属 113 科，其中蕨类有 15 种，隶属 10 科；裸子植物有 9 种，隶属 6 科；被子植物有 618 种，隶属 97 科；其中双子叶植物有 508 种，隶属 79 科；单子叶植物有 110 种，隶属 18 科。代表性植物有土沉香、见血封喉、竹节树、榕树、高山榕、朴树、荔枝、龙眼、榄仁树和橄榄(*Canarium album*)等多种。在 2008 年的一次调查中，还发现了大坡镇分布一棵高大的南亚松。

南渡江东岸湿地资源非常丰富，分布有全国最典型的红树林生态系统及其他湿地生态系统,初步调查记录美兰区湿地及其影响到的附近地区的植物 272 种(含亲水及近岸植物)，隶属于 83 科 200 属。其中蕨类植物 11 种，被子植物 261 种，被子植物是美兰区湿地植物的主要组成部分。东寨港有真红树植物 12 科 28 种，其中原分布的真红树植物有 8 科 13 种,分别是卤蕨(*Acrostichum aureum*)、榄李(*Lumnitzera racemosa*)、木榄(*Bruguiera gymnorrhiza*)、海莲(*B.sexangula*,尖瓣海莲合并为海莲)、角果木(*Ceriops tagal*)、秋茄(*Kandelia obovata*)、红海榄(*Rhizophora stylosa*)、海漆(*Excoecaria agallocha*)、桐花树(*Aegiceras corniculatum*)、小花老鼠簕(*Acanthus ebracteatus*)、老鼠簕(*A.ilicifolius*)、白骨壤(海榄雌)(*Avicennia marina*)和水椰(*Nypa fruticans*)。从海南岛内的文昌、三亚等地引种栽培的真红树植物有 6 科 10 种，分别是尖叶卤蕨(*Acrostichum speciosum*)、杯萼海桑(*Sonneratia alba*)、海桑(*Sonneratia caseolaris*)、卵叶海桑(*Sonneratia ovata*)、拟海桑[*Sonneratia × gulngai*(*Sonneratia paracaseolaris*)]、海南海桑(*S. × hainanensis*)、红榄李(*Lumnitzera littorea*)、木果楝(*Xylocarpus granatum*)、瓶花木(*Scyphiphora hydrophyllacea*)、红树(*Rhizophora apiculata*)。从国外引种栽培的真红树植物有 4 科 5 种，分别是阿吉木(*Aegialitis annulata*)、红茄苳(*Rhizophora mucronata*)、美国大红树(*R. mucronata*)、拉关木(*Laguncularia racemosa*)、无瓣海桑(*Sonneratia apetala*)(钟才荣提供)。

15 种引入种的原产地分别是：尖叶卤蕨(文昌)、杯萼海桑(文昌)、海桑(文昌)、卵叶海桑(文昌)、拟海桑(文昌)、海南海桑(文昌)、瓶花木(文昌)、红树(文昌)、木果楝(文昌和三亚)、红榄李(三亚)、无瓣海桑(孟加拉国)、拉关木(墨西哥)、红茄苳(澳大利亚)、美国大红树(墨西哥)、阿吉木(澳大利亚)(钟才荣提供)。

在 272 种植物中，有些植物虽然生长在湿地附近，能忍耐短期水淹，但实际它们不属亲水植物，更不是湿地植物，如九节、无柄蒲桃、秋枫和见血封喉等，具体情况需要具体分析，或参阅《海南植物名录》(杨小波等，2013)和《海南植物图志》(杨小波等，2015)。

美兰区湿地植物中，24 种为省级以上重点保护植物，分别是：卤蕨、尖叶卤蕨(引种)、杯萼海桑、海桑、卵叶海桑、柱果木榄、木榄、海莲、竹节树、角果木、秋茄、秋枫、红榄李(引种)、榄李、红树、红茄苳(外来)、红海榄、银叶树(引种)(*Heritiera littoralis*)、桐棉(杨叶肖槿)(*Thespesia populnea*)、见血封喉、瓶花木(引种)、小花老鼠簕(*Acanthus ebracteatus*)(引种)、老鼠簕(*Acanthus ilicifolius*)和水椰(*Nypa fruticans*)。以上植物中除秋枫、竹节树和见血封喉外，其余多数植物为红树林、半红树林湿地植被中较常见的物种。

除红树林湿地外，美兰区其他草本沼泽、河流下游段及库塘湿地周边分布的最常见植物主要为滑桃树(*Trevia nudiflora*)、水翁蒲桃(*syzygium nervosum*)、竹节树(*Carallia brachiata*)和蒲桃(*Syzygium jambos*)等亲水植物，对叶榕(*Ficus hispida*)、苦楝(*Melia azedarach*)、小果叶下珠(*Phyllanthus reticulatus*)、白楸(*Mallotus paniculatus*)、水茄(*Solanum torvum*)、海芋(*Alocasia odora*)、露兜树(*Pandanus tectorius*)、刺竹(*Bambusa arundinaceae*)、蓖麻(*Ricinus communis*)等耐湿植物。水生植物较为丰富，如鳢肠(*Eclipta prostrata*)、野荸荠(主要分布在坑塘生境中)、丁香蓼(*Ludwigia rostrate*)、狗牙根(*Cynodon dactylon*)、空心莲子草等主要分布在沼泽生境中，水竹(*Phragmites karka*)、蕹菜(*Ipomoea aquatica*)、凤眼蓝等浅水植物主要分布在河流、池塘、水库生境中，木麻黄(*Casuarina equisetifolia*)、露兜树、厚藤等主要分布在海岸沙生湿地中或淡水近岸区域，其中厚藤等往往在沙滩上构成沙滩藤蔓丛，而蕹菜往往在淡水池塘、小溪流中形成水生藤蔓丛。

在海口市境内的以上植物中，野生的土沉香、见血封喉、野生稻、水蕨和水菜花为国家级重点保护植物。另外，在各区的河流两侧分布有滨江(河、小溪)丛林等。次生性灌丛、草丛(含湿地草丛)和人工植被镶嵌分布。人工植被主要是生态防护植被、生态景观植被(城镇聚居地景观植被与旅游景区、港运区等景观植被)和农业生产植被(旱地农业生产植被与水田农业生产植被)等。

由于海口市是海南人类活动最强烈的地区，植被类型的分布变化很大，各乡镇的植被类型一样发生较大的变化，而且破碎化较为严重，植被小斑块很多，绘制植被分布图极其困难，若有不妥之处，敬请原谅。

参 考 文 献

何平荣. 2008. 琼北火山岩地区兰科植物多样性及美花石斛传粉生物学研究[D]. 桂林: 广西师范大学.

林鹏. 1997. 中国红树林生态系[M]. 北京: 科学出版社(中文版), 1999(英文版).

罗涛, 杨小波, 李东海, 等. 2009. 海口地区见血封喉种群数量特征及空间分布格局[J]. 福建林业科技, 36(3): 161-166.

王丽荣, 李贞, 蒲杨婕, 等. 2010. 近50年海南岛红树林群落的变化及其与环境关系分析——以东寨港、三亚河和青梅港红树林自然保护区为例[J]. 热带地理, 30(2): 114-120.

杨小波, 陈玉凯, 李东海, 等. 2013. 海南植物名录[M]. 北京: 科学出版社.

杨小波, 李东海, 陈玉凯, 等. 2015. 海南植物图志[M]. 北京: 科学出版社.

杨小波, 杨定海, 吴庆书, 等. 2009. 城市植物多样性[M]. 北京: 中国农业出版社.

张荣京, 赵哲, 卢刚(通讯作者). 2015. 羊山湿地发现海南植物新分布[J]. 西北植物学报, 35(4): 0842-0844.

П.А.金傑里, K.A.季米里亚捷夫, 方亦雄, 等. 1958. 红树植物胎生的生理意义[J]. Journal of Integrative Plant Biology, (2): 51-70.

（四）各乡镇植被图

1. 城西镇植被图

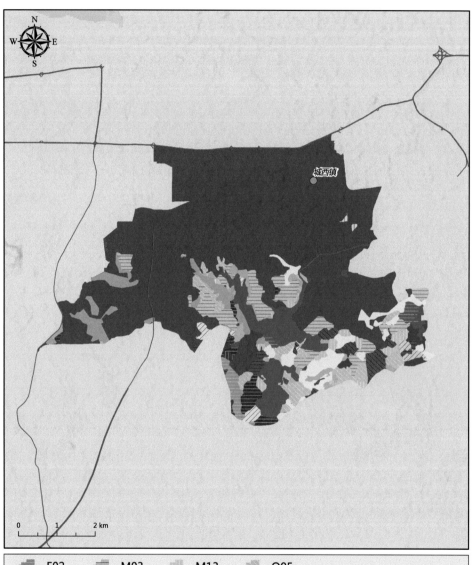

2. 大坡镇植被图

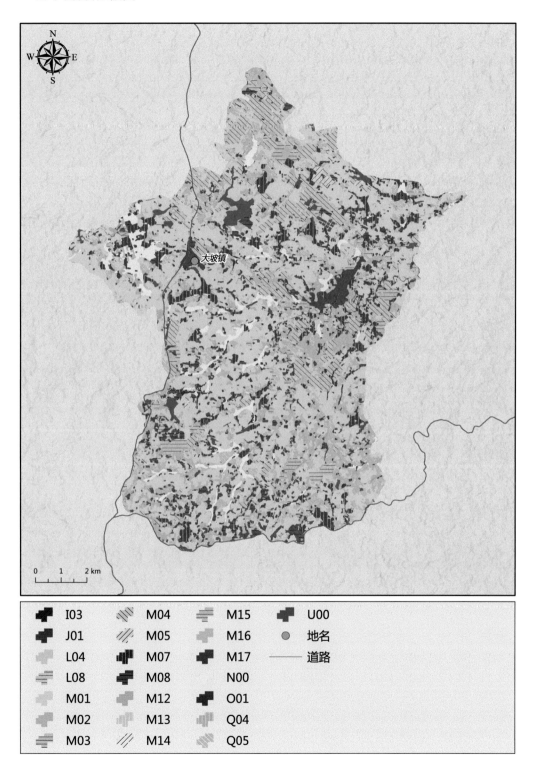

I03		M04		M15		U00	
J01		M05		M16		地名	
L04		M07		M17		道路	
L08		M08		N00			
M01		M12		O01			
M02		M13		Q04			
M03		M14		Q05			

0　1　2 km

3. 大致坡镇植被图

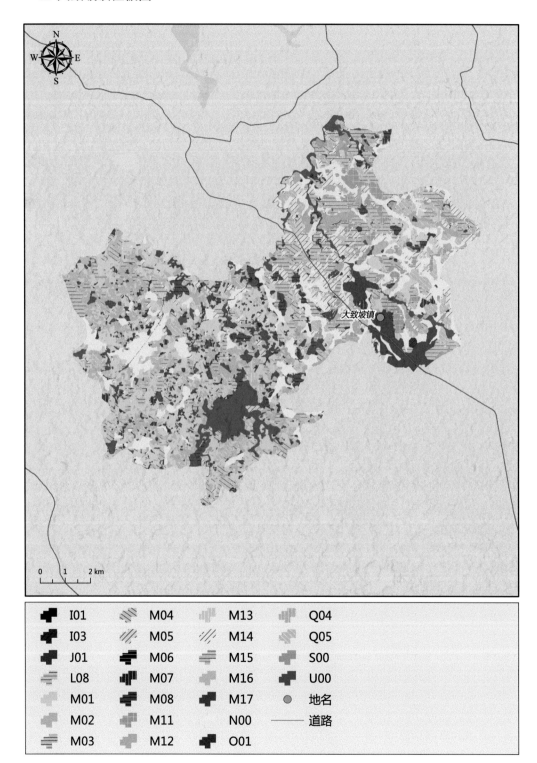

4. 东山镇植被图

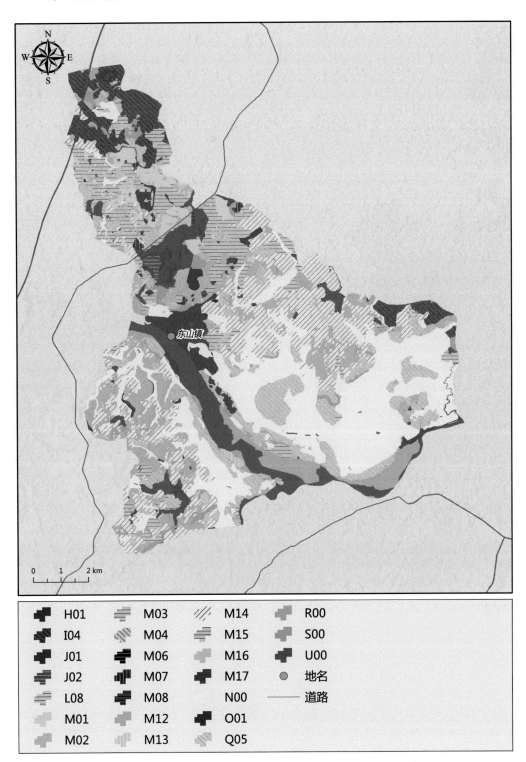

5. 海口市各街区植被图

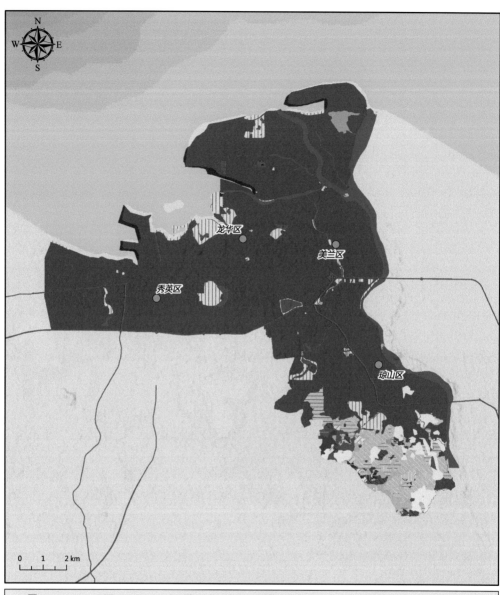

6. 海秀镇植被图

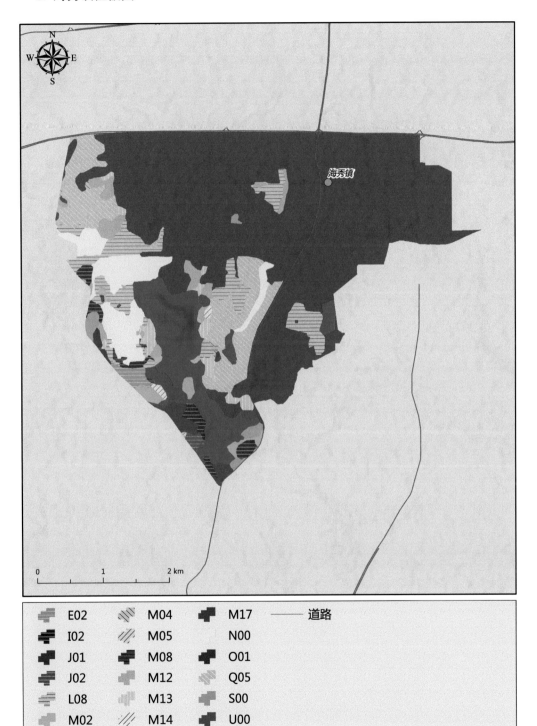

7. 红旗镇植被图

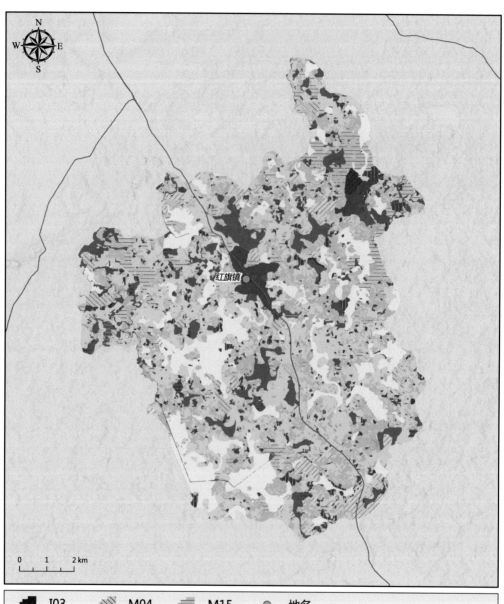

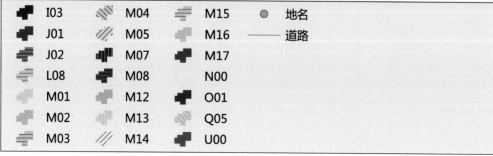

8. 甲子镇植被图

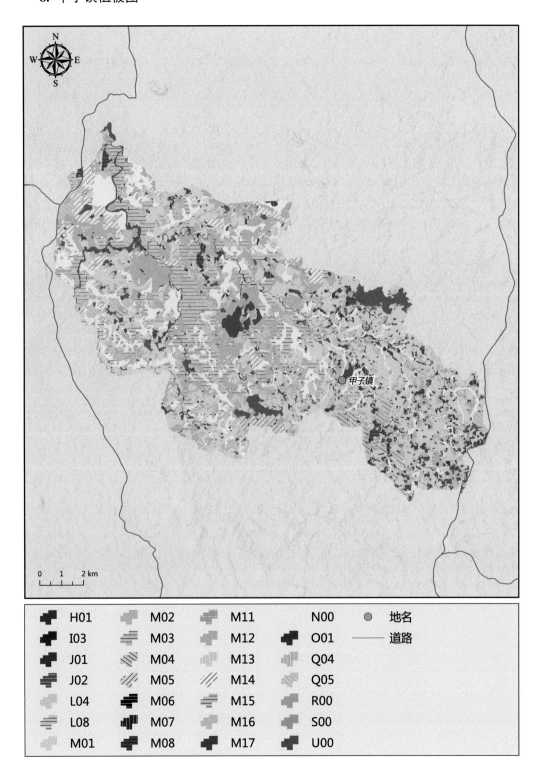

9. 旧州镇植被图

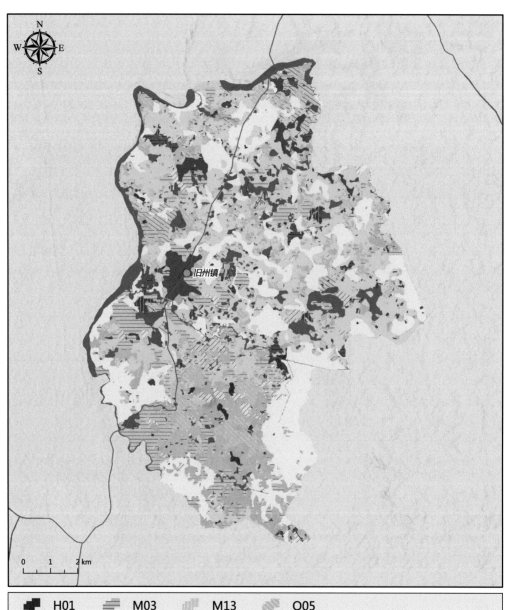

10. 灵山镇植被图

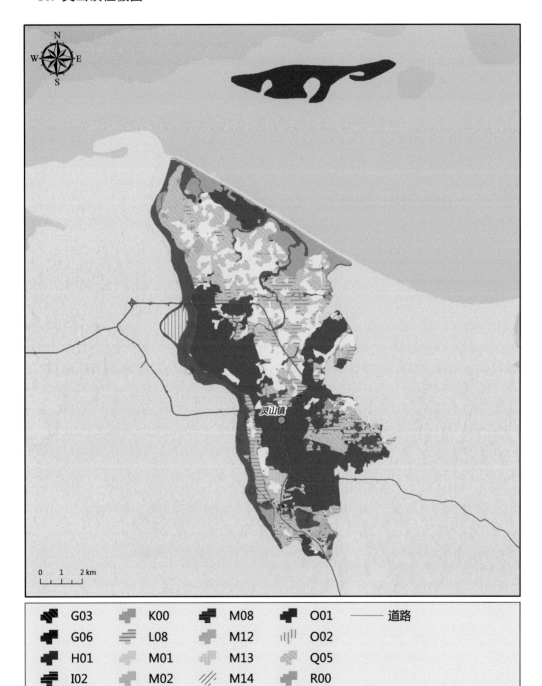

G03	K00	M08	O01	——— 道路
G06	L08	M12	O02	
H01	M01	M13	Q05	
I02	M02	M14	R00	
I03	M03	M16	S00	
J01	M04	M17	U00	
J02	M07	N00	● 地名	

11. 龙桥镇植被图

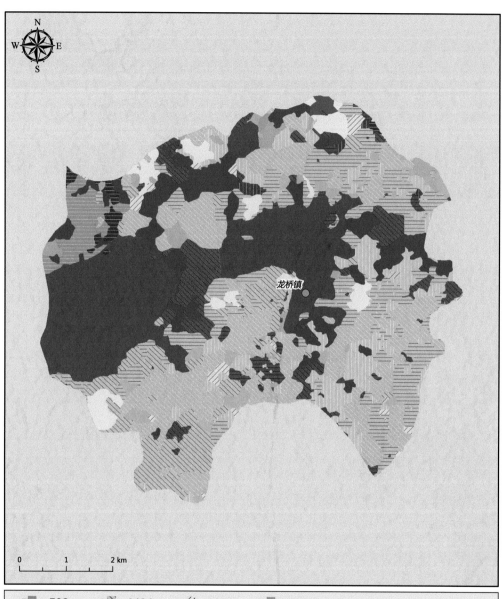

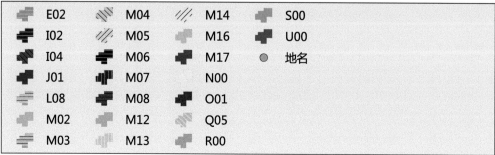

12. 龙泉镇植被图

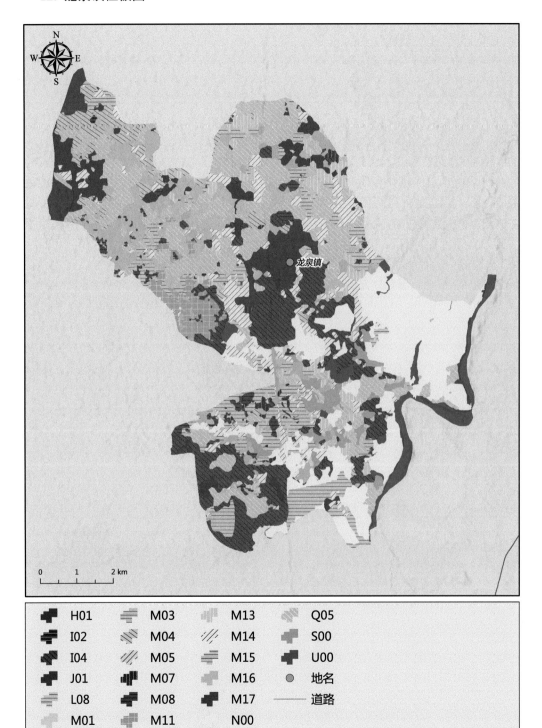

13. 龙塘镇植被图

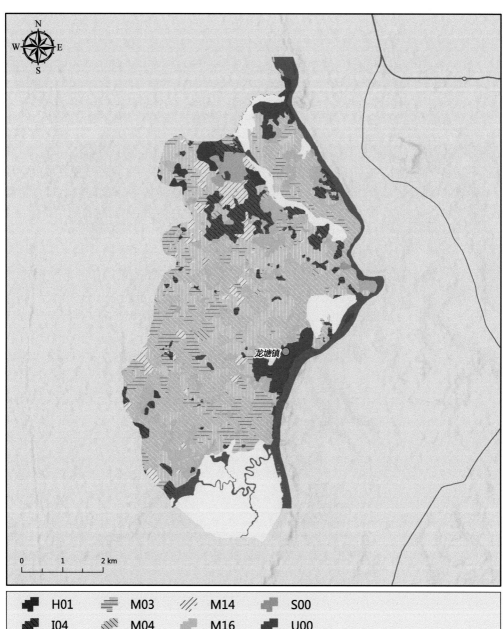

14. 三江镇植被图

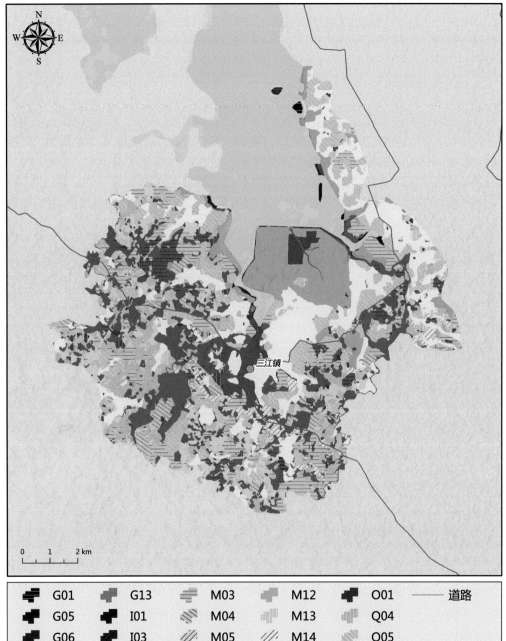

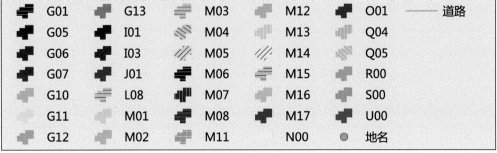

15. 三门坡镇植被图

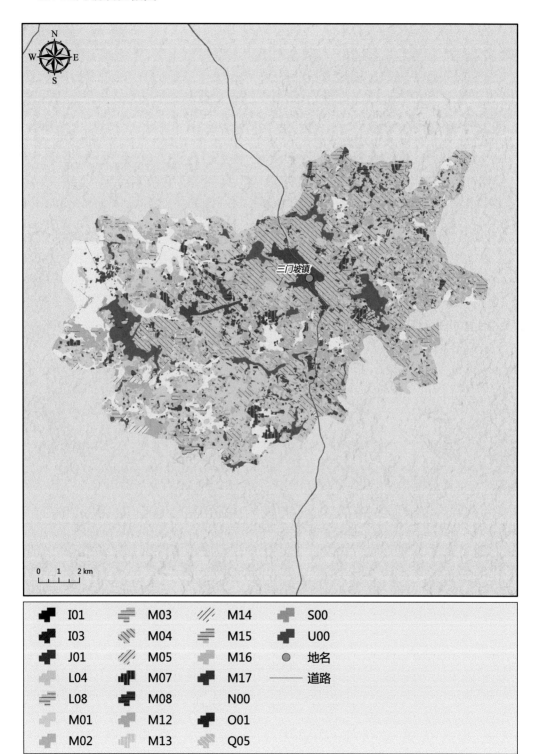

	I01		M03		M14		S00
	I03		M04		M15		U00
	J01		M05		M16		地名
	L04		M07		M17	——	道路
	L08		M08		N00		
	M01		M12		O01		
	M02		M13		Q05		

16. 石山镇植被图

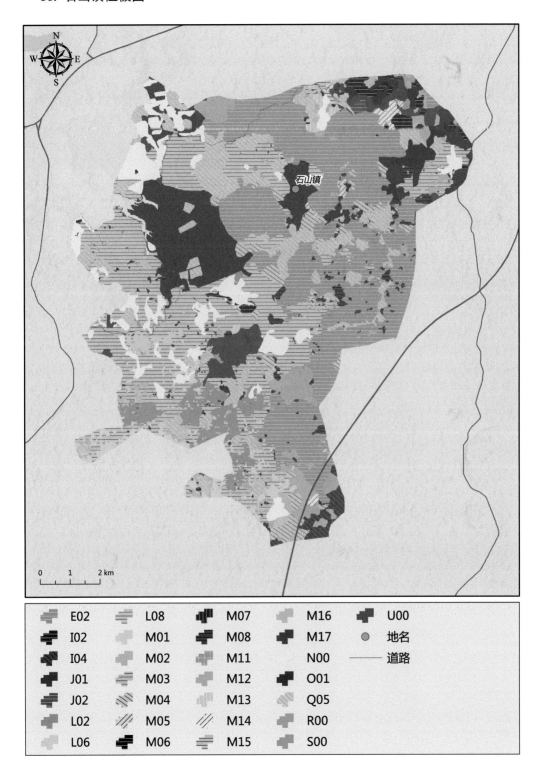

17. 西秀镇植被图

	E02		M08		O02
	I02		M12		Q05
	J01		M13		R00
	K00		M16		S00
	L08		M17		U00
	M02		N00		地名
	M04		O01		道路

18. 新坡镇植被图

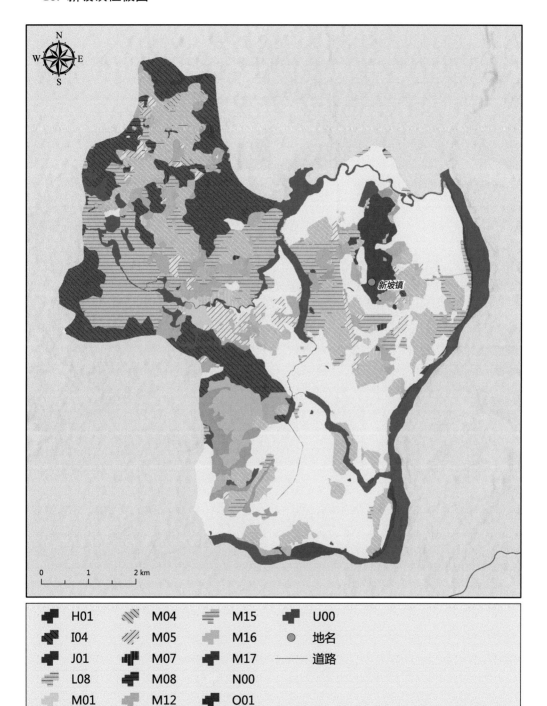

	H01		M04		M15		U00
	I04		M05		M16		地名
	J01		M07		M17		道路
	L08		M08		N00		
	M01		M12		O01		
	M02		M13		Q05		
	M03		M14		S00		

19. 演丰镇植被图

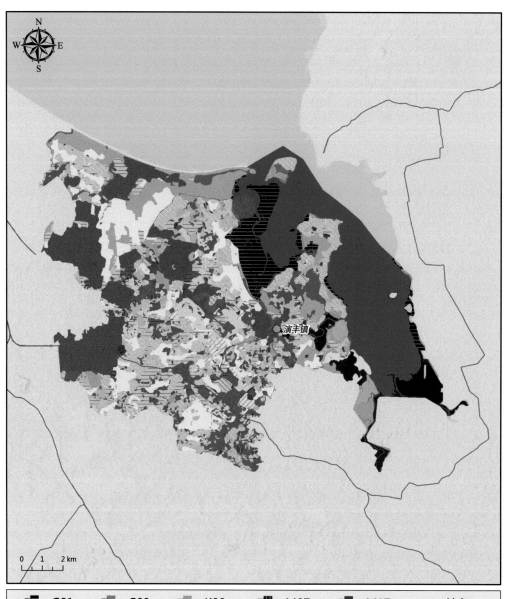

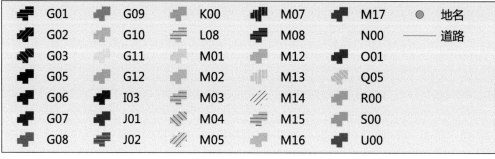

20. 永兴镇植被图

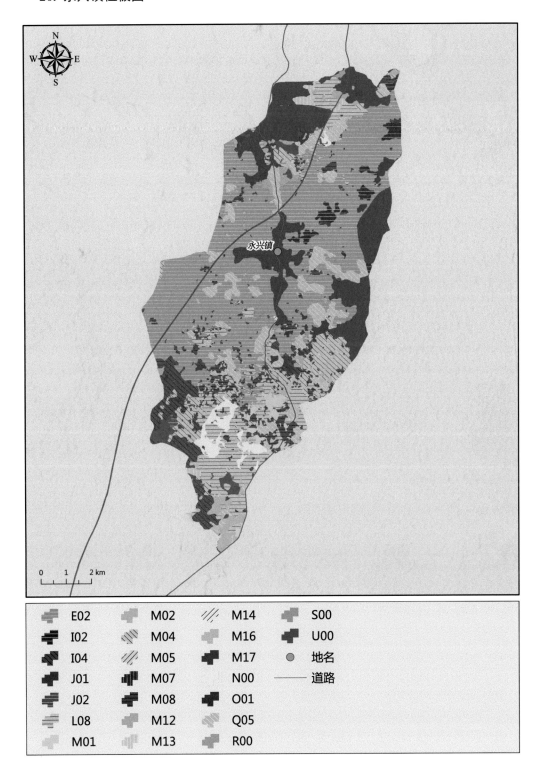

	E02		M02		M14		S00
	I02		M04		M16		U00
	I04		M05		M17		地名
	J01		M07		N00	——	道路
	J02		M08		O01		
	L08		M12		Q05		
	M01		M13		R00		

21. 云龙镇植被图

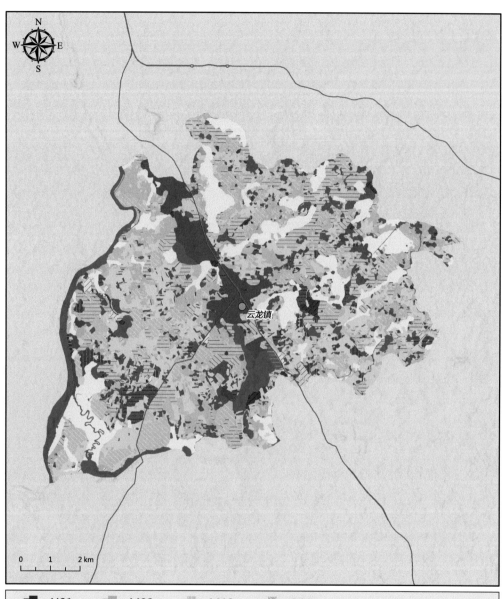

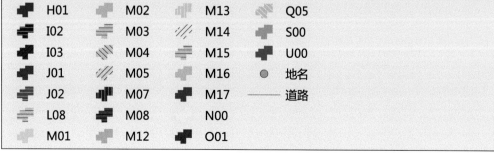

22. 长流镇植被图

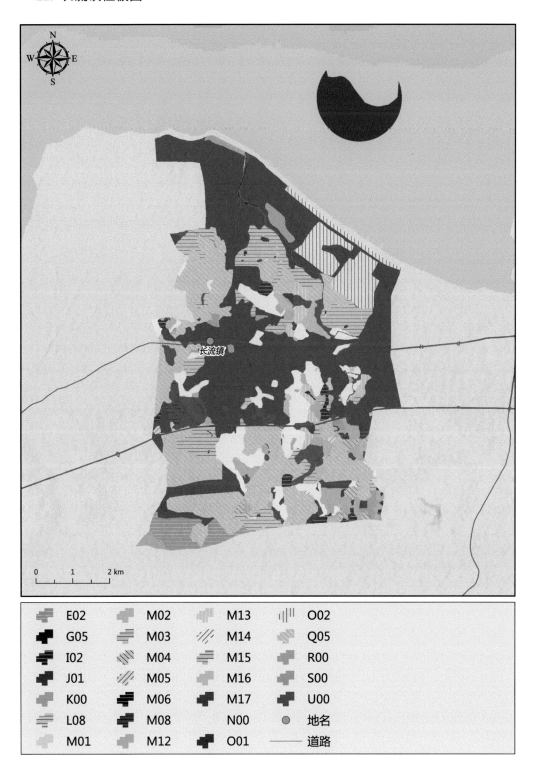

	E02		M02		M13		O02
	G05		M03		M14		Q05
	I02		M04		M15		R00
	J01		M05		M16		S00
	K00		M06		M17		U00
	L08		M08		N00		地名
	M01		M12		O01	——	道路

23. 遵谭镇植被图

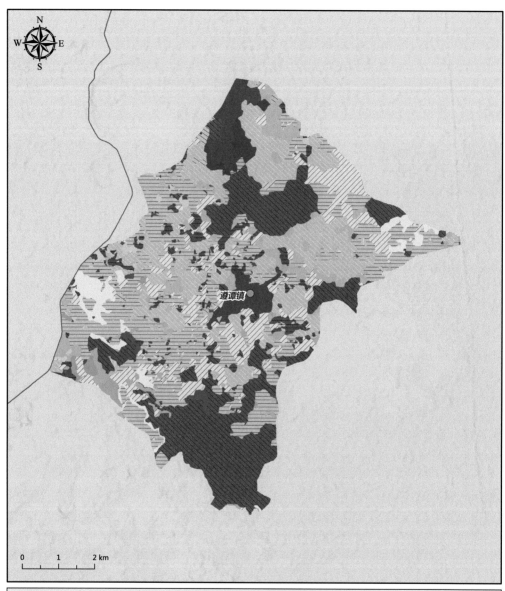

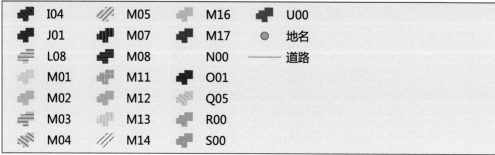

九、乐东县

(一) 乐东县植被图 (无乡镇界线)

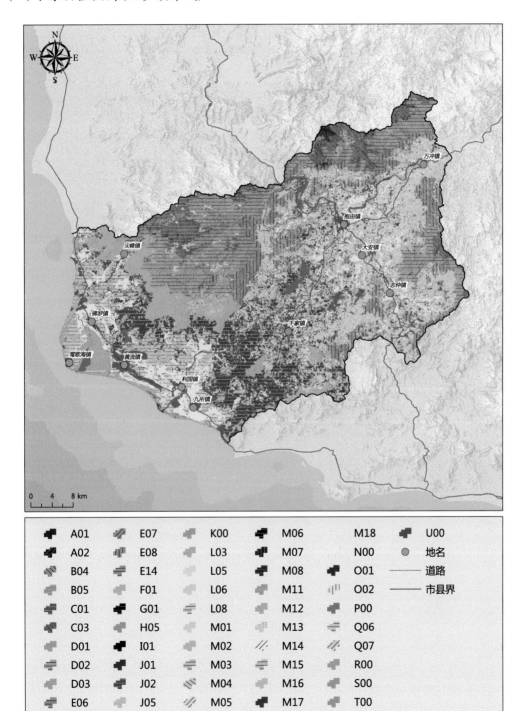

A01	E07	K00	M06	M18	U00
A02	E08	L03	M07	N00	● 地名
B04	E14	L05	M08	O01	—— 道路
B05	F01	L06	M11	O02	—— 市县界
C01	G01	L08	M12	P00	
C03	H05	M01	M13	Q06	
D01	I01	M02	M14	Q07	
D02	J01	M03	M15	R00	
D03	J02	M04	M16	S00	
E06	J05	M05	M17	T00	

(二)乐东县植被图(有乡镇界线)

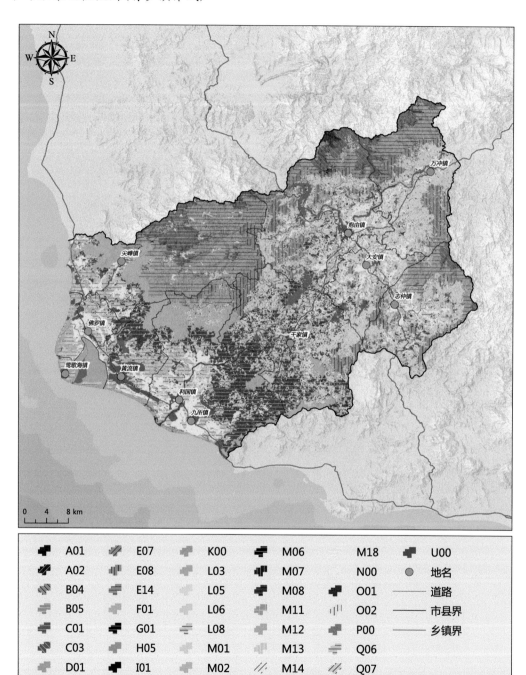

(三)植被图的说明

乐东县位于海南西南部，其沿海地区为海南相对干旱的地区。乐东县植被因尖峰岭保存较好、较完整的热带雨林而闻名。尖峰岭保护区的区域早在1956年划定为广东省尖峰岭热带雨林禁伐区，1960年成立广东尖峰岭保护区，2002年7月经国务院批准晋升为国家级自然保护区。特别是中国林业科学研究院热带林业研究所1962年在尖峰岭建设森林生态系统研究站后，乐东尖峰岭森林植被开始引起世人的关注。进入1980年后，由蒋有绪带队重点开展了热带群落特征、采伐更新演替、生态系统功能、刀耕火种后果和经营管理等多学科研究，出版了专著《中国海南岛尖峰岭热带林生态系统》(蒋有绪和卢俊培，1991)，这是中国第一本热带林生态系统研究专著。1991年后，《海南植被志》作者之一李意德等在尖峰岭开展了大量的研究工作，基本揭示了尖峰岭植被的组成、结构与生态系统的特点(李意德，1997；李意德和方精云，1998；李意德等，2007；欧芷阳等，2007；郭晓伟等，2015)，特别是2014年完成的尖峰岭森林生态系统大样地(60hm^2)的建设，在国际生态学代表性刊物发表相关研究论文，使尖峰岭和乐东县的植被研究工作走向全球化(Xu et al.，2015a，2015b；许涵等，2015)。该大样地目前为全球最大的样地，将来产生的影响和价值无法估量。

作者在2004年11月进入乐东佳西岭进行科学考察，完成了《佳西省级保护区森林植被调查研究报告》(内部资料)，原佳西岭自然保护区记录的野生维管植物有1399种，隶属166科570属。其中蕨类植物103种，隶属28科53属；裸子植物11种，隶属5科6属；被子植物1285种，隶属133科511属，在被子植物中，双子叶植物有1056种，隶属118科409属；单子叶植物有229种，隶属15科102属。第一次记录了该地区有广东松(*Pinus kwangtungensis*)林的分布，2004年12月又开展了《佳西引水管道及其两侧植被资源与评价》(内部资料)，记录该地区的维管植物有821种，隶属117科376属。其中蕨类植物有21科28属47种；裸子植物有1科1属2种；双子叶植物82科172属659种，单子叶植物有13科75属113种。后陆续有一些学者进入佳西岭开展研究工作(陈焕强等，2010a，2010b；符腾霆等，2010；Wu et al.，2017)。除尖峰岭和佳西岭外，在乐东其他地区植被调查研究工作相对少一些，主要有陈树培(1982)、邢莎莎等(2015)，这些工作加深了国内外学者对乐东植被资源的全面了解。原尖峰岭国家级自然保护区、原佳西省级自然保护区和原猴猕岭省级自然保护区等，现已经归入海南热带雨林国家公园。

乐东县共有抱由镇、大安镇、佛罗镇、黄流镇、尖峰镇、九所镇、利国镇、千家镇、万冲镇、莺歌海镇、志仲镇11个镇。乐东县的地带性植被有两种类型，季雨林和热带雨林，与三亚相类似。从乐东县的综合环境要素与植被的关系来看，可分为西部滨海平原植被亚区，主要包括尖峰镇的西部，佛罗镇、莺歌海镇、黄流镇、利国镇和九所镇；西北部、北部丘陵山区植被亚区，主要包括尖峰镇中部、东北部，抱由镇和万冲镇的北部；中部、东南部盆地、丘陵植被亚区，主要包括大安镇、千家镇、志仲镇和万冲镇的南部。西部滨海平原植被亚区分布有季雨林次生林和滨海非地带性植被；西北部、北部丘陵山区植被亚区分布有热带雨林及其次生林、灌丛和草丛，高山云雾林和广东松林等；中部、东南部盆地、丘陵植被亚区分布有低地雨林次生林、灌丛和草丛，季雨林次生林、灌丛和草丛。

作者杨小波于 2004 年 11 月在乐东原佳西岭省级自然保护区进行植被考察时的留影

　　乐东县境内设立有原尖峰岭国家级自然保护区、原佳西岭省级自然保护区和原猴猕岭省级自然保护区等，植物多样性得到较为有效的保护。因此，也可以说，丰富的植物种类主要集中分布在尖峰岭、佳西岭和猴猕岭等一带山区。除上面提到的在原佳西岭省级自然保护区曾记录有野生维管植物 1399 种外，原尖峰岭国家级自然保护区内曾记录有野生维管植物 2252 种，隶属 224 科 990 属，其中蕨类植物有 165 种，隶属 41 科 84 属(罗文等，2010)，种子植物有 2087 种，隶属 183 科 906 属(黄世能和张宏达，2000)。陆双莉(2012)报道尖峰岭区域内共有野生种子植物 188 科 946 属 2137 种。其中裸子植物 5 科 6 属 13 种，被子植物 183 科 940 属 2124 种，在被子植物中，双子叶植物有 154 科 716 属 1683 种，单子叶植物有 29 科 224 属 441 种。跨东方市和乐东县的原猴猕岭省级自然保护区曾记录维管植物 180 科 722 属 1389 种(含变种亚种及变型)，其中蕨类植物 24 科 44 属 84 种，野生种子植物 156 科 678 属 1305 种(含变种亚种及变型)(海南省野生动植物管理局提供)。

　　在西部滨海平原植被亚区里，主要分布有季雨林次生林、灌丛和草丛，滨海藤蔓丛和少量红树林。该亚区植物种类相对贫乏。例如，在尖峰镇、佛罗镇的这一区域，初步调查记录维管植物有 319 种，隶属 74 科。其中蕨类植物有 4 科 6 种；裸子植物有 1 科 1 种，被子植物有 69 科 312 种，其中双子叶植物有 59 科 264 种，单子叶植物有 10 科 48 种；在莺歌海镇、黄流镇、利国镇和九所镇等一带调查记录有维管植物 246 种，隶属 72 科。其中蕨类植物有 2 科 3 种；裸子植物有 1 科 1 种，被子植物有 69 科 242 种，其中双子叶植物有 61 科 206 种，单子叶植物有 8 科 36 种。

在季雨林次生林和灌丛中,常见的植物有海南榄仁(*Terminalia nigrovenulosa*)、厚皮树(*Lannea coromandelica*)、牛筋果(*Harrisonia perforata*)、车桑子(*Dodonaea viscosa*)、刺柊(*Scolopia chinensis*)、银叶巴豆(*Croton cascarilloides*)、黄荆(*Vitex negundo*)、鹊肾树(*Streblus asper*)、独行千里(膜叶槌果藤、尖叶槌果藤)(*Capparis acutifolia*)、小刺槌果藤(*Capparis micracantha*)、锡叶藤(*Tetracera sarmentosa*)、刺篱木(*Flacourtia indica*)、尾叶刺桑(*Streblus zeylanicus*)、银柴(*Aporosa dioica*)、黑面神(*Breynia fruticosa*)、细叶谷木(*Memecylon scutellatum*)、黄牛木(*Cratoxylum cochinchinense*)、余甘子(*Phyllanthus emblica*)、叶被木(*Streblus taxoides*)、破布叶(*Microcos paniculata*)、土蜜树(*Bridelia tomentosa*)、鹧鸪麻(*Kleinhovia hospita*)、土花椒、黄杞(*Engelhardtia roxburghiana*)、酒饼簕(东风橘)(*Atalantia buxifolia*)、基及树(福建茶)(*Carmona microphylla*)、土坛树(*Alangium salviifolium*)、赤才(*Lepisanthes rubiginosa*)、大管(*Micromelum falcatum*)、鸦胆子(*Brucea javanica*)、马缨丹(*Lantana camara*)、海金沙(*Lygodium japonicum*)、无根藤(*Cassytha filiformis*)、飞机草(*Chromolaena odorata*)等,零星分布有黑嘴蒲桃(*Syzygium bullockii*)、苦楝(*Melia azedarach*)、美叶菜豆树(*Radermachera frondosa*)、海南菜豆树(*Radermachera hainanensis*)、猫尾木(*Markhamia stipulata*)和榕树(*Ficus microcarpa*)等乔木。沿海分布的灌丛多为小面积镶嵌在人工林林缘或农田周边,常见的植物有牛角瓜(*Calotropis gigantea*)、马缨丹、细基丸(*Polyalthia cerasoides*)、露兜树(*Pandanus tectorius*)等。在草丛中,常见的植物有红毛草(*Phyuchelytrum repens*)、芒(*Miscanthus sinensis*)、白茅(*Imperata cylindrica*)、竹节草(*Chrysopogon aciculatus*)、水蔗草(*Apluda mutica*)、小蓬草(加拿大蓬)(*Erigeron canadensis*)、五节芒(*Miscanthus floridulus*)、甜根子草(*Saccharum spontaneum*)、斑茅(*Saccharum arundinaceum*)、飞机草、黑面神、桃金娘(*Rhodomyrtus tomentosa*)、野牡丹(*Melastoma malabathricum*)、厚皮树、黄牛木(*Cratoxylum cochinchinense*)、海南榄仁。在水边还分布有水竹(*Phragmites karka*),或斑茅,或五节芒等优势的草丛群落。

在乐东县少量的红树林、半红树林里,常见的植物有红树林树种红树(*Rhizophora apiculata*)、红海榄(*Rhizophora stylosa*)、白骨壤(*Avicennia marina*)、秋茄(*Kandelia obovata*)、海莲(*Bruguiera sexangula*)、桐花树(*Aegiceras corniculatum*)、海漆(*Excoecaria agallocha*)、卤蕨(*Acrostichum aureum*)及半红树林植物黄槿(*Hibiscus tiliaceus*)、苦郎树(许树)(*Clerodendrum inerme*)、阔苞菊(*Pluchea indica*)和鱼藤(*Derris trifoliata*)等,主要分布在黄流镇龙栖湾一带。在望楼河河口分布有红树、红海榄群落和白骨壤群落等红树林,在九所镇与黄流镇之间、望楼河河口边的球港村外缘种植有红海榄红树林群落。

藤蔓丛主要分布于滨海沙滩边缘,常见的植物有厚藤(*Ipomoea pes-caprae*)、鬣刺(*Spinifex littoreus*)、蔓荆(*Vitex trifolia*)、海刀豆(*Canavalia rosea*)、露兜树、仙人掌(*Opuntia dillenii*)、丰花草(*Spermacoce pusilla*)、阔苞菊、水蔗草、木麻黄(*Casuarina equisetifolia*)和黄槿等多种。

西北部、北部丘陵山区植被亚区,该亚区含原尖峰岭国家级自然保护区、原佳西岭省级自然保护区和原猴猕岭省级自然保护区东南部等,在该地区的热带雨林、高山云雾林和广东松林里,常见或代表性的植物有青梅(*Vatica mangachapoi*)、细子龙

(*Amesiodendron chinense*)、野生荔枝(*Litchi chinensis*)、白茶(*Koilodepas hainanense*)、海南紫荆木(子京) (*Madhuca hainanensis*)、竹叶青冈(*Cyclobalanopsis bambusaefolia*)、陆均松(*Dacrydium pectinatum*)、鸡毛松(*Dacrycarpus imbricatus*)、线枝蒲桃(*Syzygium araiocladum*)、高山蒲葵 (大叶蒲葵) (*Livistona saribus*)、广东松、九节(*Psychotria asiatica*)、四蕊三角瓣花(*Prismatomeris tetrandra*)、黄叶树(*Xanthophyllum hainanense*)、木荷(*Schima superba*)、公孙锥(细刺栲、越南白锥)(*Castanopsis tonkinensis*)、黄杞(*Engelhardia roxburghiana*)、粗毛野桐(*Hancea hookeriana*)、海南大头茶(*Gordonia hainanensis*)、红鳞蒲桃(*Syzygium hancei*)、海南杨桐(*Adinandra hainanensis*)、黑桫椤(*Alsophila podophylla*)、桫椤(*Alsophila spinulosa*)、白桫椤 (大羽桫椤) (*Sphaeropteris brunoniana*)、金毛狗(*Cibotium barometz*)、海南苏铁(*Cycas hainanensis*)、海南粗榧(*Cephalotaxus mannii*)、香子含笑(*Michelia gioii*)、观光木(*Michelia odorum*)、蕉木(*Chieniodendron hainanense*)、囊瓣木(*Miliusa horsfieldii*)、油丹(*Alseodaphne hainanensis*)、卵叶樟(*Cinnamomum rigidissimum*)、海南风吹楠(*Horsfieldia hainanensis*)、土沉香(*Aquilaria sinensis*)、海南大风子(*Hydnocarpus hainanensis*)、斯里兰卡天料木(红花天料木、母生) (*Homalium ceylanicum*)、普洱茶(野茶)(*Camellia sinensis* var. *assamica*)、坡垒(*Hopea Hainanensis*)、海南梧桐(*Firmiana hainanensis*)、粘木(*Ixonanthes reticulata*)、山铜材(*Chunia bucklandioides*)、半枫荷(*Semiliquidambar cathayensis*)、红椋(*Aglaia spectabilis*)、野生龙眼、苦梓 (海南石梓) (*Gmelina hainanensis*)、海南韶子(*Nephelium topengii*)、拟密花树(*Myrsine affinis*)、海南树参(*Dendropanax hainanensis*)、红柯(*Lithocarpus fenzelianus*)、异形木(*Allomorphia balansae*)、猴头杜鹃(*Rhododendron simiarum*)、杏叶柯(*Lithocarpus amygdalifolius*)、长脐红豆(*Ormosia balansae*)、白颜树(*Gironniera subaequalis*)、海南柴荆木(子京)、海南暗罗(*Polyalthia laui*)、厚壳桂(*Cryptacarya chinensis*)、狗骨柴(*Diplospora dubia*)、软皮桂 (向日樟) (*Cinnamomum liangii*)、鸭脚木、秋枫(*Bischofia javanica*)、穗花轴桐(*Licuala fordiana*)、露兜草(*Pandanus austrosinensis*)、林仔竹(*Oligostachyum nuspiculum*)、割鸡芒(*Hypolytrum nemorum*)、深绿卷柏(*Selaginella doederleinii*)、黄藤(*Daemonorops jenkinsiana*)、白藤(*Calamus tetradactylus*)、鸡血藤(*Callerya reticulata*)、红藤(*Daemonorops jankinsianus*)、巢蕨(*Neottopteris nidus*)、崖姜蕨(*Pseudodrynaria coronans*)等。

在佳西岭一带的次生林中常见的植物有枫香(*Liquidambar formosana*)、鸭脚木、黄牛木、烟斗柯(*Lithocarpus corneus*)、印度栲(*Castanopsis indica*)、木棉(*Bombax ceiba*)、华润楠(*Machilus chinensis*)、山乌桕(*Triadica cochinchinensis*)、乌墨(*Syzygium cumini*)、中平树(*Macaranga denticulata*)、对叶榕(*Ficus hispida*)、厚皮树、算盘子(*Glochidion puberum*)、厚壳桂、海南菜豆树、榕属(*Ficus*)植物、禾串树(*Bridelia balansae*)、翅子树(*Pterospermum acerifolium*)、割舌树(*Walsura robusta*)、黑面神、九节、桃金娘、野牡丹、紫毛野牡丹(*Melastoma penicillatum*)、伞花茉栾藤 (山猪菜) (*Merremia umbellata*)、玉叶金花(*Mussaenda pubescens*)、单叶省藤(*Calamus simplicifolius*)等。

灌丛常见的植物有桃金娘、铁芒萁(*Diranopteris linearis*)、展毛野牡丹(*Melastoma normale*)、坡柳、余甘子、黄牛木(*Cratoxylum cochinchinense*)、粽叶芦(*Thysanolaena latifolia*）、细齿叶柃（*Eurya nitida*）、毛银柴（*Aporosa villosa*）、越南黄牛木（*Cratoxylum formosum*）、枫香、无根藤、山槎子（*Buchanania arborescens*）、黄杞、猪肚木（*Canthium horridum*）、土花椒、黑面神等。草丛常见的植物有斑茅、粽叶芦、芒、白茅、五节芒、牛筋草（*Eleusine indica*）、飞机草、褐毛狗尾草（*Setaria pallidifusca*）、铺地黍（*Panicum repens*）、白花地胆草（*Elephantopus tomentosus*）、加拿大蓬、葫芦茶（*Tadehagi triquetrum*）、野牡丹、桃金娘、毛叶黄杞（*Engelhardia spicata*）、余甘子、叶被木、土花椒等多种。这一带偏中部低山丘陵还分布有较大面积的草丛，以五节芒占绝对优势，在森林近缘的草丛中，粽叶芦也占有较大的比例，与五节芒共优势。在这些草丛中，伴生种主要有野牡丹、铁芒萁、芒、紫毛野牡丹、枫香和桃金娘等多种植物。

中部、东南部盆地、丘陵植被亚区为低地雨林和季雨林过渡区，低地雨林和季雨林的植物常镶嵌出现，在次生林中，常见的植物有鹧鸪麻、木棉、鹊肾树、厚皮树、海南榄仁、黄牛木、荔枝、龙眼（*Dimocarpus longan*）、潺槁木姜子（*Litsea glutinosa*）、黄豆树（菲律宾合欢、白格）（*Albizia procera*）、椰子（*Cocos nucifera*）、乌墨、对叶榕、厚壳桂、土坛树、银柴、土花椒、刺篱木、粪箕笃、尖叶槌果藤、小刺槌果藤、细叶谷木、黑面神、余甘子、黄杞、锡叶藤、叶被木、刺桑（*Streblus ilicifolius*）、海南菜豆树、牛筋果、赤才、猫尾木等多种。

在灌丛中常见的植物有土蜜树、马缨丹、黑面神、紫毛野牡丹、叶被木、刺篱木、九节、猫尾木、海南菜豆树、中平树、黄牛木、光荚含羞草（*Mimosa bimucronata*）、海南叶下珠（*Phyllanthus hainanensis*）、银柴、银叶巴豆、余甘子、粪箕笃、尖叶槌果藤、小刺槌果藤、锡叶藤、刺柊、细叶谷木、火索麻、刺桑、土花椒、黄杞、乌墨、破布叶、鹧鸪麻、赤才、土坛树、大管、鸦胆子、牛筋果、加拿大蓬、水蔗草、散穗黑莎草（*Gahnia baniensis*）、粗叶耳草（*Hedyotis verticillata*）、小叶海金沙（*Lygodium scandens*）、华南毛蕨（*Cyclosorus parasiticus*）、乌毛蕨（*Blechnum orientale*）、条纹凤尾蕨（*Pteris cadieri*）、剑叶凤尾蕨（井边茜）（*Pteris ensiformis*）等。在草丛中常见的植物有芒、斑茅、割鸡芒、飞机草、白茅、水蔗草、粽叶芦、加拿大蓬、金盏银盘（*Bidens biternata*）、鬼针草（*Bidens pilosa*），零星分布有叶被木、锈毛野桐（*Mallotus anomalus*）、刺桑、野牡丹、桃金娘、余甘子、白楸（*Mallotus paniculatus*）、厚皮树、黄牛木、中平树、破布叶等木本植物。

在乐东境内从东向西随机调查的 10 个自然村的自然、半自然植被里，常见的植物有高山榕（*Ficus altissima*）、榕树、垂叶榕（*F. benjamina*）、酸豆（*Tamarindus indica*）、木棉、椰子树、桉属（*Eucalyptus*）植物、金合欢属（*Acacia*）植物、粉箪竹（*Bambusa chungii*）、槟榔（*Areca catechu*）、芭蕉（*Musa basjoo*）、苦楝（*Melia azedarach*）、腰果（*Anacardium occidentale*）、光荚含羞草、杧果（*Mangifera indica*）、黄皮、番石榴、番荔枝（*Annona squamosa*）、小簕竹、厚皮树、麻风树、荔枝、龙眼、波罗蜜（*Artocarpus heterophyllus*）、土蜜树、叶被木、暗罗（*Polyalthia suberosa*）、潺槁木姜子、紫檀（印度紫檀）（*Pterocarpus indicus*）、叶子花（毛宝巾）（*Bougainvillea spectabilis*）、倒吊笔（*Wrightia pubescens*）、细叶谷木、白背黄花稔（*Sida rhombifolia*）、露兜树、马缨丹、野芋（*Colocasia antiquorum*）、飞机草、含羞草等多种植物。

参 考 文 献

陈焕强, 陈庆, 赵少思. 2010a. 海南佳西自然保护区珍稀濒危植物初报[J]. 热带林业, 38(4): 49-51.

陈焕强, 吴兴亮, 邓春英, 等. 2010b. 海南佳西省级自然保护区大型真菌种类及其垂直分布[J]. 贵州科学, 28(3): 46-50.

陈树培. 1982. 海南岛乐东县的植被和植被区划[J]. 植物生态学报, 6(1): 176-186.

符腾霆, 周运良, 赵瑞思. 2010. 海南佳西省级自然保护区动植物资源探讨[J]. 热带林业, 38(3): 14-16.

郭晓伟, 骆土寿, 李意德, 等. 2015. 海南尖峰岭热带山地雨林土壤有机碳密度空间分布特征[J]. 生态学报, 35(23): 7878-7886.

黄世能, 张宏达. 2000. 海南岛尖峰岭地区种子植物区系组成及地理成分研究[J]. 广西植物, 20(2): 97-106.

蒋有绪, 卢俊培. 1991. 中国海南岛尖峰岭热带林生态系统[M]. 北京: 科学出版社.

李意德. 1997. 海南岛尖峰岭热带山地雨林的群落结构特征[J]. 热带亚热带植物学报, (1): 18-26.

李意德, 方精云. 1998. 尖峰岭热带山地雨林生态系统碳平衡的初步研究[J]. 生态学报, 18(4): 371-378.

李意德, 许涵, 陈德祥, 等. 2007. 从植物种群间联结性探讨生态种组与功能群划分——以尖峰岭热带低地雨林乔木层数据为例[J]. 林业科学, 43(4): 9-16.

陆双莉. 2012. 海南尖峰岭野生种子植物区系与野生观赏植物资源研究[D]. 广州: 华南农业大学.

罗文, 宋希强, 许涵, 等. 2010. 海南尖峰岭自然保护区蕨类植物区系分析[J]. 植物科学学报, 28(3): 294-302.

欧芷阳, 杨小波, 吴庆书. 2007. 尖峰岭自然保护区扩大区域植物多样性研究[J]. 生物多样性, 15(4): 437-444.

邢莎莎, 杨小波, 罗文启, 等. 2015. 海南乐东县药用植物的种间联结性[J]. 西部林业科学, (5): 96-102.

许涵, 李意德, 林明献, 等. 2015. 海南尖峰岭热带山地雨林 60ha 动态监测样地群落结构特征[J]. 生物多样性, 23(2): 192-201.

杨小波, 吴庆书. 2004. 佳西引水管道及其两侧植被资源与评价(内部资料).

杨小波, 吴庆书, 黄世满, 等. 2004. 佳西省级保护区森林植被调查研究报告(内部资料)(参加人员还有佳西保护区工作人员).

Wu T T, Zhang K, Yang X B, et al. 2017, Community structure and stability of *Pinus kwangtungensis* forest in Hainan Province[J]. Acta Ecologica Sinica, 37(3): 156-164.

Xu H, Li Y, Liu S, et al. 2015a. Partial recovery of a tropical rain forest a half-century after clear-cut and selective logging[J]. Journal of Applied Ecology, 52(4): 1044-1052.

Xu H, Li Y, Lin M, et al. 2015b. Community characteristics of a 60 ha dynamics plot in the tropical montane rain forest in Jianfengling, Hainan Island[J]. Biodiversity Science, 23(2): 192-201.

(四)各乡镇植被图

1. 抱由镇植被图

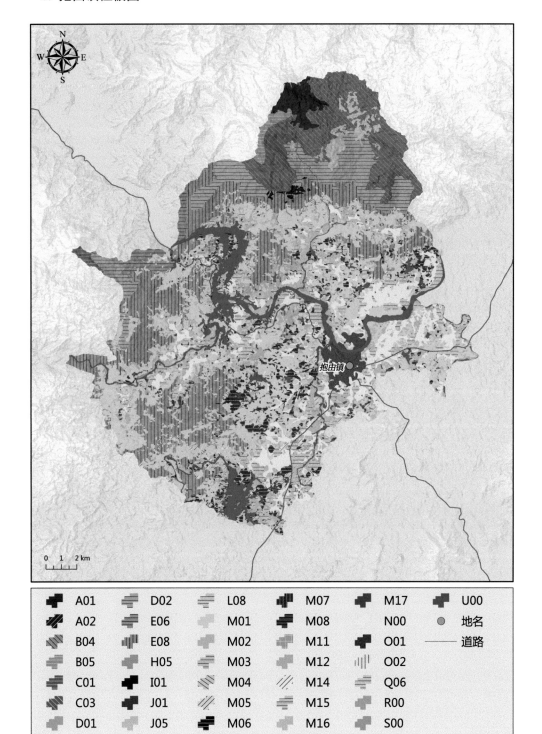

2. 大安镇植被图

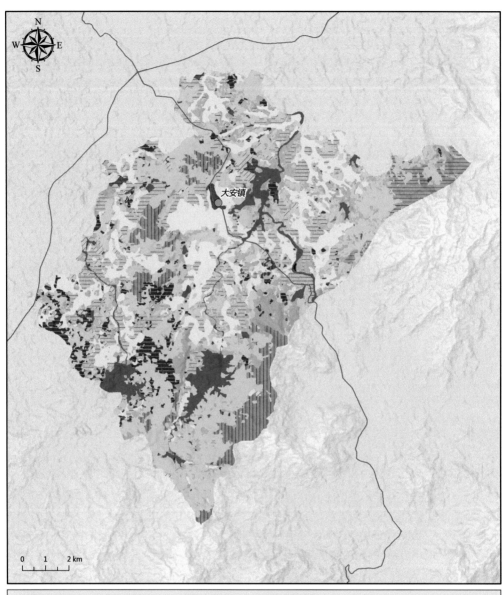

3. 佛罗镇植被图

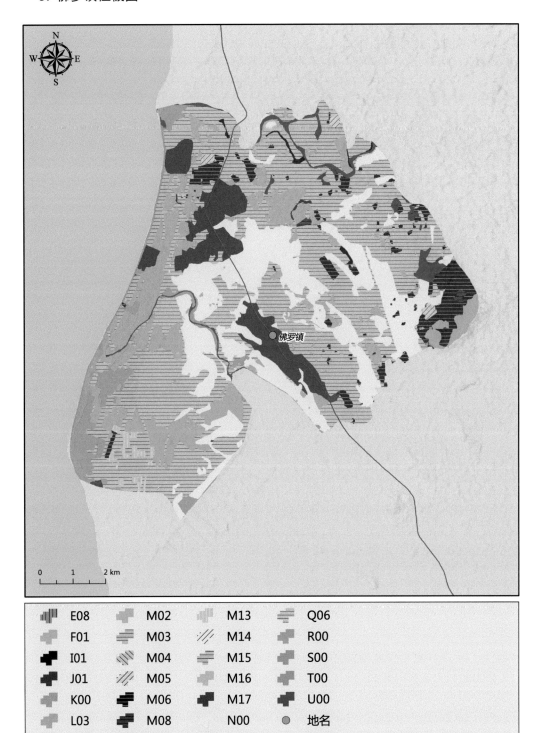

E08	M02	M13	Q06
F01	M03	M14	R00
I01	M04	M15	S00
J01	M05	M16	T00
K00	M06	M17	U00
L03	M08	N00	地名
L08	M12	O01	道路

4. 黄流镇植被图

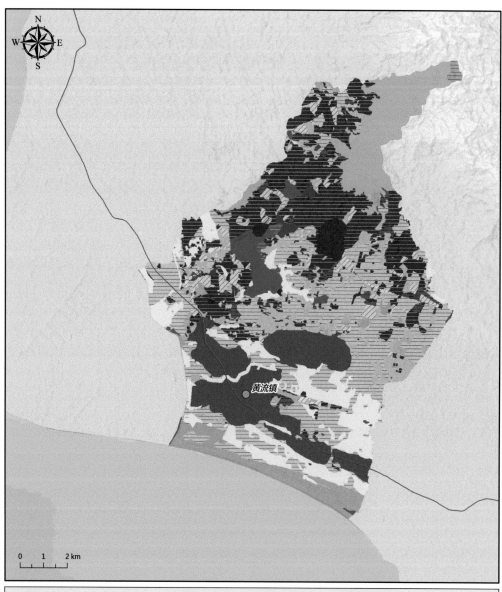

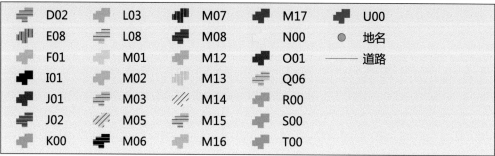

5. 尖峰镇植被图

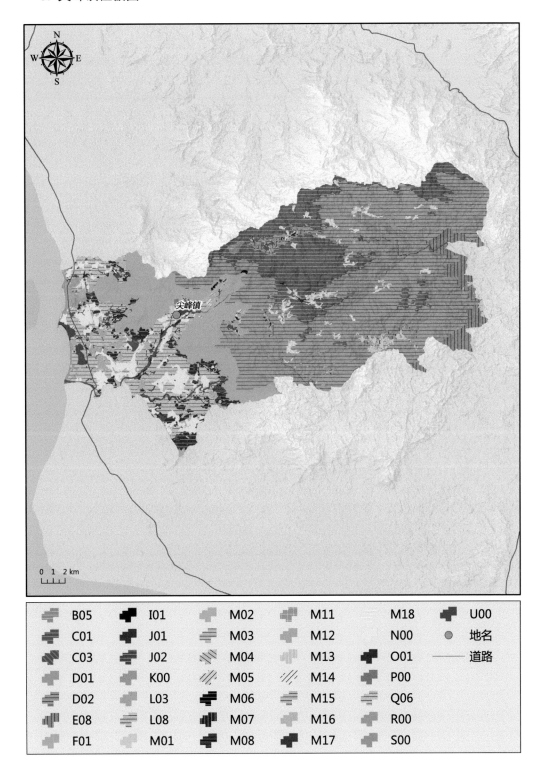

B05	I01	M02	M11	M18	U00
C01	J01	M03	M12	N00	地名
C03	J02	M04	M13	O01	道路
D01	K00	M05	M14	P00	
D02	L03	M06	M15	Q06	
E08	L08	M07	M16	R00	
F01	M01	M08	M17	S00	

6. 九所镇植被图

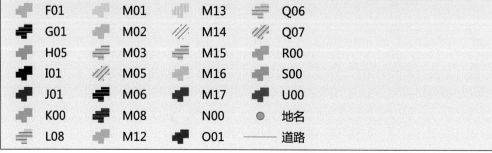

7. 利国镇植被图

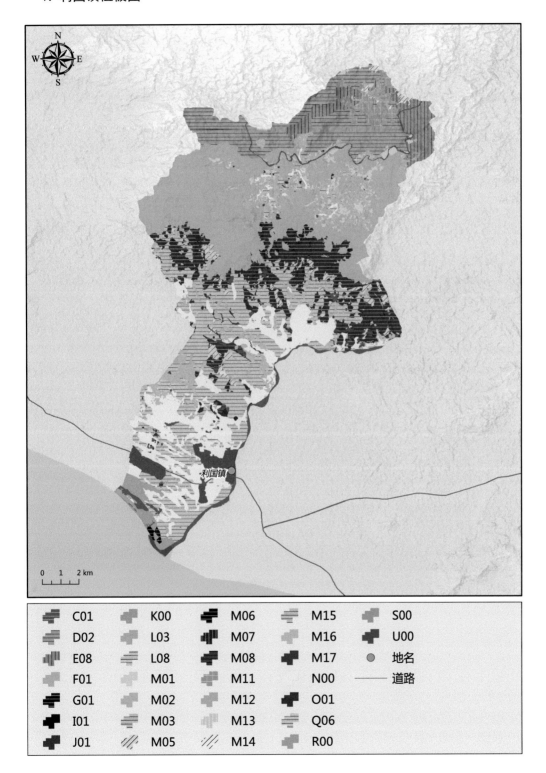

8. 千家镇植被图

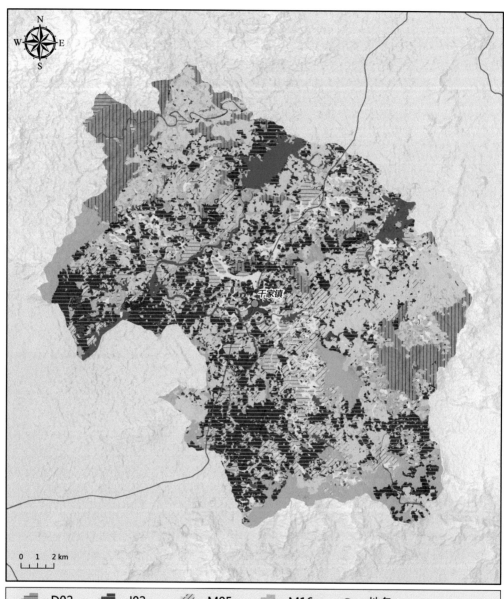

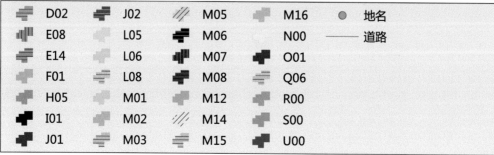

9. 万冲镇植被图

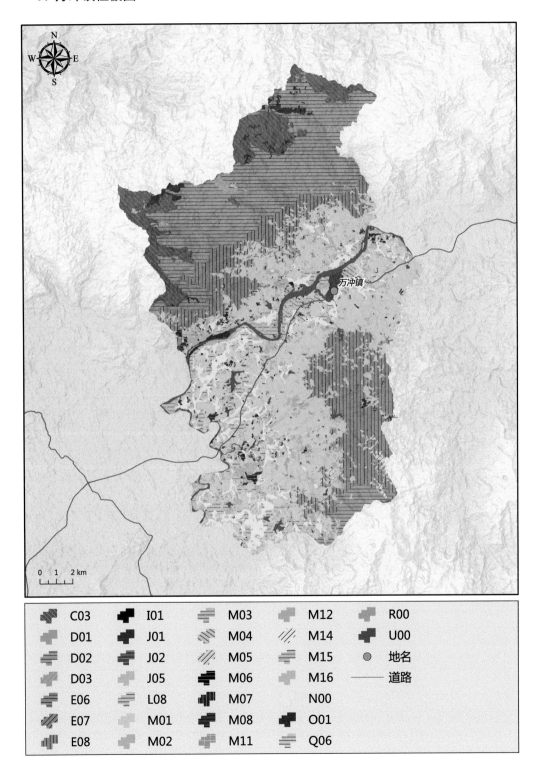

	C03		I01		M03		M12		R00
	D01		J01		M04		M14		U00
	D02		J02		M05		M15		地名
	D03		J05		M06		M16		道路
	E06		L08		M07		N00		
	E07		M01		M08		O01		
	E08		M02		M11		Q06		

0　1　2 km

10. 莺歌海镇植被图

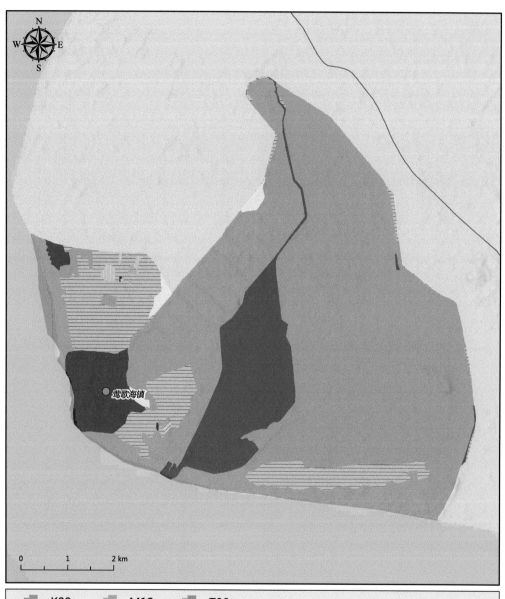

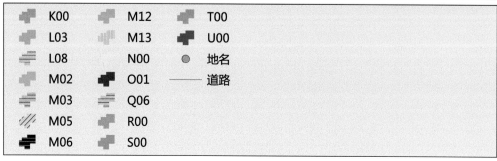

11. 志仲镇植被图

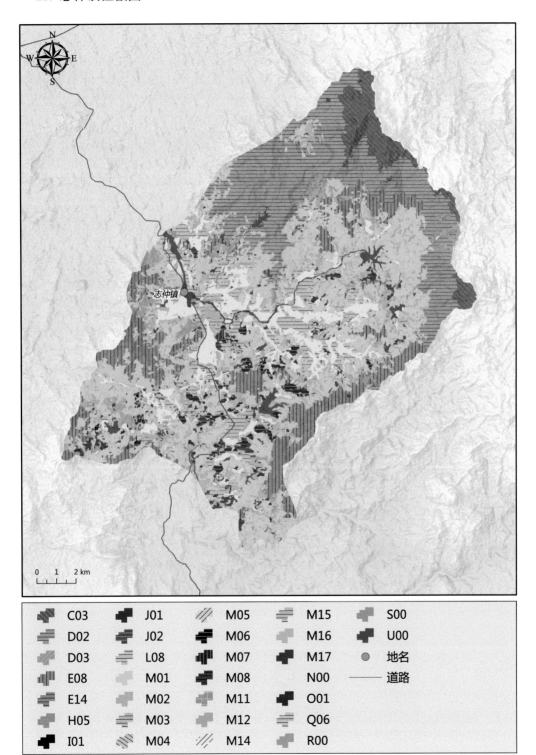

	C03		J01		M05		M15		S00
	D02		J02		M06		M16		U00
	D03		L08		M07		M17		地名
	E08		M01		M08		N00		道路
	E14		M02		M11		O01		
	H05		M03		M12		Q06		
	I01		M04		M14		R00		

十、临高县

(一)临高县植被图(无乡镇界线)

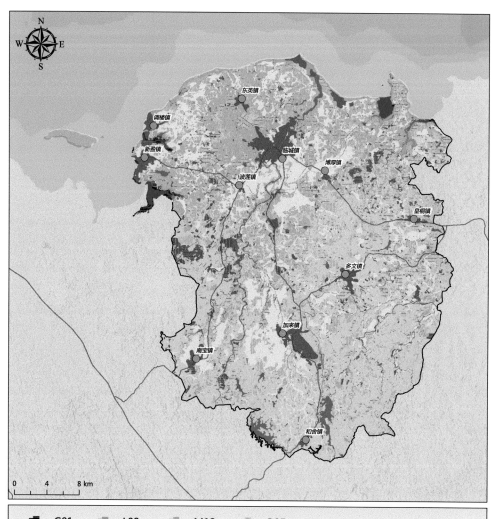

（二）临高县植被图（有乡镇界线）

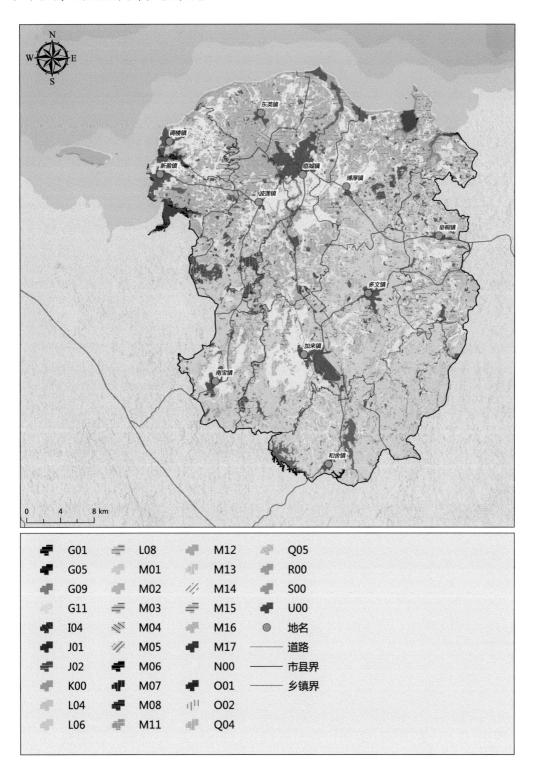

(三) 植被图的说明

临高县位于海南的西北部沿海平原地区，为农业活动强烈的地区，自然植被基本上已经被破坏，目前保存较好的自然植被为沿海的红树林，但面积也较小。与临高县自然植被有关的文献不多，且绝大多数都是研究海南时，开展临高县的相关研究工作。较早出现在现代学术刊物上的临高植被是与红树林有关的学术论文(陈焕雄和陈二英，1985；陈树培等，1987)，但由于临高植被受人类活动干扰较为严重，除了红树林外，其他自然植被多为热带雨林残次林、灌丛和草丛，在一些农村周边分布有一些自然、半自然植被等。尽管自然植被受人类活动影响较大，但在临高县境内还分布有较多的植物种类，依据钟琼芯和王士泉(2015)报道，在临高县境内药用植物资源有 116 科 354 属 480 种，其中，蕨类植物 10 科 11 属 13 种，裸子植物 4 科 4 属 5 种，被子植物 102 科 339 属 462 种，依据作者在龙波湾周边(约 1km^2 陆域面积)开展的一次调查，记录有 192 种，隶属 55 科。其中蕨类植物有 2 科 2 种，被子植物有 53 科 190 种，其中双子叶植物有 48 科 149 种，单子叶植物有 5 科 41 种。临高多文好林河河段 3.5km 的河边，记录到维管植物有 225 种，隶属 64 科。其中蕨类植物有 6 科，9 种；被子植物 58 科，219 种，其中双子叶植物有 50 科，181 种，单子叶植物有 8 科，35 种。

临高县可划分为北部滨海平原植被亚区和南部平原植被亚区。

北部滨海平原植被亚区主要包括新盈镇、调楼镇、东英镇及临城镇和博厚镇的北部地区。自然植被类型主要有红树林、半红树林、滨海藤蔓丛及滨海丛林、灌丛和草丛等，在村庄周边分布有自然、半自然植被。

南部平原植被亚区主要包括波莲镇、南宝镇、加来镇、多文镇、皇桐镇、和舍镇及临城镇和博厚镇的南部区域。自然植被类型主要有低地雨林次生林、灌丛、草丛和滨江丛林，在村庄周边分布有自然、半自然植被。

在北部滨海平原植被亚区里，最有代表性的植被为红树林和半红树林等。常见的植物有桐花树(*Aegiceras corniculatum*)、白骨壤(*Avicennia marina*)、木榄(*Bruguiera gymnorhiza*)、角果木(*Ceriops tagal*)、秋茄(*Kandelia obovata*)、红海榄(*Rhizophora stylosa*)、小花老鼠簕(*Acanthus ebracteatus*)、卤蕨(*Acrostichum aureum*)、海漆(*Excoecaria agallocha*)、榄李(*Lumnitzera racemosa*)、水黄皮(*Pongamia pinnata*)、海杧果(*Cerbera manghas*)、苦郎树(许树)(*Clerodendrum inerme*)、黄槿(*Hibiscus tiliaceus*)、阔苞菊(*Pluchea indica*)。另外，水竹(*Phragmites karka*)也常分布其中等。

滨海藤蔓丛常见的植物有厚藤(*Ipomoea pes-caprae*)、单叶蔓荆(*Vitex rotundifolia*)、仙人掌(*Opuntia dillenii*)、鬣刺(*Spinifex littoreus*)、露兜树(*Pandanus tectorius*)、刺果苏木(*Caesalpinia bonduc*)、铺地黍(*Panicum repens*)、土丁桂(*Evolvulus alsinoides*)、长春花(*Catharanthus roseus*)、飞机草(*Chromolaena odorata*)、球柱草(*Bulbostylis barbata*)等。

灌丛常见的植物有厚皮树(*Lannea coromandelica*)、榕树(*Ficus microcarpa*)、黄牛木(*Cratoxylum cochinchinense*)、海金沙(*Lygodium japonicum*)、井栏边草(凤尾草)(*Pteris multifida*)、刺柊(*Scolopia chinensis*)、刺篱木(*Flacourtia indica*)、白背黄花稔(*Sida rhombifolia*)、假鹰爪(*Desmos chinensis*)、细基丸(*Polyalthia cerasoides*)、暗罗(*Polyalthia* suberosa)、潺槁木姜子(*Litsea glutinosa*)、鸦胆子(*Brucea javanica*)、粪箕笃(*Stephania longa*)、槌果藤(*Capparis heyneana*)、黑面神(*Breynia fruticosa*)、白背叶(*Mallotus apelta*)、基及树(福建茶)(*Carmona microphylla*)、光叶巴豆(*Croton laevigatus*)、牛筋果(*Harrisonia perforata*)、苦楝(*Melia azedarach*)、飞机草、三稔蒟(*Alchornea rugosa*)、赤才(*Lepisanthes rubiginosa*)、叶被木(*Streblus taxoides*)等。

湿生灌丛主要分布在新盈镇，与稻田镶嵌分布，形成一种独特的稻(*Oryza sativa*)、红树林植物及淡水灌丛植物景观，常见的植物有水稻、海漆(*Excoecaria agallocha*)、许树、阔苞菊、厚藤、细叶裸实(*Gymnosporia diversifolia*)、酒饼簕(东风橘)(*Atalantia buxifolia*)、仙人掌、飞机草、刺果苏木(*Caesalpinia bonduc*)、榄李、露兜树、卤蕨(*Acrostichum aureum*)、刺葵(*Phoenix loureiroi*)、厚皮树、桐花树、牛筋果、海莲(*Bruguiera sexangula*)、风箱树(*Cephalanthus tetrandrus*)、白骨壤、石岩枫(*Mallotus repandus*)等多种。

草丛常见的植物有飞机草、斑茅(*Saccharum arundinaceum*)、芒(*Miscanthus sinensis*)、白茅(*Imperata cylindrica*)、无根藤(*Cassytha filiformis*)、牛筋果、马缨丹(*Lantana camara*)、假臭草(*Praxelis clematidea*)、潺槁木姜子、苦楝、厚皮树、仙人掌等多种。

村庄周边自然、半自然植被有榕树、高山榕(*Ficus altissima*)、荔枝(*Litchi chinensis*)、龙眼(*Dimocarpus longan*)、波罗蜜(*Artocarpus heterophyllus*)、见血封喉(*Antiaris toxicaria*)、椰子(*Cocos nucifera*)、黄皮(*Clausena lansium*)、土坛树(*Alangium salviifolium*)、麻楝(*Chukrasia tabularis*)、铁椤(*Aglaia lawii*)、番石榴(*Psidium guajava*)、白楸(*Mallotus paniculatus*)、榄仁树(*Terminalia catappa*)、鹊肾树(*Streblus asper*)、无患子(*Sapindus saponaria*)、乌桕(*Triadica sebifera*)、厚皮树、刺柊、苦楝、酒饼簕（东风橘）、马占相思(*Acacia mangium*)、黄槿、山椤(*Aglaia elaeagnoidea*)、牛筋果、细叶裸实、马缨丹、飞机草、藿香蓟(胜红蓟)(*Ageratum conyzoides*)等。

南部平原植被亚区主要的自然植被类型有低地雨林次生林、灌丛、草丛和滨江丛林，在村庄周边分布有自然、半自然植被。常见的植物有荔枝、油茶(*Camellia oleifera*)、槟榔(*Areca catechu*)、土沉香(*Aquilaria sinensis*)、波罗蜜、对叶榕(*Ficus hispida*)、猫尾木(*Markhamia stipulata*)、九节(*Psychotria asiatica*)、白楸、铁椤、甲竹(*Bambusa remotiflora*)、粉箪竹(*Bambusa chungii*)、小箣竹(*Bambusa flexuosa*)、红背山麻杆(*Alchornea trewioides*)、三桠苦(三叉苦)(*Melicope pteleifolia*)、阳桃(杨桃)(*Averrhoa carambola*)、乌墨(*Syzygium cumini*)、椰子、苦楝、鹊肾树、大青(*Clerodendrum cyrtophyllum*)、八角枫(*Alangium chinense*)、台湾相思(*Acacia confusa*)、斯里兰卡天料木(红花天料木、母生)(*Homalium ceylanicum*)、黄槿、木棉(*Bombax ceiba*)、油桐、榕树、白背叶(*Mallotus apelta*)、桉树(*Eucalyptus* sp.)、马缨丹、楹树(*Albizia chinensis*)、麻楝、柚(*Citrus maxima*)、高山榕、假苹婆(*Sterculia lanceolata*)、厚皮树、水茄(*Solanum torvum*)、橡胶(*Hevea brasiliensis*)、露兜树、三稔蒟、岭南山竹子(*Garcinia oblongifolia*)、紫玉盘(*Uvaria macrophylla*)、倒吊笔(*Wrightia pubescens*)、密花树(*Myrsine seguinii*)、巴西含羞草(*Mimosa diplotricha*)、鬼针草(*Bidens pilosa*)、构树(*Broussonetia papyrifera*)、见血封喉、山黄麻(*Trema tomentosa*)、龙眼、非洲楝(*Khaya senegalensis*)、榄仁树、凤

凰木(*Delonix regia*)、鸡蛋果(*Passiflora edulis*)、木麻黄(*Casuarina equisetifolia*)、假苹婆、鸭脚木(*Schefflera heptaphylla*)、阴香(*Cinnamomum burmanni*)、毛柿(*Diospyros strigosa*)、海南山麻杆(*Alchornea rugosa* var. *pubescens*)、咸虾花(*Vernonia patula*)、飞龙掌血(*Toddalia asiatica*)、薜荔(*Ficus pumila*)、银胶菊(*Parthenium hysterophorus*)、罗勒(*Ocimum basilicum*)、海芋(*Alocasia odora*)、破布叶(*Microcos paniculata*)、洋金花(白花曼陀罗)(*Datura metel*)、磨盘草(*Abutilon indicum*)、飞机草、假臭草。

参 考 文 献

陈定如, 陈学宪. 1981. 海南岛野生牧草资源调查[J]. 华南师范大学学报(自然科学版), (2):27-43.

陈焕雄, 陈二英. 1985. 海南岛红树林分布的现状[J]. 热带海洋学报, (3):76-81, 95-96.

陈树培, 梁志贤, 邓义. 1987. 广东海岸带植被的特殊类型——红树林[J]. 海洋开发与管理, (3):25-29.

钟琼芯, 王士泉. 2015. 海南临高县药用植物资源的种类及分布[J]. 贵州农业科学, 43(8):223-226.

(四)各乡镇植被图

1. 波莲镇植被图

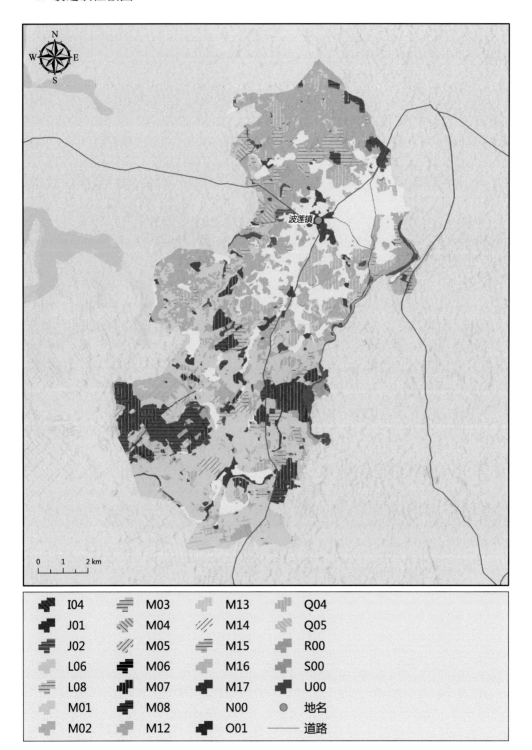

2. 博厚镇植被图

博厚镇

0 1 2 km

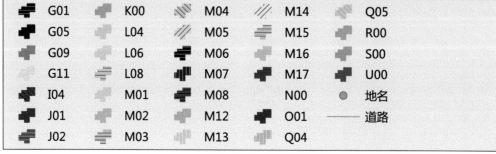

3. 东英镇植被图

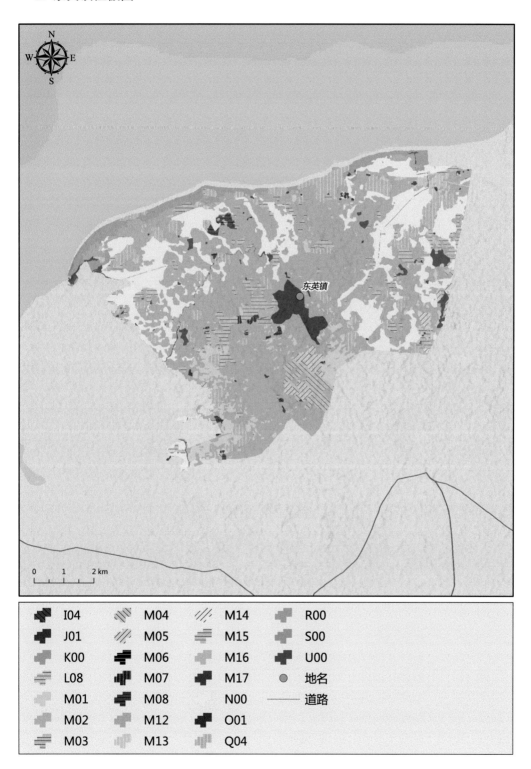

	I04		M04		M14		R00
	J01		M05		M15		S00
	K00		M06		M16		U00
	L08		M07		M17	●	地名
	M01		M08		N00	——	道路
	M02		M12		O01		
	M03		M13		Q04		

0　1　2 km

4. 多文镇植被图

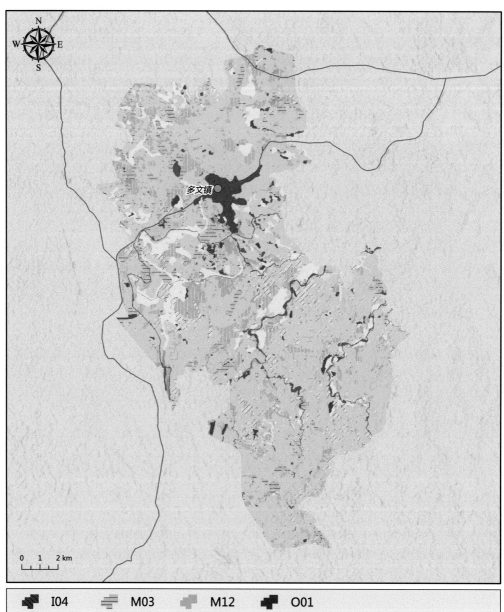

5. 和舍镇植被图

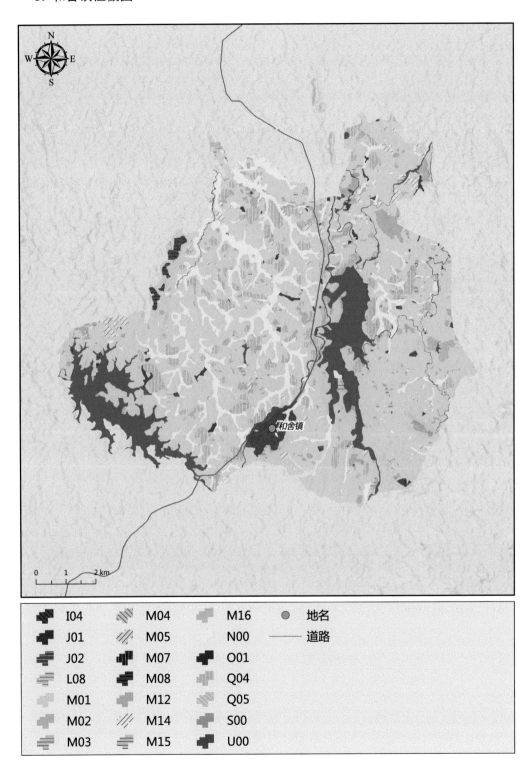

	I04		M04		M16	●	地名
	J01		M05		N00		道路
	J02		M07		O01		
	L08		M08		Q04		
	M01		M12		Q05		
	M02		M14		S00		
	M03		M15		U00		

6. 皇桐镇植被图

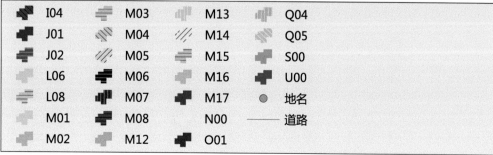

7. 加来镇植被图

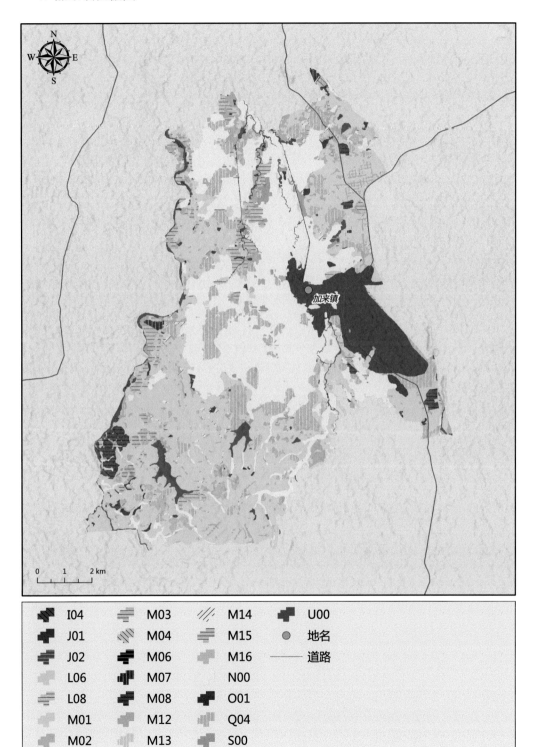

8. 临城镇植被图

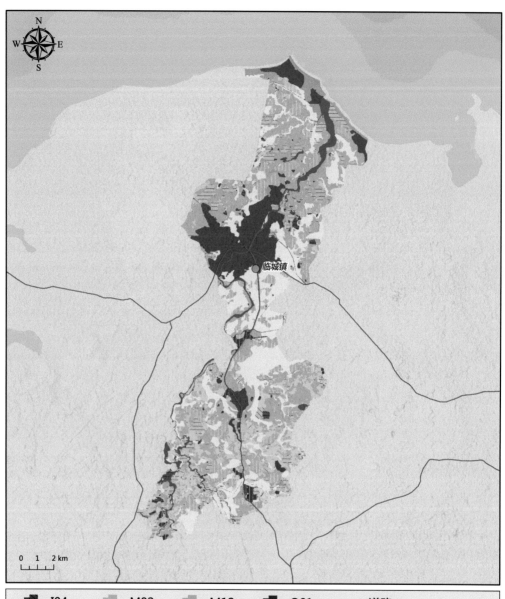

9. 南宝镇植被图

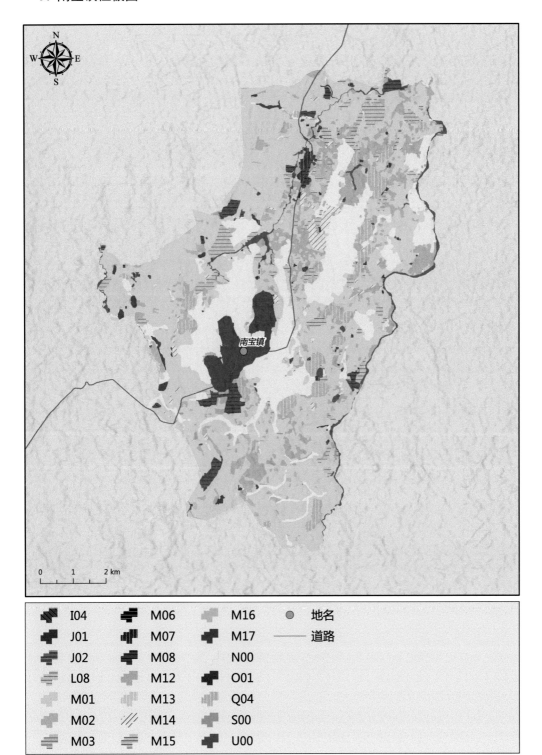

I04	M06	M16	●	地名
J01	M07	M17	——	道路
J02	M08	N00		
L08	M12	O01		
M01	M13	Q04		
M02	M14	S00		
M03	M15	U00		

10. 调楼镇植被图

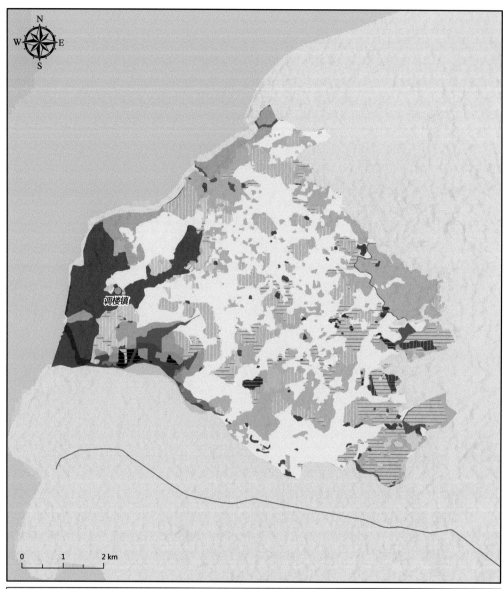

调楼镇

	G01		M01		M08	N00	—— 道路
	G09		M02		M12		O01
	I04		M03		M13		Q04
	J01		M04		M14		R00
	K00		M05		M15		S00
	L06		M06		M16		U00
	L08		M07		M17		地名

11. 新盈镇植被图

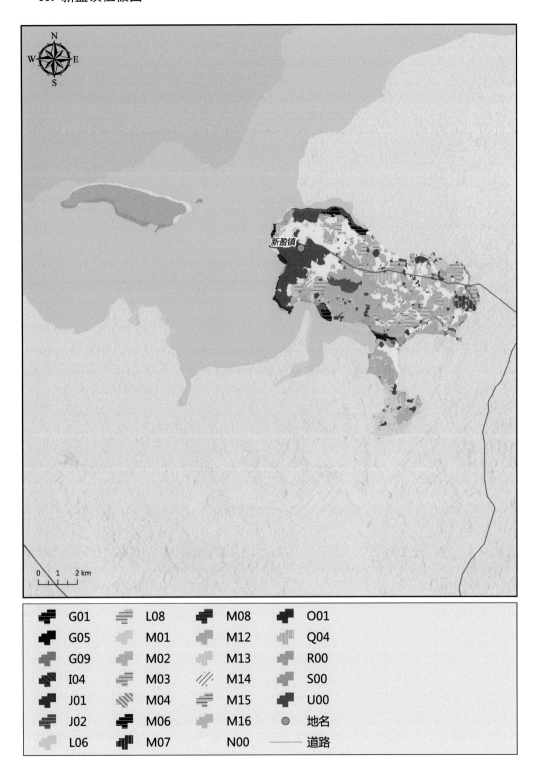

G01	L08	M08	O01
G05	M01	M12	Q04
G09	M02	M13	R00
I04	M03	M14	S00
J01	M04	M15	U00
J02	M06	M16	地名
L06	M07	N00	道路

十一、陵水县

(一)陵水县植被图(无乡镇界线)

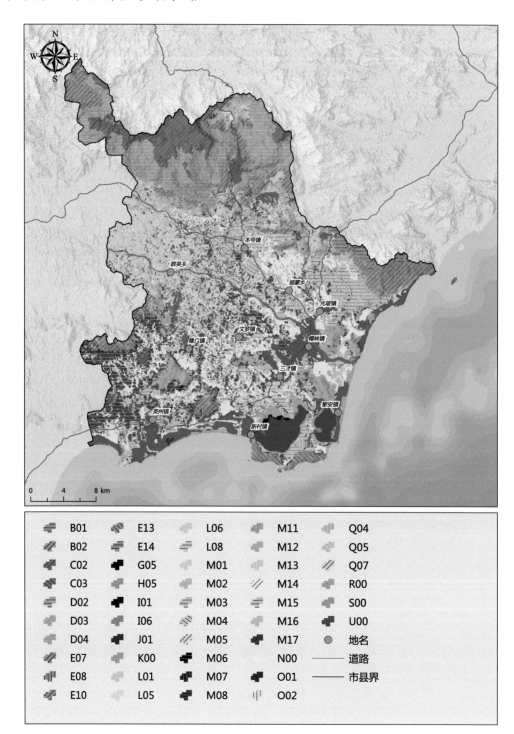

(二)陵水县植被图(有乡镇界线)

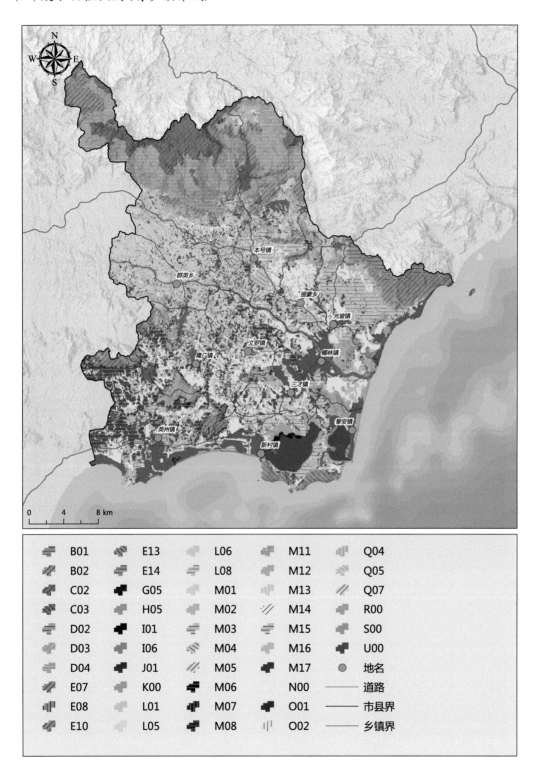

(三)植被图的说明

陵水县位于海南东南部,地形变化复杂多样,有平原,也有山区。植被因吊罗山分布有保存较好、较完整的热带雨林而闻名(曲仲湘和林英,1955,内部资料)。1955年由曲仲湘和林英带领的海南东路综合科学考察队第一次完成了五指山和吊罗山森林植被的考察研究工作。陵水县吊罗山的植被从此被世人关注,从植物资源、植物区系、种群特征、群落结构和生物多样性到生态系统功能等开展了较全面的研究工作(安树青等,1999;王峥峰等,1999;江海声,2006;龙文兴等,2007;钟琼芯等,2012;李佳灵,2013;王士泉,2013;王帅等,2015a,b;马志波等,2016,2017;王文进等,2007)。

陵水县可划分为北部丘陵山区植被亚区,东部滨海平原植被亚区及中部、南部低丘陵平原植被亚区等三个亚区。境内建立了原吊罗山国家级自然保护区、海南南湾省级自然保护区等,自然植被得到了较为有效的保护。原吊罗山国家级自然保护区归入海南热带雨林国家公园。

北部丘陵山区植被亚区主要包括本号镇、提蒙乡北部及光坡镇北部;东部滨海平原植被亚区主要包括椰林镇、黎安镇、新村镇和英州镇的沿海地区,三才镇的东南角有小部分区域也属这一区域;中部、南部低丘陵平原植被亚区主要包括群英乡、隆广镇和文罗镇及本号镇和提蒙乡的中部、南部区域,光坡镇的西南部,椰林镇的西北部,三才镇除东南角外的大部分区域,英州镇的中部、西北部等区域。

在北部丘陵山区植被亚区主要分布有高山云雾林、山地雨林和低地雨林及其次生林,次生灌丛和草丛。

中部、南部低丘陵平原植被亚区主要为低地雨林次生林、灌丛、草丛和自然、半自然村庄植被。

东部滨海平原植被亚区主要有滨海低地雨林次生林、红树林、滨河丛林、灌丛和草丛(含有在新村港潟湖南侧分布的海草床)等。

原吊罗山省级自然保护区升级为国家级自然保护区,原吊罗山国家级森林公园的建立,使得森林植被得到有效的保护和合理的利用;新村港与黎安港海草特别保护区的建立,使海草的生态环境也得到了一定的改善。

在北部丘陵山区植被亚区的植被以吊罗山为代表,在吊罗山共有蕨类植物213种,4变种,隶属43科100属,其中5种为海南新记录(董仕勇等,2003)。种子植物171科846属1900种(裸子植物4科5属10种,被子植物167科841属1890种)(丁坦等,2002)。

在吊罗山的高山云雾林常见的植物主要有岭南青冈(*Cyclobalanopsis championii*)、托盘青冈(*Cyclobalanopsis patelliformis*)、线枝蒲桃(*Syzygium araiocladum*)、毛棉杜鹃(南亚杜鹃)(*Rhododendron moulmainense*)、罗伞树(*Ardisia quinquegona*)、黄背青冈(*Cyclobalanopsis poilanei*)、陆均松(*Dacrydium pectinatum*)、公孙锥(细刺栲、越南白锥)(*Castanopsis tonkinensis*)、厚皮香八角(*Illicium ternstroemioides*)、小叶木犀榄(*Linociera parvilimba*)、油丹(*Alseodaphne hainanensis*)、琼南柿(*Diospyros howii*)、硬斗柯(*Lithocarpus hancei*)、黄杞(*Engelhardia roxburghiana*)、粗叶木(*Lasianthus chinensis*)、罗伞(*Brassaiopsis glomerulata*)、毛菍(*Melastoma sanguineum*)、石果珍珠茅(*Scleria lithosperma*)、麦冬(*Ophiopogon japonicus*)、新月蕨(*Pronephrium gymnopteridifrons*)、黑顶卷柏(*Sclaginella picta*)及大灰气藓(*Aerobryopsis subdivergens*)、爪哇白发藓(*Leucobryum javense*)等苔藓植物附生(符国瑗，1991，黄康有等，2007；师瑞萍，2008；杨小波等，2011)。

在吊罗山的山地雨林中，常见的植物有陆均松、鸡毛松(*Podocarpus imbricatus*)、海南蕈树(*Altingia obovata*)、黄叶树(青蓝)(*Xanthophyllum hainanense*)、鸭脚木(*Schefflera heptaphylla*)、五列木(*Pentaphylax euryoides*)、子凌蒲桃(*Syzygium championii*)、海南蕈树(阿丁枫)(*Altingia chinensis*)和竹叶青冈(*Cyclobalanopsis neglecta*)、线枝蒲桃、密花树(*Myrsine seguinii*)、桫椤(*Alsophila spinulosa*)、高山蒲葵(*Livistona saribus*)、海南杨桐(*Adinandra hainanensis*)、小藤竹(*Dinochloa* sp.)、赤杨叶(*Alniphyllum fortunei*)、梨果柯(*Lithocarpus howii*)、短穗柯(*Lithocarpus brachystachyus*)、木荷(*Schima superba*)、绒毛润楠(*Machilus velutina*)、粗毛野桐(*Hancea hookeriana*)、红毛山楠(毛丹)(*Phoebe hungmoensis*)、海南柿(*Diospyros hainanensis*)、云南木犀榄(*Olea tsoongii*)和杜茎山(*Maesa japonica*)等(黄康有等，2007；杨小波等，2011)。

在吊罗山的低地雨林中，常见的植物有青梅(*Vatica mangachapoi*)、蝴蝶树(*Heritiera parvifolia*)、青蓝、细子龙(*Amesiodendron chinense*)、托盘青冈、鸭脚木、杏叶柯(*Lithocarpus amygdalifolius*)、粗毛野桐、四蕊三角瓣花(*Prismatomeris tetrandra*)、多花瓜馥木(*Fissistigma polyanthum*)、光叶紫玉盘(*Uvaria boniana*)、海南杜仲藤(*Urceola quintaretii*)、崖姜蕨(*Pseudodrynaria coronans*)、麒麟叶(*Epipremnum pinnatum*)、钗子股(*Luisia morsei*)、革叶山姜(*Alpinia coriacea*)、假益智(*Alpinia maclurei*)等，林中散生的露兜草(*Pandanus austrosinensis*)、短叶省藤(*Calamus egregius*)、杖藤(*Calamus rhabdocladus*)、海南藤春(阿芳)(*Alphonsea hainanensis*)、日本粗叶木(*Lasianthus japonicus*)、海南龙船花(*Ixora hainanensis*)、山地五月茶(*Antidesma montanum*)、十蕊枫(*Acer laurinum*)、海南染木树(*Saprosma hainanensis*)、光滑黄皮(*Clausena lenis*)、密脉蒲桃(*Syzygium chunianum*)、长柄梭罗(*Reevesia longipetiolata*)、樟叶泡花树(*Meliosma squamulata*)、多萼核果茶(*Parapyrenaria multisepala*)、假苹婆(*Sterculia lanceolata*)、狗骨柴(*Diplospora dubia*)、百两金(郎伞木)(*Ardisia crispa*)、琼岛染木树(海南粗叶木)(*Saprosma merrillii*)、毛葹、麦冬、蜈蚣藤(*Pothos repens*)、尖尾芋(*Alocasia cucullata*)、匍匐九节(*Psychotria serpens*)、刺轴榈(*Licuala spinosa*)、裂苞省藤(*Calamus multispicatus*)、白桫椤(*Sphaeropteris brunoniana*)、黑桫椤(*Alsophila podophylla*)等多种。偶尔发现一些极小种群，如坡垒、蕉木(*Chieniodendron hainanense*)、海南石斛、华石斛和绒兰(*Dendrolirium tomentosum*)(符国瑗，1991；黄康有等，2007；杨小波等，2011)。

在吊罗山较多的次生林中，常见的植物有枫香(*Liquidambar formosana*)、野独活(*Miliusa balausse*)、海南哥纳香(*Goniothalamus howii*)、调羹树(*Heliciopsis lobata*)、岭罗麦(*Tarennoidea wallichii*)、秋枫(*Bischofia javanica*)、柄果柯(*Lithocarpus longipedicellatus*)、香皮树(*Meliosma fordii*)、翻白叶树(*Pterospermum heterophyllum*)、长柄银叶树(*Heritiera angustata*)、海南菜豆树(*Radermachera hainanensis*)、九丁榕(*Ficus nervosa*)、闭花木(*Cleistanthus sumatranus*)、臀形果(臀果木)(*Pygeum topengii*)、山石榴

(*Catunaregam spinosa*)、白颜树(*Gironniera subaequalis*)、犁耙柯(*Lithocarpus silvicolarum*)、黄杞(*Engelhardia roxburghiana*)、肉实树(*Sarcosperma laurinum*)、破布叶(*Microcos paniculata*)、山柑算盘子(*Glochidion sphaerogynum*)、黄樟(*Cinnamomum parthenoxylon*)、桃金娘(*Rhodomyrtus tomentosa*)、十字薹草(*Carex cruciata*)、蝴蝶树、木荷、狭叶泡花树(*Meliosma angustifolia*)、海南木莲(*Manglietia hainanensis* var. *hainannsis*)、毛葶、野牡丹(*Melastoma malabathricum*)、黑面神(*Breynia fruticosa*)、革叶山姜、石芒草(*Arundinella nepalensis*)、铁芒萁(*Dicranopteris linearis*)、小叶海金沙(*Lygodium scandens*)等(符国瑗，1991；黄康有等，2007；杨小波等，2011)。

北部丘陵山区植被亚区一直从吊罗山向东延伸到海边的牛岭。

在小姝水库周边 300m 左右范围内分布有维管植物 686 种，隶属 110 科。其中蕨类植物 27 种，隶属 12 科；裸子植物 3 科 4 种；被子植物有 95 科 655 种，其中双子叶植物 82 科 546 种，单子叶植物有 13 科 109 种。在 686 种植物中，仅有 11 种为栽培种，自然分布植物达 98.4%，国家级重点保护植物青梅，野生荔枝(*Litchi chinensis*)、油楠(*Sindora glabra*)、美丽梧桐(*Firmiana pulcherrima*)。低地雨林次生林常见植物有木荷、岭南山竹子(*Garcinia oblongifolia*)、白茶(*Koilodepas hainanense*)、破布叶(布楂叶)、方枝蒲桃(*Syzygium tephrodes*)、琼榄(*Gonocaryum lobbianum*)、棘叶吴萸(*Tetradium glabrifolium*)、乌墨、刺桑(*Streblus ilicifolius*)、叶被木(*Streblus taxoides*)、土坛树(*Alangium salviifolium*)、眼镜豆(*Entada rheedii*)、厚皮树(*Lannea coromandelica*)、贡甲(*Maclurodendron oligophlebium*)、假苹婆、海南菜豆树、榕树(*Ficus microcarpa*)、山乌桕(*Triadica cochinchinensis*)、鸭脚木、山杜英(*Elaeocarpus sylvestris*)，林缘多为枫香、黄牛木(*Cratoxylum cochinchinense*)、桃金娘、黑面神、野牡丹、紫毛野牡丹(*Melastoma penicillatum*)；次生灌丛的常见植物有银柴(*Aporosa dioica*)、白楸(*Mallotus paniculatus*)、对叶榕(*Ficus hispida*)、厚皮树、猫尾木(*Markhamia stipulata*)、美叶菜豆树(*Radermachera frondosa*)、细枝柃(*Eurya loquaiana*)、火索麻(*Helicteres isora*)、锈毛野桐(*Mallotus anomalus*)、刺桑、铁芒萁、乌毛蕨(*Blechnum orientale*)、飞机草(*Chromolaena odorata*)、芒(*Miscanthus sinensis*)、斑茅(*Saccharum arundinaceum*)等多种。

除吊罗山及其周边的植被外，其他丘陵地带还分布有较好的低地雨林次生林。

在牛岭一带的次生林不足 1km^2 的范围内路线调查记录的维管植物有 557 种，隶属 90 科。其中蕨类植物有 9 科 17 种；裸子植物有 2 科 3 种；被子植物 79 科 537 种，其中双子叶植物有 68 科 443 种，单子叶植物有 11 科 94 种。在这次调查记录的 557 种植物中，国家级重点保护植物有野生的海南假韶子(*Paranephelium hainanense*)、海南大风子(*Hydnocarpus hainanensis*)、海南苏铁等。有常见的植物有乌墨、黄牛木(*Cratoxylum cochinchinense*)、木荷、榕树、中平树(*Macaranga denticulata*)、厚皮树、桃榔(*Arenga pinnata*)、大果榕(*Ficus auriculata*)、高山榕(*Ficus altissima*)、破布叶(布楂叶)、华润楠(*Machilus chinensis*)、假柿木姜子(*Litsea monopetala*)、乌桕、土坛树、黄豆树(菲律宾合欢、白格)(*Albizia procera*)、对叶榕、算盘子、鸭脚木、海南菜豆树、禾串树(*Bridelia balansae*)、翻白叶树(*Pterospermum heterophyllum*)、伞花茉栾藤(山猪菜)(*Merremia umbellata*)、玉叶金花(*Mussaenda pubescens*)、牛眼马钱(*Strychnos angustiflora*)、蜈蚣藤、

麒麟叶(*Epipremnum pinnatum*)等多种。

在牛岭一带的灌丛中，常见的植物有破布叶(布楂叶)、桃金娘、紫毛野牡丹、山猪菜、黄牛木、厚皮树、毛叶黄杞(*Engelhardia spicata*)、银柴、土蜜树(*Bridelia tomentosa*)、野生龙眼(*Dimocarpus longgan*)、野牡丹、刺桑、马缨丹(*Lantana camara*)、土花椒、叶被木、黑面神、刺篱木(*Flacourtia indica*)、广东刺柊(*Scolopia saeva*)、刺柊、九节(*Psychotria asiatica*)、桄榔、山杜英、谷木(*Memecylon ligustrifolium*)、美叶菜豆树、海南菜豆树、幌伞枫(*Heteropanax fragrans*)、粪箕笃(*Stephania longa*)、广州山柑(*Capparis cantoniensis*)、中平树、假苹婆、木棉(*Bombax ceiba*)、芒、五节芒(*Miscanthus floridulus*)、金腰箭(*Synedrella nodiflora*)、白茅(*Imperata cylindrica*)、飞机草、竹节草(*Chrysopogon aciculatus*)等，其中野生龙眼为国家级重点保护植物。

在草丛中，常见的植物有斑茅、白茅、芒、茅根(*Perotis indica*)、地毯草(*Axonopus compressus*)、牛筋草(*Eleusine indica*)、褐毛狗尾草(*Setaria pallidifusca*)、飞机草、铺地黍(*Panicum repens*)、白花地胆草(*Elephantopus tomentosus*)、金腰箭(*Synedrella nodiflora*)、野牡丹、桃金娘、黄杞、叶被木、土花椒、苦楝(*Melia azedarach*)、破布叶(布楂叶)、厚皮树、黄牛木等。

在该地区由于受人为干扰严重，局部环境相对干旱，分布有榄仁树(*Terminalia catappa*)等季雨林代表性植物。

在河(库)边丛林中，常见的植物有水柳(*Homonoia riparia*)、水翁蒲桃(*Syzygium nervosum*)、狭叶蒲桃、密脉蒲桃(*Syzygium chunianum*)、乌蕨(*Stenoloma chusanum*)、勒古子(簕古子)(*Pandanus kaida*)、井栏边草(凤尾草)(*Pteris multifida*)、剑叶凤尾蕨(井边茜)(*Pteris ensiformis*)、小蓬草(*Erigeron canadensis*)、散穗黑莎草(*Gahnia baniensis*)、割鸡芒(*Hypolytrum nemorum*)、粗叶耳草(*Hedyotis verticillate*)、毛排钱草(*Phyllodium elegans*)和叶下珠(*Phyllanthus urinaria*)等多种。

东部滨海平原植被亚区植被类型多样，但结构与组成相对简单。

海草丛有泰来藻(*Thalassia hemprichii*)、海菖蒲(*Enhalus acoroides*)、小喜盐草(*Halophila minor*)、喜盐草(*Halophila ovalis*)、二药藻(*Halodule uninervis*)和丝粉藻(*Cymodocea rotundata*) 6 种，其中泰莱藻、海菖蒲和海神草为优势种。

滨海沙质环境，调查记录维管植物有 204 种，隶属 70 科 181 属。其中蕨类植物有 4 科 4 属 5 种；被子植物有 66 科 177 属 199 种。滨海藤蔓丛有厚藤(*Ipomoea pes-caprae*)、海刀豆(*Canavalia rosea*)、鬣刺(*Spinifex littoreus*)、狗牙根(*Cynodon dactylon*)、海滨莎(*Remirea maritima*)、粟米草(*Mollugo stricta*)、簇花粟米草(*Molluginaceae opposififolia*)、露兜树(*Pandanus tectorius*)、狭叶海金沙(*Lygodium microstachyum*)、喙果崖豆藤(*Millettia speciosa*)和黄细心(*Boerhavia diffusa*)等。其中厚藤、海刀豆、鬣刺为优势种。一些沙质荒坡上分布有毛柿(*Diospyros strigosa*)、刺葵(*Phoenix loureiroi*)、黄牛木、柄果木(*Mischocarpus sundaicus*)、喜光花(*Actephila merrilliana*)、黑柿(*Diospyros nitida*)、棒花蒲桃(*Syzygium claviflorum*)、黑面神、小叶九里香(*Murraya microphylla*)、多毛山柑(*Capparis dasyphylla*)、海南留萼木(*Blachia siamensis*)、海南粗毛藤(*Cnesmone hainanensis*)、刺桑和滨木患(*Arytera littoralis*)等滨海植物，偶尔发现国家级重点保护植

物海南龙血树(*Dracaena cambodiana*)。历史记录在英州镇的滨海沙质区域曾分布有岗松(*Baeckea frutescens*)、薄果草(*Leptocarpus disjunctus*)群落，伴生种有铁芒萁、猪笼草(*Nepenthes mirabilis*)、鹊肾树(*Streblus asper*)、牛筋果(*Harrisonia perforata*)、厚皮树、细基丸(*Polyalthia cerasoides*)、乌墨、土蜜树、潺槁木姜子(*Litsea glutinosa*)、小叶九里香、基及树(福建茶)(*Carmona microphylla*)、黑面神、刺篱木、桃金娘、排钱草(*Phyllodium pulchellum*)、猪屎豆(*Crotalaria pallida*)、藿香蓟(胜红蓟)(*Ageratum conyzoides*)、地胆草、地毯草(*Axonopus compressus*)、竹节草。但现在很难找到岗松、薄果草和猪笼草，其他伴生种还能找到。

在小溪(江)边丛林中，常见的植物有黄槿(*Hibiscus tiliaceus*)、水黄皮(*Pongamia pinnata*)、潺槁木姜子、海杧果(*Cerbera manghas*)、乌墨、岭南山竹子、对叶榕、叶被木、刺桑、土蜜树、酒饼簕(东风橘)(*Atalantia buxifolia*)和细叶谷木(*Memecylon scutellatum*)，其中黄槿、水黄皮为优势种。这一类与沿海的半红树林相似，但非半咸水的陆生植物种类较多，有别于半红树林。

该亚区的红树林、半红树林种类组成与结构相对简单，红树林主要分布有榄李(*Lumnitzera racemosa*)、桐花树(*Aegiceras corniculatum*)、白骨壤(*Avicennia marina*)、红树(*Rhizophora apiculata*)、角果木(*Ceriops tagal*)、海漆(*Excoecaria agallocha*)、木果楝(*Xylocarpus granatum*)、杯萼海桑(*Sonneratia alba*)、木榄(*Bruguiera gymnorrhiza*)、红海榄(*Rhizophora stylosa*)、卤蕨(*Acrostichum aureum*)和极小种群红榄李(*Lumnitzera littorea*)等。半红树林植物主要为水黄皮、海杧果(*Cerbera manghas*)、黄槿(*Hibiscus tiliaceus*)、苦郎树(许树)(*Clerodendrum inerme*)和阔苞菊等种类，伴生植物有榄李、露兜树等。有种植的拉关木(*Laguncularia racemosa*)等。

滨海低地雨林次生林及其灌丛主要分布于南湾半岛，常见的植物有厚皮树、翻白叶树、潺槁木姜子、乌墨、海南龙血树、青梅、烟斗柯(*Lithocarpus corneus*)、斯里兰卡天料木(*Homalium ceylanicum*)、海南紫荆木(*Madhuca hainanensis*)、蝴蝶树(*Heritiera parvifolia*)(符国瑷，1985)、白茶、闭花木(*Cleistanthus sumatranus*)、榄仁树、仔榄树(*Hunteria zeylanica*)、异萼木(*Dimorphocalyx poilanei*)、细基丸、刺篱木、海南刺柊、广东刺柊、膜叶嘉赐树(*Casearia membranacea*)、棒花蒲桃、黑叶谷木(*Memecylon nigrescens*)、黄牛木、破布叶、假苹婆、黄槿、台湾相思(*Acacia confusa*)、水黄皮、银合欢(*Leucaena leucocephala*)、小叶海金沙、铁芒萁、粪箕笃、牛眼睛(槌果藤)(*Capparis zeylanica*)、草海桐(*Scaevola taccada*)、矮紫金牛(*Ardisia humilis*)、桃金娘、刺桑、基及树、喜光花、刺桐(*Erythrina variegata*)、黑柿、黑面神、短穗鱼尾葵(*Caryota mitis*)，其中青梅、海南龙血树、海南紫荆木、蝴蝶树等为国家级重点保护植物。

在中部、南部低丘陵平原植被亚区人类活动较频繁，残存的次生林和灌丛多为零星分布。在次生林中常见的植物有假苹婆、榕树、山杜英、海南菜豆树、细子龙、山乌桕、黄牛木、水翁蒲桃(低洼处)、鸭脚木、黑面神、野牡丹、紫毛野牡丹、桃金娘、割舌树(*Walsura robusta*)、破布叶(布楂叶)、九节、大果榕、药用狗牙花(*Tabernaemontana bovina*)、乌毛蕨(*Blechnum orientale*)、井栏边草(凤尾草)、海南叶下珠、小蓬草(加拿大蓬)、金盏银盘(*Bidens biternata*)、飞机草、鬼针草(*Bidens pilosa*)、广花耳草(*Hedyotis ampliflora*)、散穗黑莎草和割鸡芒等，偶见有野生荔枝、野生龙眼等国家重点保护植物。

在灌丛中，常见的植物有中平树、野牡丹、银柴、秋枫(*Bischofia javanica*)、白楸、对叶榕、厚皮树、猫尾木、美叶菜豆树、苦楝、麻楝、台湾相思、木麻黄(*Casuarina equisetifolia*)、黄牛木、海南韶子、细枝柃、棒花蒲桃、火索麻、黑面神、锈毛野桐、刺桑、乌毛蕨、飞机草、加拿大蓬、芒、白茅、斑茅、五节芒、小叶买麻藤(*Gnetum parvifolium*)、毛瓜馥木(*Fissistigma maclurei*)、苍白秤钩风(*Diploclisia glaucescens*)、广州槌果藤、锡叶藤(*Tetracera sarmentosa*)、壮丽玉叶金花(*Mussaenda antiloga*)、猪菜藤(*Hewittia malabarica*)、伞花茉栾藤(多花山猪菜)等。

这一亚区农村周边植被不是很典型，常见的植物有土蜜树、倒吊笔、土坛树、露兜树、飞机草、刺苋(*Amaranthus spinosus*)、磨盘草(*Abutilon indicum*)、落葵(*Basella alba*)、龙珠果(*Passiflora foetida*)、金腰箭、飞扬草(*Euphorbia hirta*)、土牛膝(*Achyranthes aspera*)。其中优势植物为土蜜树、土坛树，次优势植物为鹊肾树。农村周边的灌丛和草丛，常见的植物有对叶榕、瓜栗(*Pachira aquatica*)、赪桐(*Clerodendrum japonicum*)、光荚含羞草(*Mimosa bimucronata*)、青葙(*Celosia argentea*)、白背黄花稔(*Sida rhombifolia*)、龙爪茅(*Dactyloctenium aegyptium*)、小心叶薯(*Ipomoea obscura*)、鸭跖草(*Commelina communis*)、五爪金龙(*Ipomoea cairica*)、蟛蜞菊(*Sphagneticola calendulacea*)、羽芒菊(*Tridax procumbens*)、山猪菜、铁苋菜(*Acalypha australis*)、小蓬草、叶下珠、飞扬草及稀疏分布的苦楝、椰子(*Cocos nucifera*)、窿缘桉(*Eucalyptus exserta*)、土坛树和木麻黄等。

参 考 文 献

安树青, 王峥峰, 曾繁敬, 等. 1999. 海南吊罗山热带山地雨林植物种类多样性研究[J]. 中山大学学报(自然科学版), (6): 78-83.

丁坦, 廖文波, 金建华, 等. 2002. 海南岛吊罗山种子植物区系分析[J]. 广西植物, 22(4): 311-319.

董仕勇, 陈珍传, 张宪春. 2003. 海南岛吊罗山蕨类植物的多样性及其保育[J]. 生物多样性, 11(5): 422-431.

符国瑗. 1991. 吊罗山自然保护区植被调查[J]. 生态科学, (1): 46-55.

黄康有. 2004. 海南岛吊罗山自然保护区种子植物多样性研究[D]. 广州: 中山大学.

黄康有, 廖文波, 金建华, 等. 2007. 海南岛吊罗山植物群落特征和物种多样性分析[J]. 生态环境学报, 16(3): 900-905.

江海声. 2006. 海南吊罗山生物多样性及其保护[M]. 广州: 广东科技出版社.

李佳灵. 2013. 海南吊罗山热带雨林群落结构及物种多样性研究[D]. 海口: 海南大学.

李佳灵, 林育成, 王旭, 等. 2013. 海南吊罗山不同海拔高度热带雨林种间联结性对比研究[J]. 热带作物学报, 34(3): 584-590.

龙文兴, 杨小波, 罗涛, 等. 2007. 海南岛吊罗山地区珍稀濒危植物区系研究[J]. 福建林业科技, 34(4): 118-123.

马志波, 黄清麟, 庄崇洋, 等. 2016. 吊罗山国家森林公园山地雨林 2 种巢状附生蕨特征[J]. 林业科学,

52(12): 22-28.

马志波, 黄清麟, 庄崇洋, 等. 2017. 吊罗山国家森林公园山地雨林板根树与板根的数量特征[J]. 林业科学, 53(6): 135-140.

秦新生, 刘海伟, 严岳鸿, 等. 2013. 海南吊罗山野生植物彩色图鉴[M]. 北京: 中国林业出版社.

曲仲湘, 林英. 1955. 五指山和吊罗山森林植被的考察研究工作(内部资料).

师瑞萍. 2008. 海南苔类和角苔类植物的物种多样性和分布[D]. 上海: 华东师范大学.

王士泉. 2013. 吊罗山药用植物研究[M]. 长春: 吉林大学出版社.

王士泉, 卓小凤, 钟琼芯. 2013. 吊罗山药用种子植物区系研究[J]. 北方园艺, (4): 166-168.

王帅, 李佳灵, 王旭, 等. 2015a. 海南吊罗山自然保护区土壤氮研究[J]. 热带作物学报, 36(1): 192-198.

王帅, 李佳灵, 王旭, 等. 2015b. 海南吊罗山热带低地雨林次生林乔木物种多样性研究[J]. 热带作物学报, 36(5): 998-1005.

王文进, 张明, 刘福德, 等. 2007. 海南岛吊罗山热带山地雨林两个演替阶段的种间联结性[J]. 生物多样性, 15(3): 257-263.

王峥峰, 安树青, David G. Campell, 等. 1999. 海南岛吊罗山山地雨林物种多样性[J]. 生态学报, (1): 61-67.

杨小波, 吴庆书, 李东海, 等. 2011. 海南岛陆域国家级森林生态系统自然保护区森林植被[M]. 北京: 科学出版社.

殷云翰. 2013. 吊罗山国家森林公园热带雨林不同恢复阶段群落结构与生物多样性比较研究[J]. 湖北农业科学, 52(10): 2347-2351.

钟琼芯, 叶欢, 王士泉. 2012. 吊罗山自然保护区药用蕨类植物资源调查研究[J]. 海南师范大学学报(自然科学版), 25(3): 307-310.

（四）各乡镇植被图

1. 本号镇植被图

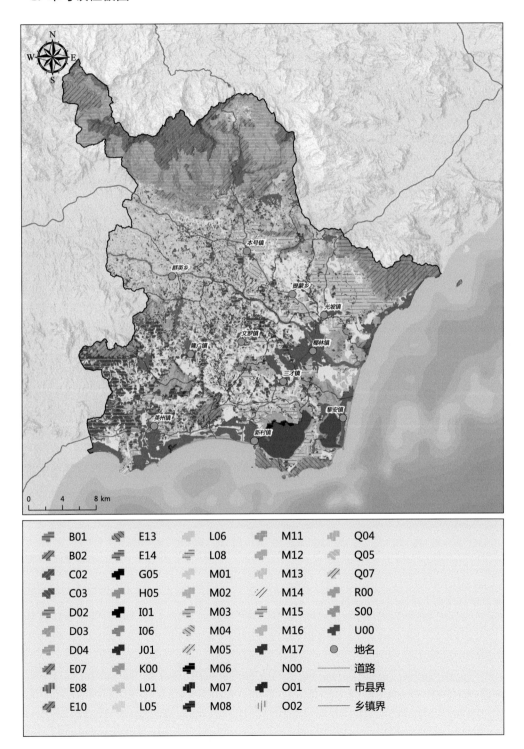

	B01		E13		L06		M11		Q04
	B02		E14		L08		M12		Q05
	C02		G05		M01		M13		Q07
	C03		H05		M02		M14		R00
	D02		I01		M03		M15		S00
	D03		I06		M04		M16		U00
	D04		J01		M05		M17	●	地名
	E07		K00		M06		N00	——	道路
	E08		L01		M07		O01	——	市县界
	E10		L05		M08		O02	——	乡镇界

2. 光坡镇植被图

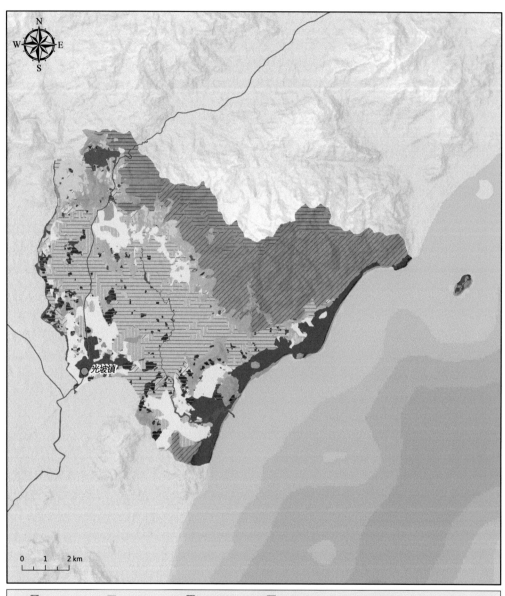

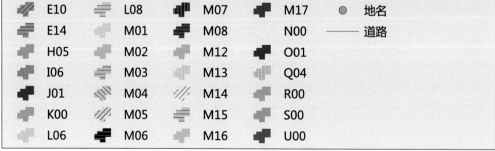

3. 黎安镇植被图

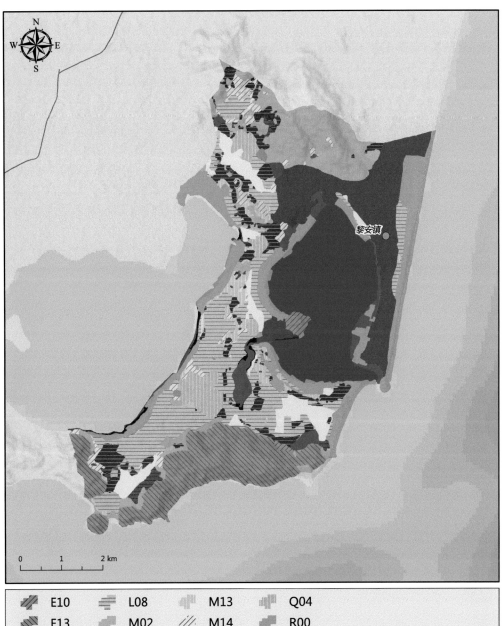

	E10		L08		M13		Q04
	E13		M02		M14		R00
	G05		M03		M15		S00
	H05		M05		M16		U00
	I06		M06		M17	●	地名
	J01		M08		N00	—	道路
	K00		M12		O01		

4. 隆广镇植被图

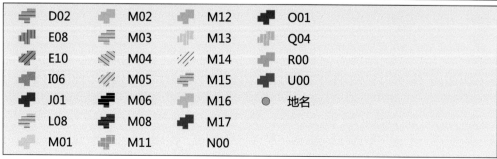

5. 群英乡植被图

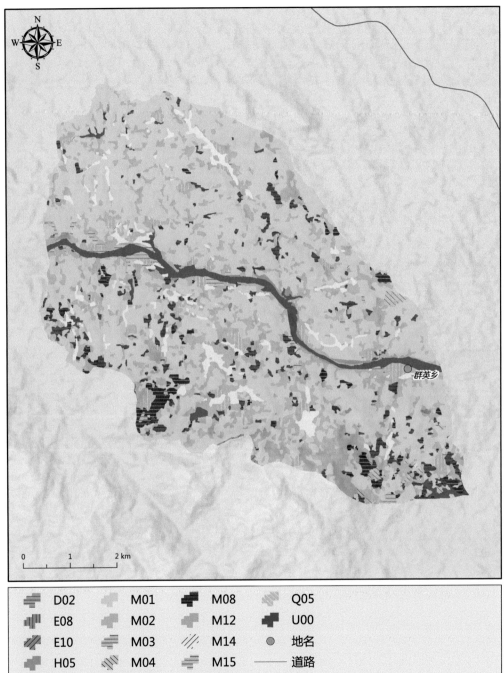

6. 三才镇植被图

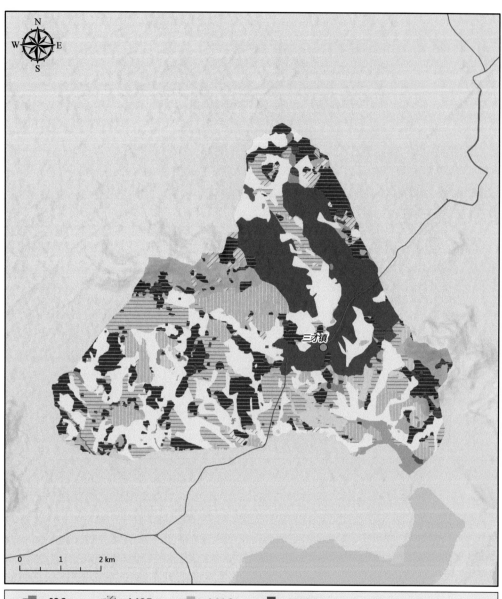

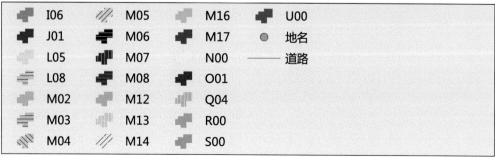

7. 提蒙乡植被图

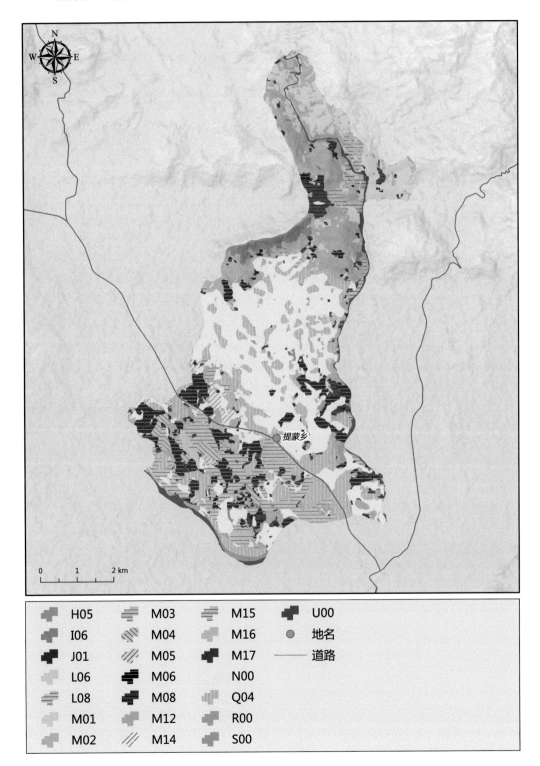

8. 文罗镇植被图

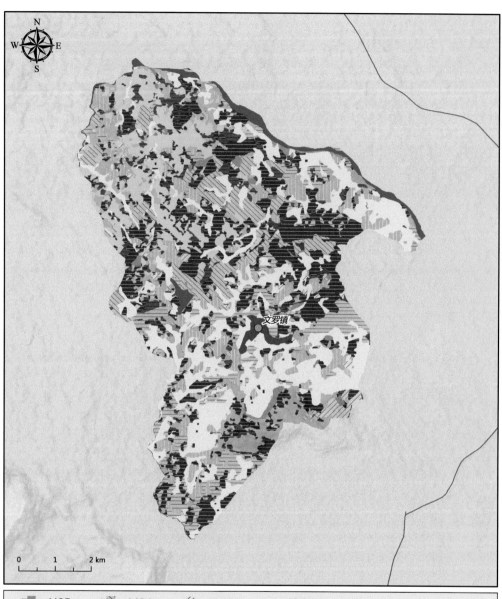

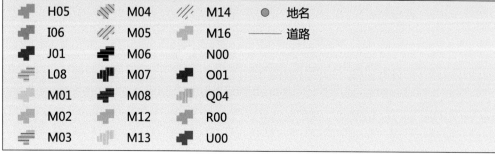

9. 新村镇植被图

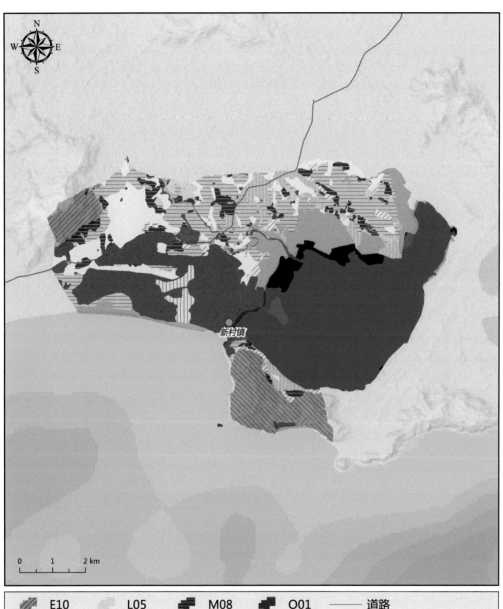

E10	L05	M08	O01	—— 道路
E13	L08	M12	O02	
G05	M02	M13	Q04	
H05	M03	M14	R00	
I06	M04	M16	S00	
J01	M05	M17	U00	
K00	M06	N00	● 地名	

10. 椰林镇植被图

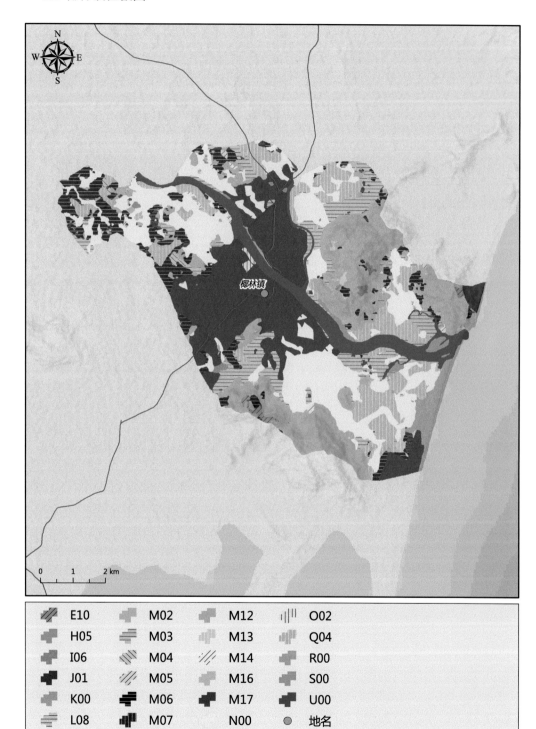

椰林镇

0   1   2 km

	E10		M02		M12		O02
	H05		M03		M13		Q04
	I06		M04		M14		R00
	J01		M05		M16		S00
	K00		M06		M17		U00
	L08		M07		N00	●	地名
	M01		M08		O01	——	道路

11. 英州镇植被图

	E08		K00		M06		M15		Q07
	E10		L05		M07		M16		R00
	E14		L08		M08		M17		S00
	H05		M01		M11		N00		U00
	I01		M02		M12		O01		地名
	I06		M03		M13		O02		道路
	J01		M05		M14		Q04		

十二、琼海市

(一)琼海市植被图(无乡镇界线)

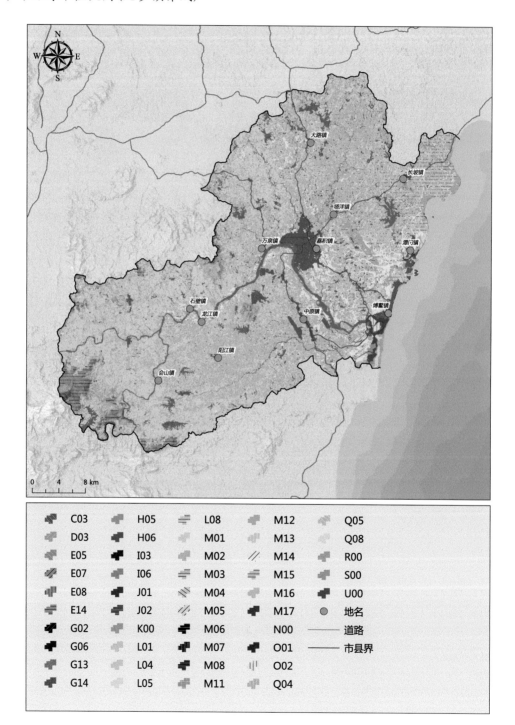

C03	H05	L08	M12	Q05
D03	H06	M01	M13	Q08
E05	I03	M02	M14	R00
E07	I06	M03	M15	S00
E08	J01	M04	M16	U00
E14	J02	M05	M17	地名
G02	K00	M06	N00	—— 道路
G06	L01	M07	O01	—— 市县界
G13	L04	M08	O02	
G14	L05	M11	Q04	

(二)琼海市植被图(有乡镇界线)

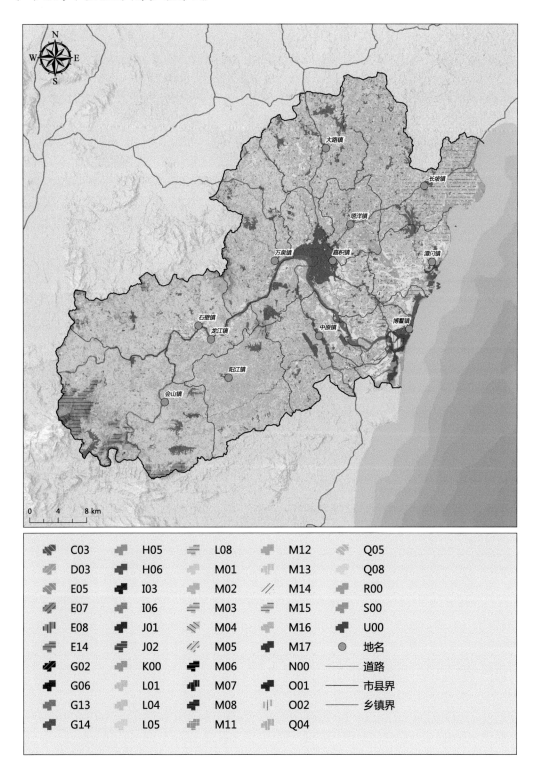

	C03		H05		L08		M12		Q05
	D03		H06		M01		M13		Q08
	E05		I03		M02		M14		R00
	E07		I06		M03		M15		S00
	E08		J01		M04		M16		U00
	E14		J02		M05		M17	●	地名
	G02		K00		M06		N00	——	道路
	G06		L01		M07		O01	——	市县界
	G13		L04		M08		O02	——	乡镇界
	G14		L05		M11		Q04		

(三)植被图的说明

琼海市位于海南东部地区沿海平原地区,其西部、西南部部分区域为丘陵和低山。琼海市的植被与植物资源特征较早引起学者的关注是来自琼海的古植物群落的发现(周志炎和厉宝贤,1979),近些年来有学者陆续报道了一些琼海农村地区的植被与植物资源特征与分布特点(苏恩川等,2002;郭涛等,2008),为进一步了解琼海境内自然,自然、半自然植被与植物资源打下了基础。

琼海市自然或自然、半自然植被可划分为东部滨海植被亚区,主要包括长坡镇、潭门镇、博鳌镇的滨海地区;北部、中部、东南部平原植被亚区,主要包括大路镇、万泉镇、嘉积镇、塔洋镇、中原镇、阳江镇、龙江镇及长坡镇、潭门镇、博鳌镇的非沿海区域;西南部丘陵低山植被亚区等三个亚区,主要包括石壁镇、会山镇和万泉镇的西南部区域。在西南部丘陵低山植被亚区主要分布有地带性山地雨林及低地雨林次生林、灌丛和草丛;在北部、中部、东南部平原植被亚区主要分布有地带性低地雨林次生林、灌丛和草丛,同时分布有滨江丛林等非地带性植被;东部滨海植被亚区主要分布有椰子丛林、滨江丛林和少量红树林、半红树林及藤蔓丛。

西南部丘陵低山植被亚区的会山镇与琼中交接处的白马岭高海拔处分布有山地雨林,但山地雨林在琼中境内的山地雨林主要是陆均松(*Dacrydium pectinatum*)、鸡毛松(*Dacrycarpus imbricatus* var. *patulus*)林,低地雨林主要是蝴蝶树(*Heritiera parvifolia*)林和青梅(*Vatica mangachapoi*)、蝴蝶树(*Heritiera parvifolia*)林及其次生林,次生林变化较大。

西南部丘陵低山植被亚区和其他植被亚区的非农村地区,分布有热带雨林(低地雨林)次生林:"蝴蝶树(*Heritiera parvifolia*)、二色波罗蜜(*Artocarpus styracifolius*)林","细子龙(*Amesiodendron chinense*)林","枫香(*Liquidambar formosana*)林"〔由枫香、黄牛木(*Cratoxylum cochinchinense*)、厚皮树(*Lannea coromandelica*)群落和香合欢(*Albizia odoratissima*)、木棉(*Bombax ceiba*)、厚皮树林群落构成〕和鸭脚木(*Schefflera heptaphylla*)林(白石岭)。

西南部丘陵低山植被亚区和其他植被亚区的农村地区,分布有"榕树(*Ficus microcarpa*)(多种)、荔枝(*Litchi chinensis*)、龙眼(*Dimocarpus longan*)林","斯里兰卡天料木(红花天料木、母生)(*Homalium ceylanicum*)、荔枝林"和鸭脚木林。

非地带性植被主要分布在东部滨海植被亚区的农村,分布有"椰子(*Cocos nucifera*)丛林"、"莲叶桐(*Hernandia nymphaeifolia*)丛林"(小面积);另外,在以万泉河河岸为代表的滨江丛林分布有"红厚壳(琼崖海棠)(*Calophyllum inophyllum*)、黄槿(*Hibiscus tiliaceus*)丛林",在青葛、龙湾和潭门分布有较丰富的海草丛,由丝粉藻(海神草)(*Cymodocea rotundata*)、二药藻(*Halodule uninervis*)、针叶藻(*Syringodium isoetifolium*)、海菖蒲(*Enhalus acoroides*)、泰来藻(*Thalassia hemprichii*)、喜盐草(*Halophila ovalis*)等植物构成。

沿海丛林主要分布于近海的农村边缘。植物群落结构与组成都比较简单,群落外貌终年常绿,群落覆盖率达 75%~80%,生物量为 13~16kg/m^2。分布在村庄边缘的植物群落结构可分为三层,其中乔木一层、灌木层一层和草本层一层;乔木层乔木树生长较紧密，树冠互相重叠而比较连续。林内灌木层植物分布亦较紧密，但草本植物种类较少、结构简单。植物群落高度一般为14～16m。优势植物为椰子、荔枝和红榄李（*Lumnitzera littorea*），常见的植物有倒吊笔（*Wrightia pubescens*）、对叶榕（*Ficus hispida*）、土坛树（*Alangium salviifolium*）、槟榔（*Areca cathecu*）、龙眼、波罗蜜（*Artocarpus heterophyllus*）、山黄麻（*Trema tomentosa*）、苦楝（*Melia azedarach*）、木麻黄（*Casuarina equisetifolia*）等多种。沿河口一带还分布有丛林，主要分布在沿河的农村村边，群落外貌亦终年常绿，群落覆盖率达80%左右，生物量为17～21kg/m²。植物群落结构亦可分为三层，其中乔木一层、灌木层一层和草本层一层；乔木层较矮但树冠大、下垂和紧密。林内灌木层和草本层植物种类较少、结构简单。植物群落高度一般为8～12m。优势植物为黄槿、水黄皮（*Pongamia pinnata*），常见的植物有滑桃树（*Trevia nudiflora*）、鹊肾树（*Streblus asper*）、白桐（*Claoxylon indicum*）、海南白桐（*C. hainanense*）、倒吊笔、对叶榕、潺槁木姜子（*Litsea glutinosa*）、铁椤（*Aglaia lawii*）、银叶树（*Heritiera littoralis*）、琼崖海棠等多种。丛林也多呈细带状分布，在植被图中表达相对困难。

沿海泥地或泥沙地还有少量的红树林分布，主要树种有榄李、角果木（*Ceriops tagal*）、杯萼海桑（*Sonneratia alba*）、海桑（*Sonneratia caseolaris*）、拟海桑（*Sonneratia gulngai*）、秋茄（*Kandelia obovata*）、桐花树（*Aegiceras corniculatum*）、小花老鼠簕（*Acanthus ebracteatus*）、水椰（*Nypa fruticans*）、海漆（*Excoecaria agallocha*）和卤蕨（*Acrostichum aureum*），如潭门镇一带分布有海桑属的一些植物，长坡镇欧村、上截塘村附近的泥沙地上分布有水椰小片丛等，半红树林树种有海杧果（*Cerbera manghas*）、黄槿、水黄皮、苦郎树（*Clerodendrum inerme*）、阔苞菊（*Pluchea indica*）、玉蕊（*Barringtonia racemosa*）和水芫花（*Pemphis acidula*）等。但是由于红树林、半红树林多呈零星分布，在植被图中无法表达。

琼海市境内植物资源丰富多样，但由于白马岭跨该市会山镇和琼中县的中平镇，植物种类调查有一定的出入。依据2021年由我们完成的海南会山省级自然保护区调查结果显示，在会山保护区内，分布有1474植物种类（野生植物有1448种），隶属177科，753属，其中蕨类植物69种，隶属27科，39属；裸子植物10种，隶属4科，7属，被子植物1395种，隶属145科，707属，其中双子叶植物有1067种，隶属128科，536属，单子叶植物328种，隶属18科，171属，其中兰科植物条纹双唇兰（*Didymoplexis striata*）为这次调查发现的中国新记录种。

除西南部丘陵低山植被亚区白马岭外，在白石岭分布有一定数量的植物种类。尽管在白石岭山上，自然森林覆盖率仅为12%左右（太小难于在图中表达）。在琼海白石岭地区，分布有736个植物种类（70种栽培种），隶属149科468属。其中蕨类植物48种，隶属22科36属；裸子植物6种，隶属4科4属，其中4种栽培种为苏铁科（Cycadaceae）的苏铁（*Cycas revoluta*）（外来栽培种）、海南苏铁（*Cycas hainanensis*）（本地栽培种），南洋杉科（Araucariaceae）的南洋杉（*Araucaria cunninghamii*）（外来栽培种），柏科（Cupressaceae）的圆柏（*Sabina chinensis*）（外来栽培种）；被子植物682种（含有66种栽培种），隶属123科428属，其中双子叶植物有562种，隶属104科346属，单子叶植物有120种，隶属19科85属。常见植物有鸭脚木、木荷（*Schima superba*）、黄桐（*Endospermum* chinense)、黄杞(*Engelhardia roxburghiana*)、鼲蕇栲(*Castanopsis fissa*)和美叶菜豆树(*Radermachera frondosa*)等，国家级重点保护植物有大叶黑桫椤(*Cyathea gigantea*)、水蕨(*Ceratopteris thalictroides*)、蕉木(*Chieniodendron hainanense*)、蝴蝶树、土沉香(*Aquilaria sinensis*)、青梅、海南石梓、海南大风子(*Hydnocarpus hainanensis*)、野生荔枝、野生龙眼、毛茶(*Antirhea chinensis*)等。

在非滨海植被亚区的农村地区，分布在农村周边的次生林群落，植物组成较多样复杂，目前记录有834种维管植物，隶属141科514属。其中蕨类植物有36种，隶属17科23属；裸子植物有2种，隶属2科2属；被子植物有806种，隶属122科489属(双子叶植物有628种，隶属104科396属；单子叶植物有178种，隶属18科93属)。特别是在维管植物较丰富的农村森林群落中，可发现400种以上的种类。例如，长坡镇的非滨海地区的伍园村周边的森林群落有418种植物种类，隶属99科311属。其中蕨类植物有8科8属11种，裸子植物有2科2属2种，被子植物有89科301属405种(苏恩川等，2002)。沿海地区的农村森林群落中植物种类也较为丰富，经过对33个村庄的调查，记录维管植物426种，隶属108科311属。被子植物有98科300属410种，其中双子叶植物有84科257属347种，单子叶植物有14科43属63种，蕨类植物有10科11属16种，没有裸子植物自然分布(郭涛等，2008)。

参 考 文 献

郭涛, 杨小波, 李东海, 等. 2008. 海南琼海沿海农村自然植被的物种组成及植被类型分析[J]. 福建林业科技, 35(1): 140-144.

海南省自然保护区综合科学考察队. 2003. 海南会山自然保护区科学考察报告(内部资料).

海南会山省级自然保护区科学考察队. 2021. 海南会山自然保护区科学考察报告(内部资料).

邱燕连, 王清隆, 王祝年, 等. 2014. 海南省琼海市药用植物资源调查研究[J]. 热带作物学报, 35(10): 2030-2035.

苏恩川, 吴庆书, 杨小波. 2002. 琼海市五园农村周边石墨矿区植被资源研究[J]. 海南大学学报(自然科学版), 20(2): 130-134.

周志炎, 厉宝贤. 1979. 海南岛琼海县九曲江早三叠世植物的初步研究[J]. 古生物学报, 18(5): 32-52, 105-106.

（四）各乡镇植被图

1. 博鳌镇植被图

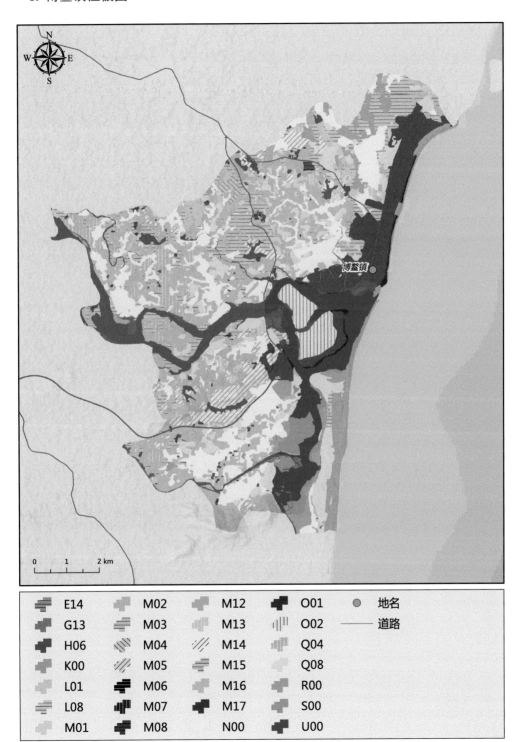

2. 大路镇植被图

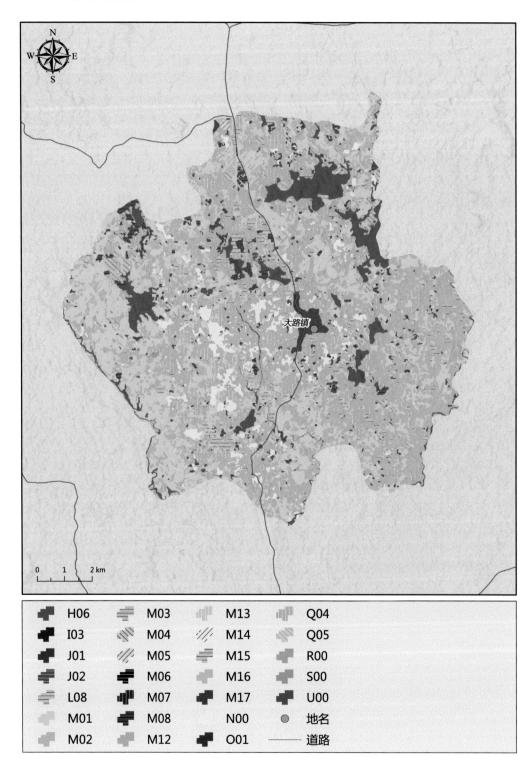

	H06		M03		M13		Q04
	I03		M04		M14		Q05
	J01		M05		M15		R00
	J02		M06		M16		S00
	L08		M07		M17		U00
	M01		M08		N00		地名
	M02		M12		O01	——	道路

3. 会山镇植被图

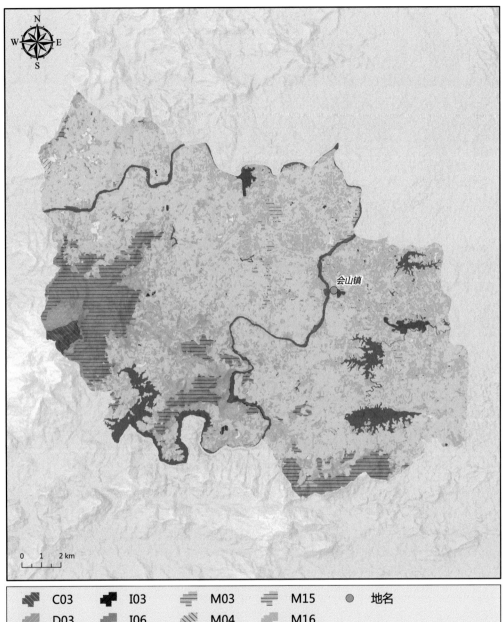

	C03		I03		M03		M15	● 地名
	D03		I06		M04		M16	
	E07		J01		M05		M17	
	E08		J02		M07		N00	
	E14		L08		M08		O01	
	H05		M01		M12		Q04	
	H06		M02		M14		U00	

4. 嘉积镇植被图

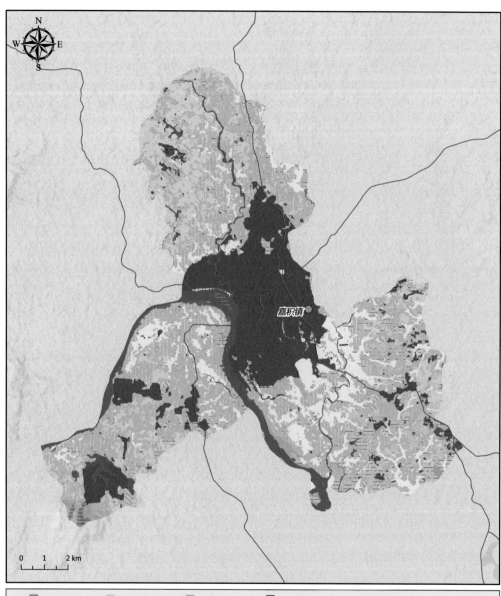

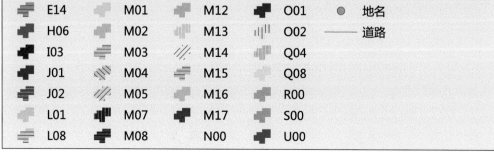

5. 龙江镇植被图

6. 石壁镇植被图

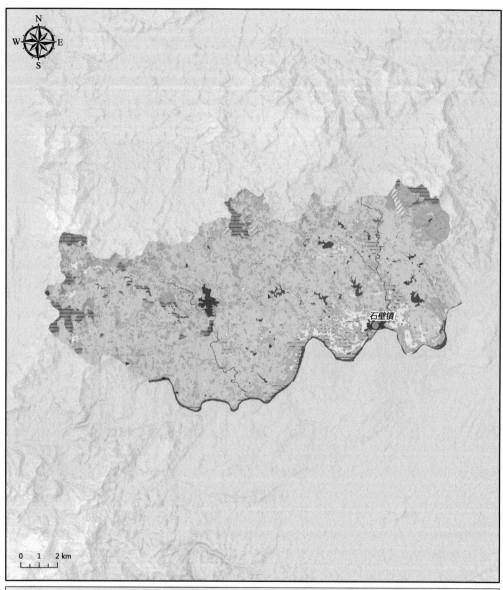

D03	L08	M07	N00
E05	M01	M08	O01
E14	M02	M12	Q04
H06	M03	M14	R00
I03	M04	M15	U00
J01	M05	M16	地名
J02	M06	M17	

7. 塔洋镇植被图

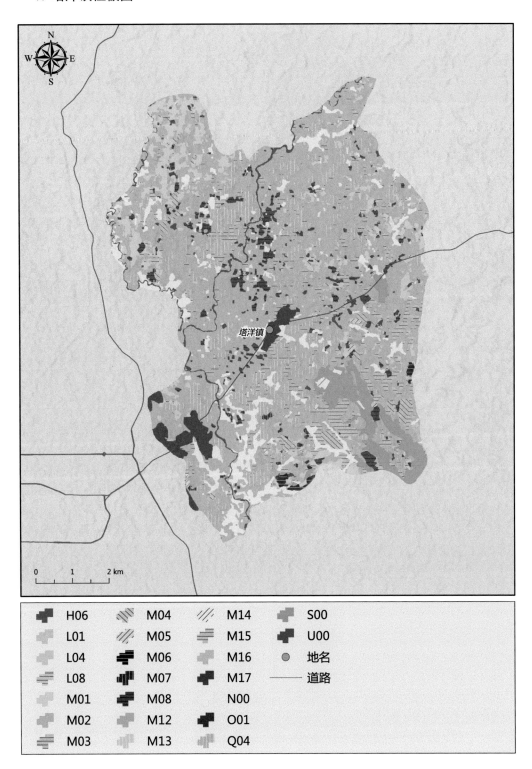

8. 潭门镇植被图

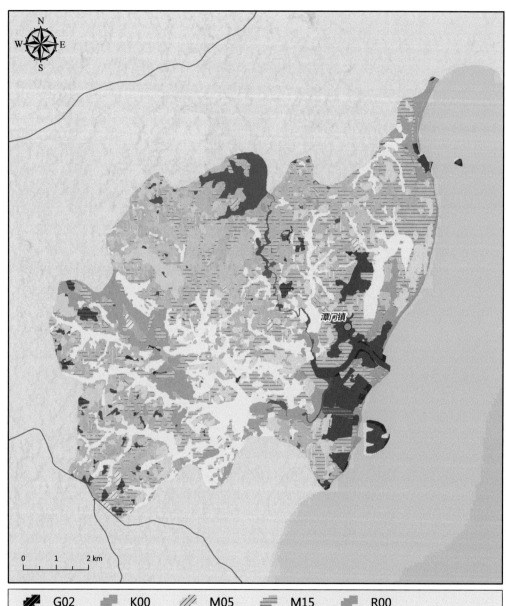

潭门镇

0   1   2 km

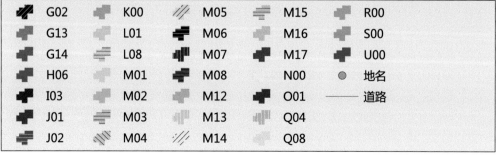

	G02		K00		M05		M15		R00
	G13		L01		M06		M16		S00
	G14		L08		M07		M17		U00
	H06		M01		M08		N00		地名
	I03		M02		M12		O01		道路
	J01		M03		M13		Q04		
	J02		M04		M14		Q08		

9. 万泉镇植被图

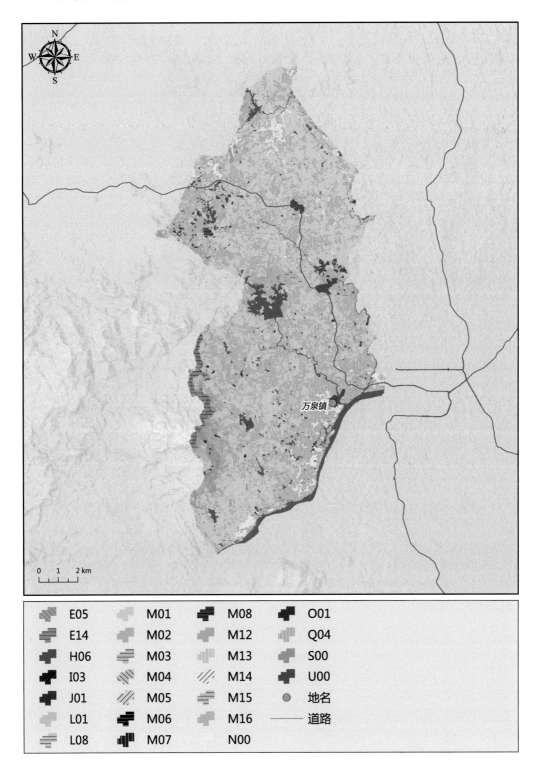

	E05		M01		M08		O01
	E14		M02		M12		Q04
	H06		M03		M13		S00
	I03		M04		M14		U00
	J01		M05		M15		地名
	L01		M06		M16	——	道路
	L08		M07		N00		

10. 阳江镇植被图

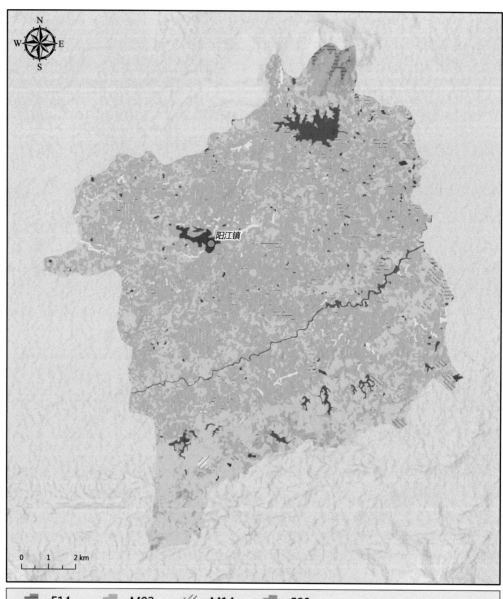

11. 长坡镇植被图

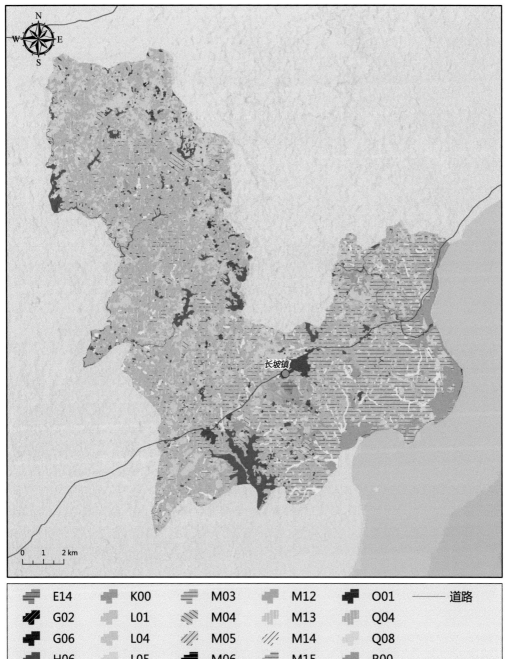

12. 中原镇植被图

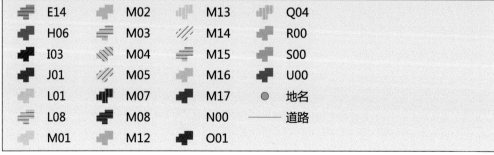

十三、琼中县

(一)琼中县植被图(无乡镇界线)

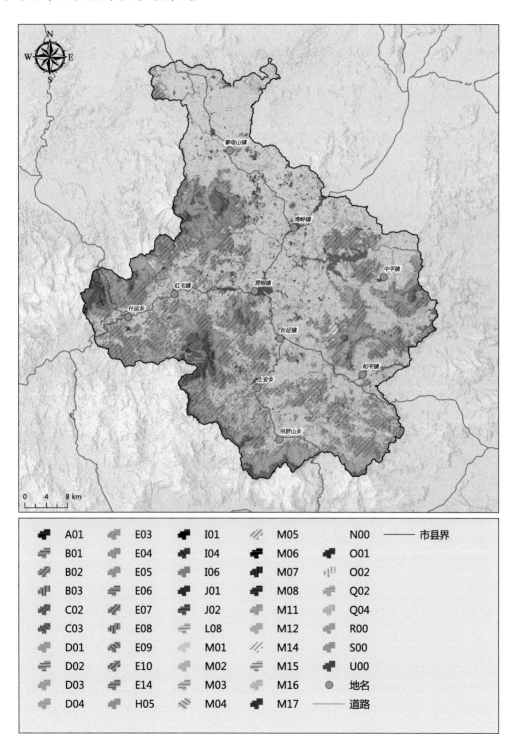

A01		E03		I01		M05		N00	—— 市县界
B01		E04		I04		M06		O01	
B02		E05		I06		M07		O02	
B03		E06		J01		M08		Q02	
C02		E07		J02		M11		Q04	
C03		E08		L08		M12		R00	
D01		E09		M01		M14		S00	
D02		E10		M02		M15		U00	
D03		E14		M03		M16		地名	
D04		H05		M04		M17		—— 道路	

(二)琼中县植被图(有乡镇界线)

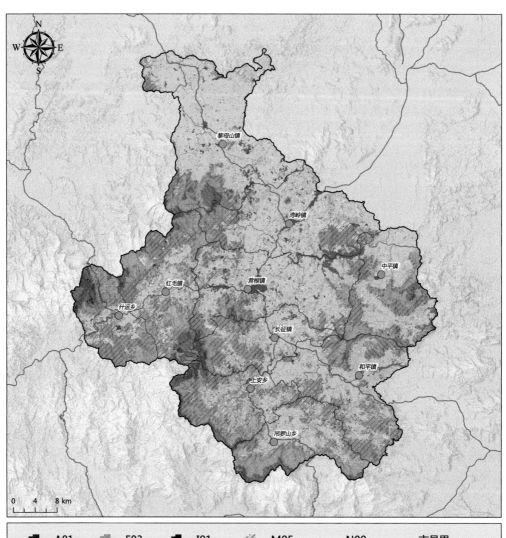

A01	E03	I01	M05	N00	———	市县界
B01	E04	I04	M06	O01	———	乡镇界
B02	E05	I06	M07	O02		
B03	E06	J01	M08	Q02		
C02	E07	J02	M11	Q04		
C03	E08	L08	M12	R00		
D01	E09	M01	M14	S00		
D02	E10	M02	M15	U00		
D03	E14	M03	M16	●	地名	
D04	H05	M04	M17	———	道路	

(三)植被图的说明

琼中县位于海南中部山区。由于琼中县和五指山市共享海南最高山峰五指山，与五指山市、白沙县等共享第二高山峰鹦哥岭，又与陵水县分享吊罗山(吊罗山乡隶属琼中县)，独自拥有黎母山等，各山岭上发育和保存有海南最为典型的热带雨林、云雾林等，森林植被类型多样，植物多样性也极其丰富。这些地区过去都建立了保护区，分别是五指山、吊罗山、鹦哥岭等国家级保护区和黎母山省级保护区，现在都归入海南热带雨林国家公园。因此，琼中的森林植被与植物资源倍受学者的关注。1955 年由曲仲湘和林英带领的海南东路综合科学考察队第一次完成了五指山和吊罗山森林植被的考察研究工作(曲仲湘和林英，1955，内部资料)。随后不断有学者从不同角度开展琼中山区草丛与草本植物资源(杨昭发，1984)、五指山(杨小波等，1994a，1994b；安树青等，1999；唐恬等，2002；胡玉佳等，2003；龙文兴等，2008)、黎母山(黄全等，1991)和鹦哥岭(张荣京等，2007，2010；王发国等，2007；郝清玉等，2013)的热带雨林与植物资源的研究工作，其中关于五指山和鹦哥岭(跨琼中、五指山、乐东和白沙等市县)的研究工作尽管仅从文献上较难区分是归在琼中县还是五指山市，但对了解琼中的植被与植物资源有很大的帮助。另外，早在 20 世纪 80 年代还有较多的文献描述琼中草丛植被与植物资源组成特点等(李毓堂，1981；张昌文，1983；陈定如和陈学宪，1984；余显芳，1984；张一心，1985)，这些工作对了解琼中植被与植物资源历史和进一步调查研究植被与植物资源的特点有非常重要的意义。

琼中县位于海南中部丘陵、山区。整个县域雨量充沛，为海南典型的热带雨林区域，植物种类丰富。例如，在五指山保护区内(部分在琼中县境内)，蕨类植物有 288 种(含变种)，隶属 28 科 95 属(张凯等，2017)，种子植物有 1882 种(含变种)，隶属 177 科 821 属(唐恬等，2002)；在原黎母山省级自然保护区(全部在琼中县境)调查记录了野生维管植物 190 科 759 属 1490 种，其中蕨类植物 31 科 69 属 122 种，种子植物 159 科 690 属 1368 种(含变种亚种及变型)。黎母山种子植物中裸子植物有 6 科 7 属 15 种，被子植物共有 153 科 683 属 1353 种(海南野生动植物管理局提供，2003)。在一些非自然保护区的调查亦记录有较高的植物种类组成。例如，在吊罗山乡太平农场一带山区不足 5km^2 的次生林中，可记录到维管植物 882 种，隶属 112 科 377 属。其中蕨类植物有 14 科 24 属 41 种；裸子植物有 1 科 1 属 3 种；双子叶植物有 86 科 291 属 728 种，单子叶植物有 11 科 61 属 110 种等；在什运乡全境(含部分原鹦哥岭自然保护区)可记录到自然生态系统中有维管植物 1493 种，隶属 172 科 739 属。含 10 种以上的优势科有 40 科，共含 433 属 1029 种，占总属数的 58.59%，占总种数的 68.92%，在该地区占有主导地位，人工生态系统有维管植物 314 种，隶属于 96 科 240 属，有栽培植物 87 种，包括 70 种仅含 1 个品种的栽培植物和 17 种含多个品种的栽培植物。

依据地形地貌的特点及植被特征，琼中县自然，自然、半自然植被可分为北部低丘陵和中部丘陵植被亚区及西部、西南部、南部、东部、东南部山区植被亚区。

北部低丘陵和中部丘陵植被亚区主要包括黎母山镇中部、北部绝大部分区域，湾岭镇、营根镇、长征镇等；西部、西南部、南部、东部、东南部山区植被亚区主要包括红毛镇、什运乡、上安乡、吊罗山乡、和平镇、中平镇及黎母山镇的西南山区。

在北部低丘陵和中部丘陵植被亚区里，主要分布有热带雨林次生林、灌丛、草丛及自然、半自然村庄植被。

在热带雨林次生林中，常见的植物有枫香(*Liquidambar formosana*)、厚皮树(*Lannea coromandelica*)、黄牛木(*Cratoxylum cochinchinense*)、乌墨(*Syzygium cumini*)、橄榄(*Canarium album*)、翻白叶树(异叶翅子木)(*Pterospermum heterophyllum*)、幌伞枫(*Heteropanax fragrans*)、木棉(*Bombax ceiba*)、对叶榕(*Ficus hispida*)、猫尾木(*Markhamia stipulata*)、潺槁木姜子(*Litsea glutinosa*)、白楸(*Mallotus paniculatus*)、叶被木(*Streblus taxoides*)、刺桑、四蕊三角瓣花(*Prismatomeris tetrandra*)、鹊肾树(*Streblus asper*)、猪肚木(*Canthium horridum*)、土蜜树(*Bridelia tomentosa*)、细基丸(*Polyalthia cerasoides*)、花椒簕(*Zanthoxylum scandens*)、香合欢(*Albizia odoratissima*)、银柴(*Aporosa dioica*)、黑面神(*Breynia fruticosa*)、黄桐(*Endospermum chinense*)、白颜树(*Gironniera subaequalis*)、鸭脚木(*Schefflera heptaphylla*)、黄楣栲(乌楣栲)(*Castanopsis jucunda*)、野生龙眼(*Dimocarpus longan*)、白茶(*Koilodepas hainanense*)、乌桕(*Triadica sebifera*)、黄杞(*Engelhardia roxburghiana*)、黑桫椤(*Alsophila podophylla*)。

在灌丛、草丛或灌草丛中，常见的植物有桃金娘(*Rhodomyrtus tomentosa*)、野牡丹(*Melastoma malabathricum*)、刺桑、土蜜树、红背山麻杆(*Alchornea trewioides*)、山样子(*Buchanania arborescens*)、黑面神、刺篱木(*Flacourtia indica*)、九节(*Psychotria asiatica*)、斑茅、五节芒(*Miscanthus floridulus*)、毛毡草(*Blumea hieraciifolia*)、飞机草(*Chromolaena odorata*)、小蓬草(加拿大蓬)(*Erigeron canadensis*)、白花地胆草(*Elephantopus tomentosus*)、芒(*Miscanthus sinensis*)、白茅(*Imperata cylindrica*)、鹅不食草(*Epaltes australis*)、革命菜(*Crassocephalum crepidioides*)、鬼针草(*Bidens pilosa*)、柔毛艾纳香(*Blumea axillaris*)等。

自然、半自然村庄植被，常见的植物有荔枝(*Litchi chinensis*)、斯里兰卡天料木(红花天料木、母生)(*Homalium ceylanicum*)、胭脂(*Artocarpus tonkinensis*)、榕树(*Ficus microcarpa*)、阳桃(杨桃)(*Averrhoa carambola*)、龙眼、降香檀(*Dalbergia odorifera*)、椰子(*Cocos nucifera*)、槟榔(*Areca cathecu*)、高山榕(*Ficus altissima*)、粉箪竹(*Bambusa chungii*)、芭蕉(*Musa basjoo*)、苦楝(*Melia azedarach*)、光荚含羞草(*Mimosa bimucronata*)、杧果(*Mangifera indica*)、黄皮(*Clausena lansium*)、番石榴(*Psidium guajava*)、番荔枝(*Annona squamosa*)、厚皮树、波罗蜜、土蜜树、叶被木、暗罗(*Polyalthia suberosa*)、簕欓花椒、潺槁木姜子、紫檀(印度紫檀)(*Pterocarpus indicus*)、叶子花(毛宝巾)(*Bougainvillea spectabilis*)、倒吊笔、细叶谷木(*Memecylon scutellatum*)、白背黄花稔(*Sida rhombifolia*)、露兜树(*Pandanus tectorius*)、马缨丹(*Lantana camara*)、野芋(*Colocasia antiquorum*)、飞机草、含羞草(*Mimosa pudica*)、鹊肾树、海芋(*Alocasia odora*)、假蒟(*Piper sarmentosum*)、海南龙血树(*Dracaena cambodiana*)、辣椒(小米椒)(*Capsicum annuum*)、对叶榕、朱槿(*Hibiscus rosa-sinensis*)、五爪金龙(*Ipomoea cairica*)、鱼尾葵(*Caryota maxima*)、蜈蚣藤(*Pothos repens*)、青葙(*Celosia argentea*)、金腰箭(*Synedrella nodiflora*)、土牛膝(*Achyranthes aspera*)等。

在西部、西南部、南部、东部、东南部山区植被亚区里，主要分布有高山云雾林(高山矮林)、针叶林、热带雨林及其次生林、灌丛和草丛及自然、半自然村庄植被。

在高山云雾林中常见的植物有南华杜鹃、红脉南烛(*Lyonia rubrovenia*)、鸭脚木、广东松(*Pinus kwangtungensis*)、厚皮香八角(*Illicium ternstroemioides*)、硬斗柯(硬壳柯)(*Lithocarpus hancei*)、刺栲(*Castanopsis hystrix*)、红鳞蒲桃(*Syzygium hancei*)、五列木(*Pentaphylax euryoides*)、厚壳桂(*Cryptocarya chinensis*)、凸脉冬青(*Ilex kobuskiana*)、公孙锥(细刺栲、越南白锥)(*Castanopsis tonkinensis*)、美丽新木姜子(*Neolitsea pulchella*)、灰毛杜英(*Elaeocarpus limitaneus*)、显脉杜英(*Elaeocarpus dubius*)、密花山矾(*Symplocos congesta*)、薄叶山矾(*Symplocos anomala*)、钝叶厚壳桂(*Cryptocarya impressinervia*)、厚叶厚皮香(*Ternstroemia kwangtungensis*)、长尾毛蕊茶(*Camellia caudata*)、黄毛粗叶木(*Lasianthus rhinocertis*)、毛菍(*Melastoma sanguineum*)、柏拉木(*Blastus cochinchinensis*)、线枝蒲桃(*Syzygium araiocladum*)、百日青(*Podocarpus neriifolius*)、乐东拟单性木兰(*Parakmeria lotungensis*)、林仔竹(*Oligostachyum nuspiculum*)、单子卷柏(*Selaginella monospora*)、华东瘤足蕨(*Plagiogyria japonica*)、长柄蒻蕨(*Mecodium polyanthos*)、线片鳞始蕨(*Lindsaea eberhardtii*)、栗轴凤尾蕨(*Pteris wangiana*)和巴郎耳蕨(*Polystichum balansae*)等多种。

在针叶林中常见的植物有广东松、硬斗柯、凸脉冬青、海桐山矾(*Symplocos pittosporifolia*)、五列木、美丽新木姜子、短序琼楠(*Beilschmiedia brevipaniculata*)、厚皮香、猴头杜鹃(*Rhododendron simiarum*)、薄叶山矾、柄果柯(*Lithocarpus longipedicellatus*)、隐脉红淡比(*Cleyera obscurinervia*)、平托桂(景列樟)(*Cinnamomum tsoi*)、红锥、小长尾毛蕊茶(*Camellia caudata*)、竹叶松、密花树(*Myrsine seguinii*)、丛花山矾(*Symplocos poilanei*)、紫毛野牡丹(*Melastoma penicillatum*)、鸭脚木(*Schefflera heptaphylla*)、金叶含笑(亮叶含笑)(*Michelia foveolata*)、饭甑青冈(*Cyclobalanopsis fleuryi*)、茸果柯(*Lithocarpus bacgiangensis*)、厚皮香八角、樟叶泡花树(*Meliosma squamulata*)、山杜英(*Elaeocarpus sylvestris*)、乐东拟单性木兰、华南冬青(*Ilex sterrophylla*)、石斑木(*Rhaphiolepis indica*)、岩谷杜鹃(*Rhododendron rupivalleculatum*)、细枝柃(*Eurya loquaiana*)、暗色菝葜(*Smilax lanceifolia* var. *opaca*)、单子卷柏、钝角金星蕨(*Parathelypteris angulariloba*)、海南虎刺(*Damnacanthus hainanensis*)、海南木莲(*Manglietia fordiana* var. *hainanensis*)、横蒳苣苔(*Beccarinda tonkinensis*)、红枝琼楠(*Beilschmiedia laevis*)、黄毛粗叶木、节肢蕨(*Arthromeris lehmanni*)、流苏贝母兰(*Coelogyne fimbriata*)、瘤足蕨(*Plagiogyria adnata*)、毛蒻蕨(*Mecodium exsertum*)、偏穗姜(*Plagiostachys austrosinensis*)、普通鹿蹄草(*Pyrola decorata*)、钱氏鳞始蕨(*Lindsaea chienii*)、山竹仔(*Semiarundinaria shapoensis*)、天南星科(Araceae)、雨蕨(*Gymnogrammitis dareiformis*)、圆顶假瘤蕨(*Phymatopteris obtusa*)、爪哇舌蕨(*Elaphoglossum angulatum*)、海桐山矾、猴头杜鹃、凸脉冬青、海南杨桐(*Adinandra hainanensis*)、公孙锥、大果马蹄荷(*Exbucklandia tonkinensis*)、大头茶(*Polyspora axillaris*)、厚边木犀(*Osmanthus marginatus*)、杏叶柯(*Lithocarpus amygdalifolius*)、黄桐、海南草珊瑚(*Sarcandra glabra*)、海南桑叶草(*Sonerila hainanensis*)、红柄厚壳桂(*Cryptocarya tsangii*)、寄生藤

（*Dendrotrophe varians*）、海南螺序草（*Spiradiclis hainanensis*）、毛茛、石韦属（*Pyrrosia*）植物、乌毛蕨（*Blechnum orientale*）、雪下红（*Ardisia villosa*）等多种。

在山地雨林中常见的植物有陆均松（*Dacrydium pectinatum*）、线枝蒲桃、鸡毛松（*Dacrycarpus imbricatus*）、海南蕈树（*Altingia obovata*）、白花含笑（吊兰苦梓）（*Michelia mediocris*）、多花谷木（*Memecylon floribundum*）、谷木（*Memecylon ligustrifolium*）、猴欢喜（*Sloanea sinensis*）、油丹（*Alseodaphne hainanensis*）、方枝蒲桃（*Syzygium tephrodes*）、万宁柯（*Lithocarpus elmerrillii*）、托盘青冈（托盘椆）（*Cyclobalanopsis patelliformis*）、饭甑青冈（*C. fleuryi*）、海南木莲、丛花厚壳桂（*Cryptocarya densiflora*）、薄叶山矾（*Symplocos anomala*）、橄榄山矾（*Symplocos atriolivacea*）、枝花李榄（*Chionanthus ramiflorus*）、海南韶子（*Nephelium topengii*）、琼楠（*Beilschmiedia intermedia*）、华润楠（*Machilus chinensis*）、柏拉木、粗叶木（*Lasianthus chinensis*）、九节、鸭脚木、三角瓣花、越南山矾（*Symplocos cochinchinensis*）、密脉蒲桃（乌营）（*Syzygium chunianum*）、罗浮栲（*Castanopsis fabri*）、公孙锥、赤楠蒲桃（*Syzygium buxifolium*）、竹叶青冈（*Cyclobalanopsis neglecta*）、海南木莲、粗叶木、肖蒲桃（*Syzygium acuminatissimum*）、长柄梭罗（*Reevesia longipetiolata*）、岭南山竹子（*Garcinia oblongifolia*）、贡甲（*Maclurodendron oligophlebium*）、黑桫椤（*Alsophila podophylla*）、白桫椤（*Sphaeropteris brunoniana*）、海南狗牙花（*Tabernaemontana bufalina*）、刺轴榈（*Licuala spinosa*）、穗花轴榈（*Licuala fordiana*）、小省藤（*Calamus gracilis*）、山橙（*Melodinus suaveolens*）、柠檬清风藤（*Sabia limoniacea*）、粗茎崖角藤（*Rhaphidophora crassicaulis*）、钩枝藤（*Ancistrocladus tectorius*）、虎克鳞盖蕨（*Microlepia hookeriana*）、石韦（*Pyrrosia lingua*）、大鳞巢蕨（*Neottopteris antiqua*）、崖姜蕨（*Pseudodrynaria coronans*）、伏石蕨（*Lemmaphyllum microphyllum*）、石仙桃（*Pholidota chinensis*）、石斛（*Dendrobium nobile*）、钟兰（*Campanulorchis thao*）等多种。

在低地雨林中常见的植物有青梅（*Vatica mangachapoi*）、蝴蝶树（*Heritiera parvifolia*）、海南柿（*Diospyros hainanensis*）、海南木莲、长圆叶新木姜子（*Neolitsea oblongifolia*）、鸭脚木、二色波罗蜜（小叶胭脂）（*Artocarpus styracifolius*）、细子龙（*Amesiodendron chinense*）、大花五桠果（大花第伦桃）（*Dillenia turbinata*）、母生、琼岛柿（*Diospyros maclurei*）、油丹、琼楠、钝叶厚壳桂、黄桐、乌心楠（*Phoebe tavoyana*）、长柄梭罗（*Reevesia longipetiolata*）、土沉香（白木香）（*Aquilaria sinensis*）、山龙眼（*Helicia formosana*）、华润楠、乌榄（*Canarium pimela*）、白颜树、沙煲暗罗（*Polyalthia obliqua*）、木奶果（*Baccaurea ramiflora*）、海南暗罗（*Polyalthia laui*）、红毛山楠（*Phoebe hungmoensis*）、海南杨桐（*Adinandra hainanensis*）、幌伞枫（*Heteropanax fragrans*）、海南山龙眼（*Helicia hainanensis*）、三角瓣花、粗叶木、散点蒲桃（*Syzygium conspersipunctatum*）、白茶树、黄叶树（青蓝）（*Xanthophyllum hainanense*）、海南狗牙花、柏拉木、刺轴榈、长萼粗叶木（*Lasianthus chevalieri*）、高地山香圆（*Turpinia montana*）、橄榄、翻白叶树、榕树、山楝（*Aphanamixis polystachya*）、海南韶子、药用狗牙花（*Tabernaemontana bovina*）、岭南山竹子、狭叶泡花树（*Meliosma angustifolia*）、显脉天料木（*Homalium phanerophlebium*）、黄桐、破布叶（*Microcos paniculata*）、红楝（*Aglaia spectabilis*）、贡甲、粗毛野桐（*Hancea hookeriana*）、买麻藤（*Gnetum montanum*）、单叶新月蕨（*Pronephrium simplex*)、崖姜蕨、彼得短肠蕨(*Allantodia petri*)、巢蕨、黑桫椤、白桫椤(大羽桫椤)、线羽凤尾蕨(*Pteris arisanensis*)等多种。

热带雨林次生林中常见的植物有枫香(*Liquidambar formosana*)、鸭脚木、黄牛木、海南菜豆树(*Radermachera hainanensis*)、山乌桕(*Triadica cochinchinensis*)、山黄麻(*Trema tomentosa*)、美叶菜豆树(*Radermachera frondosa*)、中平树(*Macaranga denticulata*)、大果榕(*Ficus auriculata*)、青果榕(*Ficus variegata*)、木荷(*Schima superba*)、华润楠、假柿木姜子、木棉、乌墨、对叶榕、厚皮树、算盘子(*Glochidion puberum*)、厚壳桂、笔管榕(*Ficus subpisocarpa*)、禾串树(*Bridelia balansae*)、翅子树(*Pterospermum acerifolium*)、伞花茉栾藤(山猪菜)(*Merremia umbellata*)、玉叶金花(*Mussaenda pubescens*)、单叶省藤(*Calamus simplicifolius*)、割舌树(*Walsura robusta*)、九节、药用狗牙花、野牡丹、紫毛野牡丹(*Melastoma penicillatum*)、桃金娘、无患子(*Sapindus saponaria*)、海南栲(*Castanopsis hainanensis*)、印度栲(*Castanopsis indica*)、烟斗柯(*Lithocarpus corneus*)、瓜馥木(*Fissistigma oldhamii*)、海南暗罗、紫玉盘(*Uvaria macrophylla*)、钝叶樟(桂)(*Cinnamomum bejolghota*)、海南荛花(*Wikstroemia hainanensis*)、谷木、白茶、银叶树(*Heritiera littoralis*)、翻白叶树(异叶翅子树)(*Pterospermum heterophyllum*)、山龙眼、大花第伦桃、锡叶藤、钩枝藤、大沙叶(银柴)、秋枫(*Bischofia javanica*)、黧蒴栲(*Castanopsis fissa*)、公孙锥等多种。

灌丛、草丛或灌草丛常见的植物有桃金娘、野牡丹、土蜜藤(*Bridelia stipularis*)、马缨丹、光滑黄皮(*Clausena lenis*)、土花椒、黑面神、刺篱木、九节、野牡丹、余甘子(*Phyllanthus emblica*)、叶被木、美叶菜豆树、石芒草(*Arundinella nepalensis*)、金色狗尾草(*Setaria pumila*)、粽叶芦(*Thysanolaena latifolia*)、野葛(*Pueraria montana*)、青香茅(*Cymbopogon caesius*)、尖叶弓果黍(*Cyrtococcum oxyphyllum*)、水蔗草(*Apluda mutica*)、地毯草(*Axonopus compressus*)、狗尾草(*Setaria viridis*)、鸭嗄草(*Paspalum scrobiculatum*)、蜈蚣草(*Pteris vittata*)、马唐(*Digitaria sanguinalis*)、纤毛鸭嘴草(*Ischaemum ciliare*)、链荚豆(*Alysicarpus vaginalis*)、飞机草、加拿大蓬、白花地胆草、芒、白茅、五节芒、竹节草(*Chrysopogon aciculatus*)、斑茅、褐毛狗尾草(*Setaria pallidifusca*)、艾纳香(*Blumea balsamifera*)和葫芦茶(*Tadehagi triquetrum*)等，散生一些小乔木、乔木树种，如中平树、枫香、黄牛木、山乌桕、木棉、大果榕、青果榕等多种。

滨河灌丛常见的植物有水柳(*Homonoia riparia*)、光荚含羞草、水翁蒲桃(*Syzygium nervosum*)、乌毛蕨(*Blechnum orientale*)、井栏边草(凤尾草)(*Pteris multifida*)、飞机草、加拿大蓬、金盏银盘(*Bidens biternata*)、鬼针草(*Bidens pilosa*)、白茅、散穗黑莎草(*Gahnia baniensis*)、割鸡芒(*Hypolytrum nemorum*)、粗叶耳草(*Hedyotis verticillata*)、毛排钱草(*Phyllodium elegans*)、排钱草(*Phyllodium pulchellum*)等多种。

在自然、半自然农村村庄植被里常见的植物有阳桃、番木瓜(*Carica papaya*)、波罗蜜(*Artocarpus heterophyllus*)、倒吊笔、龙眼、荔枝、杧果、香蕉(*Musa nana*)、椰子、麻风树(*Jatropha curcas*)、厚皮树、土蜜树、鸡冠花(*Celosia cristata*)、叶被木、簕欓花椒(土花椒)、海南地不容(*Stephania hainanensis*)、扶桑、酸豆(*Tamarindus indica*)、小粒咖啡(*Coffea arabica*)、大粒咖啡(*Coffea liberica*)、番石榴、黄皮、柚木(*Tectona grandis*)、

桉(*Eucalyptus robusta*)、马占相思(*Acacia mangium*)、非洲楝(*Khaya senegalensis*)、槟榔、橡胶(*Hevea brasiliensis*)等多种，偶尔在村前村后发现有移种的海南苏铁(*Cycas hainanensis*)、大叶风吹楠(海南荷斯菲木、海南风吹楠)(*Horsfieldia kingii*)、栽培的降香檀(*Dalbergia odorifera*)、秋枫、见血封喉(*Antiaris toxicaria*)、海南钻喙(*Anota hainanensis*)和多花脆兰(*Acampe rigida*)等分布。

参 考 文 献

安树青, 朱学雷, 王峥峰, 等. 1999. 海南五指山热带山地雨林植物物种多样性研究[J]. 生态学报, 19(6): 803-809.

陈定如, 陈学宪. 1981. 海南岛野生牧草资源调查[J]. 华南师范大学学报(自然科学版), (2): 27-43.

郝清玉, 刘强, 王士泉, 等. 2013. 鹦哥岭山地雨林不同海拔区森林群落的生物量研究[J]. 热带亚热带植物学报, 21(6): 529-537.

胡玉佳, 汪永华, 丁小球, 等. 2003. 海南岛五指山不同坡向的植物物种多样性比较[J]. 中山大学学报(自然科学版), 42(2): 86-89.

黄全, 李意德, 赖巨章, 等. 1991. 黎母山热带山地雨林生物量研究[J]. 植物生态学报, 15(3): 197-206.

李毓堂. 1981. 调整结构 发展牧业 种草治岛——海南岛放牧畜牧业和草山建设问题的调查及建议[J]. 中国草地学报, (3): 3-6.

龙文兴, 杨小波, 吴庆书, 等. 2008. 五指山热带雨林黑桫椤种群及其所在群落特征[J]. 生物多样性, 16(1): 83-90.

唐恬, 廖文波, 王伯荪. 2002. 海南五指山地区种子植物区系的特点[J]. 广西植物, 22(4): 297-304.

王发国, 张荣京, 邢福武, 等. 2007. 海南鹦哥岭自然保护区的珍稀濒危植物与保育[J]. 植物科学学报, 25(3): 303-309.

杨小波, 林英, 梁淑群. 1994a. 海南岛五指山的森林植被 I. 五指山的森林植被类型[J]. 海南大学学报(自然科学版), (3): 220-236.

杨小波, 林英, 梁淑群. 1994b. 海南岛五指山的森林植被 II. 五指山森林植被的植物种群分析与森林结构分析[J]. 海南大学学报(自然科学版), (4): 220-236.

杨昭发. 1984. 琼中县草场资源可利用性的探讨[J]. 热带地理, 4(3): 158-163.

余显芳. 1984. 海南热带山地生态环境与建立山地型农业体系的设想[J]. 热带地理, 4(1): 1-8.

张昌文. 1983. 林牧结合是加速海南岛山区草地复林的途径[J]. 热带地理, 3(3): 38-42.

张凯, 陈伟岸, 罗文启, 等. 2017. 海南五指山国家级自然保护区石松类和蕨类植物区系研究[J]. 热带作物学报, 38(4): 618-629.

张荣京, 陈红锋, 叶育石, 等. 2010. 海南鹦哥岭的种子植物资源[J]. 华南农业大学学报, 31(3): 116-118.

张荣京, 邢福武, 萧丽萍, 等. 2007. 海南鹦哥岭的种子植物区系[J]. 生物多样性, 15(4): 382-392.

张一心. 1985. 海南中部地区草山草坡开发与利用问题探讨[J]. 草业科学, (4): 64-66.

（四）各乡镇植被图

1. 吊罗山乡植被图

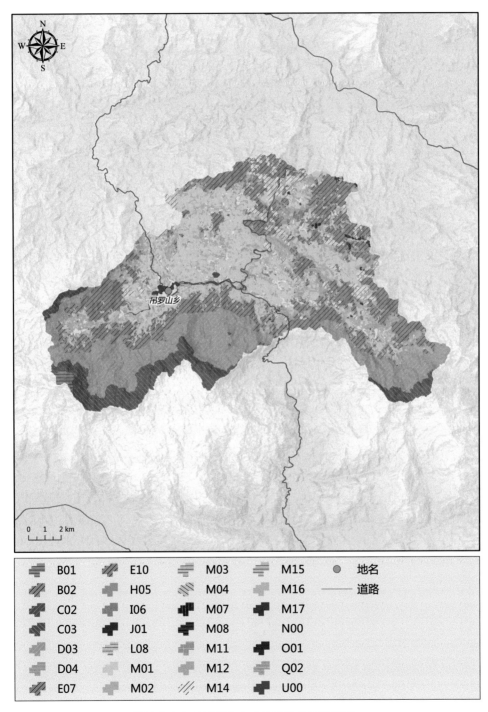

此图为琼中县吊罗山乡及其周边的植被类型。

2. 和平镇植被图

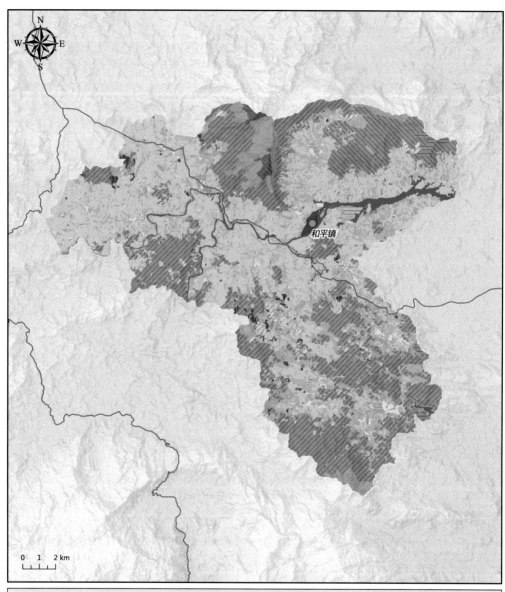

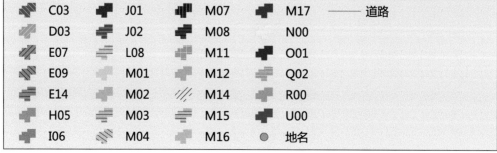

3. 红毛镇植被图

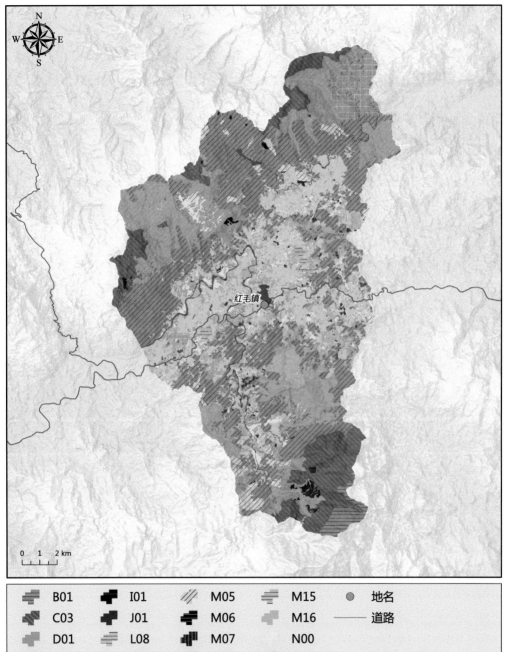

	B01		I01		M05		M15		地名
	C03		J01		M06		M16		道路
	D01		L08		M07		N00		
	D03		M01		M08		O01		
	E06		M02		M11		Q02		
	E07		M03		M12		Q04		
	H05		M04		M14		U00		

0　1　2 km

4. 黎母山镇植被图

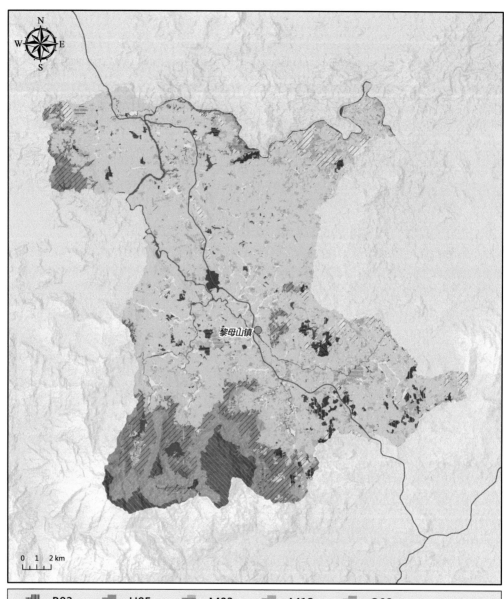

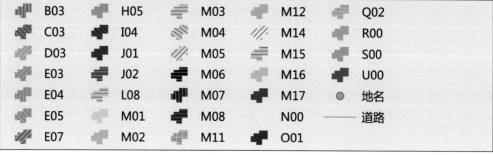

5. 上安乡植被图

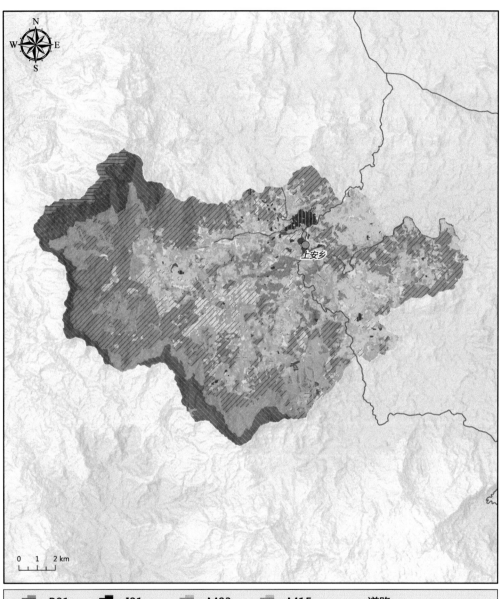

	B01		I01		M03		M15	——	道路
	C02		I06		M04		M16		
	C03		J01		M05		N00		
	D02		J02		M07		O01		
	D03		L08		M08		Q02		
	D04		M01		M12		U00		
	E07		M02		M14	●	地名		

6. 什运乡植被图

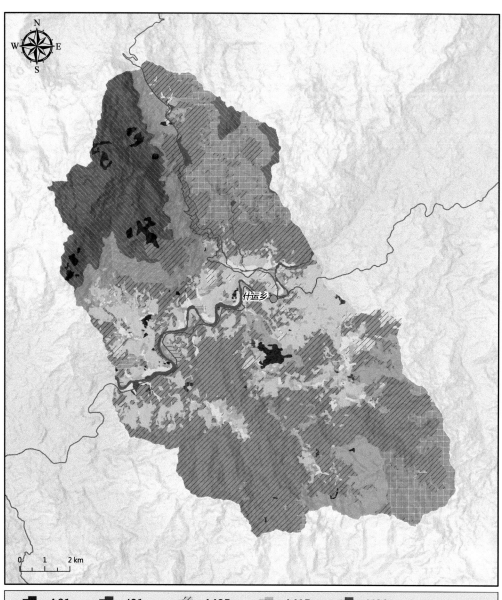

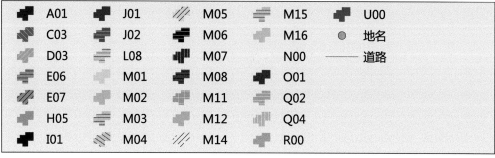

7. 湾岭镇植被图

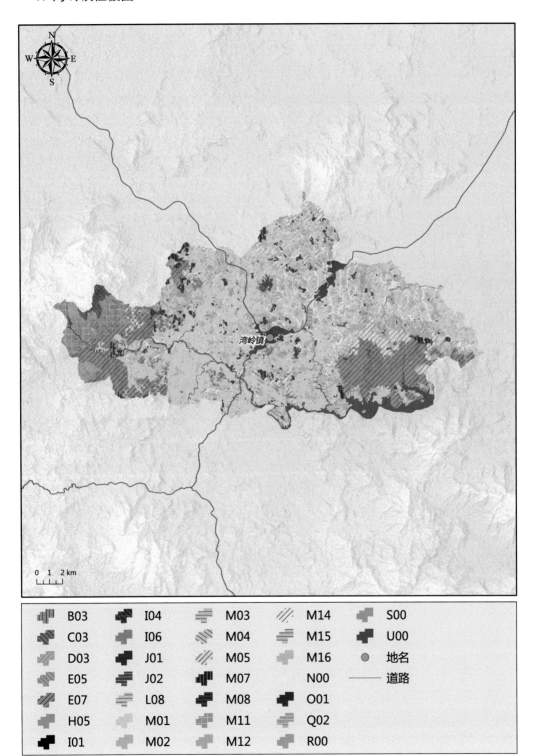

	B03		I04		M03		M14		S00
	C03		I06		M04		M15		U00
	D03		J01		M05		M16	●	地名
	E05		J02		M07		N00	——	道路
	E07		L08		M08		O01		
	H05		M01		M11		Q02		
	I01		M02		M12		R00		

8. 营根镇植被图

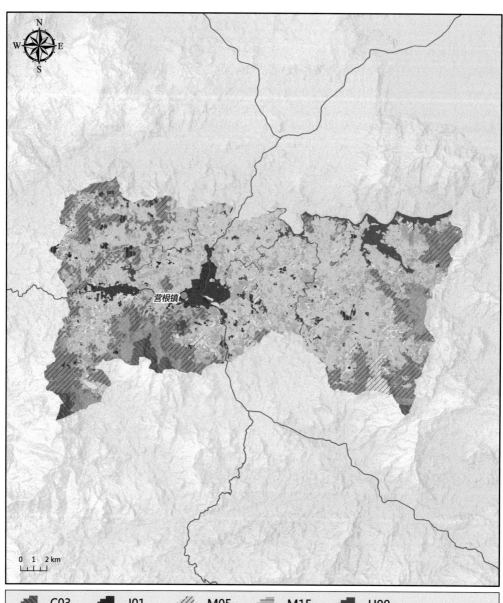

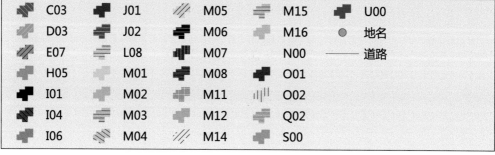

9. 长征镇植被图

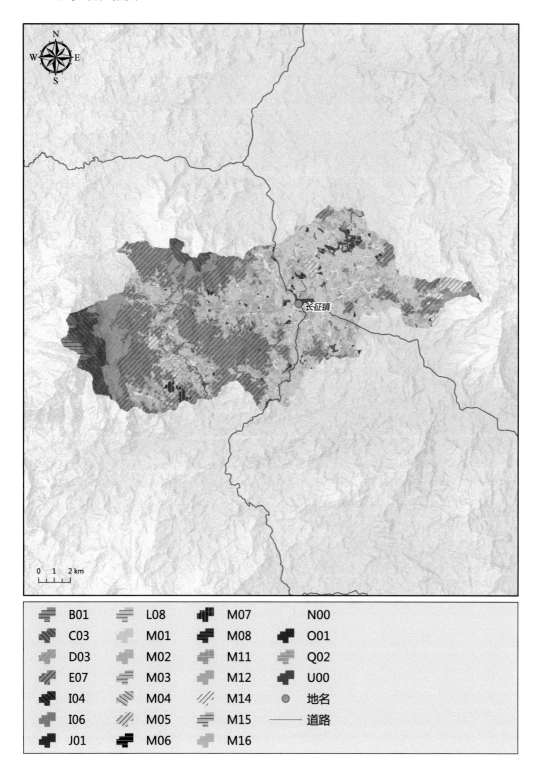

B01		L08		M07		N00	
C03		M01		M08		O01	
D03		M02		M11		Q02	
E07		M03		M12		U00	
I04		M04		M14		地名	
I06		M05		M15		道路	
J01		M06		M16			

10. 中平镇植被图

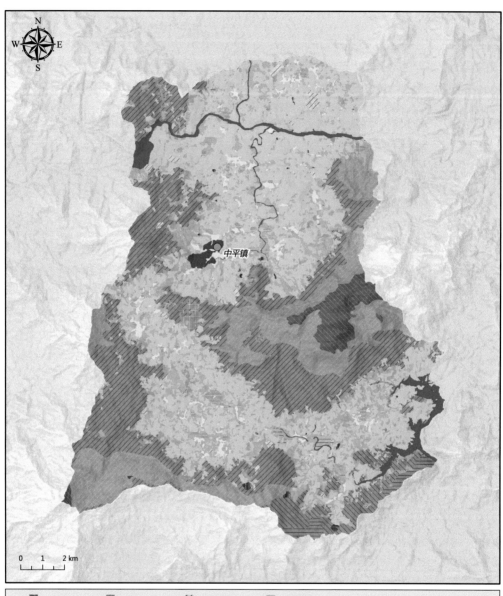

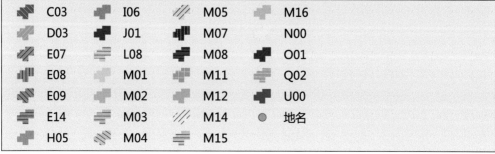

十四、三亚市

(一)三亚市植被图(无区界线)

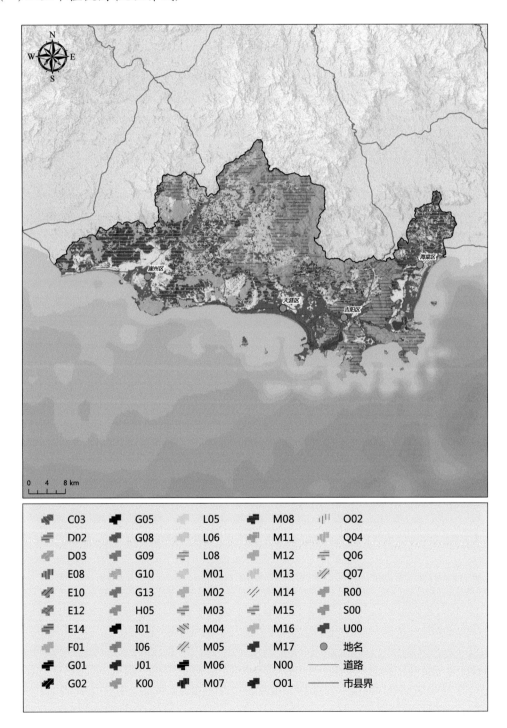

(二)三亚市植被图(有区界线)

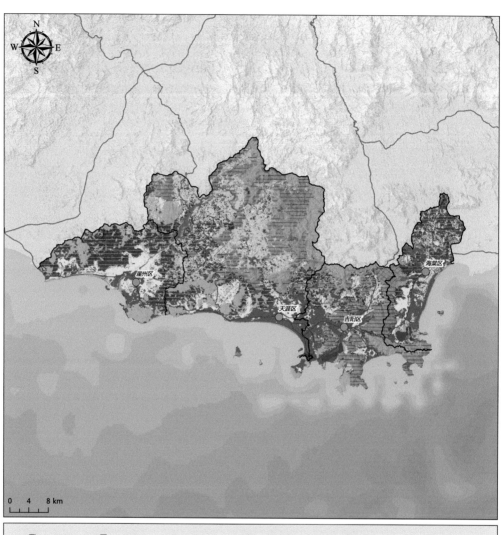

(三)植被图的说明

三亚市位于海南岛最南端，有平原，有丘陵和低山区。三亚与其他各市县不同，现在三亚设海棠区、吉阳区、天涯区、崖州区 4 个区及育才生态区。从地形地貌及植被来看，地带性低地雨林分布在三亚的西北部、北部、中部、东部、东南部；季雨林分布在西部、西南部，非地带性植被类型主要分布在沿海区域。

因此，三亚市自然或自然、半自然植被可划分为南部滨海植被亚区，包括三亚市 4 个行政区的沿海区域；东北低丘陵平原植被亚区，主要包括海棠区；东北部、东部、中部、北部和西北部丘陵低山热带雨林植被亚区，包括海棠区、吉阳区、天涯区和育才生态区的主要区域；以西部丘陵为主的季雨林植被亚区，主要包括崖州区的丘陵区域及吉阳区、天涯区和育才生态区的南部小区域，共 3 个亚区。吉阳区六道岭为低地雨林和季雨林的过渡区域，六道岭向西南、西方向，经过天涯区西南部进入崖州区和育才生态区南部小区域为季雨林，向北、东南、东、东北为低地雨林及其次生林和少量的山地雨林（低地雨林与山地雨林的过渡类型）。

三亚市植被与植物资源是因分布在三亚甘什岭的铁凌（无翼坡垒）（*Hopea reticulata*）及其构成的特殊森林植被的发现（林万涛，1978）及在 1974 年，袁隆平利用海南三亚南红农场花粉败育普通野生稻转育配套，成功育成三系杂交水稻，而得到世人的关注（胡宗荣等，2003；黄文超等，2012），但近 40 年来，植被科学工作者一直仅着眼于甘什岭植被（杨小波等，1995，1996a，1996b；漆良华等，2014；张荣京等，2015），进入 21 世纪后，红树林及沿海丘陵植被的研究工作也开始得到重视（陶列平和黄世满，2004；张乔民和陈永福，2003；黄运峰等，2009a，2009b；王丽荣等，2011）。

三亚市境内植物种类相当丰富，据多次多个点的野外调查和室内鉴定结果，不完全统计该市现记录的植物种类有 1838 种（含栽培种 516 个），其中蕨类有 72 种，隶属 22 科，裸子植物有 26 种，隶属 7 科，被子植物有 1740 种，隶属 148 科，而双子叶植物有 1341 种，隶属 126 科，单子叶植物有 399 种，隶属 22 科。

南部滨海植被亚区主要分布有海草丛、红树林、半红树林，滨海藤蔓丛，低地雨林次生林、灌丛、草丛，季雨林、灌丛和草丛。

三亚的海草丛主要分布在后海湾、铁炉港、大东海、小东海、鹿回头、三亚湾、西岛等海域，主要有丝粉藻（海神草）（*Cymodocea rotundata*）、海菖蒲（*Enhalus acoroides*）、泰来藻（*Thalassia hemprichii*）、喜盐草（*Halophila ovalis*）等。

三亚的红树林、半红树林主要分布在三亚河河口、亚龙湾青梅港和林旺铁炉港等地。

三亚河红树林植物有卤蕨（*Acrostichum aureum*）、木榄（*Bruguiera gymnorrhiza*）、红树（*Rhizophora apiculata*）、无瓣海桑（*Sonneratia apetala*）、杯萼海桑（*Sonneratia alba*）、海漆（*Excoecaria agallocha*）、木果楝（*Xylocarpus granatum*）、白骨壤（海榄雌）（*Aricennia marina*）、桐花树（*Aegiceras corniculatum*）、榄李（*Lumnitzera racemosa*）、拉关木（*Laguncularia racemosa*）。其中无瓣海桑和拉关木为外来引入种。半红树林植物有苦郎树（许树）（*Clerodendrum inerme*）、鱼藤（*Derris trifoliata*）、水黄皮（*Pongamia pinnata*）、黄槿（*Hibiscus tiliaceus*）、桐棉（杨叶肖槿）（*Thespesia populnea*）、大叶榄仁树（*Terminalia catappa*)、海马齿(*Sesuvium portulacastrun*)、阔苞菊(*Pluchea indica*)。三亚河红树种群发育较好，以红树为优势种的三亚河红树林群落颇具特色，但由于无瓣海桑等外来种群发育过快，三亚河原有的红树林受外来种的挤压也明显，有关部门要高度重视。

在藤桥河口等其他小溪河口附近零星分布有卤蕨、海桑、海莲(*Bruguiera sexangula*)、木果楝、白骨壤、海漆、桐花树、海杧果(*Cerbera manghas*)、黄槿、许树、猫尾木(*Markhamia stipulata*)、鱼藤(*Derris trifoliata*)和阔苞菊等。2009 年,在海棠湾龙江塘发现有水椰(*Nypa fruticans*)的分布(北纬 18°19′52″, 东经 109°43′22″)。

亚龙湾青梅港红树林植物有红树(*Rhizophora apiculata*)、角果木(*Ceriops tagal*)、红海榄(*Rhizophora stylosa*)、白骨壤、杯萼海桑、榄李、桐花树、海漆、卤蕨;半红树林植物有许树、黄槿、海杧果、鱼藤等。

铁炉港的红树林植物种类以嗜热窄幅种为主, 如白骨壤、红树、红海榄、红榄李(*Lumnitzera littorea*)、木果楝、海莲(尖瓣海莲)(*Bruguiera sexangula*)、木榄、老鼠簕(*Acanthus ilicifolius*)、榄李、瓶花木(*Scyphiphora hydrophyllacea*)、海漆、卤蕨等;半红树植物有许树、黄槿、露兜树(*Pandanus tectorius*)、鱼藤、海杧果、海滨猫尾木和阔苞菊(姚铁锋等, 2010)。在红树林植物中, 红榄李最具特色, 但其种群特别小, 为国家2012 年公布的 120 种极小种群中的一种, 需要回归恢复。木果楝为国家级二级保护植物。

三亚滨海藤蔓丛常见的有厚藤(*Ipomoea pes-caprae*)、海刀豆(*Canavalia maritima*)、单叶蔓荆(*Vitex rotundifolia*)、南美蟛蜞菊(*Wedelia trilobata*)、草海桐(*Scaevola taccada*)、银叶树(*Heritiera littoralis*)、水黄皮和黄细心(*Boerhavia diffusa*)等沙滩植物。

滨海沙质灌丛、草丛常见的植物有苦郎树(*Clerodendrum inerme*)、树头菜(*Crateva unilocularis*)、飞机草(*Chromolaena odorata*)、斑茅(*Saccharum arundinaceum*)、芒(*Miscanthus sinensis*)、白茅(*Imperata cylindrica*)、密锥花鱼藤(*Derris thyrsiflora*)、海岸桐(*Guettarda speciosa*)、鹧鸪麻(*Kleinhovia hospita*)、银合欢(*Leucaena leucocephala*)和黄槿。

半咸水湿生植物常见的有硕大藨草(*Actinoscirpus grossus*)、高杆莎草(*Cyperus exaltatus*)、四棱穗莎草(*Cyperus tenuiculmis*)、球柱草(*Bulbostylis barbata*)、水蜈蚣(*Kyllinga brevifolia*)、香附子(*Cyperus rotundus*)、箭叶雨久花(*Monochoria hastata*)、膜稃草(*Hymenachne amplexicaulis*)、水竹(*Phragmites karka*)、鸭嘴草(*Paspalum scrobiculatum*)、铺地黍(*Panicum repens*)、牛筋草(*Eleusine indica*)等。淡水湿生草丛常见的植物有凤眼蓝（水浮莲）(*Eichhornia crassipes*)、毛蓼(*Polygonum barbatum*)、丛枝蓼（簇蓼）(*Polygonum posumbu*)、火炭母(*Polygonum chinense*)、水龙(*Ludwigia adscendens*)、草龙(*Ludwigia hyssopifolia*)、毛草龙(*Ludwigia octovalvis*)、蜈蚣草(*Eremochloa ciliaris*)等。

东北部、东部、中部、北部和西北部丘陵低山热带雨林植被亚区, 包括海棠区、吉阳区、天涯区和育才生态区的主要区域, 主要分布的自然植被有少量山地雨林, 或者称之为低地雨林和山地雨林的过渡类型、低地雨林及其次生林、次生灌丛和草丛等, 植物多样性较为丰富。

例如，在人类活动的区域内，仅在南田农场境内就能记录到维管植物 424 种，隶属于 95 科 313 属。其中，蕨类植物有 7 科 7 属 12 种；裸子植物有 1 科 1 属 1 种；被子植物有 87 科 278 属 411 种；在被子植物中，双子叶植物有 69 科 214 属 322 种；单子叶植物有 18 科 64 属 89 种。在海棠湾开发区记录的植物有 268 种，隶属于 80 科。其中蕨类植物有 6 科 8 种；没有裸子植物，被子植物有 74 科 260 种，其中双子叶植物有 61 科 196 种，单子叶植物有 13 科 64 种。

在人类活动相对强烈、受干扰相对多的低地雨林次生林中常见的植物有落叶树种和常绿树种，如海南榄仁（*Terminalia nigrovenulosa*）、厚皮树（*Lannea coromandelica*）、山槐（*Albizia kalkora*）、岭南山竹子（*Garcinia oblongifolia*）、山乌桕（*Triadica cochinchinensis*）、翅子树（*Pterospermum acerifolium*）、翻白叶树（*P. heterophyllum*）、光叶巴豆（*Croton laevigatus*）、银柴（*Aporosa dioica*）、裸花紫珠（*Callicarpa nudiflora*）、潺槁木姜子（*Litsea glutinosa*）、海南红豆（*Ormosia pinnata*）、海南菜豆树（*Radermachera hainanensis*）、美叶菜豆树（*Radermachera frondosa*）、黄豆树（菲律宾合欢、白格）（*Albizia procera*）、土蜜树（*Bridelia tomentosa*）、倒吊笔（*Wrightia pubescens*）、毛八角枫（*Alangium kurzii*）、羽叶金合欢（*Acacia pennata*）、草豆蔻（*Alpinia hainanensis*）、掌叶海金沙（*Lygodium digitatum*）、扇叶铁线蕨（*Adiantum flabellulatum*）等多种。

在次生灌丛中常见的植物有白楸（*Mallotus paniculatus*）、山黄麻（*Trema tomentosa*）、银柴、破布叶（*Microcos paniculata*）、粗糠柴（*Mallotus philippinensis*）、三稔蒟（羽脉山麻杆）（*Alchornea rugosa*）、细基丸（*Polyalthia cerasoides*）、潺槁木姜子、对叶榕（*Ficus hispida*）、倒吊笔、猫尾木、美叶菜豆树、细叶谷木（*Memecylon scutellatum*）、火索麻（*Helicteres isora*）、掌叶海金沙、海金沙（*Lygodium japonicum*）、扇叶铁线蕨。在草丛中常见的植物有短叶黍（*Panicum brevifolium*）、宿根马唐（*Digitaria thwaitesii*）、吊丝草（*Capillipedium parviflorum*）、短颖臂形草（*Brachiaria semiundulata*）、鼠妇草（*Eragrostis atroviens*）、扁穗莎草（*Cyperus compressus*）、迭穗莎草（*Cyperus imbricatus*）等种类。在农村或其他居民居住区周边的自然、半自然植被中常见的植物有椰子、槟榔（*Areca cathecu*）、榕树（*Ficus microcarpa*）、酸豆（*Tamarindus indica*）、鹊肾树（*Streblus asper*）、潺槁木姜子、倒吊笔、荔枝（*Litchi chinensis*）、龙眼（*Dimocarpus longan*）、阳桃（杨桃）（*Averrhoa carambola*）、番荔枝（*Annona squamosa*）、九节（*Psychotria asiatica*）、对叶榕、白饭树（*Flueggea virosa*）、龙眼睛（*Phyllanthus reticulatus*）、假蒟（*Piper sarmentosum*）、野芋（*Colocasia antiquorum*）、露兜树、火炭母等。海棠湾开发区的农村周边植被常见的植物有椰子、榕树、酸豆、杧果（*Mangifera indica*）、荔枝、龙眼、苦楝（*Melia azedarach*）、红厚壳（琼崖海棠）（*Calophyllum inophyllum*）、黄皮（*Clausena lansium*）、鹊肾树、番石榴（*Psidium guajava*）、槟榔青（*Spondias pinnata*）、白背黄花稔（*Sida rhombifolia*）、马缨丹（*Lantana camara*）、飞机草、含羞草（*Mimosa pudica*）等。局部地区金钟藤（*Merremia boisiana*）形成特殊的藤蔓植被，对自然植被的恢复造成一定程度的影响。

在保存较好的低地雨林次生林，种类相当丰富，是三亚境内植物多样性最丰富的地区。例如，甘什岭面积约为 1700hm²，孕育着 1144 种维管植物，隶属于 171 科 679 属，其中蕨类植物有 93 种，隶属于 28 科 62 属；裸子植物有 4 种，隶属于 3 科 4 属；被子植物有 1047 种，隶属于 140 科 613 属(邢福武等，1993)，占海南维管植物的 1/4。在群落最小面积里，1.5m 高以上的立木种数有 126 种，有花植物达 153 种。仅从立木的情况看，无翼坡垒林分布的种数略比海南五指山低地雨林的立木少一些(174 种)，而比该地区的山地雨林的立木又多一些(97 种)(杨小波等，1994a，1994b)。又如，在狗岭分布有维管植物 627 种，隶属于 112 科 343 属。其中蕨类植物有 21 科 14 属 10 种；裸子植物有 1 科 1 属 2 种；双子叶植物有 79 科 267 属 526 种，单子叶植物有 11 科 61 属 89 种。

在低地雨林中常见的植物有青梅(*Vatica mangachapoi*)、蝴蝶树(*Heritiera parvifolia*)、细子龙(*Amesiodendron chinense*)、荔枝、白茶(*Koilodepas hainanense*)、水同木(水同榕、哈氏榕)(*Ficus fistulosa*)、巢蕨(*Neottopteris nidus*)、抱树莲(*Drymoglossum piloselloides*)、瓜馥木(*Fissistigma oldhamii*)、海南暗罗(*Polyalthia laui*)、暗罗(*Polyalthia suberosa*)、大果木姜子(*Litsea lancilimba*)、大叶蒟(*Piper laetispicum*)、槌果藤(*Capparis heyneana*)、黄叶树(青蓝)(*Xanthophyllum hainanense*)、膜叶嘉赐树(*Casearia membranacea*)、木荷(*Schima superba*)、五列木(*Pentaphylax euryoides*)、紫玉盘(*Uvaria macrophylla*)、钝叶樟(桂)(*Cinnamomum bejolghota*)、厚壳桂(*Cryptocarya chinensis*)、龙眼、海南荛花(*Wikstroemia hainanensis*)、山龙眼(*Helicia formosana*)、大花五桠果(*Dillenia turbinata*)、锡叶藤(*Tetracera sarmentosa*)、柏拉木(*Blastus cochinchinensis*)、银叶树(*Heritiera littoralis*)、翻白叶树(异叶翅子树)(*Pterospermum heterophyllum*)、大沙叶(银柴)、秋枫(*Bischofia javanica*)、华南栲(*Castanopsis concinna*)、黄楣栲(*Castanopsis jucunda*)、黎蒴栲(*Castanopsis fissa*)、刺栲(*Castanopsis hystrix*)等多种，偶尔发现坡垒(*Hopea hainanensis*)。热带地区较典型的演替先锋树种黄牛木(*Cratoxylum cochinchinense*)、厚皮树和木棉(*Bombax ceiba*)仍然存在，阳性灌木种银柴还在群落中常出现，充分表明了该植物群落处于演替的中期阶段。只要加强保护力度，该植物群落还将发生一定的变化，最后形成以青梅、蝴蝶树和细子龙等为主要上层优势种的典型热带低地雨林。在一些次生程度高的地区常见的植物有厚皮树、楹树(*Albizia chinensis*)、鸭脚木(*Schefflera actinphylla*)、木棉、海南槐(*Sophora tomentosa*)、山乌桕、土蜜树(*Bridelia tomentosa*)、细基丸、黑面神(*Breynia fruticosa*)、九节、猪肚木(*Canthium horridum*)等。另外，偶尔还发现陆均松(*Dacrydium pectinatum*)、鸡毛松(*Dacrycarpus imbricatus*)、线枝蒲桃(*Syzygium araiocladum*)等山地雨林树种的分布。

以西部丘陵为主的季雨林亚区里，主要分布有季雨林次生林。其中六道岭为季雨林和低地雨林的过渡区，植物种类组成特殊，海南特有种也较多。在六道岭的森林群落里，依据样方和路线调查，在面积仅 1233.73hm² 内，初步记录有 736 个植物种类，隶属于 107 科 420 属，其中蕨类植物 6 种，隶属于 3 科 3 属；裸子植物 3 种，隶属于 1 科 1 属；被子植物 727 种，隶属于 103 科 416 属，其中双子叶植物有 612 种，隶属于 89 科 357 属，单子叶植物有 115 种，隶属于 14 科 59 属。在坎央湾后山体的森林群落里，植物种类与六道岭森林植物种类在组成上的差别不大，种类数量也差不多。分布有 697 个植物种类，隶属于 98 科，其中蕨类植物 6 种，隶属于 3 科 3 属；裸子植物 3 种，隶属于 1 科 1 属；被子植物 682 种，隶属于 94 科，其中双子叶植物 584 种，隶属于 81 科，单子叶植物 98 种，隶属于 13 科。这些地区常见的植物有银柴、厚皮树、叶被木(*Streblus* taxoides）、刺桑（*Streblus ilicifolius*）、青梅（*Vatica mangachapoi*）、蝴蝶树、高山榕（*Ficus altissima*）、榕树、见血封喉（*Antiaris toxicaria*）、乌墨（*Syzygium cumini*）、海南榄仁、黄花三宝木（*Trigonostemon fragilis*）、余甘子（*Phyllanthus emblica*）、赤才（*Lepisanthes rubiginosa*）、斑茅、无耳藤竹（*Dinochloa orenuda*）、葛藤（*Pueraria montana* var. *lobata*）、鹧鸪麻、小花五桠果（*Dillenia pentagyna*）、海南檀（*Dalbergia hainanensis*）、猫尾木、弯管花（*Chasalia curviflora*）、基及树（福建茶）（*Carmona microphylla*）、仔榄树（*Hunteria zeylanica*）、美叶菜豆树、黄豆树、木棉、火索麻、粪箕笃、锡叶藤、细叶谷木、黑面神、银叶巴豆（*Croton cascarilloides*）、黄杞（*Engelhardtia roxburghiana*）、土花椒、刺篱木、小叶海金沙（*Lygodium scandens*）、乌毛蕨（*Blechnum orientale*）、华南毛蕨（*Cyclosorus parasiticus*）、大花五桠果、土蜜树、大管（*Micromelum falcatum*）、鸦胆子、土坛树（*Alangium salviifolium*）、海南菜豆树、牛筋果等多种。

季雨林次生灌丛分布区与次生季雨林的分布区相同，只是由于恢复的时间较短，目前还处于灌木林阶段。优势植物不明显，常见的植物有海南榄仁、厚皮树、叶被木、刺桑、桃金娘、芒和白茅、小叶海金沙、海金沙、铁芒萁（*Dicranopteris linearis*）、乌毛蕨、细基丸、无根藤（*Cassytha filiformis*）、木棉、乌墨、潺槁木姜子、苍白秤钩风（*Diploclisia glaucescens*）、粪箕笃（*Stephania longa*）、小刺槌果藤（*Capparis micracantha*）、土牛膝（*Achyranthes aspera*）、刺篱木、海南刺柊、广东刺柊、棒花蒲桃、黑叶谷木（*Memecylon nigrescens*）、黄牛木、破布叶、翻白叶树、假苹婆（*Sterculia lanceolata*）、黄花稔（*Sida acuta*）、白背黄花稔（*Sida rhombifolia*）、地桃花（*Urena lobata*）、黑面神、白饭树、排钱草（*Phyllodium pulchellum*）、矮紫金牛（*Ardisia humilis*）、基及树、喜光花（*Actephila merrilliana*）、鹊肾树、黑柿（*Diospyros nitida*）等。

在三亚市无论是东部较湿润区还是西部较干旱区，森林或灌木林遭受破坏后，多沦为山坡草地，演替趋势为从矮草群落向高草草丛向草灌丛发展。在草丛中常见的植物有竹节草、海南马唐（*Digitaria setigera*）、牛筋草、地毯草（*Axonopus compressus*）、棕叶芦（*Thysanolaena latifolia*）、斑茅、珍珠茅（*Scleria levis*）、香附子（*Cyperus rotundus*）、割鸡芒（*Hypolytrum nemorum*）、多枝扁莎（*Pycreus polystachyos*）、飞机草、革命菜（*Crassocephalum crepidioides*）、鬼针草（*Bidens pilosa*）、香丝草（*Conyza bonariensis*）、小蓬草（加拿大蓬）、地胆草、猪屎豆（*Crotalaria pallida*）、乳豆（毛乳豆）（*Galactia tenuiflora*）、葫芦茶（*Desmodium triquetrum*）和排钱草、赤才（*Lepisanthes rubiginosa*）、刺桑、黑叶谷木、野牡丹、桃金娘、叶被木、土花椒、台琼海桐（*Pittospourm pentandrum* var. *formosanum*）、坡柳、余甘子、翻白叶树、单节假木豆（*Dendrolobium lanceolatum*）、厚壳树（*Ehretia acuminata*）、毛果扁担杆（*Grewia eriocarpa*）、火索麻、倒吊笔、银柴、大管、山石榴（*Catunaregam spinosa*）、伞花茉栾藤（山猪菜）（*Merremia umbellata*）、绣毛鱼藤（*Derris elliptica*）、龙须藤（*Bauhinia championii*）、栏篱网、小叶买麻藤。相对湿润的地区常见地胆草、地耳草（*Hypericum japonicum*）、黄花稔、香丝草、加拿大蓬、香附子、毛果珍珠茅（*Scleria levis*）、地毯草。

参 考 文 献

胡宗荣, 钟玉香, 皇甫光华, 等. 2003. 第二次绿色革命展望——利用亚种间杂种优势选育"超级稻"[J]. 农业科技通讯, (12): 6-7.

黄文超, 胡骏, 朱仁山, 等. 2012. 红莲型杂交水稻的研究与发展[J]. 中国科学: 生命科学, (9): 689-698.

黄运峰, 杨小波, 党金玲, 等. 2009a. 琼南与琼北沿海低山丘陵植物物种组成的比较分析[J]. 植物科学学报, 27(2): 152-158.

黄运峰, 杨小波, 党金玲, 等. 2009b. 琼南沿海低山丘陵森林种子植物区系初步分析[J]. 热带亚热带植物学报, 17(4): 343-350.

林万涛. 1978. 海南坡垒属一新种[J]. 植物分类学报, 16(3): 87-88.

漆良华, 梁昌强, 毛超, 等. 2014. 海南岛甘什岭热带低地次生雨林物种组成与地理成分[J]. 生态学杂志, 33(4): 922-929.

陶列平, 黄世满. 2004. 海南省三亚地区红树林植物资源与群落类型的研究[J]. 海南大学学报(自然科学版), 22(1): 70-74.

王丽荣, 李贞, 蒲杨婕, 等. 2011. 海南东寨港、三亚河和青梅港红树林群落健康评价[J]. 热带海洋学报, 30(2): 81-86.

邢福武, 李泽贤, 吴德邻. 1993. 海南岛南部甘什岭植物区系的初步研究[J]. 植物研究, 13(3): 227-242.

杨小波, 黄世满. 1996a. 海南岛无翼坡垒林植物物种多样性和物种空间配置研究[J]. 海南大学学报(自然科学版), (2): 140-145.

杨小波, 林英, 梁淑群. 1994a. 五指山的森林植被类型. 海南大学学报(自然科学版), 12(3): 221-235.

杨小波, 林英, 梁淑群. 1994b. 海南岛五指山的森林植被 Ⅱ [J]. 植物种群分析与森林结构分析. 海南大学学报(自然科学版), 12(4): 311-323.

杨小波, 林英, 梁淑群, 等. 1995. 海南岛无翼坡垒种群结构与分布格局研究[J]. 海南大学学报(自然科学版), (4): 299-303.

杨小波, 林英, 王琼梅, 等. 1996b. 海南岛无翼坡垒种群调节研究[J]. 海南大学学报(自然科学版), (3): 236-240.

姚轶锋, 廖文波, 宋晓彦, 等. 2010. 海南三亚铁炉港红树林资源现状与保护[J]. 海洋通报, 29(2): 150-155.

张乔民, 陈永福. 2003. 海南三亚河红树凋落物产量与季节变化研究[J]. 生态学报, 23(10): 1977-1983.

张荣京, 赵哲, 苏文拔, 等. 2015. 海南甘什岭保护区珍稀濒危植物的分布与评估[J]. 生物多样性, 23(1): 11-17.

（四）各区植被图

1. 海棠区植被图

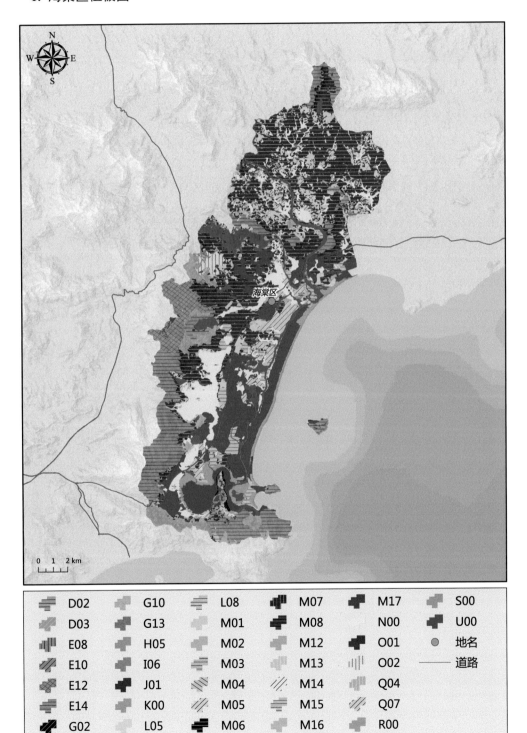

2. 吉阳区植被图

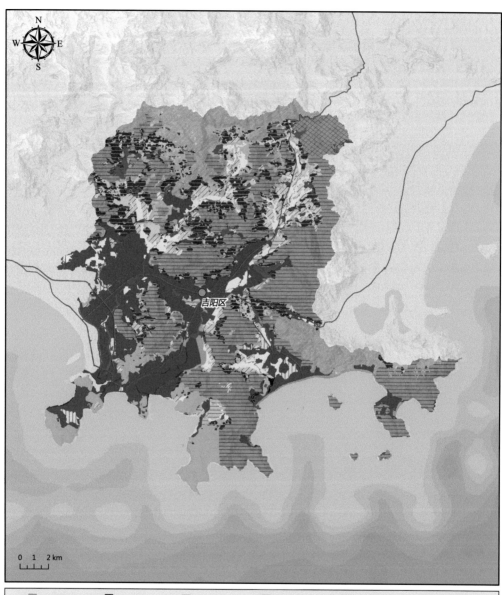

3. 天涯区植被图

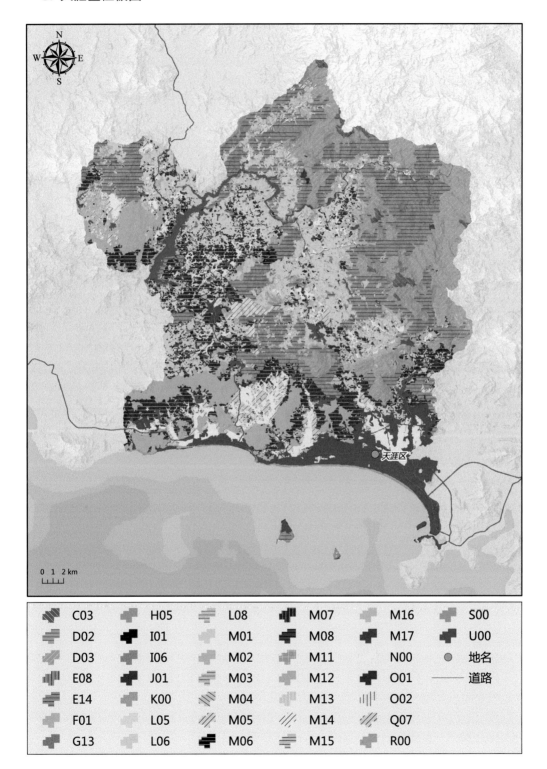

C03		H05		L08		M07		M16		S00
D02		I01		M01		M08		M17		U00
D03		I06		M02		M11		N00		地名
E08		J01		M03		M12		O01		道路
E14		K00		M04		M13		O02		
F01		L05		M05		M14		Q07		
G13		L06		M06		M15		R00		

4. 崖州区植被图

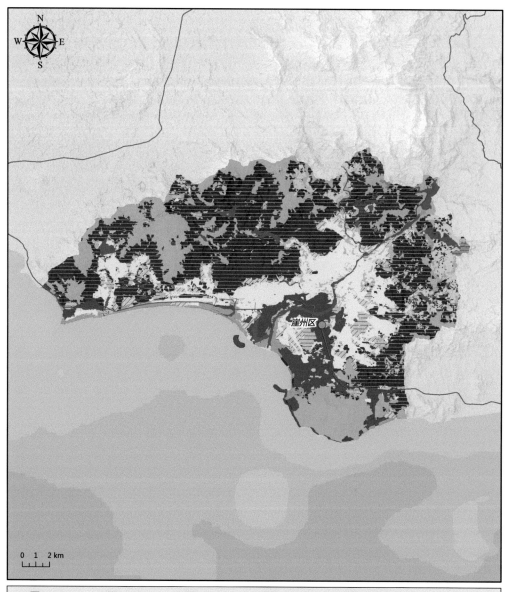

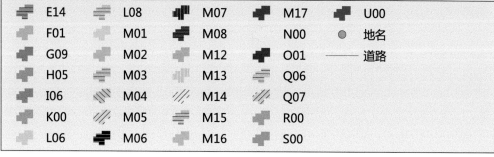

十五、屯昌县

（一）屯昌县植被图（无乡镇界线）

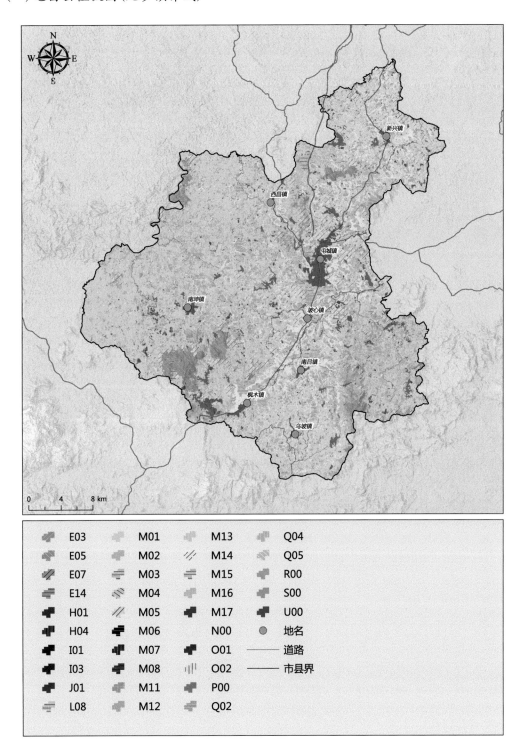

(二)屯昌县植被图(有乡镇界线)

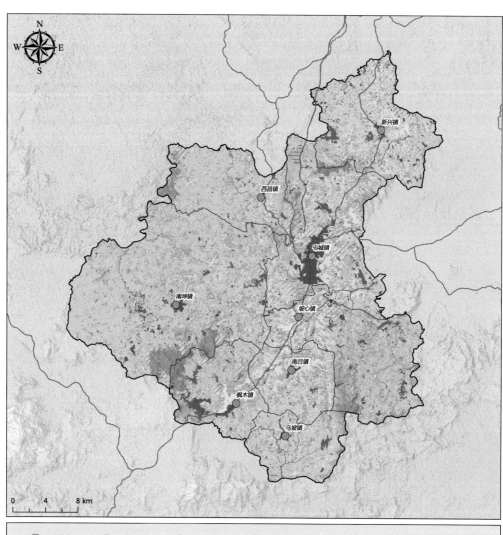

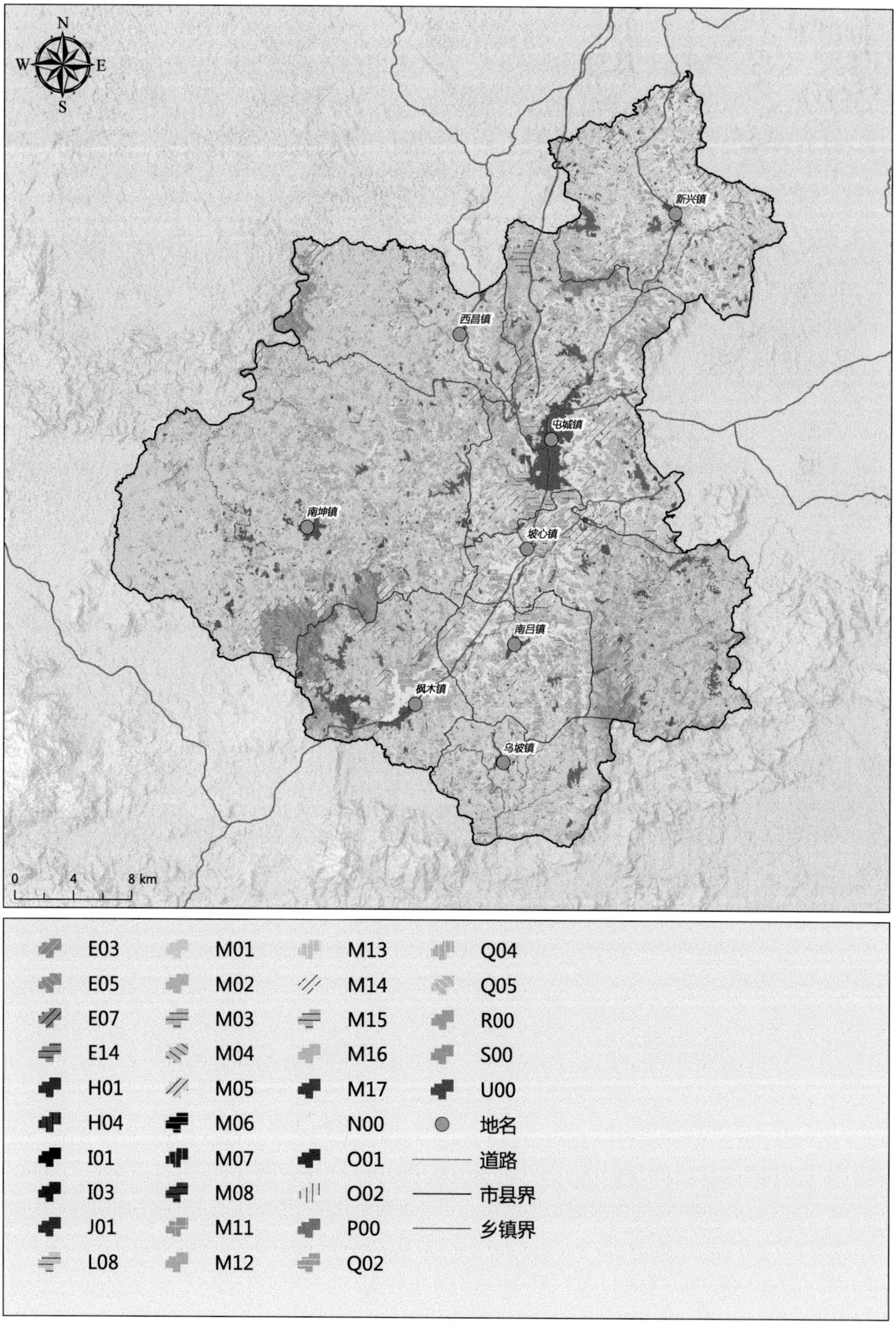

	E03		M01		M13		Q04
	E05		M02		M14		Q05
	E07		M03		M15		R00
	E14		M04		M16		S00
	H01		M05		M17		U00
	H04		M06		N00	●	地名
	I01		M07		O01	——	道路
	I03		M08		O02	——	市县界
	J01		M11		P00	——	乡镇界
	L08		M12		Q02		

Map labels: 新兴镇, 西昌镇, 屯城镇, 南坤镇, 坡心镇, 南吕镇, 枫木镇, 乌坡镇

0   4   8 km

(三)植被图的说明

屯昌县位于海南中部丘陵、山区向北部平原区的过渡区域,为海南低地雨林分布区,是海南引种驯化的好区域,海南省林业树木园建立在屯昌县枫木镇(1960 年建立),到 1966 年,已经引种了乔灌木 105 科 760 种,其中裸子植物 8 科 24 种,被子植物 97 科 736 种,海南重要的树木种类几乎都引种在园中,树木园中树木生长情况的研究工作曾有报道(肖嘉,1974),屯昌县植被也因该树木园的引种工作,得到学者的关注(谢国干和黄世满,1990;杨逢春等,2007;农寿千等,2010;郑道君等,2016)。

尽管屯昌县较大的区域均受到人类活动的影响,但该县仍保存有一些自然植被类型,主要有热带低地雨林次生林、灌丛和草丛。当地野生植物种类较丰富。初步调查结果显示在枫木镇的琼凯岭、鸡咀岭、黄竹岭和晒谷岭的自然植被中,记录野生种子植物 812 种(含变种、亚种及变型),裸子植物有 6 科 8 属 28 种;被子植物有 120 科 426 属 784 种。在被子植物中有双子叶植物 102 科 324 属 635 种,单子叶植物 18 科 102 属 149 种,植物多样性较高(海南野生动植物管理局提供)。

在屯昌境内还分布有野生大叶黑桫椤(*Alsophila gigantea*)、阴生桫椤(*Alsophila latebrosa*)、白桫椤(*Sphaeropteris brunoniana*)、海南龙血树(*Dracaena cambodiana*)、海南韶子(*Nephelium topengii*)、苦梓(海南石梓)(*Gmelina hainanensis*)、斯里兰卡天料木(红花天料木、母生)(*Homalium ceylanicum*)、蝴蝶树(*Heritiera parvifolia*)、海南大风子(*Hydnocarpus hainanensis*)、见血封喉(*Antiaris toxicaria*)、降香檀(*Dalbergia odorifera*)、野生荔枝(*Litchi chinensis*)、青梅(*Vatica mangachapoi*)、毛巴戟天(*Morinda officinalis* var. *hirsuta*)、土沉香(*Aquilaria sinensis*)、普洱茶(野茶)(*Camellia sinensis* var. *assamica*)和油丹(*Alseodaphne hainanensis*)等多种珍稀保护植物。在枫木迁地保护了一定数量的珍稀保护植物,且部分珍稀保护植物种群自我恢复较好,如坡垒(*Hopea hainanensis*)的种群恢复特别好。笔者认为,屯昌枫木等地区是海南珍稀保护植物迁地保护最好的地区之一。

在农村地区分布有较好的自然、半自然村庄植被。笔者在屯新村、仁教村、群星村等可记录到维管植物 303 种,隶属 79 科 228 属。其中蕨类植物有 8 科 9 属 13 种;裸子植物有 2 科 2 属 3 种;被子植物有 69 科 217 属 287 种,双子叶植物有 59 科 190 属 247 种,单子叶植物 9 科 27 属 40 种。

屯昌县自然,自然、半自然植被可划分为西部、西南部低山、丘陵植被亚区,主要包括西昌镇、南坤镇和枫木镇 3 个镇;北部、东部和东南部平原及低山丘陵植被亚区,主要包括新兴镇、屯城镇、乌坡镇、南昌镇、坡心镇 5 个镇。

在西部、西南部低山、丘陵植被亚区里,自然植被主要是热带低地雨林次生林、灌丛和草丛,另外在大多数农村周边分布有自然、半自然村庄植被。

在枫木镇保护较好的次生林中,常见的植物主要有刺栲(*Castanopsis hystrix*)、青梅、大花五桠果(*Dillenia turbinata*)、细子龙(*Amesiodendron chinense*)、野生荔枝、海南暗罗(*Polyalthia laui*)、乌材(*Diospyros eriantha*)、斯里兰卡天料木、油丹、琼楠(*Beilschmiedia intermedia*)、钝叶厚壳桂(*Cryptocarya impressinervia*)、高山榕(*Ficus altissima*)、红毛山楠(*Phoebe hungmoensis*)、长柄梭罗(*Reevesia longipetiolata*)、光叶白颜树(*Trema* cannabina)、鸭脚木(*Schefflera heptaphylla*)、海南红豆(*Ormosia pinnata*)、丛花厚壳桂(*Cryptocarya densiflora*)、橄榄(*Canarium album*)、黄桐(*Endospermum chinense*)、美丽新木姜子(*Neolitsea pulchella*)、肉实树(水石梓)(*Sarcosperma laurinum*)、海南杨桐(*Adinandra hainanensis*)、土沉香(白木香)、秋枫(*Bischofia javanica*)、粗毛野桐(*Hancea hookeriana*)、石斑木(*Rhaphiolepis indica*)、鱼尾葵(*Caryota maxima*)、红叶藤(*Rourea minor*)、买麻藤(*Gnetum montanum*)、单叶新月蕨(*Pronephrium simplex*)、崖姜蕨(*Pseudodrynaria coronans*)、黑桫椤(*Alsophila podophylla*)、白桫椤、二色波罗蜜(小叶胭脂)(*Artocarpus styracifolius*)、山杜英(*Elaeocarpus sylvestris*)、圆果杜英(*Elaeocarpus angustifolius*)、海南大风子、(小果)鹧鸪花(*Heynea trijuga*)、海南韶子、海南木莲(*Manglietia fordiana* var. *hainanensis*)、山鸡椒(*Litsea cubeba*)、九节(*Psychotria asiatica*)、多花山竹子(*Garcinia multiflora*)、黄豆树(菲律宾合欢、白格)(*Albizia procera*)、黄牛木(*Cratoxylum cochinchinense*)、厚皮树(*Lannea coromandelica*)、海南榄仁(*Terminalia nigrovenulosa*)、乌墨(*Syzygium cumini*)、印度栲(*Castanopsis indica*)、橄榄、三桠苦(三叉苦)(*Melicope pteleifolia*)、鸦胆子(*Brucea javanica*)、贡甲(*Maclurodendron oligophlebium*)等；灌木层植物有山芝麻(*Helicteres angustifolia*)、昂天莲(*Ambroma augustum*)、绿玉树(*Euphorbia tirucalli*)、鹊肾树(*Streblus asper*)、刺桑(*Streblus ilicifolius*)、叶下珠(*Phyllanthus urinaria*)、黑面神(*Breynia fruticosa*)、海南榄仁、香合欢(*Albizia odoratissima*)、木棉(*Bombax ceiba*)、毛柿(*Diospyros strigosa*)、麻楝(*Chukrasia tabularia*)、对叶榕(*Ficus hispida*)、猫尾木(*Markhamia stipulata*)、枫香(*Liquidambar formosana*)、潺槁木姜子(*Litsea glutinosa*)、白楸(*Mallotus paniculatus*)、槟榔青(*Spondias pinnata*)、粗糠柴(*Mallotus philippinensis*)、细基丸(*Polyalthia cerasoides*)、紫玉盘(*Uvaria macrophylla*)、刺篱木(*Flacourtia indica*)、猪肚木(*Canthium horridum*)、多花谷木(*Memecylon floribundum*)、毛菍(*Melastoma sanguineum*)等。

在西昌镇南渡江畔的残次林及灌丛、草丛中常见的植物有鹧鸪麻(*Kleinhovia hospita*)、构树(*Broussonetia papyrifera*)、翅子树(*Pterospermum acerifolium*)、山麻树(*Commersonia bartramia*)、中平树(*Macaranga denticulata*)、三桠苦、土蜜树(*Bridelia tomentosa*)、白楸、榕树(*Ficus microcarpa*)、琼榄(*Gonocaryum lobbianum*)、水锦树(*Wendlandia uvariifolia*)、大青(*Clerodendrum cyrtophyllum*)、对叶榕、破布叶(*Microcos paniculata*)、光荚含羞草(*Mimosa bimucronata*)、钩枝藤(*Ancistrocladus tectorius*)、海南崖豆藤(*Millettia pachyloba*)、金纽扣(*Spilanthes acmella*)、马缨丹(*Lantana camara*)、藿香蓟(*Ageratum conyzoides*)、黄葵(*Abelmoschus moschatus*)、蜂巢草(*Leucas aspera*)、白花假马鞭(*Stachytarpheta dichotoma*)、白花地胆草(*Elephantopus tomentosus*)、粽叶芦(*Thysanolaena latifolia*)、野甘草(*Scoparia dulcis*)、露兜草(*Pandanus austrosinensis*)、假臭草(*Praxelis clematidea*)、飞机草(*Chromolaena odorata*)、刺蒴麻(*Triumfetta rhomboidea*)、刺果藤(*Byttneria grandifolia*)、粉叶蕨(*Pityrogramma calomelanos*)、三叉蕨(*Tectaria subtriphylla*)、肾蕨(*Nephrolepis auriculata*)、半边旗(*Pteris semipinnata*)、薄叶卷柏(*Selaginella delicatula*)、乌毛蕨(*Blechnum orientale*)、华南毛蕨(*Cyclosorus parasiticus*)、乌蕨(*Stenoloma chusanum*)、扇叶铁线蕨(*Adiantum flabellulatum*)。

在灌丛、草丛或灌草丛中，常见的植物有野牡丹（*Melastoma malabathricum*）、桃金娘（*Rhodomyrtus tomentosa*）、土蜜树、假苹婆（*Sterculia lanceolata*）、三桠苦（三叉苦）、黑面神、刺篱木、九节、马缨丹、铜盆花（钝叶紫金牛）（*Ardisia obtusa*）、斑茅（*Saccharum arundinaceum*）、五节芒（*Miscanthus floridulus*）、白茅（*Imperata cylindrica*）、艾纳香（*Blumea balsamifera*）、毛毡草（*Blumea hieraciifolia*）、海南鸭嘴草（*Ischaemum aristatum* var. *glaucum*）、飞机草、小蓬草（加拿大蓬）（*Erigeron canadensis*）、芒（*Miscanthus sinensis*）、竹节草（*Chrysopogon aciculatus*）、水蔗草（*Apluda mutica*）、铁芒萁（*Dicranopteris linearis*）、狗牙根（*Cynodon dactylon*）、弓果黍（*Cyrtococcum patens*）、割鸡芒（*Hypolytrum nemorum*）、刺天茄（*Solanum indicum*）、假马鞭、秋枫、山杜英（*Elaeocarpus sylvestris*）、美叶菜豆树（*Radermachera frondosa*）、枫香、山乌桕（*Triadica cochinchinensis*）、木棉。

在农村自然、半自然村庄植被中，常见的植物有荔枝、假苹婆、破布叶、龙眼（*Dimocarpus longan*）、红厚壳（琼崖海棠）（*Calophyllum inophyllum*）、岭南山竹子（*Garcinia oblongifolia*）、假玉桂（*Celtis timorensis*）、山黄麻（*Trema tomentosa*）、黄牛木（*Cratoxylum cochinchinense*）、倒吊笔（*Wrightia pubescens*）、对叶榕、肖蒲桃（*Syzygium acuminatissimum*）、九节等多种。

北部、东部和东南部平原及低山丘陵植被亚区主要分布有灌丛、草丛和农村周边自然、半自然村庄植被。

在灌丛、草丛或灌草丛中，常见的植物有对叶榕、苦楝（*Melia azedarach*）、土蜜树、五月茶（*Antidesma bunius*）、两面针（*Zanthoxylum nitidum*）、簕欓花椒（土花椒）、潺槁木姜子、破布叶、盐肤木（*Rhus chinensis*）、牛筋果（*Harrisonia perforata*）、细叶裸实（*Gymnosporia diversifolia*）、马缨丹、小簕竹（*Bambusa flexuosa*）、山石榴（*Catunaregam spinosa*）、白饭树（*Flueggea virosa*）、假臭草、车桑子（坡柳）（*Dodonaea viscosa*）、飞机草、弓果黍、樟叶素馨（*Jasminum cinnamomifolium*）、石芒草（*Arundinella nepalensis*）、三点金（*Desmodium triflorum*）、叶下珠（*Phyllanthus urinaria*）、灰毛豆（*Tephrosia purpurea*）、含羞草（*Mimosa pudica*）、地毯草（*Axonopus compressus*）、假败酱（*Stachytarpheta jamaicensis*）、台湾相思（*Acacia confusa*）。

农村周边自然、半自然村庄植被中，常见的植物有荔枝、见血封喉（*Antiaris toxicaria*）、胭脂（*Artocarpus tonkinensis*）、斯里兰卡天料木、楝叶吴萸（*Tetradium glabrifolium*）、龙眼、黄皮（*Clausena lansium*）、波罗蜜（*Artocarpus heterophyllus*）、芋（*Colocasia esculenta*）、杧果（*Mangifera indica*）、苦楝、白楸、三花冬青（*Ilex triflora*）、鹊肾树、土坛树（*Alangium salviifolium*）、阳桃（杨桃）（*Averrhoa carambola*）、阴香（*Cinnamomum burmanni*）、木麻黄（*Casuarina equisetifolia*）、猪肚木（*Canthium horridum*）、倒吊笔、柚（*Citrus maxima*）、夹竹桃（*Nerium oleander*）、三稔蒟（*Alchornea rugosa*）、叶被木（*Streblus taxoides*）、三桠苦（三叉苦）、羊角拗（*Strophanthus divaricatus*）、裸花紫珠（*Callicarpa nudiflora*）、假烟叶树（*Solanum erianthum*）、柊叶（*Phrynium rheedei*）、假蒟（*Piper sarmentosum*）、紫玉盘、白花丹（*Plumbago zeylanica*）、穗花轴榈（*Licuala fordiana*）、千斤拔（*Moghania philippinensis*）、台湾毛楤木（黄毛楤木）（*Aralia decaisneana*）、九节、露兜树、芭蕉（*Musa basjoo*）、含羞草、破布叶、对叶榕、潺槁木姜子、锡叶藤（*Tetracera sarmentosa*)、白饭树、小果葡萄(*Vitis balansana*)、水竹叶(*Murdannia triquetra*)、杜若(*Pollia secundiflora*)、牛筋果、大尾摇(*Heliotropium indicum*)、少花龙葵(*Solanum americanum*)、蟛蜞菊(*Sphagneticola calendulacea*)、银胶菊(*Parthenium hysterophorus*)、洋金花(*Datura metel*)、飞机草、半边旗(*Pteris semipinnata*)、鬼针草(*Bidens pilosa*)、小牵牛(*Jacquemontia paniculata*)、光荚含羞草等多种。

参 考 文 献

董仕勇. 2004. 海南岛蕨类植物的分类、区系地理与保育[D]. 北京: 中国科学院研究生院(植物研究所).

罗文启, 符少怀, 杨小波, 等. 2015. 海南岛入侵植物的分布特点及其对本地植物的影响[J]. 植物生态学报, 39(5): 486-500.

农寿千, 杨小波, 李东海, 等. 2010. 海南省中东部农村朝天椒资源的调查研究[J]. 资源科学, 32(12): 2400-2406.

肖嘉. 1974. 海南林科所树木园一些树种的生长情况[J]. 热带林业, (3): 18-22.

谢国干, 黄世满. 1990. 海南岛的楝科植物资源及其开发利用与保护[J]. 海南大学学报(自然科学版), (4): 4-10.

杨逢春, 胡新文, 尤丽莉. 2007. 海南蕨类植物自然分布及区系组成[J]. 植物分类与资源学报, 29(2): 155-160.

郑道君, 潘孝忠, 张冬明, 等. 2016. 海南油茶资源调查与分析[J]. 西北林学院学报, 31(1): 130-135.

（四）各乡镇植被图

1. 枫木镇植被图

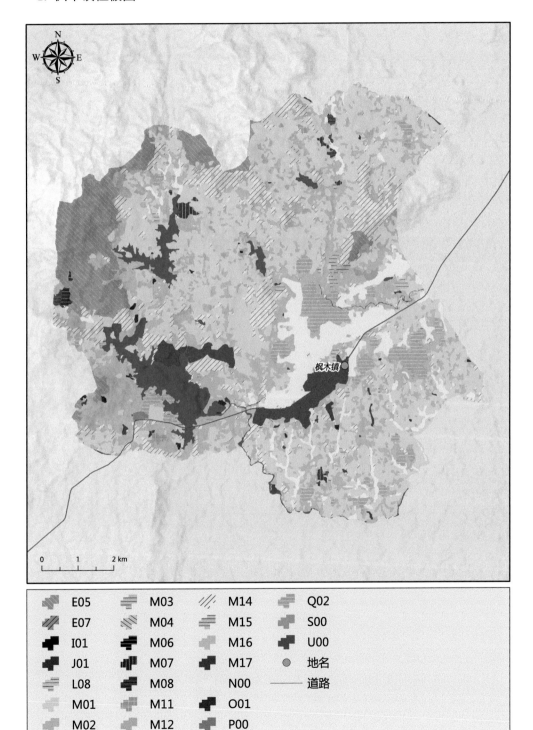

2. 南坤镇植被图

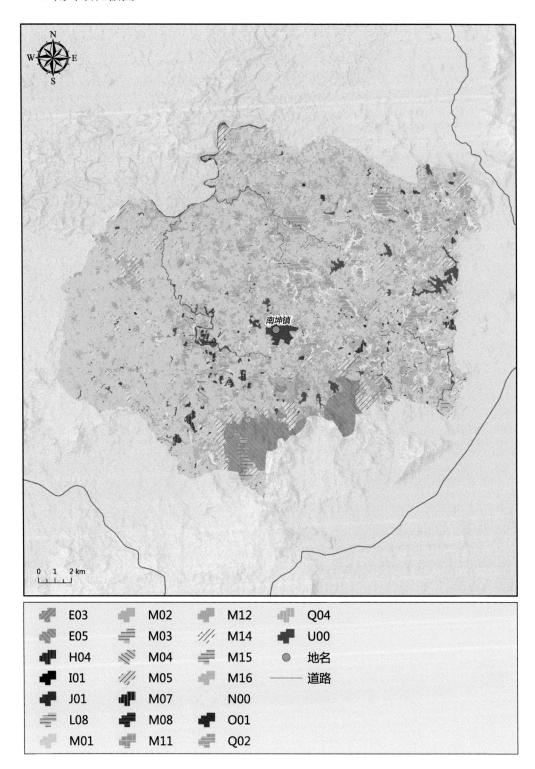

3. 南吕镇植被图

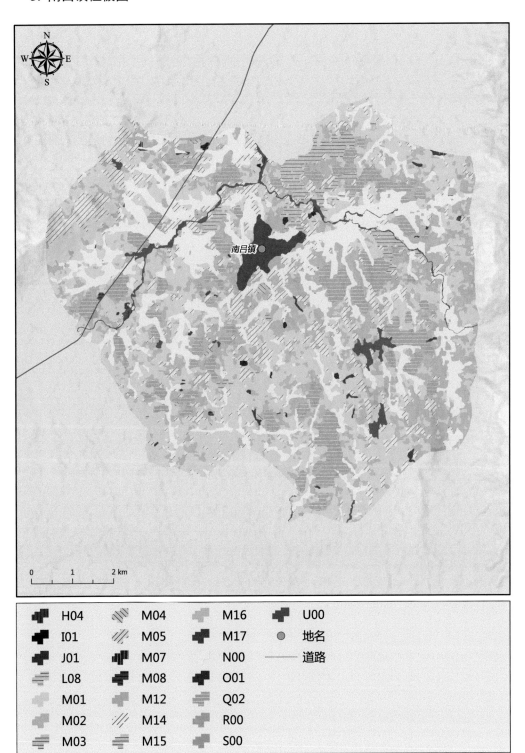

	H04		M04		M16		U00
	I01		M05		M17		地名
	J01		M07		N00		道路
	L08		M08		O01		
	M01		M12		Q02		
	M02		M14		R00		
	M03		M15		S00		

4. 坡心镇植被图

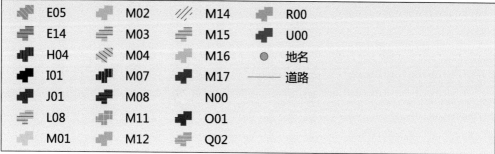

5. 屯城镇植被图

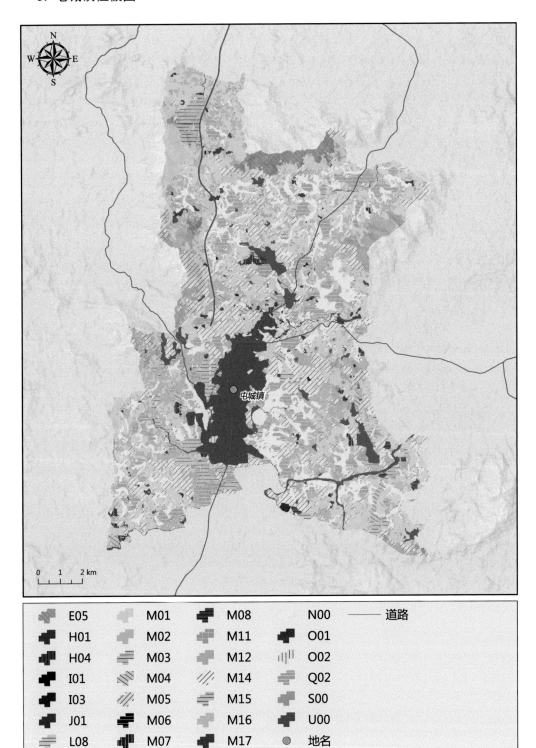

	E05		M01		M08		N00	—— 道路
	H01		M02		M11		O01	
	H04		M03		M12		O02	
	I01		M04		M14		Q02	
	I03		M05		M15		S00	
	J01		M06		M16		U00	
	L08		M07		M17		地名	

6. 乌坡镇植被图

乌坡镇

0   1   2 km

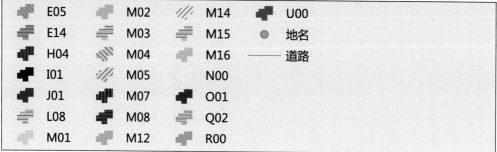

	E05		M02		M14		U00
	E14		M03		M15	●	地名
	H04		M04		M16	——	道路
	I01		M05		N00		
	J01		M07		O01		
	L08		M08		Q02		
	M01		M12		R00		

7. 西昌镇植被图

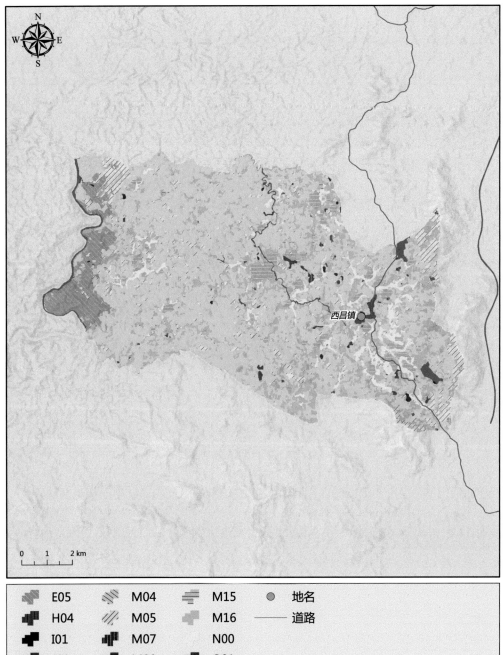

E05	M04	M15	● 地名	
H04	M05	M16	—— 道路	
I01	M07	N00		
J01	M08	O01		
L08	M11	Q02		
M01	M12	Q05		
M02	M14	U00		

8. 新兴镇植被图

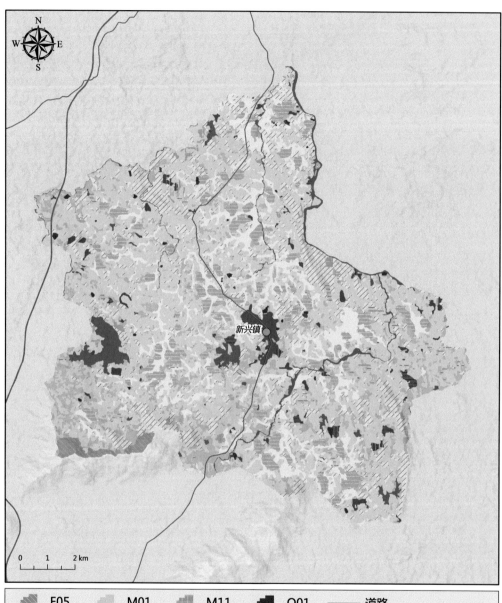

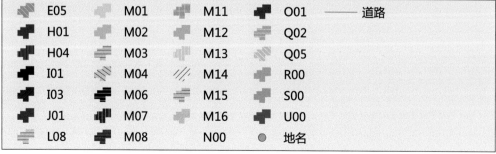

十六、万宁市

(一)万宁市植被图(无乡镇界线)

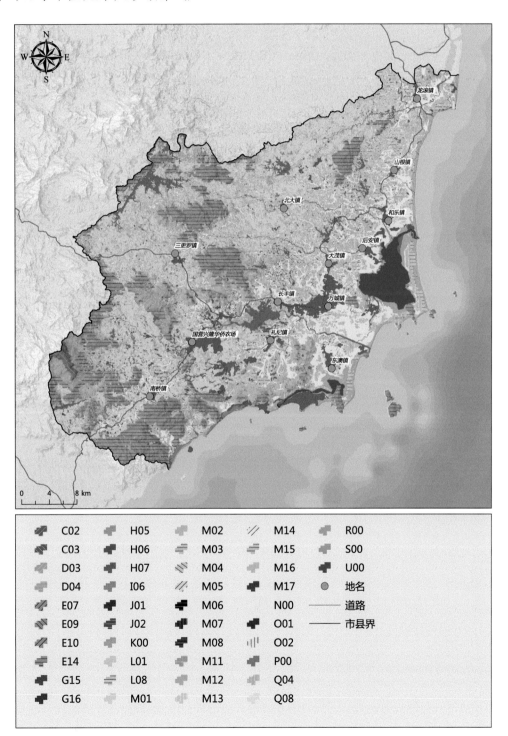

C02		H05		M02		M14		R00	
C03		H06		M03		M15		S00	
D03		H07		M04		M16		U00	
D04		I06		M05		M17		地名	
E07		J01		M06		N00		道路	
E09		J02		M07		O01		市县界	
E10		K00		M08		O02			
E14		L01		M11		P00			
G15		L08		M12		Q04			
G16		M01		M13		Q08			

（二）万宁市植被图（有乡镇界线）

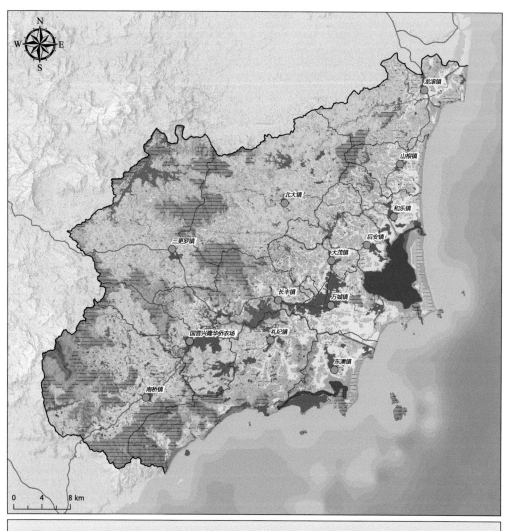

C02	H05	M02	M14	R00
C03	H06	M03	M15	S00
D03	H07	M04	M16	U00
D04	I06	M05	M17	● 地名
E07	J01	M06	N00	—— 道路
E09	J02	M07	O01	—— 市县界
E10	K00	M08	O02	—— 乡镇界
E14	L01	M11	P00	
G15	L08	M12	Q04	
G16	M01	M13	Q08	

（三）植被图的说明

万宁市位于海南东偏南部，保存有较好的热带低地雨林及特殊的滨海丛林。一直以来学者对分布在万宁礼纪石梅湾的青梅（*Vatica mangachapoi*）林的归类有争论（张宏达，1963；胡玉佳，1983；王伯荪，1987；杨小波和胡荣桂，2000），人们关注万宁的植被与植物资源也是从关心这片青梅林开始的。较全面揭示这片青梅林的组成与结构特征和土壤特点是到 20 世纪的 90 年代（梁淑群等，1993；胡荣桂和梁淑群，1995；杨小波和胡荣桂，2000）。笔者认为它既不是热带雨林，也不是季雨林，而是生长在滨海沙质环境中的丛林，固把它称之为滨海丛林，它是万宁境内地低雨林在滨海特殊的土壤环境和海洋气候条件下演变发育而来的。除低地热带雨林的优势种青梅有较宽的生态适应性，能更好地适应这一特殊的环境条件外，其他主要的伴生种，如柄果木（*Mischocarpus sundaicus*）、铁线子（*Manilkara hexandra*）和闭花木（*Cleistanthus sumatranus*）等多为滨海植物，与热带低地雨林的组成与结构都有较大的区别。

另外，由于万宁市相对低海拔还保留有较好的低地雨林，尽管相对破碎，但在低地雨林中，蕴藏着丰富的药用植物资源和热带果树植物资源等。因此，在万宁境内仍有小部分保存较好的热带雨林划入海南热带雨林国家公园，我们仍然需要努力开展研究工作，为有效保护与可持续开发利用植被与植物资源提供科学支撑（谭业华和陈珍，2006；郑希龙等，2013；张萱蓉等，2016）。

万宁市自然或自然、半自然植被可划分为东部和东南部滨海植被亚区，北部、中部、东南部低山、丘陵平原植被亚区和西部、西南部丘陵低山植被亚区，共 3 个亚区。东部和东南部滨海植被亚区主要包括龙滚镇、山根镇、和乐镇、后安镇、万城镇、东澳镇的滨海地区；东部和东南部滨海植被亚区主要包括礼纪镇的滨海区域；北部、中部、东南部低山、丘陵平原植被亚区，主要包括北大镇、长丰镇、大茂镇和兴隆华侨农场及龙滚镇、山根镇、后安镇、万城镇、东澳镇和礼纪镇的非沿海区域；西部、西南部丘陵低山植被亚区，主要包括三更罗镇、南桥镇及兴隆华侨农场西部。

东部和东南部滨海植被亚区主要分布有滨海青梅丛林、水椰（*Nypa fruticans*）丛林、少量红树林、半红树林及藤蔓丛，最具有特色的植被类型是滨海青梅丛林、水椰丛林及在兴隆华侨农场低海拔区域保留有较好的低地雨林；在北部、中部、东南部低山、丘陵平原植被亚区主要分布有地带性低地雨林次生林、灌丛和草丛；在西部、西南部丘陵低山亚区主要分布有地带性山地雨林（少量）及低地雨林次生林、灌丛和草丛。

在万宁市境内分布有海南大洲岛国家级自然保护区，省级保护区有南林省级自然保护区、茄新省级自然保护区、上溪省级自然保护区、尖岭省级自然保护区、六连岭省级自然保护区和礼纪青皮林自然保护区等，自然森林植被得到相对有效的保护。

东部和东南部滨海植被亚区海岸线较长，分布的植被类型也相对丰富多样。在这一亚区最有特色的植物为滨海青梅丛林、水椰丛林和少量的红树林及半红树林。研究结果表明，在青梅丛林中，维管植物共有 172 种，隶属于 69 科 143 属。其中以双子叶植物占绝对优势，计有 118 属 145 种；单子叶植物有 21 属 23 种；裸子植物有 1 属 1 种；蕨类植物有 3 属 3 种（梁淑群等，1993）。

在该亚区的其他地区还分布有自然、半自然次生林、灌丛和草丛（含海草丛）等植被，在次生林中，常见的植物有鸭脚木、厚皮树（*Lannea coromandelica*）、破布叶（*Microcos paniculata*）、白茶（*Koilodepas hainanense*）、岭南山竹子（*Garcinia oblongifolia*）、降真香、黑面神（*Breynia fruticosa*）、仔榄树（*Hunteria zeylanica*）、黄叶树（青蓝）（*Xanthophyllum hainanense*）、异萼木（*Dimorphocalyx poilanei*）、细基丸（*Polyalthia cerasoides*）、美叶菜豆树、猫尾木（*Markhamia stipulata*）、暗罗、滨木患（*Arytera littoralis*）、柄果木（*Mischocarpus sundaicus*）、细轴荛花（*Wikstroemia nutans*）、刺柊（*Scolopia chinensis*）、膜叶嘉赐树（*Casearia membranacea*）、油茶（*Camellia oleifera*）、猴耳环（*Archidendron clypearia*）、紫毛野牡丹（*Melastoma penicillatum*）、假苹婆（*Sterculia lanceolata*）、土蜜树（*Bridelia tomentosa*）、银叶巴豆（*Croton cascarilloides*）、网脉核果木（白梨么）（*Drypetes perreticulata*）、粗毛野桐（*Hancea hookeriana*）、眼镜豆（*Entada rheedii*）、朴树（*Celtis sinensis*）、粗叶榕（*Ficus hirta*）、黄葛榕（*Ficus virens*）等，另外有保护植物青梅、蝴蝶树（*Heritiera parvifolia*）、野生龙眼（*Dimocarpus longan*）和荔枝的分布，但不常见。草丛多以斑茅（*Saccharum arundinaceum*）为主。

灌丛常见的植物有厚皮树、野牡丹（*Melastoma malabathricum*）、银柴（*Aporosa dioica*）、光滑黄皮（*Clausena lenis*）、土花椒、黑面神、刺篱木（*Flacourtia indica*）、叶被木（*Streblus taxoides*）、倒吊笔（*Wrightia pubescens*）、海南山麻杆（*Alchornea rugosa* var. *pubescens*）、九节（*Psychotria asiatica*）、五月茶（*Antidesma bunius*）、破布叶、海南狗牙花、鸦胆子（*Brucea javanica*）、厚皮树、黄牛木（*Cratoxylum cochinchinense*）、乌墨（*Syzygium cumini*）、棒花蒲桃（*Syzygium claviflorum*）、三稔蒟（*Alchornea rugosa*）、斑茅、芒（*Miscanthus sinensis*）、白茅（*Imperata Cylindrica*）、飞机草（*Chromolaena odorata*）、海康钩粉草（*Pseuderanthemum haikangense*）、耳草（*Hedyotis auricularia*）、黄花稔（*Sida acuta*）、地胆草（*Elephantopus scaber*）等。

草丛常见的植物有斑茅、芒、白茅、野生芭蕉、黄茅（*Heteropogon contortus*）、狗牙根（*Cynodon dactylon*）、竹节草（*Chrysopogon aciculatus*）、飞机草、银柴、玉叶金花（*Mussaenda pubescens*）等。

在局部地区的次生林、灌丛等被伞花茉栾藤（山猪菜）（*Merremia umbellata*）覆盖严重，其未来发展方向有待进一步研究。

红树林主要分布在神州半岛。常见的植物有卤蕨（*Acrostichum aureum*）、海桑（*Sonneratia caseolaris*）、榄李（*Lumnitzera racemosa*）、木榄（*Bruguiera gymnorhiza*）、海莲（*Bruguiera sexangula*）、红树（*Rhizophora apiculata*）、海漆（*Excoecaria agallocha*）、桐花树（*Aegiceras corniculatum*）、老鼠簕（*Acanthus ilicifolius*）、白骨壤（海榄雌）（*Avicennia marina*）。

半红树林主要分布在神州半岛和乌场海边，常见的植物有黄槿（*Hibiscus tiliaceus*）、苦郎树（许树）（*Clerodendrum inerme*）、卤蕨、水黄皮（*Pongamia pinnata*）、海漆、海杧果（*Cerbera manghas*）、木麻黄（*Casuarina equisetifolia*）、红厚壳（琼崖海棠）（*Calophyllum inophyllum*）、暗罗、豆腐柴（*Premna microphylla*）、露兜树（*Pandanus tectorius*）、铺地黍（*Panicum repens*）、文殊兰（*Crinum asiaticum*）、野牡丹、潺槁木姜子（*Litsea glutinosa*）

和含羞草(*Mimosa pudica*)(外来入侵植物)等多种，而靠近村落的半红树林却有较多的椰子树和苦楝个体分布。

滨海藤蔓丛主要有厚藤(*Ipomoea pes-caprae*)、蔓荆(*Vitex trifolia*)、鬣刺(*Spinifex littoreus*)和海刀豆(*Canavalia rosea*)等。

北部、中部、东南部低山、丘陵平原植被亚区的地带性植被类型为低地雨林，在局部地区的森林中分布有山地雨林的代表性植物陆均松(*Dacrydium pectinatum*)、线枝蒲桃等，但仅属偶见种，森林性质仍属低地雨林，初步调查结果表明，该区的非农村地区的自然低地雨林仍然以青梅、蝴蝶树林为主。还可以发现坡垒(*Hopea hainanensis*)、细子龙(*Amesiodendron chinense*)和金莲木(*Ochna integerrima*)等海南热带低地雨林代表植物(陈红锋等，2004)。

在该亚区分布有茄新省级自然保护区(礼纪镇)、上溪省级自然保护区(三更罗镇、长丰镇及兴隆华侨农场)、尖岭省级自然保护区(北大镇)和六连岭省级自然保护区(龙滚镇)。

在茄新的低地雨林及周边的次生植被中，发现蕨类植物117种，隶属于40科71属；种子植物有1243种，隶属于161科664属。常见的植物有青梅、贡甲、岭南山竹子、山乌桕(*Triadica cochinchinensis*)、黄牛木、三桠苦(三叉苦)、穗花轴榈(*Licuala fordiana*)、大花五桠果(*Dillenia turbinata*)、黄杞(*Engelhardia roxburghiana*)、鸭脚木、黄桐(*Endospermum chinense*)、野牡丹、榕树(*Ficus microcarpa*)、万宁蒲桃(*Syzygium howii*)、细子龙、海南柿(*Diospyros hainanensis*)、草豆蔻(*Alpinia hainanensis*)、锡叶藤(*Tetracera sarmentosa*)、黑面神、琼榄(*Gonocaryum lobbianum*)、枫香(*Liquidambar formosana*)、九节、白颜树(*Gironniera subaequalis*)、白桐(*Claoxylon indicum*)、水锦树、桃金娘(*Rhodomyrtus tomentosa*)、白茶、白楸、黄樟(*Cinnamomum parthenoxylon*)、钩枝藤(*Ancistrocladus tectorius*)、翻白叶树(*Pterospermum heterophyllum*)、小黄皮(*Clausena emarginata*)、陵水暗罗(*Polyalthia nemoralis*)、白背牛尾菜(*Smilax nipponica*)、海南栲(*Castanopsis hainanensis*)、长花龙血树(*Dracaena angustifolia*)、细子龙、半枫荷(*Semiliquidambar cathayensis*)、木荷(*Schima superba*)、异叶花椒(*Zanthoxylum dimorphophyllum*)、乌材(*Diospyros eriantha*)、鲹蓢栲、苦梓含笑(*Michelia balansae*)、黄杞、大果榕(*Ficus auriculata*)、木奶果(*Baccaurea ramiflora*)、八角枫、柊叶(*Phrynium rheedei*)、野蕉(*Musa balbisiana*)、小叶买麻藤(*Gnetum parvifolium*)、破布叶、假鹰爪(*Desmos chinensis*)、银柴、厚皮树，其中青梅为国家级重点保护植物，另外还有蝴蝶树、海南大风子(*Hydnocarpus hainanensis*)、野生荔枝(*Litchi chinensis*)、水蕨(*Ceratopteris thalictroides*)、大叶黑桫椤、黑桫椤、土沉香(*Aquilaria sinensis*)、阴生桫椤、金毛狗(*Cibotium barometz*)、白桫椤、七指蕨(*Helminthostachys zeylanica*)、野生龙眼、台湾苏铁(*Cycas taiwaniana*)(海南苏铁 *Cycas hainanensis* 并入台湾苏铁)和油楠(*Sindora glabra*)等国家级保护野生植物的分布(陈红锋等，2004)。

在上溪的低地雨林中，常见植物有国家级重点保护植物蝴蝶树、青梅、野生荔枝等，另外还有钩枝藤、橄榄(*Canarium album*)、大花五桠果、白颜树、山杜英(*Elaeocarpus sylvestris*)、鲹蓢栲、变叶榕(*Ficus variolosa*)、高山榕(*F. altissima*)、贡甲、白茶、黄杞、托盘青冈(*Cyclobalanopsis patelliformis*)、岭南山竹、厚叶安息香(*Styrax hainanensis*)、翻白叶树、枫香、厚皮树、猴耳环、海南栲、本桠苦(三叉苦)、琼榄、九节、狗骨柴(*Diplospora dubia*)、鸭脚木、黄桐、白楸、细齿叶柃、白花含笑(*Michelia mediocris*)、海南菜豆树(*Radermachera hainanensis*)、降真香、黄牛木、绒毛润楠(*Machilus velutina*)、白背牛尾菜、黄毛榕、药用狗牙花(*Tabernaemontana bovina*)、穗花轴桐、银柴、山乌桕、山黄麻(*Trema tomentosa*)、白背叶(*Mallotus apelta*)、桄榔(*Arenga pinnata*)、水锦树、猪肚木(*Canthium horridum*)、香港樫木(*Dysoxylum hongkongense*)、无患子(*Sapindus saponaria*)、野漆(*Toxicodendron succedaneum*)、木荷。其他国家级保护植物有土沉香、蕉木(*Chieniodendron hainanense*)、阴生桫椤、白桫椤、大叶黑桫椤、海南风吹楠(*Horsfieldia hainanensis*)、苦梓(海南石梓)(*Gmelina hainanensis*)、红椿(*Toona ciliata*)、野生龙眼、海南粗榧(*Cephalotaxus mannii*)和海南韶子(*Nephelium topengii*)。

在尖岭的低地雨林中,常见的植物有青梅、蝴蝶树、野生荔枝、野生龙眼、鸭脚木、大花五桠果、贡甲、白颜树、榕树、大叶黑桫椤、见血封喉、阴生桫椤、岭南山竹、红藤(*Daemonorops jankinsianus*)、穗花轴桐、黄桐、黄杞、木奶果、琼榄、秋枫(*Bischofia javanica*)、海南檀(*Dalbergia hainanensis*)、绒毛润楠(*Machilus velutina*)、白背牛尾菜、钩枝藤、黄牛木、大果榕、暗罗、白楸、海南红豆、狗骨柴、水锦树、白榄、香蒲桃(*Syzygium odoratum*)、猪肚木、草豆蔻、水柳(*Homonoia riparia*)、桄榔、黄杞、变叶榕(*Ficus variolosa*)、眼镜豆和海南大风子。其中青梅、蝴蝶树、野生荔枝、野生龙眼、大叶黑桫椤、阴生桫椤为国家级重点保护植物。国家级重点保护植物还有台湾苏铁、土沉香等。

在六连岭的低地雨林中,常见的植物有青皮木(青梅)(*Schoepfia jasminodora*)、野生荔枝、蝴蝶树、海南大风子、海南苏铁、斯里兰卡天料木(母生)、岭南山竹子、黄杞、香花蒲桃、穗花轴桐、小叶买麻藤、白颜树、白茶、林仔竹(*Oligostachyum nuspiculum*)、核果木(*Drypetes indica*)、海南柿、粉叶菝葜(*Smilax corbularia*)、露兜草(*Pandanus austrosinensis*)、狗骨柴、万宁蒲桃、黄藤(*Daemonorops jenkinsiana*)、白肉榕(*Ficus vasculosa*)、山骨罗竹(*Schizostachyum hainanense*)、美叶菜豆树(*Radermachera frondosa*)、贡甲、刺桑(*Streblus ilicifolius*)、大花五桠果、五列木(*Pentaphylax euryoides*)、橄榄、算盘子(*Glochidion puberum*)、鸭脚木。其中青梅、野生荔枝、蝴蝶树、台湾苏铁为国家级重点保护植物。

在这一亚区区域内,除了保护区外,其他地区人类活动相对强烈,但在自然、半自然的次生林中还保留有较丰富的植物种类,如在兴隆华侨农场有维管植物693种(不含各植物园植物),隶属于116科。其中蕨类植物有12科12种;裸子植物有4科7种;双子叶植物有97科556种,单子叶植物有11科98种。国家级重点保护植物有黑桫椤、台湾苏铁、野生荔枝和野生龙眼等,常见的植物有鸭脚木、山杜英(*Elaeocarpus sylvestris*)、黄桐、细子龙、海南栲、猴欢喜(*Sloanea sinensis*)、秋枫、山乌桕、禾串树(*Bridelia balansae*)、八角枫(*Alangium chinense*)、假苹婆、阴香(*Cinnamomum burmanni*)、白楸、黄牛木、厚皮树、木棉(*Bombax ceiba*)、海南菜豆树、菜豆树(*Radermachera sinica*)、大果榕、对叶榕(*Ficus hispida*)、中平树(*Macaranga denticulata*)、白颜树、青果榕(*Ficus variegata*)、银柴、大管(*Micromelum falcatum*)、黑面神、海南狗牙花、九节、白饭树

（*Flueggea virosa*）、海南簕茜（*Benkara hainanensis*）等多种。层间植物常见的有伞花茉栾藤（多花山猪菜，金钟藤）、紫玉盘（*Uvaria macrophylla*）、白叶瓜馥木（*Fissistigma glaucescens*）、玉叶金花等，表现较强的次生性。

在万宁水库周边的农村可调查到维管植物 487 种，隶属于 106 科。其中蕨类植物有 11 科 26 种；裸子植物有 2 科 4 种；被子植物有 92 科 456 种，其中双子叶植物有 80 科 376 种，单子叶植物有 12 科 80 种。常见的植物有见血封喉、荔枝、黄椿木姜子（*Litsea variabilis*）、竹柏（*Nageia nagi*）、橄榄、山杜英（*Elaeocarpus sylvestris*）、胭脂（*Artocarpus tonkinensis*）、琼崖海棠、长花龙血树、三稔蒟、银柴、萝芙木（*Rauvolfia verticillata*）、岭南山竹、破布叶（*Microcos paniculata*）、白背叶（*Mallotus apelta*）、毛黄肉楠、椰子、黄皮、波罗蜜（*Artocarpus heterophyllus*）、槟榔（*Areca cathecu*）、暗罗、白花龙船花（*Ixora henryi*）、小花山小橘（*Glycosmis parviflora*）、倒吊笔、假柿木姜子（*Litsea monopetala*）、锡叶藤、龙眼、苍白秤钩风（*Diploclisia glaucescens*）、三脉马钱（*Strychnos cathayensis*）、光滑黄皮、黑面神、野牡丹、九节、草豆蔻等。

西部、西南部丘陵低山植被亚区和北部、中部、东南部低山、丘陵平原植被亚区分布的地带性植被类型为热带雨林，其中山地雨林主要分布在西南部牛上岭一带（南桥镇），以陆均松、线枝蒲桃（*Syzygium araiocladum*）林为主，在该亚区的其他区域主要分布有低地雨林次生林及其被破坏后形成的次生灌丛和草丛。

在该亚区分布有南林省级自然保护区，代表性植被类型为低地雨林及其次生林。常见植物有黄杞、黄桐、大花五桠果、变叶榕（*Ficus variolosa*）、琼榄、水锦树（*Wendlandia uvariifolia*）、细齿叶柃（*Eurya nitida*）、黄牛木、银柴、柄果木（*Mischocarpus sundaicus*）、山乌桕、山杜英（*Elaeocarpus sylvestris*）、白颜树、黄毛榕（*Ficus fulva*）、山油柑（*Rutaceae pedunculata*）、黑面神、鸭脚木（*Schefflera heptaphylla*）、白楸（*Mallotus paniculatus*）、野牡丹、山黄麻（*Trema tomentosa*）、山鸡椒（*Litsea cubeba*）、三桠苦（三叉苦）（*Melicope pteleifolia*）、中平树（*Macaranga denticulata*）、黧蒴栲（*Castanopsis fissa*）、尖峰润楠（*Machilus monticola*）、红鳞蒲桃（*Syzygium hancei*）、腺叶野樱（腺叶桂樱）（*Prunus phaeosticta*）、五列木（*Pentaphylax euryoides*）、黄叶树（*Xanthophyllum hainanense*）、灰毛杜英（毛叶杜英）（*Elaeocarpus limitaneus*）、托盘青冈（*Cyclobalanopsis patelliformis*）、八角枫（*Alangium chinense*）、贡甲（*Maclurodendron oligophlebium*）。

同时还可以发现在该区域分布有大叶黑桫椤（*Alsophila gigantea*）、黑桫椤（*Alsophila podophylla*）、白桫椤（*Sphaeropteris brunoniana*）、阴生桫椤（*Alsophila latebrosa*）、石碌含笑（*Michelia shiluensis*）、油丹（*Alseodaphne hainanensis*）、土沉香（*Aquilaria sinensis*）、青梅、蝴蝶树、野生荔枝等国家级重点保护野生植物。

参 考 文 献

陈红锋, 邢福武, 严岳鸿, 等. 2004. 海南铜铁岭地区植被和种子植物区系研究[J]. 植物科学学报, 22(5): 412-420.

胡荣桂, 梁淑群. 1995. 海南万宁礼纪青梅林土壤性质的研究[J]. 海南大学学报(自然科学版), (3):

203-210.

胡玉佳. 1983. 海南岛龙脑香森林的群落特征及其类型[J]. 生态科学, 2: 16-24.

胡玉佳, 李玉杏. 1992. 海南岛热带雨林[M]. 广州: 广东高等教育出版社.

梁淑群, 林英, 杨小波, 等. 1993. 海南万宁礼纪青梅林[J]. 海南大学学报(自然科学版), 11(4): 1-9.

曲仲湘. 1956. 海南岛青梅林的发现. 林业科学, (3): 279-281.

谭业华, 陈珍. 2006. 海南万宁市药用植物资源及开发利用[J]. 现代中药研究与实践, 20(6): 27-30.

王伯荪. 1987. 论季雨林的水平地带性[J]. 植物生态学与地植物学学报, 11(2): 154-158.

杨小波, 胡荣桂. 2000. 热带滨海沙滩上森林植被的组成成分与土壤性质的研究[J]. 生态学杂志, 19(4): 6-11.

张宏达. 1963. 海南岛的青皮林[J]. 植物生态学与地植物学丛刊, 1: 142.

张萱蓉, 李丹, 杨小波, 等. 2016. 海南省万宁市野生荔枝资源种群特征研究[J]. 西北植物学报, 36(3): 596-605.

郑希龙, 戴好富, 刘寿柏, 等. 2013. 海南黎族药用植物资源调查研究——以万宁市黎族为例[J]. 中国民族医药杂志, 19(4): 20-23.

（四）各乡镇植被图

1. 北大镇植被图

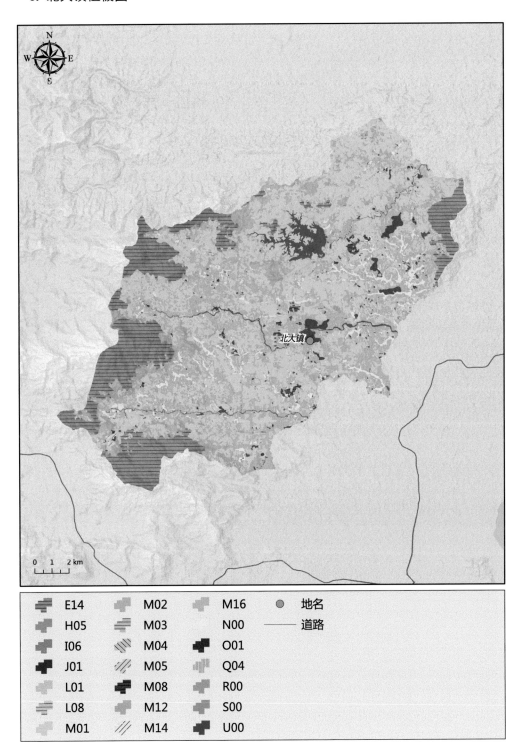

2. 大茂镇植被图

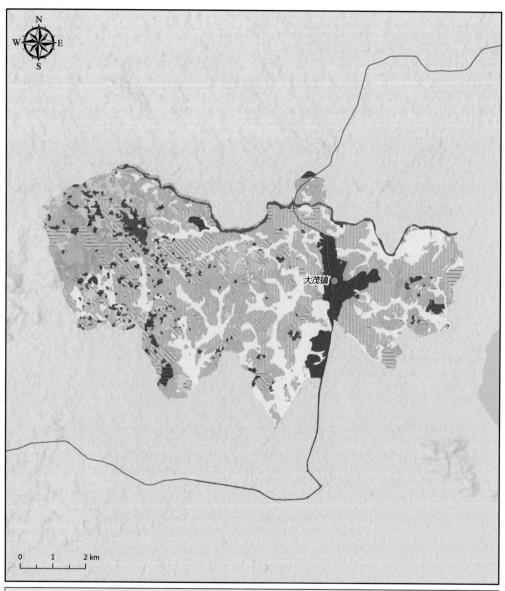

3. 东澳镇植被图

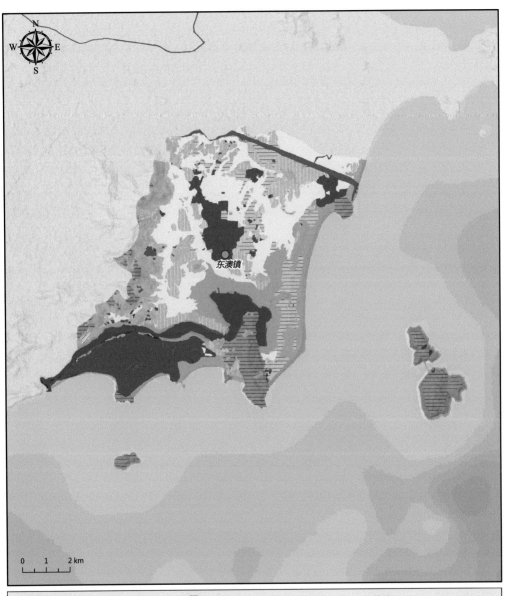

E14	L08	M07	N00	—— 道路
G15	M01	M08	O01	
G16	M02	M11	Q04	
H05	M03	M12	R00	
I06	M04	M13	S00	
J01	M05	M14	U00	
K00	M06	M16	地名	

4. 和乐镇植被图

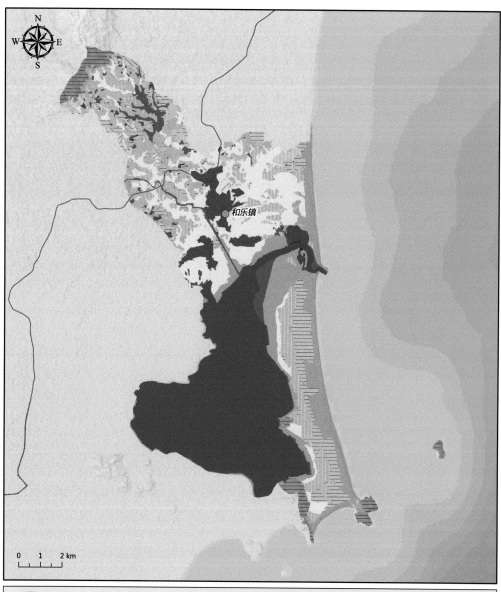

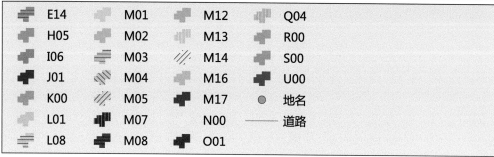

5. 后安镇植被图

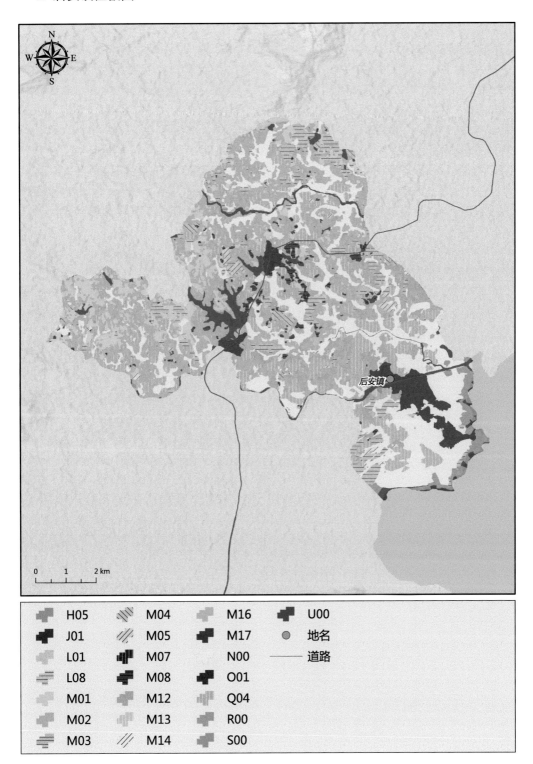

6. 礼纪镇植被图

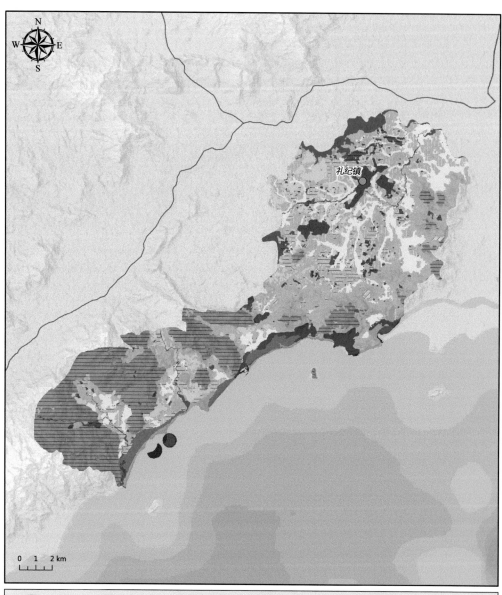

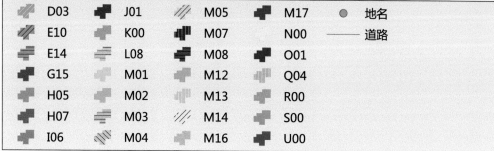

7. 龙滚镇植被图

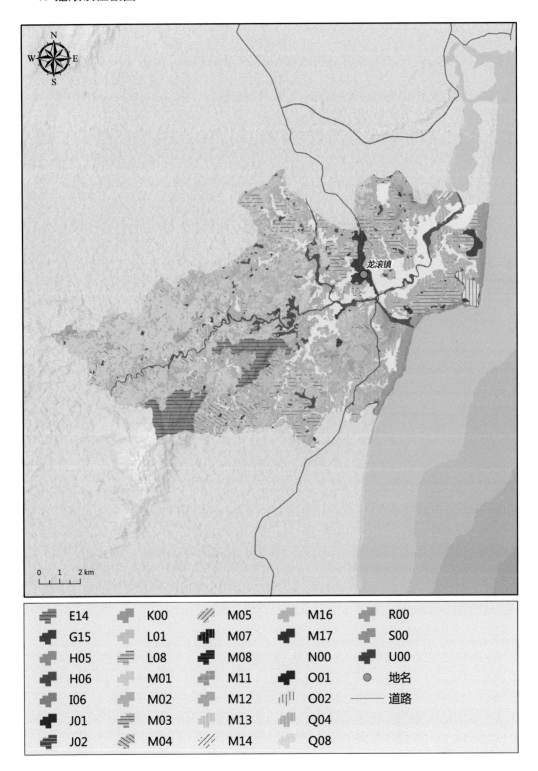

E14		K00		M05		M16		R00	
G15		L01		M07		M17		S00	
H05		L08		M08		N00		U00	
H06		M01		M11		O01		地名	
I06		M02		M12		O02		道路	
J01		M03		M13		Q04			
J02		M04		M14		Q08			

8. 南桥镇植被图

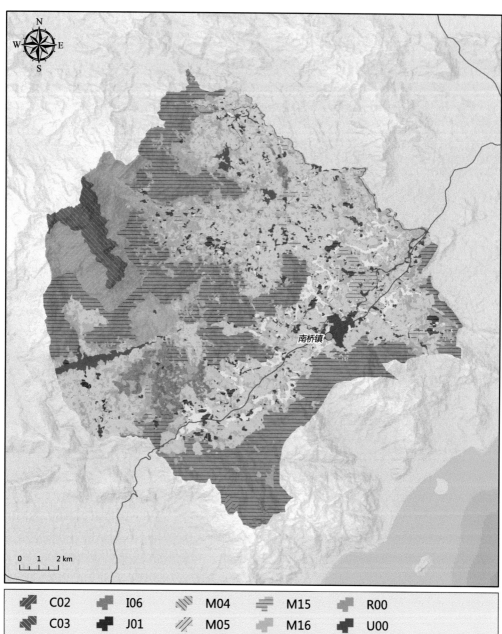

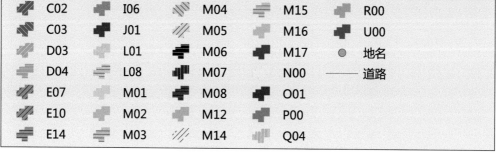

9. 三更罗镇植被图

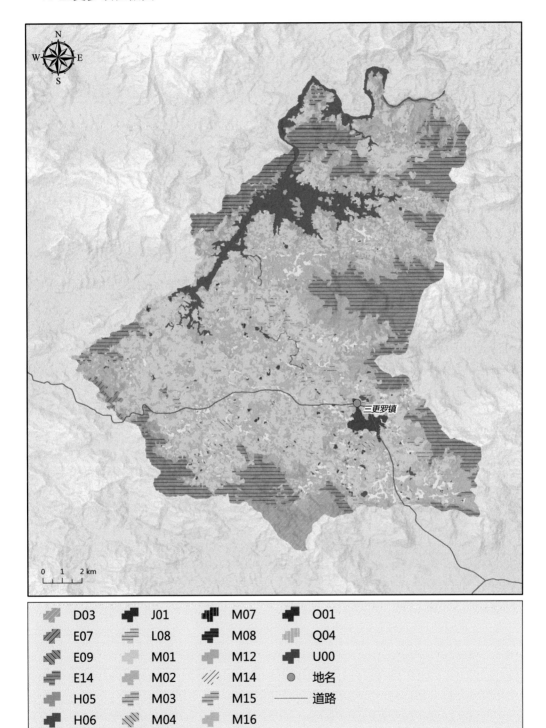

D03	J01	M07	O01	
E07	L08	M08	Q04	
E09	M01	M12	U00	
E14	M02	M14	地名	
H05	M03	M15	道路	
H06	M04	M16		
I06	M06	N00		

10. 山根镇植被图

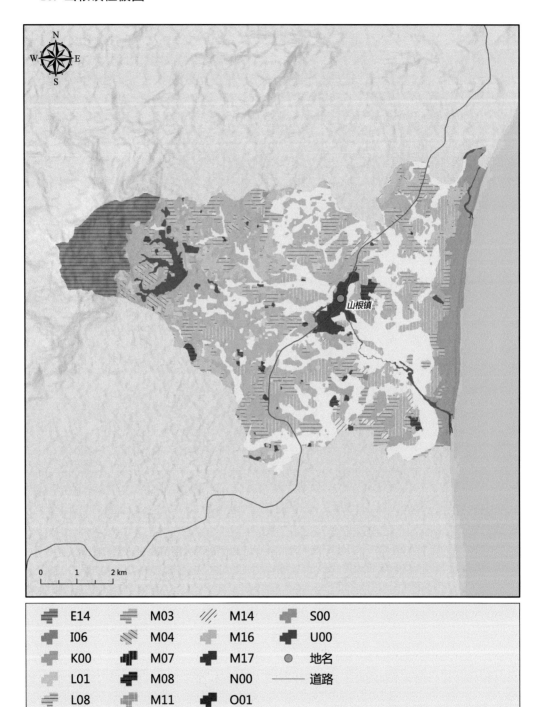

11. 万城镇植被图

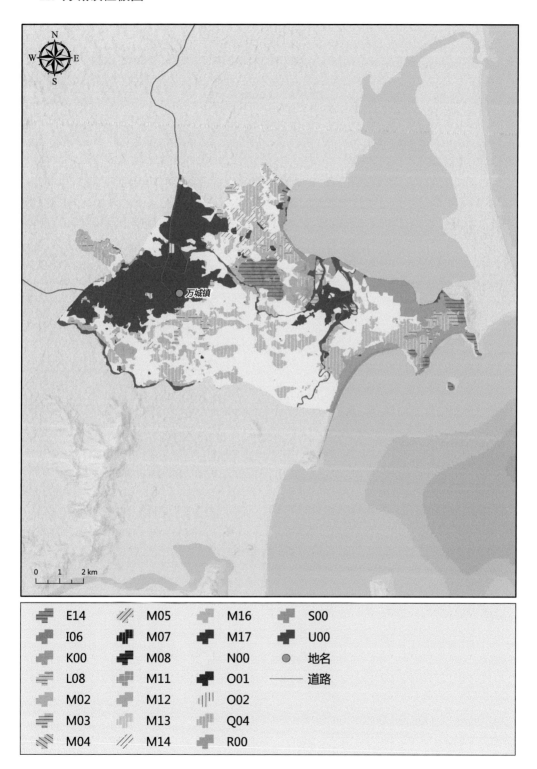

12. 兴隆华侨农场植被图

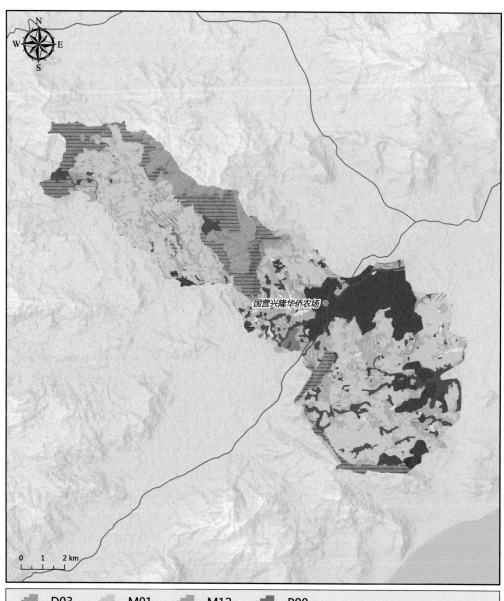

国营兴隆华侨农场

D03		M01		M12		P00
E07		M02		M13		Q04
E14		M03		M14		R00
H05		M04		M16		S00
I06		M05		M17		U00
J01		M07		N00		地名
L08		M08		O01		道路

13. 长丰镇植被图

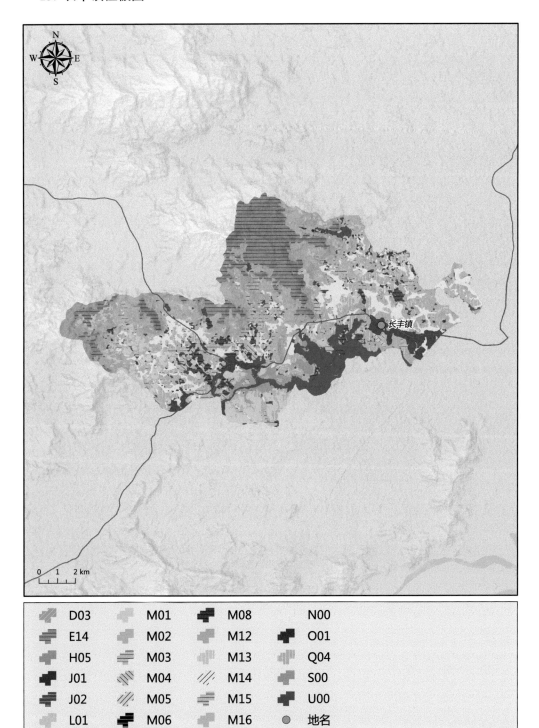

	D03		M01		M08		N00
	E14		M02		M12		O01
	H05		M03		M13		Q04
	J01		M04		M14		S00
	J02		M05		M15		U00
	L01		M06		M16		地名
	L08		M07		M17		道路

十七、文昌市

(一)文昌市植被图(无乡镇界线)

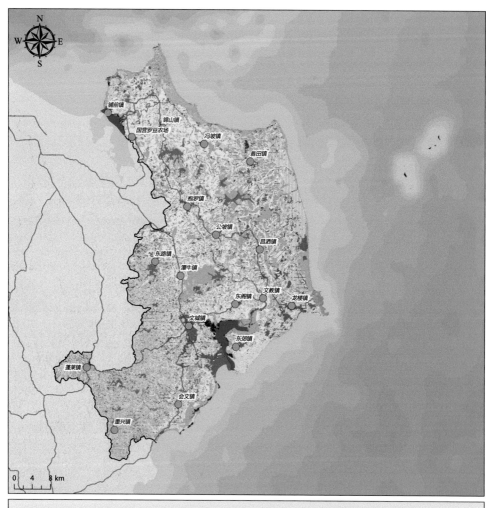

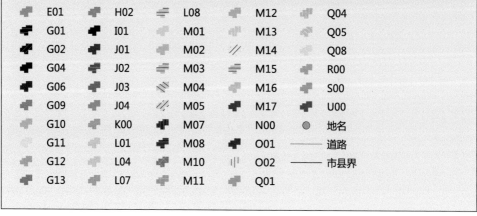

	E01		H02		L08		M12		Q04
	G01		I01		M01		M13		Q05
	G02		J01		M02		M14		Q08
	G04		J02		M03		M15		R00
	G06		J03		M04		M16		S00
	G09		J04		M05		M17		U00
	G10		K00		M07		N00	●	地名
	G11		L01		M08		O01	——	道路
	G12		L04		M10		O02	——	市县界
	G13		L07		M11		Q01		

(二)文昌市植被图(有乡镇界线)

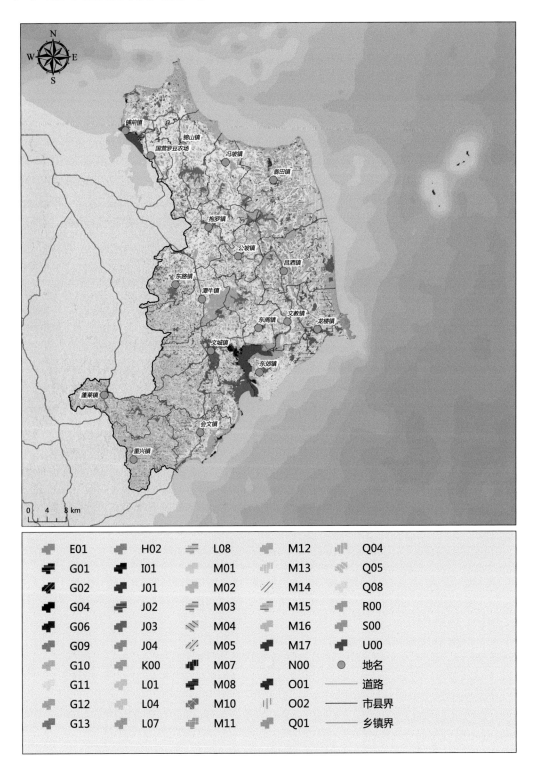

(三)植被图的说明

文昌市位于海南的东北部沿海平原地区,其自然植被与植物资源也较为特殊,除了沿海分布有较大面积的红树林(林尤河,1987;杨众养等,2017)外,还分布有特殊的草丛(邓义等,1985;陈定如和陈学宪,1981)、沙质丛林(杨小波和吴庆书,2002)及沿海低地雨林(钟义等,1991;车秀芬等,2006;杨小波等,2005)。特别是,由于受台风影响较为严重,文昌境内的农村周边植被都保存着较好的自然、半自然森林群落(杨小波和吴庆书,2002;杨青青等,2017)。

文昌市自然或自然、半自然植被可划分为滨海北部、东北部植被亚区,滨海东部、东南部植被亚区和中南部、中部、西部植被亚区 3 个植被亚区。在文昌市境内分布有铜鼓岭国家级自然保护区,省级保护区有清澜港自然保护区和文昌麒麟菜自然保护区。

滨海北部、东北部植被亚区主要包括罗豆农场、铺前镇、锦山镇、冯坡镇,主要的自然或自然、半自然植被有红树林、滨海丛林、滨江丛林、灌丛、草丛和藤蔓丛。

滨海东部、东南部植被亚区主要包括翁田镇、昌洒镇、龙楼镇、东郊镇、文教镇、文城镇部分(原东阁镇区域)和会文镇,主要的自然或自然、半自然植被有滨海低地雨林次生林(纯自然次生林或村庄森林植被)、红树林、丛林、灌丛、草丛、藤蔓丛等。

中南部、中部、西部植被亚区主要包括抱罗镇、东路镇、文城镇、潭牛镇、蓬莱镇、重兴镇,主要的自然或自然、半自然植被有低地雨林次生林(村庄森林植被)、丛林(纯自然次生林或村庄森林植被)、灌丛、草丛。

红树林是文昌市最有特色的生态系统之一,为全国红树林原生种类最丰富的地区,在文昌市境内的红树林均属清澜港红树林保护区管理局管辖。红树林相关情况请参阅第五章。全国分布的红树林植物种类仅红榄李(Lumnitzera littorea)在文昌没有分布。

近年在会文镇发现有龙脑香科的青梅(Vatica mangachapoi)林的分布(杨小波等,2005),说明在历史上,以青梅为优势种的海南热带雨林从三亚一直分布到文昌砖红壤区域,目前在文昌的砖红壤区域的农村周边广泛分布有保护相对完好的次生林,以青梅为优势种的残次林仅在会文镇的迈号大城村有分布,但没有发现坡垒(Hopea hainanensis)和蝴蝶树(Heritiera parvifolia)等海南典型的热带低地雨林树种,在保护较好的龙楼镇铜鼓岭国家级自然保护区的森林中一直没有发现有龙脑香科植物的踪迹。除红树林和低地雨林次生林外,文昌市境内还分布有较特殊的海南栲(Castanopsis hainanensis)丛林;桃金娘(Rhodomyrtus tomentosa)、打铁树(柳叶密花树)(Myrsine linearis)等灌丛群落和薄果草(Leptocarpus disjunctus)、岗松(Baeckea frutescens)、田葱(Philydrum lanuginosum)等湿生、半湿生草丛群落等,主要分布在翁田镇、昌洒镇、龙楼镇广大农村地区。另外,文昌市最大的特色植被类型还有自然、半人工的椰子(Cocos nucifera)林,以滨海东部、东南部植被亚区,主要包括东郊镇、文教镇、文城镇的部分地区最为典型。

文昌市龙楼镇铜鼓岭国家级自然保护区的森林植被是文昌市目前保存最好的自然森林,也是海南北部地区最好的自然森林。经过笔者 1987~2014 年的多次调查(含路线调查和约 8hm² 样地调查),本次调查共记录到植物 984 种,隶属于 166 科 618 属。其中蕨类植物 41 种,隶属于 19 科 30 属;裸子植物 2 种,隶属于 2 科 2 属;被子植物 941 种,隶属于 145 科 586 属。在被子植物中，双子叶植物 797 种，隶属于 118 科 496 属；单子叶植物 144 种，隶属于 27 科 90 属。乔木、灌木、草本及藤本 4 种生活型的物种数分别为 248 种、210 种、371 种和 155 种，分别占总物种数的 25.20%、21.34%、37.71%和 15.75%。铜鼓岭环境条件复杂，分布有较多的海南特有成分，在 984 种植物中海南特有种有 35 个，占海南特有植物的 5.7%左右。在 35 个特有种中，台湾苏铁（*Cycas taiwaniana*）（海南苏铁 *Cycas hainanensis* 并入台湾苏铁）为国家一级保护植物，茶槁楠（*Phoebe hainanensis*）、古山龙（*Arcangelisia gusanlung*）、海南青牛胆（*Tinospora hainanensis*）、假赤楠（*Syzygium buxifolioideum*）、海南核果木（*Drypetes hainanensis*）、异叶三宝木（*Trigonostemon heterophyllus*）、海南沟瓣（*Glyptopetalum fengii*）、白树（*Suregada multiflora*）、海南崖爬藤（*Tetrastigma papillatum*）、海南柄果木（*Mischocarpus hainanensis*）、小叶木犀榄（*Linociera parvilimba*）、海南槽裂木（*Pertusadina metcalfii*）、闭花耳草（*Hedyotis cryptantha*）、海南耳草（*Hedyotis hainanensis*）、直刺簕茜（*Benkara rectispina*）、海南染木树（*Saprosma hainanensis*）、海南乌口树（*Tarenna tsangii*）、叉柱花（*Staurogyne concinnula*）、多刺鸡藤（*Calamus tetradactyloides*）和小钩叶藤（*Plectocomia microstachys*）等 20 种即使在海南地区也较少见，占特有种中较大的比例（车秀芬等，2006）。

国家级或省级重点保护植物有土沉香（*Aquilaria sinensis*）、白桂木（*Artocarpus hypargyreus*）、金毛狗（*Cibotium barometz*）（1987 年调查记录有金毛狗，但后面几次调查都未发现）、海南苏铁、野生龙眼（*Dimocarpus longan*）、苦梓（*Gmelina hainanensis*）、海南大风子（*Hydnocarpus hainanensis*）、斯里兰卡天料木（红花天料木、母生）（*Homalium ceylanicum*）、粘木（*Ixonanthes reticulata*）、野生荔枝（*Litchi chinensis*）、蕉木（*Chieniodendron hainanense*）和海南龙血树（*Dracaena cambodiana*）（1987 年调查记录有海南龙血树，但后面几次调查都未发现）。

文昌境内的灌丛主要分为两大类型：滨海沙质灌丛和砖红壤灌丛。在滨海沙质灌丛里，常见的植物有柳叶密花树、黑面神（*Breynia fruticosa*）、柄果木（*Mischocarpus sundaicus*）、桃金娘（*Rhodomyrtus tomentosa*）、野牡丹（*Melastoma malabathricum*）、酒饼簕（东风橘）（*Atalantia buxifolia*）、鸦胆子（*Brucea javanica*）、潺槁木姜子（*Litsea glutinosa*）、无根藤（*Cassytha filiformis*）、了哥王（*Wikstroemia indica*）、无柄蒲桃（*Syzygium boisianum*）、叶被木（*Streblus taxoides*）、细叶裸实（*Gymnosporia diversifolia*）、猪肚木（*Canthium horridum*）、细叶谷木（*Memecylon scutellatum*）、贡甲（*Maclurodendron oligophlebium*）、九节（*Psychotria asiatica*）、香蒲桃（*Syzygium odoratum*）、飞机草（*Chromolaena odorata*）、红凤菜（*Gynura bicolor*）、豨莶（*Siegesbeckia orientalis*）、一点红（*Emilia sonchifolia*）、苏门白酒草（*Erigeron sumatrensis*）、铺地黍（*Panicum repens*）、水蔗草（*Apluda mutica*）、竹节草（*Chrysopogon aciculatus*）、狗牙根（*Cynodon dactylon*）、牛筋草（*Eleusine indica*）和蜈蚣草（*Eremochloa ciliaris*）等，或常见草海桐（*Scaevola taccada*）、黄槿（*Hibiscus tiliaceus*）、刺葵（*Phoenix hanceana*）等多种。

在砖红壤灌丛中，常见的植物有白楸（*Mallotus paniculatus*）、桃金娘、紫毛野牡丹（*Melastoma penicillatum*）、基及树（福建茶）（*Carmona microphylla*）、酒饼簕、细叶裸实、

光滑黄皮(*Clausena lenis*)、簕欓花椒(*Zanthoxylum avicennae*)、黑面神、马缨丹(*Lantana camara*)、刺篱木(*Flacourtia indica*)、倒吊笔(*Wrightia pubescens*)、假臭草(*Praxelis clematidea*)、土蜜树(*Bridelia tomentosa*)、假鹰爪(*Desmos chinensis*)、潺槁木姜子、九节、飞机草、小蓬草(加拿大蓬)(*Erigeron canadensis*)、地胆草(*Elephantopus scaber*)、水蔗草、竹节草、芒(*Miscanthus sinensis*)、白茅(*Imperata cylindrica*)等多种。

文昌境内的草丛主要分为三大类型：陆生草丛、湿生草丛和淡水水生草丛。最有特色的为后两者。

在陆生草丛中，常见的植物有铺地黍(*Panicum repens*)、斑茅(*Saccharum arundinaceum*)、白茅、夏飘拂草(*Fimbristylis aestivalis*)、粟米草(*Mollugo stricta*)、土牛膝(*Achyranthes aspera*)、黄花稔(*Sida acuta*)、地桃花(肖梵天花)(*Urena lobata*)、叶下珠(*Phyllanthus urinaria*)、灰毛豆(灰叶)(*Tephrosia purpurea*)、糙叶丰花草(*Spermacoce hispida*)、羽芒菊(*Tridax procumbens*)、球柱草(*Bulbostylis barbata*)、香附子(*Cyperus rotundus*)、芒、芦竹(*Arundo donax*)、狗牙根等多种。

在湿生草丛中，常见的植物有狼尾草(*Pennisetum alopecuroides*)、茅根(*Perotis indica*)、弯花黍(*Panicum curviflorum*)、田葱、华南谷精草(*Eriocaulon sexangulare*)、铺地黍、文殊兰(*Crinum asiaticum*)、蜈蚣草、牛筋草、硬穗飘拂草(*Fimbristylis insignis*)、线茎薹草(*Carex tsoi*)、香附子、薄果草、岗松、野牡丹、葱草(*Xyris pauciflora*)、铁芒萁(*Dicranopteris linearis*)和猪笼草(*Nepenthes mirabilis*)等多种。

在淡水水生草丛中，常见的植物有田葱、谷精草、水烛(*Typha angustifolia*)、水竹、凤眼蓝、高杆莎草(*Cyperus exaltatus*)、风车草(*Cyperus flabelliformis*)、密穗砖子苗(*Cyperus compactus*)等多种。在淡水池塘或小溪流中常分布有凤眼蓝和大薸(*Pistia stratiotes*)等浮水草丛。

在高隆湾一带海域分布有较好的海草丛，由二药藻(*Halodule uninervis*)、海菖蒲(*Enhalus acoroides*)、泰来藻(*Thalassia hemprichii*)、喜盐草(*Halophila oralis*)等植物组成(王道儒等，2012)。在港东村、长圮港、宝峙村和冯家湾等海域一带分布有较好的海草丛，由丝粉藻(海神草)(*Cymodocea rotundata*)、齿叶海神草(*C. serrulata*)、针叶藻(*Syringodium isoetifolium*)、二药藻、海菖蒲、泰来藻、小喜盐草(*Halophila minor*)、喜盐草等植物组成(王道儒等，2012)。

在沙滩藤蔓丛中，常见的植物有厚藤、蔓荆(*Vitex trifolia*)、海刀豆、长春花(*Catharanthus roseus*)、仙人掌(*Opuntia dillenii*)、鳞茎砖子苗(*Cyperus dubius*)和鬣刺(*Spinifex littoreus*)等；在淡水池塘或小溪流中常分布有蕹菜(*Ipomoea aquatica*)等藤蔓丛。

在文昌农村的周边常保存有较好的自然、半自然森林植被，主要有低地雨林次生林、滨海沙质丛林和红树林3种类型。有镇的农村3种类型都有，如会文镇和文城镇等，有的镇有低地雨林和丛林2种类型，如东路镇，或丛林和红树林，如罗豆农场、铺前镇等，有的镇仅有一种类型，如昌洒镇(丛林型)、蓬莱镇(低地雨林型)等。而且文昌农村地区植物种类丰富，如东路镇镇区周边的几个村庄(葫芦村、大石山村、文湖村、大角村、高龙村、林伍仔村、金玉锥村、雨坛村等)，特别是葫芦村低地雨林次生林保护得相当好，面积也较大。经过野外调查与室内鉴定和统计，这些区域的维管植物有562种，隶属于

108 科。其中蕨类植物有 6 科 11 种；裸子植物有 3 科 3 种；被子植物有 99 科 548 种，其中双子叶植物有 81 科 442 种，单子叶植物有 18 科 106 种。植物种类集中分布在葫芦村周边，种密度较大。

在葫芦村的森林中常见的乔木种类有荔枝、斯里兰卡天料木（红花天料木、母生）(*Homalium ceylanicum*)、榕树(*Ficus microcarpa*)、椰子、苦楝(*Melia azedarach*)、假苹婆(*Sterculia lanceolata*)、鹊肾树(*Streblus asper*)、龙眼、倒吊笔(*Wrightia pubescens*)、胭脂(*Artocarpus tonkinensis*)、红厚壳（琼崖海棠）(*Calophyllum inophyllum*)、潺槁木姜子、榄仁树(*Terminalia catappa*)、岭南山竹子(*Garcinia oblongifolia*)、波罗蜜(*Artocarpus heterophyllus*)、黄椿木姜子(*Litsea variabilis*)、木棉、牡荆(*Vitex negundo*)、假柿木姜子(*Litsea monopetala*)、黄桐、降香檀(*Dalbergia odorifera*)（栽培）、竹叶木姜子(*Litsea pseudoelongata*)、毛天料木(*Homalium mollissimum*)、膜叶嘉赐树(*Casearia membranacea*)、海南蒲桃(*Syzygium hainanense*)、乌墨(*Syzygium cumini*)、破布叶(*Microcos paniculata*)、山杜英(*Elaeocarpus sylvestris*)、白树(*Suregada glomerulata*)；灌木种类常见的有破布叶、假鹰爪、暗罗(*Polyalthia suberosa*)、云南银柴（橄树）(*Aporosa yunnanensis*)、九节、三稔蒟(*Alchornea rugosa*)、红背山麻杆(*Alchornea trewioides*)、白桐(*Claoxylon indicum*)、闭花木(*Cleistanthus sumatranus*)、短穗鱼尾葵(*Caryota mitis*)等；草本植物常见的是假蒟(*Piper sarmentosum*)、海芋(*Alocasia odora*)、野芋(*colocasia antiquorum*)、彩叶万年青(*Dieffenbachia seguine*)、穗花轴榈(*Licuala fordiana*)、蜈蚣草、井栏边草（凤尾草）(*Pteris multifida*)等多种。

发现的野生保护植物见血封喉(*Antiaris toxicaria*)分布在葫芦村周边的次生林中，该区域的农村分布的高大的荔枝和红花天料木丛林多为自然、半自然状态，具有一定的保护意义。在葫芦村的次生林分布有高大的黄桐(*Endospermum chinense*)、荔枝、木棉、见血封喉等大树古树。高大的黄桐树见下图。

古老的黄桐树（北纬 19°47′09.21″，东经 110°40′28.24″）

在文昌市滨海丛林中的植物种类相对少一些，但也达 300 种以上。例如，在昌洒地区，一些沿海区域维管植物有 321 种，隶属于 102 科 219 属，其中蕨类植物有 6 科 7 属 9 种；裸子植物有 1 科 1 属 1 种；被子植物有 95 科 211 属 311 种。但种类较有特色，如海南栲、波叶锥(*Castanopsis undulatifolia*)、文昌锥(牛锥)(*Castanopsis wenchangensis*)、毛果锥(*Castanopsis hairocarpa*)、油锥(*Castanopsis oleifera*)、琼北锥(*Castanopsis qingbeiensis*)、琼崖海棠、黄槿、水翁蒲桃(*syzygium nervosum*)、柳叶密花树、假苹婆、鹊肾树、榕树、荔枝、龙眼、倒吊笔、胭脂、潺槁木姜子、榄仁树、岭南山竹子、暗罗、竹叶木姜子、猪笼草、岗松、锦地罗(*Drosera burmanni*)、长叶茅膏菜(*Drosera indica*)、匙叶茅膏菜(*Drosera spatulata*)等(杨小波和吴庆书，2002；王小燕，2015)。

参 考 文 献

车秀芬，杨小波，岳平，等. 2006. 铜鼓岭国家级自然保护区植物多样性[J]. 生物多样性，14(4)：292-299.

陈定如，陈学宪. 1981. 海南岛野生牧草资源调查[J]. 华南师范大学学报(自然科学版)，(2)：27-43.

邓义，陈树培，梁志贤. 1985. 关于海南岛薄果草群落改造利用的设想[J]. 热带地理，5(4)：212-215.

韩新，曾传智. 2009. 清澜港(八门湾)自然保护区红树林调查[J]. 热带林业，37(2)：50-51.

林尤河. 1987. 保护、恢复和发展我区的红树林资源[J]. 海南大学学报(自然科学版)，(3)：111-113.

王道儒，吴钟解，陈春华，等. 2012. 海南岛海草资源分布现状及存在威胁[J]. 海洋环境科学，31(1)：34-38.

王小燕. 2015. 文昌 8 个森林群落结构与物种多样性研究(英文)[J]. 热带农业科学，35(10)：2137-2141.

薛杨，林之盼，王小燕，等. 2017. 文昌市沿海次生林群落植被调查初报[J]. 热带林业，45(1)：41-44.

杨青青，杨众养，陈小花，等. 2017. 热带海岸香蒲桃天然次生林群落优势种群种间联结性[J]. 林业科学，53(9)：105-113.

杨小波，吴庆书. 2002. 海南文昌昌洒农村植被特点与农业开发中的生态环境问题研究[J]. 海南大学学报(自然科学版)，20(3)：239-242.

杨小波，吴庆书，李跃烈，等. 2005. 海南北部地区热带雨林的组成特征[J]. 林业科学，41(3)：19-24.

杨众养，薛杨，宿少锋，等. 2017. 文昌市八门湾红树林区植物群落特征调查[J]. 热带农业科学，37(1)：48-52.

钟义，杨小波，符气浩，等. 1991. 海南岛铜鼓岭自然保护区的植被与植物资源[J]. 海南大学学报(自然科学版)，(2)：1-10.

（四）各乡镇植被图

1. 抱罗镇植被图

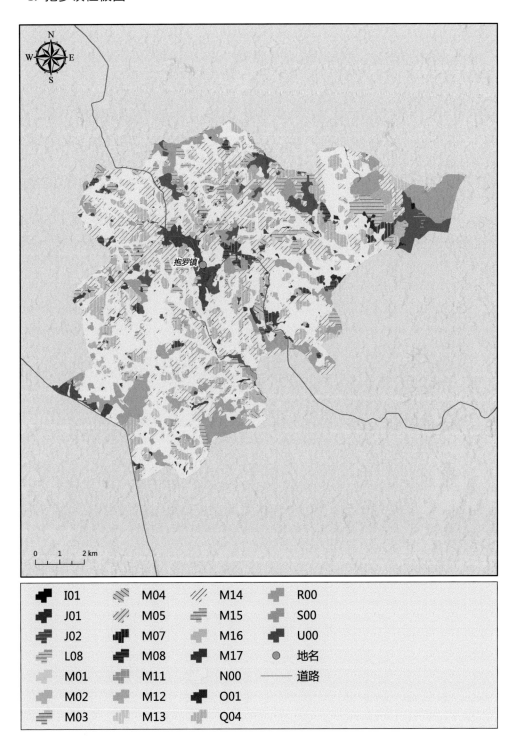

	I01		M04		M14		R00
	J01		M05		M15		S00
	J02		M07		M16		U00
	L08		M08		M17	●	地名
	M01		M11		N00	——	道路
	M02		M12		O01		
	M03		M13		Q04		

2. 昌洒镇植被图

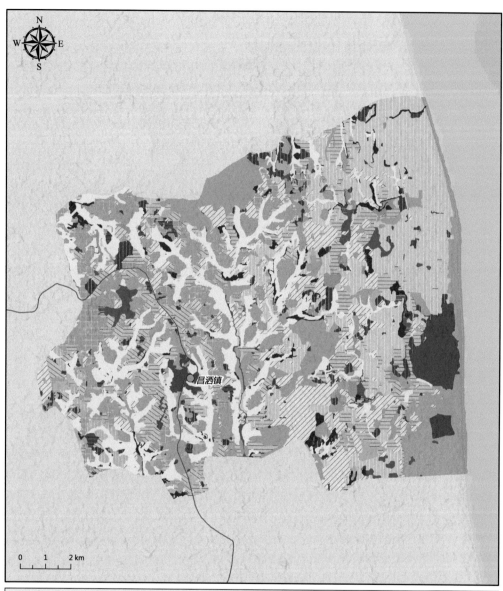

E01	M01	M11	O01	——— 道路	
I01	M02	M12	Q01		
J01	M03	M13	Q04		
J02	M04	M14	R00		
J04	M05	M16	S00		
K00	M07	M17	U00		
L08	M08	N00	地名		

3. 东阁镇植被图

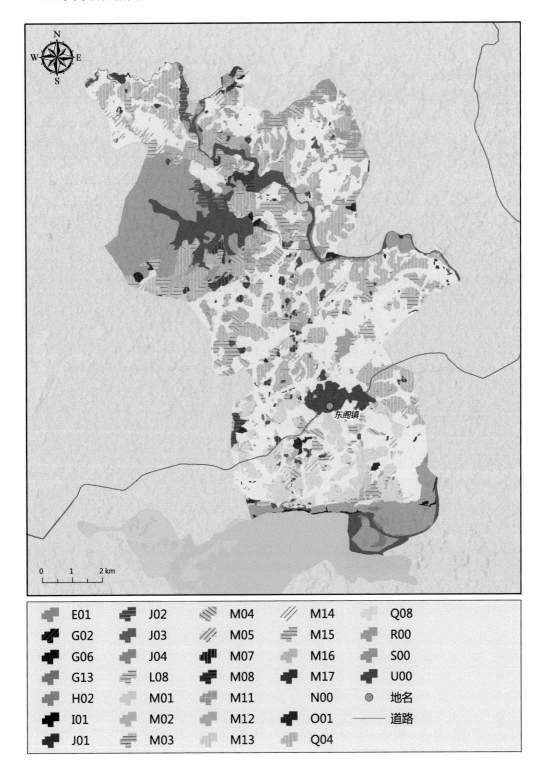

4. 东郊镇植被图

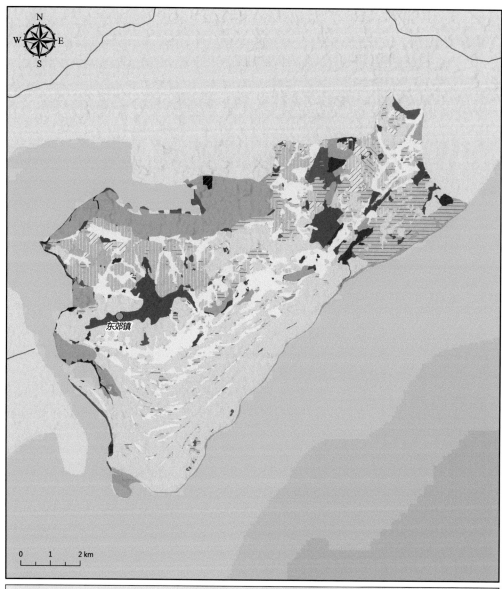

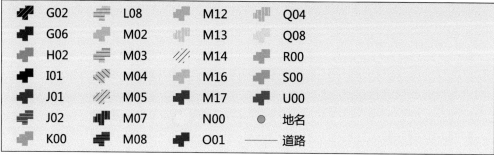

5. 东路镇植被图

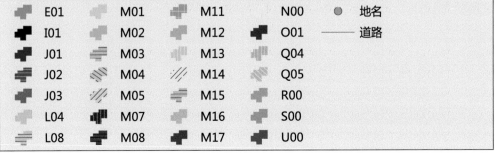

6. 冯坡镇植被图

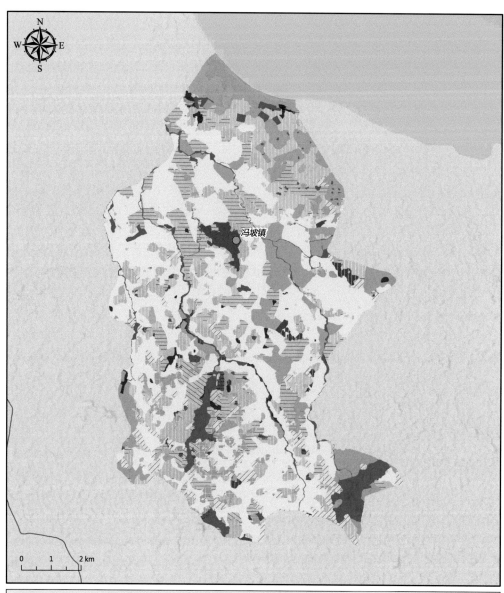

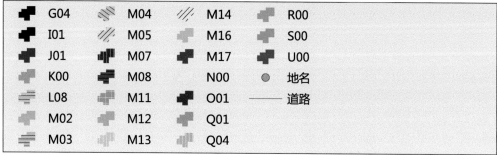

	G04		M04		M14		R00
	I01		M05		M16		S00
	J01		M07		M17		U00
	K00		M08		N00		地名
	L08		M11		O01	——	道路
	M02		M12		Q01		
	M03		M13		Q04		

7. 公坡镇植被图

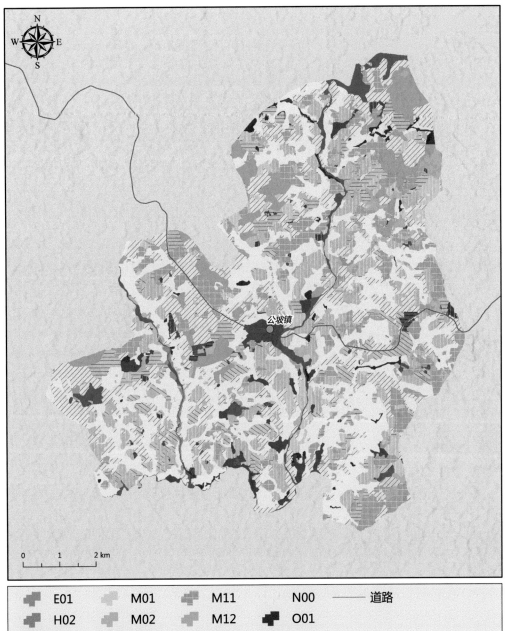

E01	M01	M11	N00	——— 道路	
H02	M02	M12	O01		
I01	M03	M13	Q01		
J01	M04	M14	Q04		
J02	M05	M15	S00		
J04	M07	M16	U00		
L08	M08	M17	地名		

8. 国营罗豆农场植被图

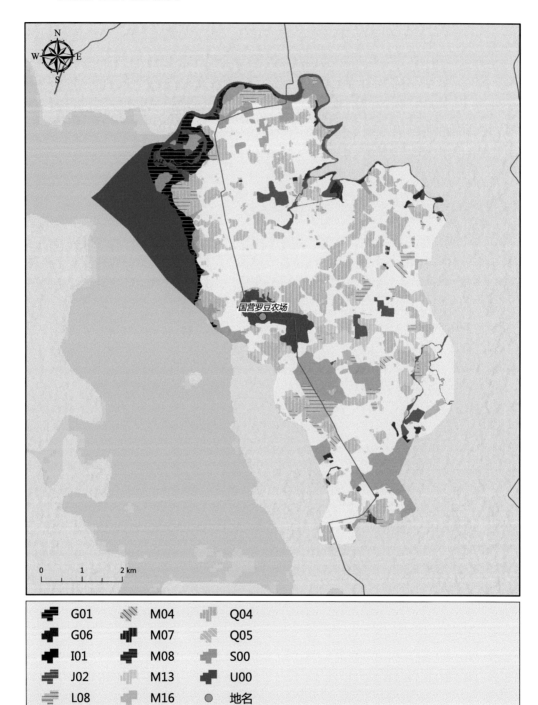

国营罗豆农场

G01	M04	Q04
G06	M07	Q05
I01	M08	S00
J02	M13	U00
L08	M16	● 地名
M02	N00	—— 道路
M03	O01	

9. 会文镇植被图

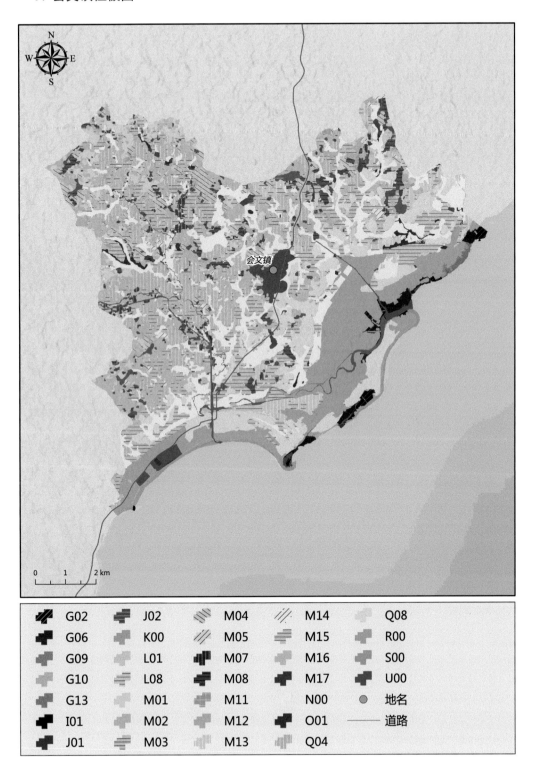

10. 锦山镇植被图

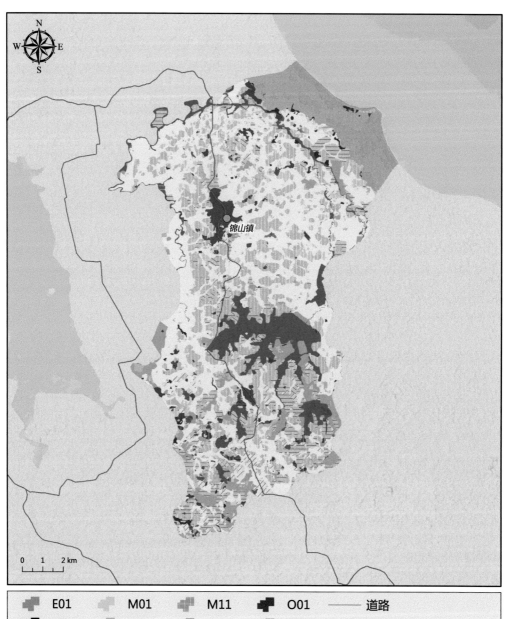

图例：

E01	M01	M11	O01	—— 道路
I01	M02	M12	Q04	
J01	M03	M13	Q05	
J02	M04	M14	R00	
J03	M05	M16	S00	
K00	M07	M17	U00	
L08	M08	N00	● 地名	

11. 龙楼镇植被图

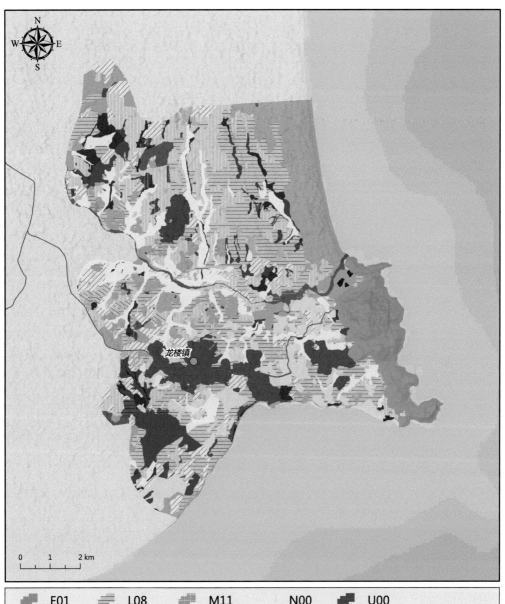

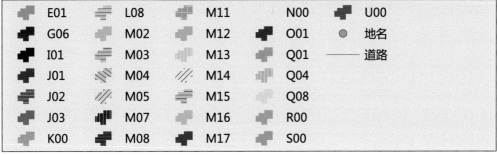

12. 蓬莱镇植被图

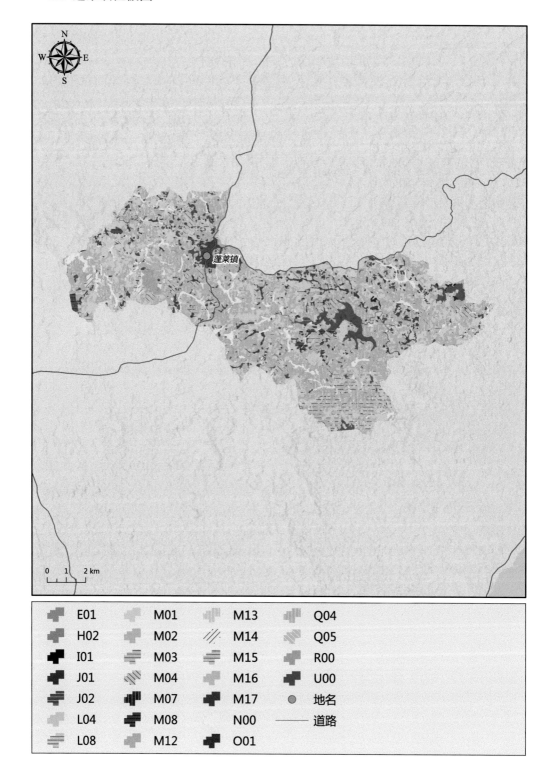

13. 铺前镇植被图

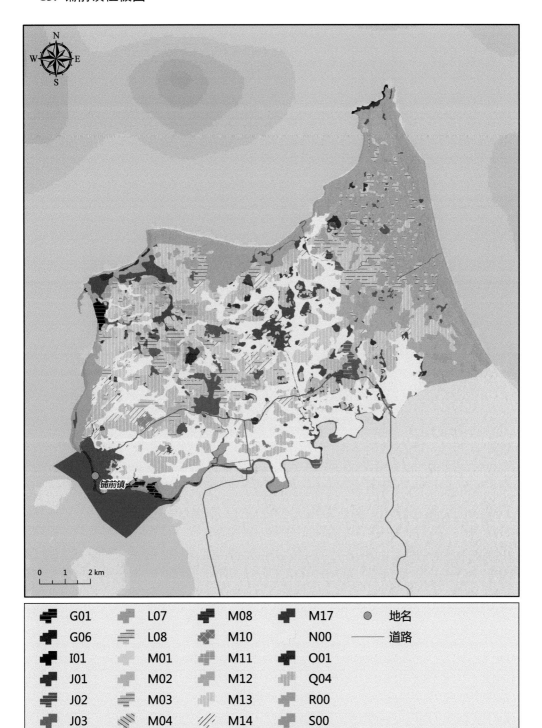

G01	L07	M08	M17	地名
G06	L08	M10	N00	道路
I01	M01	M11	O01	
J01	M02	M12	Q04	
J02	M03	M13	R00	
J03	M04	M14	S00	
K00	M07	M16	U00	

14. 潭牛镇植被图

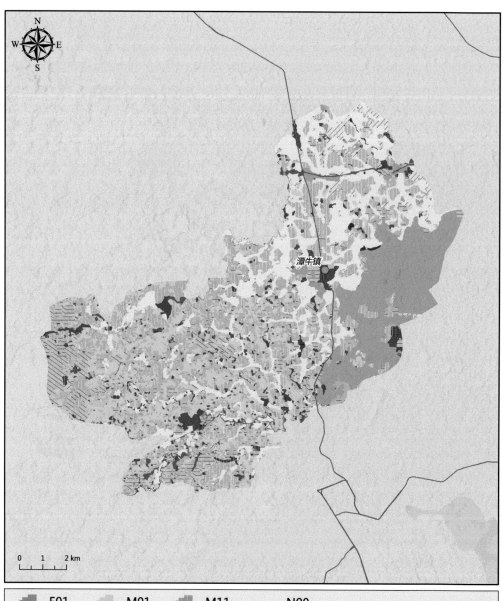

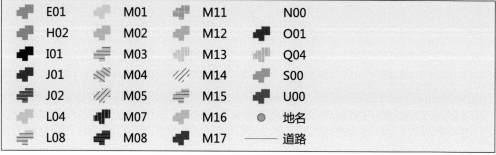

15. 文城镇植被图

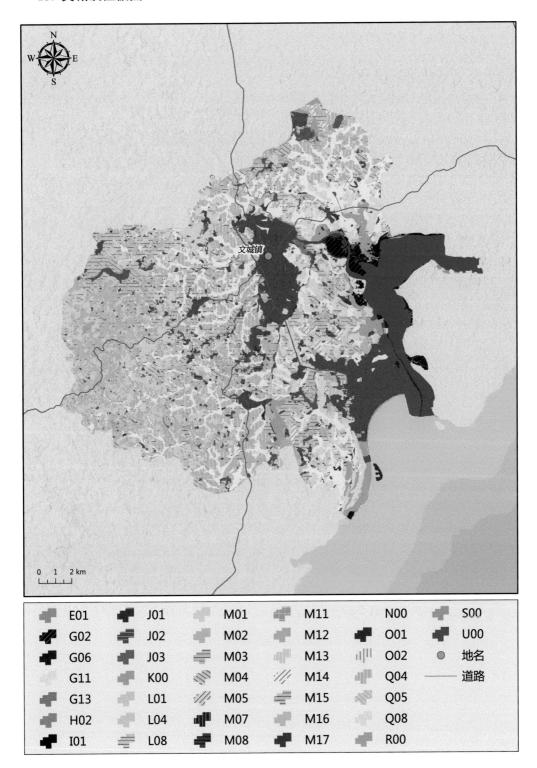

E01	J01	M01	M11	N00	S00
G02	J02	M02	M12	O01	U00
G06	J03	M03	M13	O02	地名
G11	K00	M04	M14	Q04	道路
G13	L01	M05	M15	Q05	
H02	L04	M07	M16	Q08	
I01	L08	M08	M17	R00	

16. 文教镇植被图

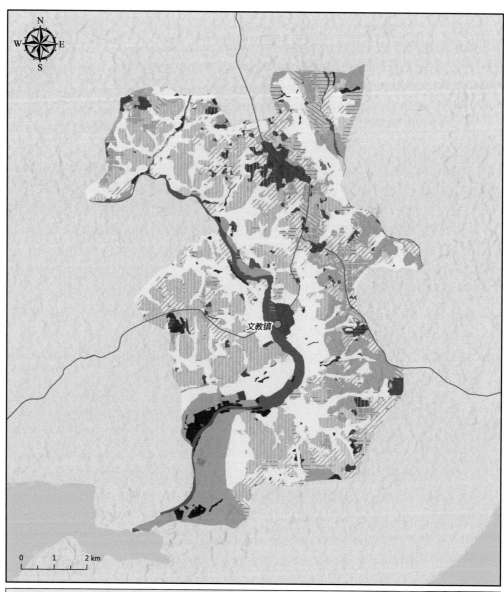

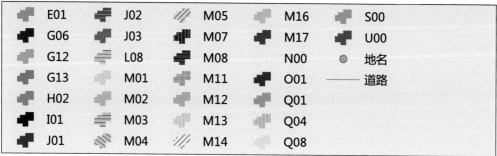

17. 翁田镇植被图

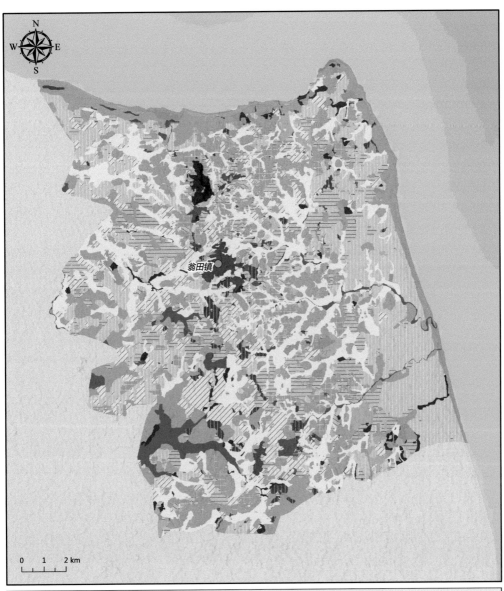

	E01		M01		M11		N00	●	地名
	I01		M02		M12		O01		
	J01		M03		M13		Q01		
	J02		M04		M14		Q04		
	J04		M05		M15		R00		
	K00		M07		M16		S00		
	L08		M08		M17		U00		

18. 重兴镇植被图

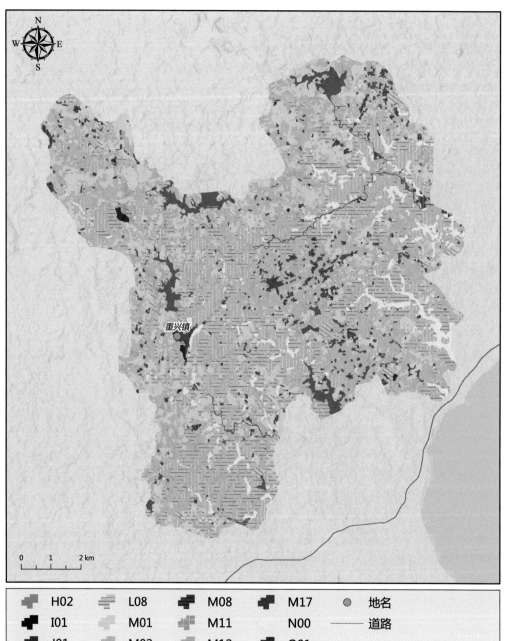

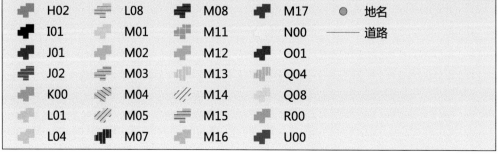

十八、五指山市

(一)五指山市植被图(无乡镇界线)

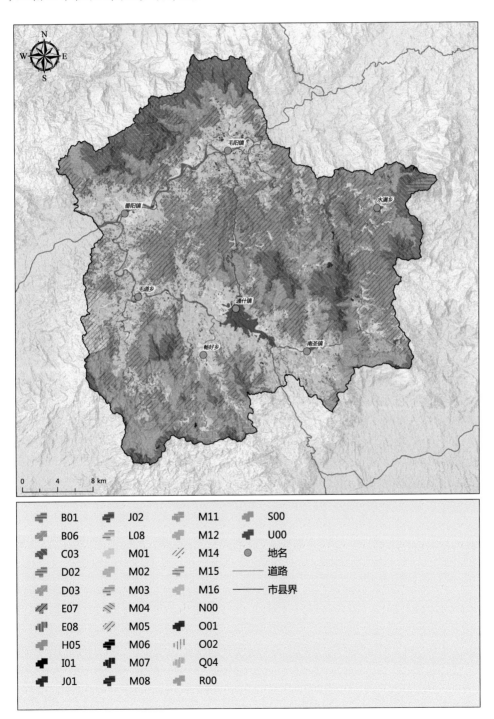

(二)五指山市植被图(有乡镇界线)

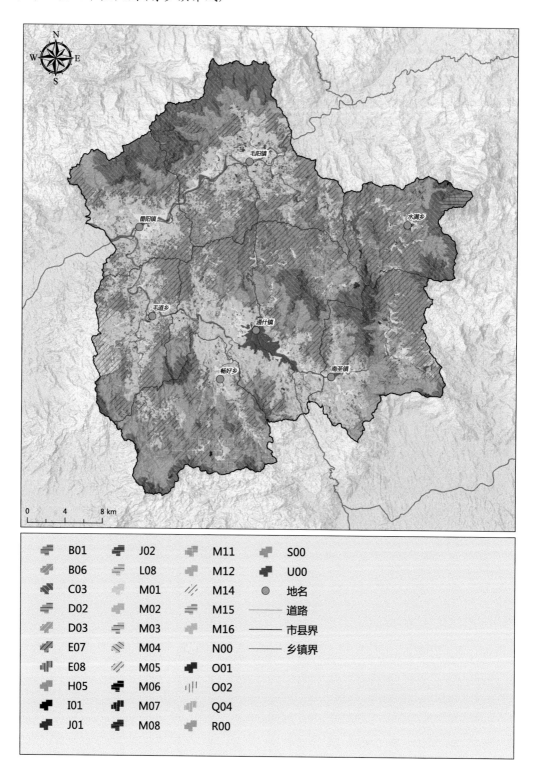

(三)植被图的说明

五指山市位于海南岛中偏南丘陵、山区，境内有著名的海南最高山峰五指山及第二高山峰鹦哥岭，因此五指山市的森林植被与植物资源倍受学者的关注。1955 年由曲仲湘和林英带领的海南东路综合科学考察队第一次完成了五指山和吊罗山森林植被的考察研究工作(曲仲湘和林英，1955，内部资料)。随后不断有学者从不同角度开展五指山(杨小波等，1994a，1994b；符国瑗和冯绍信，1995；安树青等，1999；唐恬等，2002；胡玉佳等，2003；龙文兴等，2008)和鹦哥岭(张荣京等，2007；王发国等，2007；张荣京等，2010；郝清玉等，2013)的热带雨林与植物资源的研究工作，在五指山市开展了以枫香为优势种的次生林组成、结构与动态研究(杨小波和文洪波，2000；刘立武等，2014)，其中关于五指山和鹦哥岭(跨琼中、五指山、乐东和白沙等市县)的研究工作尽管仅从文献上较难区分是归在琼中县还是五指山市，但对了解五指山市的植被与植物资源有很大的帮助。另外，早在 20 世纪 80 年代还有较多的文献描述琼中草丛植被与植物资源组成特点等(李毓堂，1981；张昌文，1983；陈定如和陈学宪，1984；余显芳，1984；张一心，1985)，这些工作对了解五指山市植被与植物资源历史和进一步调查研究植被与植物资源的特点有非常重要的意义。

五指山市境内雨量充沛，分布有海南典型的热带雨林，植物种类丰富。例如，在五指山保护区内(部分在五指山境内)，蕨类植物种类有 288 种(含变种)，隶属于 28 科 95 属(张凯等，2017)，种子植物有 1882 种(含变种)，隶属于 177 科 821 属(唐恬等，2002)。沿南圣河至水满乡公路两侧 200m，记录维管植物有 695 种，隶属于 117 科 404 属。其中蕨类植物有 15 科 23 属 33 种；裸子植物有 3 科 3 属 4 种；双子叶植物有 85 科 293 属 518 种，单子叶植物有 14 科 85 属 140 种；在番阳镇一带面积约 1km^2 的人类活动区域中的次生林、灌木林和村庄植被中，可记录到维管植物 380 种，隶属于 88 科 185 属。其中蕨类植物有 7 科 9 属 15 种；裸子植物有 1 科 1 属 2 种；双子叶植物有 70 科 130 属 293 种，单子叶植物有 10 科 45 属 70 种等。

依据地形地貌的特点及植被特征，五指山市自然，自然、半自然植被可分为西、西南植被亚区及东、东北植被亚区。

西、西南植被亚区主要包括毛道乡和畅好乡；东、东北植被亚区主要包括冲山(通什)镇、番阳镇、毛阳镇、南圣镇和水满乡。这两个亚区的自然植被，自然、半自然植被及其次生类型的组成与结构有一定的差异。

在东、东北植被亚区里，主要的自然植被有高山云雾林、广东松针叶林、山地雨林和低地雨林及低地雨林次生林、灌丛、草丛及自然、半自然村庄植被。

在高山云雾林里常见的植物有广东松(Pinus kwangtungensis)(五指山)、猴头杜鹃(南华杜鹃)(Rhododendron simiarum)、鸭脚木(Schefflera heptaphylla)、红脉南烛(Lyonia rubrovenia)、硬斗柯(Lithocarpus hancei)、厚皮香(Ternstroemia gymnanthera)、厚皮香八角(Illicium ternstroemioides)、美丽新木姜子(Neolitsea pulchella)、五列木(Pentaphylax euryoides)、华润楠(Machilus chinensis)、密花树(Myrsine seguinii)、丛花山矾(Symplocos poilanei)、大头茶(Polyspora axillaris)、海南树参(Dendropanax hainanensis)、长柄杜英

(*Elaeocarpus petiolatus*)等多种。

广东松针叶林主要分布在毛阳镇境内，广东松针叶林里，除广东松外，常见的植物有线枝蒲桃（*Syzygium araiocladum*）、拟密花树（*Myrsine affinis*）、海南树参、陆均松（*Dacrydium pectinatum*）、红花荷（*Rhodoleia championii*）、异形木（*Allomorphia balansae*）、五列木、假赤楠（*Syzygium buxifolioideum*）、黧蒴锥（*Castanopsis fissa*）、毛棉杜鹃（*Rhododendron moulmainense*）、黄叶树（青蓝）（*Xanthophyllum hainanense*）、谷木（*Memecylon ligustrifolium*）、软皮桂（*Cinnamomum liangii*）、华南冬青（*Ilex sterrophylla*）、变叶榕（*Ficus variolosa*）、金叶含笑（亮叶含笑）（*Michelia foveolata*）、紫毛野牡丹（*Melastoma penicillatum*）、越南冬青（*Ilex cochinchinensis*）、白颜树（*Gironniera subaequalis*）、猴耳环（*Archidendron clypearia*）、尖峰润楠（*Machilus monticola*）、猴头杜鹃、油丹（*Alseodaphne hainanensis*）、黄杞（*Engelhardia roxburghiana*）、美丽新木姜子、厚皮香八角、山油柑（*Acronychia pedunculata*）、光叶山矾（*Symplocos lancifolia*）、中华杜英（*Elaeocarpus chinensis*）、斜脉粗叶木（*Lasianthus verticillatus*）、鸡毛松（*Dacrycarpus imbricatus*）、野漆（*Toxicodendron succedaneum*）、小果山龙眼（*Helicia cochinchinensis*）、鸭脚木、十蕊枫（白背槭）（*Acer laurinum*）、隐脉红淡比（*Cleyera obscurinervia*）、腺叶山矾（*Symplocos adenophylla*）、饭甑青冈（*Cyclobalanopsis fleuryi*）、腺叶野樱（*Laurocerasus phaeosticta*）、密脉蒲桃（*Syzygium chunianum*）、亨氏香楠（*Aidia henryi*）、厚壳桂（*Cryptocarya chinensis*）、高山蒲葵（*Livistona saribus*）、翠柏（*Calocedrus macrolepis*）、盆架树（*Alstonia rostrata*）、百日青（竹叶松）、脉叶罗汉松（*Podocarpus neriifolius*）、灰毛杜英（毛叶杜英）（*Elaeocarpus limitaneus*）、黄桐（*Endospermum chinense*）、长尾毛蕊茶（*Camellia caudata*）、暗色菝葜（*Smilax lanceifolia* var. *opaca*）、背囊复叶耳蕨（*Arachniodes cavalerii*）、海南铁角蕨（*Asplenium hainanense*）、倒挂铁角蕨（*Asplenium normale*）、蜂斗草（*Sonerila cantonensis*）、伏（匍）生石豆兰（*Bulbophyllum reptans*）、黑桫椤（*Alsophila podophylla*）、虎舌红（*Ardisia mamillata*）、金毛狗（*Cibotium barometz*）、保亭金线兰（*Anoectochilus baotingensis*）、林仔竹（*Oligostachyum nuspiculum*）、露兜草（*Pandanus austrosinensis*）、匍匐九节（*Psychotria serpens*）、散穗黑莎草（*Gahnia baniensis*）、苏铁蕨（*Brainea insignis*）、铁芒萁（*Dicranopteris linearis*）、团叶鳞始蕨（*Lindsaea orbiculata*）、乌毛蕨（*Blechnum orientale*）、线片鳞始蕨（*Lindsaea eberhardtii*）、小花山姜（*Alpinia brevis*）、雪下红（*Ardisia villosa*）、阴石蕨（*Humata repens*）、海南越橘（*Vaccinium hainanense*）、中华里白（*Hicriopteris chinensis*）、柊叶（*Phrynium rheedei*）等多种。

在山地雨林里常见的植物有陆均松、鸡毛松、线枝蒲桃、杏叶柯（红稠）（*Lithocarpus amygdalifolius*）、海南山胡椒（*Lindera robusta*）、黄叶树、五列木、红鳞蒲桃（*Syzygium hancei*）、刺柯（红锥）（*Castanopsis hystrix*）、拟密花树、谷木、海南蕈树（阿丁枫）（*Altingia obovata*）、竹叶青冈（*Cyclobalanopsis neglecta*）、海南树参、显脉虎皮楠（*Daphniphyllum paxianum*）、柳叶山黄皮、鱼骨木（*Canthium dicoccum*）、变叶榕、腺叶山矾（腺叶灰木）（*Symplocos adenophylla*）、油丹、鸭脚木、绒毛润楠（*Machilus velutina*）、打铁树（*Myrsine linearis*）、阴香（*Cinnamomum burmanni*）、二色波罗蜜（小叶胭脂）（*Artocarpus styracifolius*）、鸡屎树（*Lasianthus hirsutus*）、丛花山矾、公孙锥（细刺柯、越南白

锥）（*Castanopsis tonkinensis*）、尖峰润楠、毛杜英、肖柃（*Cleyera incornuta*）、软荚红豆
（*Ormosia semicastrata*）、大果马蹄荷（*Exbucklandia tonkinensis*）、木荷（*Schima superba*）
等。

在低地雨林里常见的植物有青梅（*Vatica mangachapoi*）、蝴蝶树（*Heritiera parvifolia*）、鸡毛松、海南柿（*Diospyros hainanensis*）、细子龙（*Amesiodendron chinense*）、荔枝（*Litchi chinensis*）、海南假韶子（*Paranephelium hainanense*）、钝叶新木姜（*Neolitsea obtusifolia*）、琼楠（*Beilschmiedia intermedia*）、大花五桠果（*Dillenia turbinata*）、鸡屎树、长萼粗叶木（*Lasianthus chevalieri*）、白叶瓜馥木（*Fissistigma glaucescens*）、九节（*Psychotria rubra*）、橄榄（*Canarium album*）、白颜树、海南暗罗（*Polyalthia laui*）、子凌蒲桃（*Syzygium championii*）、公孙锥、二色波罗蜜（*Artocarpus styracifolius*）、海南蕈树（*Altingia obovata*）、药用狗牙花（*Tabernaemontana bovina*）、双瓣木犀（*Osmanthus didymopetalus*）、柳叶山黄皮（*Randia merrilli*）、粗毛野桐（*Hancea hookeriana*）、肖蒲桃（*Syzygium acuminatissimum*）、割鸡芒（*Hypolytrum nemorum*）、淡竹叶（*Lophatherum gracile*）、深绿卷柏、新月蕨（*Pronephrium gymnopteridifrons*）、双盖蕨（*Diplazium donianum*）、金毛狗等多种。

在低地雨林次生林中常见的植物有中平树（*Macaranga denticulata*）、黄桐、青梅、普洱茶（野茶）（*Camellia sinensis* var. *assamica*）、斯里兰卡天料木（*Homalium ceylanicum*）、细子龙、海南韶子、岭南山竹子（*Garcinia oblongifolia*）、假苹婆（*Sterculia lanceolata*）、买麻藤（*Gnetum montanum*）、毛瓜馥木（*Fissistigma maclurei*）、厚壳桂、毛叶轮环藤（*Cyclea barbata*）、粪箕笃（*Stephania longa*）、假蒟（*Piper sarmentosum*）、华南毛柃（*Eurya ciliata*）、木荷、水东哥（*Saurauia tristyla*）、柏拉木（*Blastus cochinchinensis*）、破布叶（*Microcos paniculata*）、翻白叶树（*Pterospermum heterophyllum*）、秋枫（*Bischofia javanica*）、白背叶（*Mallotus apelta*）、大果榕（*Ficus auriculata*）、榕树（*Ficus microcarpa*）、割舌树（*Walsura robusta*）、野生荔枝、野生龙眼（*Dimocarpus longan*）、海南大风子（*Hydnocarpus hainanensis*）、枫香（*Liquidambar formosana*）、鸭脚木、海金沙（*Lygodium japonicum*）、铁芒萁、乌毛蕨、细基丸（*Polyalthia cerasoides*）、潺槁木姜子（*Litsea glutinosa*）、假柿木姜子（*Litsea monopetala*）、纤枝槌果藤（*Capparis viminea*）、了哥王（*Wikstroemia indica*）、大花五桠果、刺柊（*Scolopia chinensis*）、膜叶嘉赐树（*Casearia membranacea*）、乌墨（*Syzygium cumini*）、紫毛野牡丹、黄牛木（*Cratoxylum cochinchinense*）、火索麻（*Helicteres isora*）、细齿叶柃（*Eurya nitida*）、黑面神（*Breynia fruticosa*）、锈毛野桐（*Mallotus anomalus*）、白楸（*Mallotus paniculatus*）、朴树（*Celtis sinensis*）、药用狗牙花（*Tabernaemontana bovina*）、木棉（*Bombax ceiba*）、平塘榕（*Ficus tuphapensis*）、山乌桕（*Triadica cochinchinensis*）、青果榕（*Ficus variegata*）、割舌树、红楝（*Aglaia spectabilis*）、海南菜豆树（*Radermachera hainanensis*）、小省藤（细茎省藤）（*Calamus gracilis*）、对叶榕（*Ficus hispida*）、厚皮树（*Lannea coromandelica*）、乌蕨（*Stenoloma chusanum*）、巢蕨（*Neottopteris nidus*）、崖姜蕨（*Pseudodrynaria coronans*）、白桫椤（*Sphaeropteris brunoniana*）和黑桫椤等多种。

在灌丛、草丛或灌草丛中常见的植物有桃金娘（*Rhodomyrtus tomentosa*）、野牡丹（*Melastoma malabathricum*）、光滑黄皮（*Clausena lenis*）、白背叶（*Mallotus apelta*）、枫香、

美叶菜豆树(*Radermachera frondosa*)、中平树、黄牛木、破布叶、潺槁木姜子、山乌桕、木棉、大果榕、叶被木(*Streblus taxoides*)、鹊肾树(*Streblus asper*)、牛筋果(*Harrisonia perforata*)、青果榕、假鹰爪(*Desmos chinensis*)、锡叶藤(*Tetracera sarmentosa*)、刺柊、白楸、钩枝藤(*Ancistrocladus tectorius*)、黑嘴蒲桃(*Syzygium bullockii*)、岭南山竹子、芒(*Miscanthus sinensis*)、小蓬草(加拿大蓬)(*Erigeron canadensis*)、铁芒萁、白茅(*Imperata cylindrica*)、白花地胆草、五节芒(*Miscanthus floridulus*)、竹节草(*Chrysopogon aciculatus*)、芦竹(*Arundo donax*)、类芦(*Neyraudia reynaudiana*)、粽叶芦(*Thysanolaena latifolia*)、长花马唐(*Digitaria longiflora*)、斑茅(*Saccharum arundinaceum*)、割鸡芒、珍珠茅(*Scleria levis*)、飞机草(*Chromolaena odorata*)、毛排钱草(*Phyllodium elegans*)、排钱草(*Phyllodium pulchellum*)、土蜜树(*Bridelia tomentosa*)、马缨丹(*Lantana camara*)、土花椒、黑面神、刺篱木(*Flacourtia indica*)、九节、铜盆花(钝叶紫金牛)(*Ardisia obtusa*)等多种。

在自然、半自然村庄植被中常见的植物有野生荔枝、栽培的荔枝、野生龙眼、栽培的龙眼、橡胶(*Hevea brasiliensis*)、槟榔(*Areca cathecu*)、秋枫、木棉、番石榴(*Psidium guajava*)、枫香、桃金娘、九节、黄皮、杧(芒果)(*Mangifera indica*)、益智(*Alpinia oxyphylla*)、海南栲(*Castanopsis hainanensis*)、厚皮树、鸭脚木、阳桃(*Averrhoa carambola*)、海南蒲桃(*Syzygium hainanense*)、波罗蜜(*Artocarpus heterophyllus*)、大果榕、海南韶子、木奶果(*Baccaurea ramiflora*)、麻风树(*Jatropha curcas*)、芒、白茅、类芦等多种。

在西、西南植被亚区里,低地雨林及其次生林、灌丛、草丛,有少部分山地雨林,自然、半自然村庄植被发育较好。

在低地雨林及其次生林中常见的植物有海南榄仁(鸡尖)(*Terminalia nigrovenulosa*)、厚皮树、木棉、黄豆树(菲律宾合欢、白格)(*Albizia procera*)、枫香、黄牛木、火索麻、楹树(*Albizia chinensis*)、毛银柴(*Aporosa villosa*)、银柴(*Aporosa dioica*)、粪箕笃、锡叶藤、叶被木、细叶谷木(*Memecylon scutellatum*)、黑面神、银叶巴豆(*Croton cascarilloides*)、余甘子(*Phyllanthus emblica*)、黄杞、刺桑(*Streblus ilicifolius*)、土花椒、刺篱木、小叶海金沙(*Lygodium scandens*)、乌毛蕨、华南毛蕨(*Cyclosorus parasiticus*)、乌墨、破布叶、海南破布叶(*Microcos chungii*)、榕树、滑桃树(河边)(*Trevia nudiflora*)、鹧鸪麻(*Kleinhovia hospita*)、潺槁木姜子、大花五桠果、水翁蒲桃(*Syzygium nervosum*)、海南蒲桃、土蜜树、大管、鸦胆子(*Brucea javanica*)、海南韶子、土坛树(*Alangium salviifolium*)、海南菜豆树、牛筋果(*Harrisonia perforata*)、赤才(*Lepisanthes rubiginosa*)、猫尾木(*Markhamia stipulata*)等多种。

在(刺)灌丛、草丛或灌草丛中常见的植物有圆叶刺桑、牛筋果、鹊肾树、银叶巴豆、鱼藤(*Derris trifoliata*)、叶被木、马缨丹、土坛树、海南榄仁群系,常见厚皮树、木棉、黄豆树、海南菜豆树、苦楝(*Melia azedarach*)。在河边可见水柳(*Homonoia riparia*)、水翁蒲桃、狭叶蒲桃(*Syzygium tsoongii*)、牛筋藤(*Malaisia scandens*)、水石榕(*Elaeocarpus hainanensis*)、井栏边草(凤尾草)(*Pteris multifida*)、加拿大蓬、散穗黑莎草等多种。

在自然、半自然村庄植被中常见的植物有椰子(*Cocos nucifera*)、槟榔、荔枝、粉箪竹(*Bambusa chungii*)、青皮竹(*Bambusa textilis*)、长药甲竹(*Lingnania longianthera*)、苦楝、龙眼、倒吊笔(*Wrightia pubescens*)、波罗蜜、海芋(*Alocasia odora*)、麒麟叶(*Epipremnum pinnatum*)、大管、香蕉(*Musa nana*)、高山榕(*Ficus altissima*)、对叶榕(*Ficus hispida*)、榕树等多种。

在此特别说明一下，在海南少数民族地区，如保亭、白沙、琼中和五指山等市县，当地居民的房前或屋后，总有一个小小的植物园，移栽了一些药用植物。现以五指山市为例，在这些小植物园里常见的药用植物有两面针(*Zanthoxylum nitidum*)、草珊瑚(*Sarcandra glabra*)、海南草珊瑚(*S.glabra* subsp. *brachystachys*)、海南地不容(*Stephania hainanensis*)、接骨草(*Justicia gendarussa*)、土沉香、罗勒(*Ocimum basilicum*)、仙茅(*Curculigo orchioides*)、赪桐(*Clerodendrum japonicum*)、美丽崖豆藤(牛大力)(*Callerya speciosa*)、普洱茶(野茶)、海南假砂仁(土砂仁)(*Amomum chinense*)等多种。

参 考 文 献

安树青, 朱学雷, 王峥峰, 等. 1999. 海南五指山热带山地雨林植物物种多样性研究[J]. 生态学报, 19(6): 803-809.

陈定如, 陈学宪. 1981. 海南岛野生牧草资源调查[J]. 华南师范大学学报(自然科学版), (2): 27-43.

符国瑗, 冯绍信. 1995. 海南五指山森林的垂直分布及其特征[J]. 广西植物, (1): 57-69.

郝清玉, 刘强, 王士泉, 等. 2013. 鹦哥岭山地雨林不同海拔区森林群落的生物量研究[J]. 热带亚热带植物学报, 21(6): 529-537.

胡玉佳, 汪永华, 丁小球, 等. 2003. 海南岛五指山不同坡向的植物物种多样性比较[J]. 中山大学学报(自然科学版), 42(2): 86-89.

李毓堂. 1981. 调整结构 发展牧业 种草治岛——海南岛放牧畜牧业和草山建设问题的调查及建议[J]. 中国草地学报, (3): 3-6.

刘立武, 余济云, 程玉娜. 2014. 五指山市乔木林动态变化特征分析[J]. 中南林业科技大学学报, (4): 1-5.

龙文兴, 杨小波, 吴庆书, 等. 2008. 五指山热带雨林黑桫椤种群及其所在群落特征[J]. 生物多样性, 16(1): 83-90.

马志波, 黄清麟, 戎建涛, 等. 2012. 海南五指山市枫香次生林结构和树种多样性[J]. 山地学报, 44(3): 276-281.

唐恬, 廖文波, 王伯荪. 2002. 海南五指山地区种子植物区系的特点[J]. 广西植物, 22(4): 297-304.

王发国, 张荣京, 邢福武, 等. 2007. 海南鹦哥岭自然保护区的珍稀濒危植物与保育[J]. 植物科学学报, 25(3): 303-309.

王毅. 2004. 海南省五指山兰科植物资源调查[J]. 琼州学院学报, 11(2): 55-56.

杨小波, 林英, 梁淑群. 1994a. 海南岛五指山的森林植被Ⅰ. 五指山的森林植被类型[J]. 海南大学学报(自然科学版), (3): 220-236.

杨小波, 林英, 梁淑群. 1994b. 海南岛五指山的森林植被Ⅱ. 五指山森林植被的植物种群分析与森林结构分析[J]. 海南大学学报(自然科学版), (4): 220-236.

杨小波, 文洪波. 2000. 海南中部山区次生林优势种枫香发育规律研究[J]. 海南大学学报(自然科学版),

18(1): 54-58.

余显芳. 1984. 海南热带山地生态环境与建立山地型农业体系的设想[J]. 热带地理, 4(1): 1-8.

张昌文. 1983. 林牧结合是加速海南岛山区草地复林的途径[J]. 热带地理, 3(3): 38-42.

张凯, 陈伟岸, 罗文启, 等. 2017. 海南五指山国家级自然保护区石松类和蕨类植物区系研究[J]. 热带作物学报, 38(4): 618-629.

张荣京, 陈红锋, 叶育石, 等. 2010. 海南鹦哥岭的种子植物资源[J]. 华南农业大学学报, 31(3): 116-118.

张荣京, 邢福武, 萧丽萍, 等. 2007. 海南鹦哥岭的种子植物区系[J]. 生物多样性, 15(4): 382-392.

张一心. 1985. 海南中部地区草山草坡开发与利用问题探讨[J]. 草业科学, (4): 64-65.

（四）各乡镇植被图

1. 畅好乡植被图

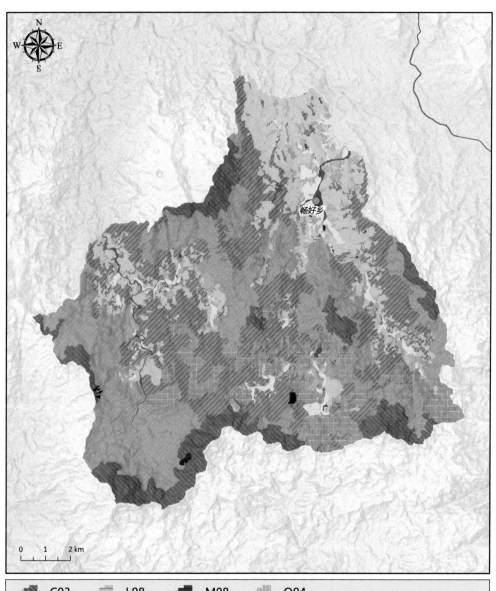

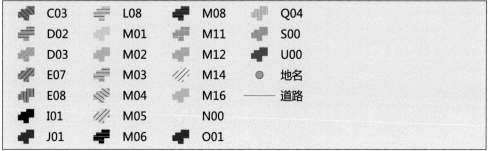

2. 冲山(通什)镇植被图

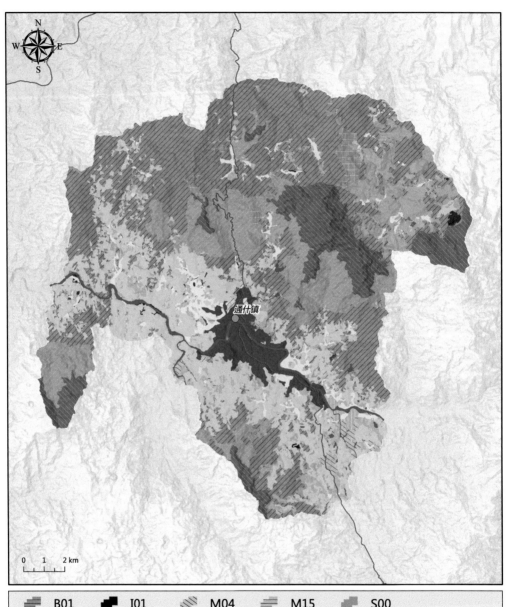

	B01		I01		M04		M15		S00
	C03		J01		M05		M16		U00
	D02		J02		M06		N00		地名
	D03		L08		M08		O01		道路
	E07		M01		M11		O02		
	E08		M02		M12		Q04		
	H05		M03		M14		R00		

0 1 2 km

3. 番阳镇植被图

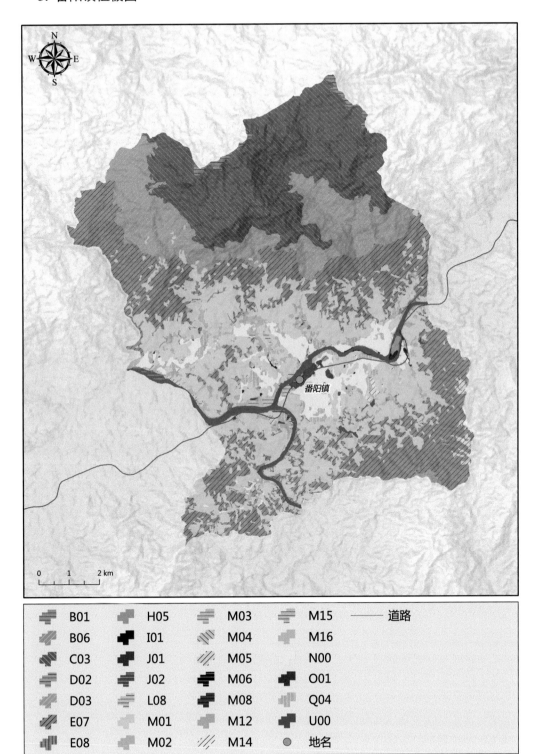

<table>
<tr><td>B01</td><td>H05</td><td>M03</td><td>M15</td><td>道路</td></tr>
<tr><td>B06</td><td>I01</td><td>M04</td><td>M16</td></tr>
<tr><td>C03</td><td>J01</td><td>M05</td><td>N00</td></tr>
<tr><td>D02</td><td>J02</td><td>M06</td><td>O01</td></tr>
<tr><td>D03</td><td>L08</td><td>M08</td><td>Q04</td></tr>
<tr><td>E07</td><td>M01</td><td>M12</td><td>U00</td></tr>
<tr><td>E08</td><td>M02</td><td>M14</td><td>地名</td></tr>
</table>

4. 毛道乡植被图

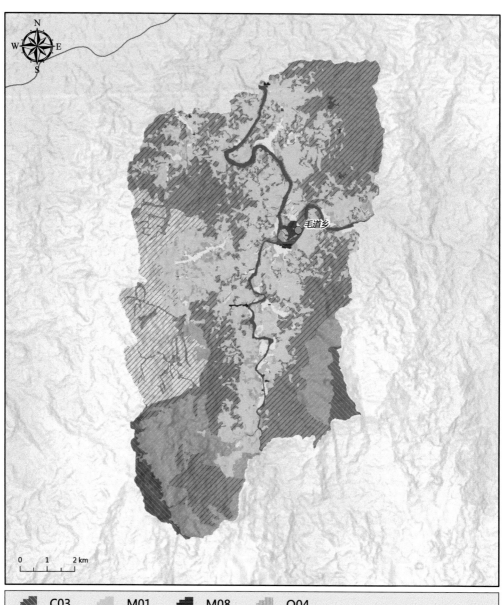

5. 毛阳镇植被图

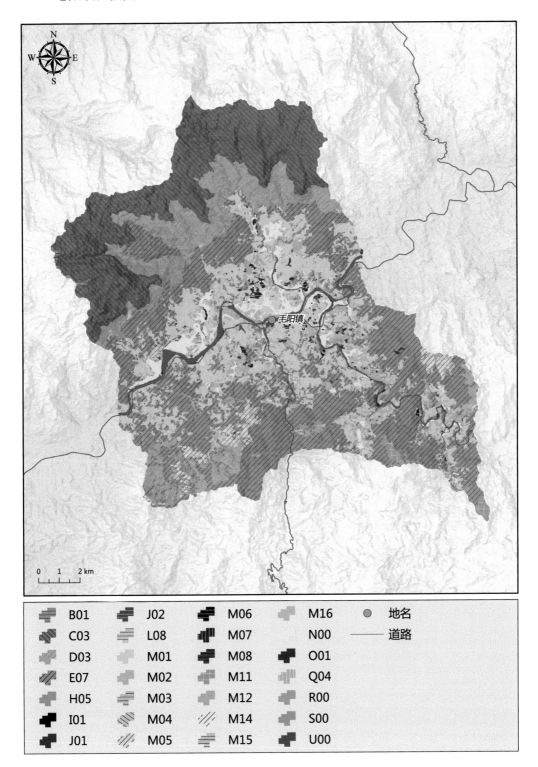

B01	J02	M06	M16	●	地名
C03	L08	M07	N00	——	道路
D03	M01	M08	O01		
E07	M02	M11	Q04		
H05	M03	M12	R00		
I01	M04	M14	S00		
J01	M05	M15	U00		

6. 南圣镇植被图

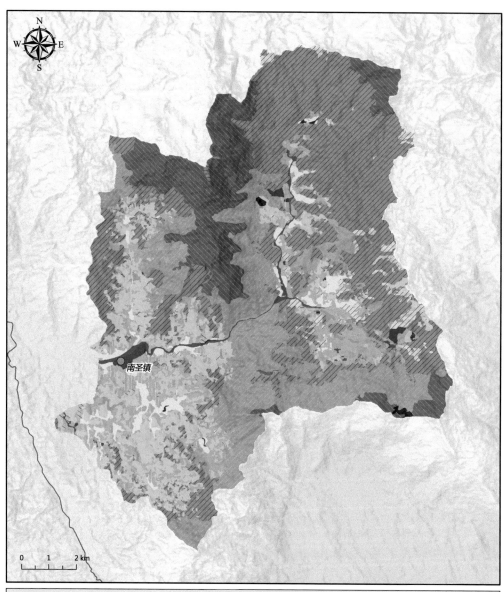

B01	J01	M06	N00		道路		
C03	L08	M07	O01				
D02	M01	M08	Q04				
D03	M02	M11	R00				
E07	M03	M12	S00				
E08	M04	M14	U00				
I01	M05	M16	地名				

7. 水满乡植被图

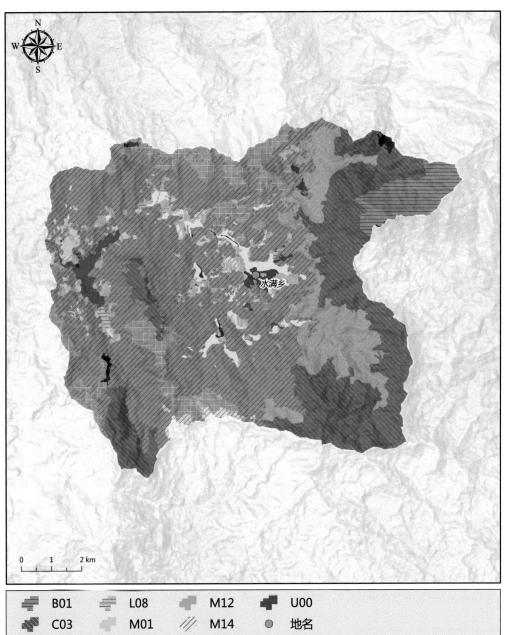

第三节　海南岛周边主要岛屿和三沙市主要岛屿植被简述

　　海南省管辖的南海海域岛屿很多，可区分为海南岛周围岛屿、西沙群岛岛屿、中沙和南沙群岛岛屿。依据海南省海岛资源综合调查研究报告的结果，在海南岛周围，高潮时，面积大于 500m² 的海岛 180 个(不含海南岛和邻昌礁)。在 180 个海岛中，面积大于 1km² 的海岛有 6 个，它们分别是万宁周边的大洲岛，面积 4.418km²，三亚西瑁岛，面积 2.118km²，琼海东屿岛，面积 1.722km²，三亚的牛奇洲(蜈崎洲或蜈支洲)岛，面积 1.48km²，文昌的边溪浪，面积 1.340km²，昌江的边河园，面积 1.048km²(海南省海洋厅和海南省海岛资源综合调查领导小组办公室，1996)。高潮时，西沙群岛面积大于 500m² 的海岛 32 个，其中面积大于 1km² 的海岛有 3 个，它们分别是永兴岛，面积 2.6km²(2.0008km²，海南省海洋厅等，1996)，东岛，面积 1.707km²，中建岛，面积 1.147km²(海南省海洋厅和海南省海岛资源综合调查领导小组办公室，1996)。在中沙和南沙群岛岛屿中，太平岛最大，仅 0.432km²(海南省海洋厅和海南省海岛资源综合调查领导小组办公室，1996)。《海南植被志》仅对部分海南岛周围的一些海岛：大洲岛、牛奇洲(蜈崎洲或蜈支洲)、白鞍岛、甘蔗岛、洲仔岛、东锣岛、西鼓岛、东瑁岛、野薯岛、分界洲、加井岛、七洲列岛和西沙群岛的永兴岛、东岛、中建岛等进行描述与说明。对东屿岛亚洲永久论坛会址建设之前的历史记录进行回顾性描述。

一、大洲岛

　　大洲岛位于万宁东澳镇以东海域，地带性植被为热带雨林。现分布的植被类型有滨海藤蔓丛、草丛、灌丛和低地雨林次生林(非沙质岛屿丛林)。笔者曾在 1989 年海岛调查、2006 年生态考察及 2016 年国家级重点保护植物调查等，调查记录岛上维管植物有 577 种，隶属于 121 科 395 属。其中蕨类植物有 14 科 20 属 26 种；裸子植物有 2 科 2 属 3 种；被子植物有 105 科 373 属 548 种,其中双子叶植物有 92 科 314 属 470 种，单子叶植物有 13 科 59 属 78 种。偶尔发现海南苏铁、海南龙血树(*Dracaena cambodiana*)、海南大风子(*Hydnocarpus hainanensis*)、野生龙眼(*Dimocarpus longan*)、野生荔枝等分布。吴天国(2009)报道有 618 种，隶属 123 科 407 属，其中蕨类植物 14 科 20 属 27 种，裸子植物 2 科 2 属 5 种，被子植物 107 科 385 属 586 种，因此，随着考察的深入还有可能找到该岛的新记录。

　　在滨海藤蔓丛中常见的植物种类有厚藤(*Ipomoea pes-caprae*)、海刀豆(*Canavalia rosea*)、鬣刺(*Spinifex littoreus*)、草海桐(*Scaevola taccada*)、蒺藜草(*Cenchrus echinatus*)、沟叶结缕草(*Zoysia matrella*)、球柱草(*Bulbostylis barbata*)、绢毛飘拂草(*Fimbristylis sericea*)、两歧飘拂草(*Fimbristylis dichotoma*)、露兜树(*Pandanus tectorius*)、蔓荆(*Vitex trifolia*)等。

　　在草丛中常见的植物有芒(*Miscanthus sinensis*)、林仔竹(*Oligostachyum nuspiculum*)、

草豆蔻（*Alpinia hainanensis*）、海金沙（*Lygodium japonicum*）、铁芒萁（*Dicranopteris linearis*）、猪笼草（*Nepenthes mirabilis*）、垂穗石松（铺地蜈蚣）（*Lycopodium cernuum*）、野牡丹（*Melastoma malabathricum*）、割鸡芒（*Hypolytrum nemorum*）、美叶菜豆树（*Radermachera frondosa*）、黄叶树（青蓝）、桃金娘（*Rhodomyrtus tomentosa*）、打铁树（柳叶密花树）（*Myrsine linearis*）、银柴（*Aporosa dioica*）、野漆（*Toxicodendron succedaneum*）、光滑黄皮（*Clausena lenis*）、大管（*Micromelum falcatum*）、基及树（福建茶）（*Carmona microphylla*）、山石榴（*Catunaregam spinosa*）和刺桑（*Streblus ilicifolius*）等多种。

在灌丛（有刺灌丛）中常见的植物有黄槿（*Hibiscus tlllaceus*）、刺桑、柳叶密花树、海南龙血树（*Dracaena cambodiana*）、露兜树、草海桐、美叶菜豆树（*Radermachera frondosa*）、九节（*Psychotria asiatica*）、黄叶树、假鹰爪、黄樟（*Cinnamomum parthenoxylon*）、锡叶藤（*Tetracera sarmentosa*）、刺柊（*Scolopia chinensis*）、膜叶嘉赐树、钩枝藤（*Ancistrocladus tectorius*）、黑嘴蒲桃（*Syzygium bullockii*）、多花野牡丹、岭南山竹子（*Garcinia oblongifolia*）、黑面神（*Breynia fruticosa*）、猴耳环（*Archidendron clypearia*）和龙须藤（*Bauhinia championii*）等多种。

在低地雨林次生林中常见的植物有藤春、细基丸（*Polyalthia cerasoides*）、黄樟、山鸡椒（*Litsea cubeba*）、潺槁木姜子、假柿木姜子（*Litsea monopetala*）、茶槁楠（*Phoebe hainanensis*）、乌心楠（*Phoebe tavoyana*）、鱼木（*Crateva religiosa*）、黄叶树、大花五桠果（大花第伦桃）（*Dillenia turbinata*）、海南大风子、膜叶嘉赐树（海南嘉赐树）（*Casearia membranacea*）、毛天料木（*Homalium mollissimum*）、海南天料木（*Homalium stenophyllum*）、油茶（*Camellia oleifera*）、金莲木（*Ochna integerrima*）、肖蒲桃（*Syzygium acuminatissimum*）、子凌蒲桃（*Syzygium championii*）、海南蒲桃（*Syzygium hainanense*）、香蒲桃（*Syzygium odoratum*）、榄仁树（*Terminalia catappa*）、黄牛木（*Cratoxylum cochinchinense*）、岭南山竹子、破布叶（*Microcos paniculata*）、山杜英（*Elaeocarpus sylvestris*）、毛果杜英（*Elaeocarpus rugosus*）、拟杜英（*Elaeocaepus dubius*）、长柄银叶树（*Heritiera angustata*）、假苹婆（*Sterculia lanceolata*）、翅子树（*Pterospermum acerifolium*）、木棉（*Bombax ceiba*）、黄槿、肖槿（*Thespesia lampas*）、五月茶（*Antidesma bunius*）、银柴、土蜜树（*Bridelia tomentosa*）、海南白桐（*Claoxylon hainanense*）、白桐（*Claoxylon indicum*）、网脉核果木（白梨么）（*Drypetes perreticulata*）、海南核果木（*Drypetes hainanensis*）、异萼木（*Dimorphocalyx poilanei*）、山柑（*Cansjera rheedei*）、算盘子（*Glochidion puberum*）、白背算盘子（*Glochidion wrightii*）、粗毛野桐（*Hancea hookeriana*）、粗糠柴（*Mallotus philippinensis*）、小盘木（*Microdesmis casearrifolia*）、山乌桕（*Triadica cochinchinensis*）、臀形果（*Pygeum topengii*）、腺叶野樱（*Laurocerasus phaeosticta*）、猴耳环、亮叶猴耳环（*Archidendron lucidum*）、台湾相思（外来种）（*Acacia confusa*）、软荚红豆（*Ormosia semicastrata*）、海南槐（*Sophora tomentosa*）、烟斗柯（*Lithocarpus corneus*）、饭甑青冈（*Cyclobalanopsis fleuryi*）、吊罗栎（吊罗椆）（*Cyclobalanopsis tiaoloshanica*）、木麻黄（外来种）（*Casuarina equisetifolia*）、假玉桂（*Celtis timorensis*）、朴树（*Celtis sinensis*）、高山榕（*Ficus altissima*）、垂叶榕（*F. benjamina*）、黄毛榕（*F. fulva*）、对叶榕（*F. hispida*）、黄葛树（*F. virens*）、榕树、九丁榕（*F. nervosa*）、青果榕（杂色榕）（*F. variegata*）、刺桑（*Streblus ilicifolius*)、铁冬青(*Ilex rotunda*)、石枚冬青(*Ilex shimeica*)、三花冬青(*Ilex triflora*)、盾柱卫矛(*Pleurostylia opposita*)、琼榄(*Gonocaryum lobbianum*)、山油柑(降真香)、棟叶吴萸(*Tetradium glabrifolium*)、 箭檵花椒(*Zanthoxylum avicennae*)、 山楝(*Aglaia elaeagnoidea*)、 山楝(*Aphanamixis polystachya*)、 龙眼、 荔枝、 厚皮树(*Lannea coromandelica*)、野漆、八角枫(*Alangium chinense*)、土坛树(*Alangium salviifolium*)、幌伞枫(*Heteropanax fragrans*)、海南树参(*Dendropanax hainanensis*)、鸭脚木(*Schefflera heptaphylla*)、乌材(*Diospyros eriantha*)、铁线子(*Manilkara hexandra*)、肉实树(水石梓)(*Sarcosperma laurinum*)、 罗伞树(*Ardisia quinquegona*)、 密鳞紫金牛(*Ardisia densilepidotula*)、柳叶密花树、越南山矾(*Symplocos cochinchinensis*)、黄牛奶树(火灰山矾)(*Symplocos cochinchinensis* var. *laurina*)、 丛花山矾、 白枝李榄(*Chionanthus brachythyrsus*)、云南木犀榄(异株木犀榄)(*Olea tsoongii*)、杜果(*Mangifera indica*)、仔榄树(*Hunteria zeylanica*)、倒吊笔(*Wrightia pubescens*)、毛茶(*Antirhea chinensis*)、鱼骨木(*Canthium dicoccum*)、 假桂乌口树(*Tarenna attenuata*)、 长花厚壳树(*Ehretia longiflora*)、猫尾木(*Markhamia stipulata*)、木蝴蝶(*Oroxylum indicum*)、美叶菜豆树(*Radermachera frondosa*)、 裸花紫珠(*Callicarpa nudiflora*)、黄荆(*Vitex negundo*)、山牡荆(*Vitex quinata*)等多种。

二、牛奇洲(蜈崎洲或蜈支洲)

牛奇洲位于三亚海棠湾镇东南海域,地带性植被为热带雨林。现分布的植被类型有滨海藤蔓丛、草丛、灌丛和低地雨林次生林。笔者曾在 1989 年海岛调查、2006 年生态考察等,调查记录岛上维管植物有 354 种,隶属于 86 科 276 属。其中蕨类植物有 2 科 2 属 2 种;裸子植物有 3 科 3 属 3 种;被子植物有 81 科 271 属 349 种。植物种类较为丰富,海南特有植物 13 个种,重点保护的珍稀濒危植物有海南龙血树(*Dracaena cambodiana*)和海南大风子(*Hydnocarpus hainanensis*)2 个种。在 354 种植物中,常见的植物有细基丸(*Polyalthia cerasoides*)、潺槁木姜子、树头菜(*Crateva unilocularis*)、海南大风子、乌墨(*Syzygium cumini*)、榄仁树(*Terminalia catappa*)、海南榄仁、破布叶(*Microcos paniculata*)、鹧鸪麻(*Kleinhovia hospita*)、桐棉(杨叶肖槿)(*Thespesia populnea*)、台琼海桐(*Pittosporum pentandrum* var. *formosanum*)、留萼木(*Blachia pentzii*)、异萼木(*Dimorphocalyx poilanei*)、银合欢(*Leucaena leucocephala*)、凤凰木(*Delonix regia*)、酸豆(*Tamarindus indica*)、海刀豆(*Canavalia rosea*)、刺桐(*Erythrina variegata*)、木麻黄(*Casuarina equisetifolia*)、波罗蜜(*Artocarpus heterophyllus*)、 鹊肾树(*Streblus asper*)、 细叶裸实(*Gymnosporia diversifolia*)、 九里香(*Murraya exotica*)、 米仔兰(*Aglaia odorata*)、 龙眼(*Dimocarpus longan*)、荔枝、厚皮树、杜果(*Mangifera indica*)、黑柿(*Diospyros nitida*)、白枝李榄(*Chionanthus brachythyrsus*)、仔榄树(*Hunteria zeylanica*)、倒吊笔(*Wrightia pubescens*)、海岸桐(*Guettarda speciosa*)、莲叶桐(*Hernandia nymphaeifolia*)、草海桐、基及树、银毛树(*Tournefortia argentea*)、蟛蜞菊(*Sphagneticola calendulacea*)、厚藤、美叶菜豆树

（*Radermachera frondosa*）、苦郎树（*Clerodendrum inerme*）、白藤（*Calamus tetradactylus*）、短穗鱼尾葵（*Caryota mitis*）、椰子、刺葵（*Phoenix loureiroi*）、露兜树（*Pandanus tectorius*）、斑茅（*Saccharum arundinaceum*）和芒（*Miscanthus sinensis*）等。

在滨海藤蔓丛中常见的植物种类有厚藤、海刀豆、砂地蟛蜞菊、单叶蔓荆（*Vitex rotundifolia*）、草海桐、银叶树（*Heritiera littoralis*）、水黄皮（*Pongamia pinnata*）和黄细心（*Boerhavia diffusa*）等沙滩植物。

在灌丛、草丛或灌草丛中常见的植物种类有苦郎树、树头菜、飞机草（*Chromolaena odorata*）、斑茅、芒、白茅（*Imperata cylindrica*）、露兜树、鹊肾树、细基丸、密锥花鱼藤（*Derris thyrsiflora*）、海岸桐、鹧鸪麻、银合欢、黄槿（*Hibiscus tiliaceus*）、桃金娘（*Rhodomyrtus tomentosa*）、光滑黄皮（*Clausena lenis*）、大管、基及树、山石榴（*Catunaregam spinosa*）、刺桑、厚皮树、海南龙血树、仔榄树群落、海南大风子、异萼木、矮紫金牛（*Ardisia humilis*）、潺槁木姜子、台琼海桐、海南榄仁、三角车（*Rinorea bengalensis*）、喜光花（*Actephila merrilliana*）、刺桐、黑柿、黑面神（*Breynia fruticosa*）和短穗鱼尾葵等多种。

在次生林中常见的植物种类有刺桐、龙眼、荔枝、凤凰木、鹊肾树、海南龙血树、潺槁木姜子、厚皮树、乌墨、酸豆、波罗蜜、榄仁树、银合欢、仔榄、异萼木、细基丸、台琼海桐等多种。

三、白鞍岛

白鞍岛位于万宁和乐镇英文村以东海域，目前仅分布有灌丛和草丛。常见的植物有厚叶铁线莲（*Clematis crassifolia*）、木防己（*Cocculus orbiculatus*）、木姜叶黄肉楠（*Litsea litseifolia*）、阴香（*Cinnamomum burmanni*）、窄叶聚花海桐（*Pittosporum balansae* DC. var. *angustifolium*）、显脉山绿豆（*Desmodium reticulatum*）、酢浆草（*Oxalis corniculata*）、喜光花、铁冬青（*Ilex rotunda*）、细叶裸实、光枝勾儿茶（铁包金）（*Berchemia polyphylla*）、蛇王藤（*Passiflora cochinchinensis*）、滨玉蕊（*Barringtonia asiatica*）、弓果藤（*Toxocarpus wightianus*）、厚壳树（*Ehretia acuminata*）、海滨木巴戟（*Morinda citrifolia*）、阔苞菊（*Pluchea indica*）、山蟛蜞菊（*Wollastonia montana*）、露兜树、二型马唐（*Digitaria heterantha*）、棕竹（*Rhapis excelsa*）、须叶藤（*Flagellaria indica*）和山菅兰（*Dianella ensifolia*）等，在海南仅在白鞍岛发现有滨玉蕊的分布。

四、甘蔗岛

甘蔗岛位于万宁万城镇乌场村东南海域，目前仅分布有灌丛和草丛。常见的植物有乌蕨（*Stenoloma chusanum*）、越南悬钩子（*Rubus cochinchinensis*）、显脉山绿豆（*Desmodium reticulatum*）、猴耳环（*Archidendron clypearia*）、异木患（*Allophylus viridis*）、柄果木（*Mischocarpus sundaicus*）、小果葡萄（*Vitis balansana*）、黄槿（*Hibiscus tiliaceus*）、锡叶藤

(*Tetracera sarmentosa*)、薄叶红厚壳(*Calophyllum membranaceum*)、野牡丹、紫毛野牡丹(*Melastoma penicillatum*)、帘子藤(*Pottsia laxiflora*)、尖萼紫珠(*Callicarpa loboapiculata*)、疏毛白绒草(*Leucas mollissima*)、假杜鹃(*Barleria cristata*)、芒(*Miscanthus sinensis*)、细叶巴戟天(*Morinda parvifolia*)、海南玉叶金花(*Mussaenda hainanensis*)、五节芒(*Miscanthus floridulus*)、割鸡芒(*Hypolytrum nemorum*)、刺葵(*Phoenix loureiroi*)、犁头尖(*Typhonium divaricatum*)、肖菝葜(*Heterosmilax japonica*)、草豆蔻(*Alpinia hainanensis*)等。

五、洲仔岛(南洲仔)

洲仔岛位于万宁东澳镇芳桂村以南海域,目前仅分布有灌丛和草丛。常见的植物有叶被木(*Streblus taxoides*)、火炭母(*Polygonum chinense*)、马齿苋(*Portulaca oleracea*)、厚壳桂(*Cryptocarya chinensis*)、潺槁木姜子、台琼海桐、粉叶鱼藤(*Paraderris glauca*)、白背叶(*Mallotus apelta*)、倒地铃、蛇葡萄(*Ampelopsis glandulosa*)、天料木(*Homalium cochinchinense*)、番石榴(*Psidium guajava*)、肉实树(水石梓)、白花酸藤果(*Embelia ribes*)、丁公藤(*Erycibe obtusifolia*)、地旋花(*Xenostegia tridentata*)、蜂巢草(*Leucas aspera*)、小酸浆(*Physalis minima*)、疏刺茄(*Solanum nienkui*)、酸模芒(*Centotheca lappacea*)、青香茅(*Cymbopogon caesius*)、散穗弓果黍(*Cyrtococcum patens* var. *latifolium*)、蔓生莠竹(*Microstegium fasciculatum*)、大百部(*Stemona tuberosa*)、仙茅、一点红(*Emilia sonchifolia*)等。

六、加井岛

加井岛位于万宁礼纪镇石梅村以东海域,目前仅分布有灌丛和草丛。常见植物有雾水葛(*Pouzolzia zeylanica*)、两面针(*Zanthoxylum nitidum*)、白背算盘子(*Glochidion wrightii*)、赛木患(*Lepisanthes oligophylla*)、罗伞树(*Ardisia quinquegona*)、海南树参(*Dendropanax hainanensis*)、匙羹藤(*Gymnema sylvestre*)、土丁桂(银丝草)(*Evolvulus alsinoides*)、管花薯(*Ipomoea violacea*)、银毛树(*Tournefortia argentea*)、假杜鹃、接骨草(*Justicia gendarussa*)、夜香牛(*Vernonia cinerea*)、芒(*Miscanthus sinensis*)、斑茅(*Saccharum arundinaceum*)、大黍(*Panicum maximum*)、暗褐飘拂草(*Fimbristylis fusca*)、知风飘拂草(*Fimbristylis eragrostis*)、海滨莎(*Remirea maritima*)、刺葵等。

七、分界洲

分界洲位于陵水光坡镇牛岭以东海域,现分布的植被类型有滨海藤蔓丛、草丛、灌丛及次生林。笔者曾在 1989 年海岛调查、2004 年生态考察等,调查记录岛上维管植物有 305 种,隶属于 77 科 220 属。其中蕨类植物有 3 科 3 属 7 种;裸子植物有 1 科 1 属 1

种；被子植物有 73 科 216 属 295 种，其中双子叶植物有 64 科 185 属 257 种，单子叶植物有 9 科 31 属 38 种。常见的植物有小叶海金沙（*Lygodium scandens*）、榕树、对叶榕（*Ficus hispida*）、笔管榕（*Ficus subpisocarpa*）、苍白秤钩风（*Diploclisia glaucescens*）、羽叶金合欢（*Acacia pennata*）、刺桐（*Erythrina variegata*）、假黄皮（*Clausena excavata*）、两面针、红背山麻杆（*Alchornea trewioides*）、留萼木（柏启木）（*Blachia pentzii*）、土蜜树、山苦茶（*Mallotus peltatus*）、铁冬青、海南卫矛（*Euonymus hainanensis*）、刺芙蓉（*Hibiscus surattensis*）、龙珠果（*Passiflora foetida*）、扭肚藤（*Jasminum elongatum*）、匙羹藤、伞花茉栾藤（山猪菜）（*Merremia umbellata*）、伞序臭黄荆（*Premna serratifolia*）、假烟叶（*Solanum erianthum*）、粗毛玉叶金花（*Mussaenda hirsutula*）、马㼛儿（*Zehneria japonica*）、多枝臂形草（*Brachiaria ramosa*）、四生臂形草（*Brachiaria subquadripara*）、肠须草（*Enteropogon dolichostachyus*）、香茅（*Cymbopogon citratus*）、野香茅（*Cymbopogon tortilis*）、白茅（*Imperata cylindrica*）、类芦（*Neyraudia reynaudiana*）、茅根（*Perotis indica*）、鼠尾草（*Salvia japonica*）、斑茅、香附子（*Cyperus rotundus*）、海滨莎、野芋（*Colocasia antiquorum*）、水竹叶（*Murdannia triquetra*）、小花吊兰（*Chlorophytum laxum*）、土茯苓（*Smilax glabra*）、翅柄菝葜（*Smilax perfoliata*）、闭鞘姜（*Costus speciosus*）。

　　在滨海藤蔓丛中常见的植物种类有厚藤、蔓荆、露兜树、孪花蟛蜞菊（*Wollastonia biflora*）、海滨莎、苦郎树（许树）（*Clerodendrum inerme*）、球柱草（*Bulbostylis barbata*）、蒺藜草（*Cenchrus echinatus*）、鬣刺等沙滩植物。

　　在草丛中常见的植物种类有白茅、斑茅、飞机草（*Chromolaena odorata*）、刺葵、小叶海金沙、海金沙（*Lygodium japonicum*）、无根藤（*Cassytha filiformis*）、粪箕笃（*Stephania longa*）、土牛膝（*Achyranthes aspera*）、野牡丹、桃金娘（*Rhodomyrtus tomentosa*）、叶被木、刺桑、细叶裸实、鸦胆子（*Brucea javanica*）、假败酱（假马鞭）（*Stachytarpheta jamaicensis*）等。

　　在次生林和灌丛（有刺灌丛）中常见的植物种类有黄槿、刺桑、海南菜豆树（*Radermachera hainanensis*）、刺桐、美叶菜豆树（*Radermachera frondosa*）、毛茶（*Antirhea chinensis*）、黄牛木（*Cratoxylum cochinchinense*）、破布叶（*Microcos paniculata*）、牛筋果（*Harrisonia perforata*）、榕树、假鹰爪、潺槁木姜子、避霜花（*Pisonia aculeata*）、海南大风子（*Hydnocarpus hainanensis*）、广东刺柊（*Scolopia saeva*）、刺柊（*Scolopia chinensis*）、刺桑、棒花蒲桃（*Syzygium claviflorum*）、细叶谷木（*Memecylon scutellatum*）、榄仁树（*Terminalia catappa*）、假苹婆、银柴（*Aporosa dioica*）、越南悬钩子（*Rubus cochinchinensis*）、草海桐（*Scaevola taccada*）、龙须藤（*Bauhinia championii*）、露兜树、飞机草、广州山柑（广州槌果藤）（*Capparis cantoniensis*）、糙点栝楼（*Trichosanthes dunniana*）、土牛膝、粪箕笃、井栏边草（凤尾草）（*Pteris multifida*）、华南毛蕨（*Cyclosorus parasiticus*）等。偶尔发现野生荔枝、海南龙血树（*Dracaena cambodiana*）的分布。

八、野薯岛（野猪岛）

　　野薯岛（野猪岛）位于三亚亚龙湾东南海域。目前仅分布有灌丛和草丛。常见的植物有栎叶槲蕨（*Drynaria quercifolia*）、长尾铁线蕨（*Adiantum diaphanum*）、扇叶铁线蕨（*Adiantum flabellulatum*）、崖姜蕨（*Pseudodrynaria coronans*）、山黄麻（*Trema tomentosa*）、垂叶榕（*Ficus benjamina*）、鹊肾树、毛叶轮环藤（*Cyclea barbata*）、海南地不容（*Stephania hainanensis*）、中华青牛胆（*Tinospora sinensis*）、细基丸（*Polyalthia cerasoides*）、黑木姜子（*Litsea atrata*）、潺槁木姜子、牛眼睛（槌果藤）（*Capparis zeylanica*）、罗志藤（*Stixis suaveolens*）、聚花海桐花（*Pittosporum balansae*）、牛栓藤（*Connarus paniculatus*）、相思子（*Abrus precatorius*）、羽叶金合欢、含羞草决明（*Chamaecrista mimosoides*）、铺地蝙蝠草（*Christia obcordata*）、大花蒺藜（*Tribulus cistoides*）、大管、米仔兰（*Aglaia odorata*）、山楝、割舌树（*Walsura robusta*）、红背山麻杆、艾堇（*Sauropus bacciformis*）、方叶五月茶（*Antidesma ghaesembilla*）、黑面神（*Breynia fruticosa*）、闭花木（*Cleistanthus sumatranus*）、巴豆（*Croton tiglium*）、网脉核果木（白梨么）、飞扬草（*Euphorbia hirta*）、锈毛野桐、黄花三宝木（*Trigonostemon fragilis*）、龙胆木（*Richeriella gracilis*）、乌桕（*Triadica sebifera*）、白树（*Suregada multiflora*）、山楂子（*Buchanania arborescens*）、厚皮树、槟榔青（*Spondias pinnata*）、阔叶五层龙（*Salacia amplifolia*）、无患子（*Sapindus saponaria*）、翅茎白粉藤（*Cissus hexangularis*）、扁担藤（*Tetrastigma planicaule*）、小果野葡萄、拟杜英（*Elaeocaepus dubius*）、苘麻叶扁担杆（*Grewia abutilifolia*）、同色扁担杆（*Grewia concolor*）、毛果扁担杆（*Grewia eriocarpa*）、磨盘草（*Abutilon indicum*）、木棉（*Bombax ceiba*）、假苹婆、奥里木（*Campylospermum striatum*）、刺篱木、海南榄仁、香蒲桃（*Syzygium odoratum*）、硬叶蒲桃（*Syzygium sterrophyllum*）、扭肚藤、海南李榄（*Chionanthus hainanensis*）、枝花李榄（*Chionanthus ramiflorus*）、球兰（*Hoya carnosa*）、肉珊瑚（*Sarcostemma acidum*）、娃儿藤（*Tylophora ovata*）、头花银背藤（*Argyreia capitiformis*）、银丝草、小心叶薯（紫心牵牛）（*Ipomoea obscura*）、长管牵牛、基及树、银毛树、白毛紫珠（*Callicarpa candicans*）、八脉臭黄荆（*Premna octonervia*）、攀援臭黄荆（*Premna subscandens*）、楔翅藤（*Sphenodesme pentandra*）、单叶蔓荆、吊球草（*Hyptis rhomboidea*）、接骨草、黑叶接骨草（*Justicia ventricosa*）、糙叶丰花草（*Spermacoce hispida*）、羊角藤（*Morinda umbellata*）、山石榴（*Catunaregam spinosa*）、草海桐、露兜树、华三芒草（*Aristida chinensis*）、黄茅（*Heteropogon contortus*）、类芦、茅根、球柱草、刺子莞（*Rhynchospora rubra*）、海南龙血树等。

九、东瑁、西瑁岛（东岛、西岛）

东瑁、西瑁岛（东岛、西岛）位于三亚湾南海域。自然植被有稀树灌丛、灌丛和草丛。常见植物有刺苋（*Amaranthus spinosus*）、中华青牛胆、槌果藤、青皮刺（*Capparis sepiaria*）、台湾相思（栽培）、木麻黄（*Casuarina equisetifolia*）（栽培）、香合欢（*Albizia odoratissima*）、银合欢（*Leucaena leucocephala*）、翼叶九里香（*Murraya alata*）、杜楝（*Turraea pubescens*）、绿玉树（*Euphorbia tirucalli*）、木薯（*Manihot esculenta*）（栽培）、黄花三宝木、槟榔青、五层龙、刺蒴麻（*Triumfetta rhomboidea*）、仙人掌（*Opuntia dillenii*）、海南榄仁、铁线子（*Manilkara hexandra*）、黑柿（*Diospyros nitida*）、扭肚藤、长春花（*Catharanthus roseus*）、

紫心牵牛、基及树、马缨丹（*Lantana camara*）、山香（*Hyptis suaveolens*）、辣椒（指天椒）（*Capsicum annuum*）（逸生）、野茄（*Solanum undatum*）、刺天茄（*Solanum indicum*）、疏刺茄、假杜鹃、灵芝草（*Rhinacanthus nasutus*）、海南龙血树、香蕉（栽培）、山石榴、飞机草、六棱菊（*Laggera alata*）、金腰箭（*Synedrella nodiflora*）、孪花蟛蜞菊（*Wollastonia biflora*）、苍耳（*Xanthium strumarium*）、海南马唐（短颖马唐）（*Digitaria setigera*）、黄茅、鸭嘴草（*Paspalum scrobiculatum*）、椰子（栽培）、水竹叶（*Murdannia triquetra*）、龙舌兰（*Agave americana*）（栽培）等。

十、东锣岛

东锣岛位于三亚崖州湾西南海域。主要分布有灌丛和草丛等自然植被类型。常见的植物有假蒟、斜叶榕（*Ficus tinctoria* subsp. *gibbosa*）、刺桑、中华粘腺果（华黄细心）（*Commicarpus chinensis*）、青皮刺、蒺藜、酒饼簕（东风橘）（*Atalantia buxifolia*）、翼叶九里香、牛筋果、厚皮树、滨木患（*Arytera littoralis*）、赤才（*Lepisanthes rubiginosa*）、海南翼核果（*Ventilago inaequilateralis*）、毛果扁担杆、桤叶黄花稔（*Sida alnifolia*）、土坛树（*Alangium salviifolium*）、海南榄仁、黑柿、牛角瓜（*Calotropis gigantea*）、肉珊瑚、三分丹、硬毛白鹤藤、银丝草、基及树、山香、刺天茄、假杜鹃、草海桐、羽芒菊（*Tridax procumbens*）、龙爪茅（*Dactyloctenium aegyptium*）、白茅、粗根茎莎草（*Cyperus stoloniferus*）、刺葵、四孔草（*Cyanotis cristata*）、黄花三宝木、刺茉莉（*Azima sarmentosa*）等。

十一、西鼓岛

西鼓岛位于三亚东锣湾东南海域。主要分布有灌丛和草丛等自然植被类型。常见的植物有斜叶榕、华黄细心、青皮刺、蒺藜、牛筋果、黄花三宝木、厚皮树、刺茉莉、赤才、毛果扁担杆、海南榄仁、黑柿、肉珊瑚、三分丹、硬毛白鹤藤、土丁桂、基及树、银毛树、山香、刺天茄、疏刺茄、假杜鹃、草海桐、羽芒菊、龙爪茅、粗根茎莎草、刺葵、四孔草等。

十二、东屿岛

在东屿岛开发成为亚洲永久论坛之前，分布有灌丛、草丛和沙滩藤蔓丛，红树林和半红树林及自然、半自然村庄植被（岛屿丛林）。记录有维管植物 403 种，隶属于 86 科 271 属。其中蕨类植物 13 种，隶属于 6 科 7 属，被子植物 390 种，隶属于 80 科 264 属（双子叶植物 280 种，隶属于 67 科 203 属；单子叶植物 110 种，隶属于 13 科 61 属）。在 403 种植物中，栽培植物有 65 种（杨小波等，2002）。

在自然、半自然村庄植被（岛屿丛林）中常见的植物有琼崖海棠（红厚壳）、白桐

(*Claoxylon indicum*)、鹊肾树、黄槿、海杧果(*Cerbera manghas*)、粉箪竹、山棟、短穗鱼尾葵、朴树(*Celtis sinensis*)、倒吊笔(*Wrightia pubescens*)、大蕉(*Musa×paradisiaca*)、桔(*Citrus madurensis*)、椰子、槟榔、番石榴、潺槁木姜子、黄皮(*Clausena lansium*)、木麻黄、台湾相思、对叶榕、贡甲(*Maclurodendron oligophlebium*)、米仔兰、假蒟、露兜树、龙眼(*Dimocarpus longan*)、荔枝、岭南山竹子(*Garcinia oblongifolia*)、土坛树、九节(*Psychotria asiatica*)、土蜜树、花椒簕(*Zanthoxylum scandens*)、白鹤藤(*Argyreia acuta*)、扭肚藤、白粉藤(*Cissus repens*)、眼树莲(*Dischidia chinensis*)、海芋、野芋。

在灌丛、草丛或灌草丛中常见的植物有露兜树、海杧果、假泽兰(*Mikania cordata*)、阔苞菊、地毯草(*Axonopus compressus*)、铺地黍、苦郎树、鹊肾树、箣欓花椒、水蔗草(*Apluda mutica*)、厚藤、飞机草、香附子、木麻黄、黄槿、水黄皮(*Pongamia pinnata*)、暗罗(*Polyalthia suberosa*)、潺槁木姜子、细叶裸实、酒饼簕、黑面神、马缨丹、小蓬草(加拿大蓬)(*Erigeron canadensis*)、鸡矢藤(*Paederia foetida*)、牛筋藤(*Malaisia scandens*)、白皮素馨(*Jasminum rehderianum*)、狼尾草(*Pennisetum alopecuroides*)、糙叶丰花草、榄仁树、闭鞘姜等。

在藤蔓丛中常见的植物有厚藤、李花蟛蜞菊、假泽兰、球柱草、绢毛飘拂草(*Fimbristylis sericea*)、沟叶结缕草、马瓟儿、吉粟草(*Gisekia pharnaceoides*)、长梗星粟草(*Glinus oppositifolius*)、马齿苋等。

在红树林、半红树林中常见的植物有水黄皮、海杧果、黄槿、海漆(*Excoecaria agallocha*)、露兜树、琼崖海棠(红厚壳)、暗罗、苦郎树(*Clerodendrum inerme*)、尖叶豆腐柴(*Premna chevalieri*)、卤蕨、老鼠簕(*Acanthus ilicifolius*)、海桑(*Sonneratia caseolaris*)等。

十三、七洲列岛

七洲列岛位于海南文昌东部海域,由南峙、双帆、赤峙、平峙、狗卵脬峙、灯峙和北峙7个岛屿组成。植被类型主要有岛屿灌丛和草丛(草甸)(邢福武等,2016)。依据邢福武等(2016)的研究成果,七洲列岛维管植物种类相对贫乏,仅83种,隶属于45科80属,其中蕨类植物有2科2属2种;被子植物有43科78属81种。在83种植物中,当地植物有80种,外来植物有假臭草(*Praxelis clematidea*)、马缨丹和南洋楹(*Falcataria moluccana*)。在80种当地植物中,仅有报春花科(Primulaceae)、滨海珍珠菜(*Lysimachia mauritiana*)在海南没有分布。

在灌丛中常见的植物有草海桐、刺葵、细叶巴戟天、海岛藤(*Gymnanthera oblonga*)、肖蒲葵、青皮刺、海南茄(*Solanum procumbens*)、打铁树、鲫鱼藤(*Secamone elliptica*)、木防己、酒饼簕、马瓟儿(*Zehneria japonica*)、厚藤、细叶裸实、桤叶黄花稔(*Sida alnifolia*)、土牛膝、钝叶鱼木(赤果鱼木)(*Crateva trifoliata*)、了哥王、乳豆(毛乳豆)(*Galactia tenuiflora*)、露兜树(*Pandanus tectorius*)、榕树、宿苞厚壳树(*Ehretia asperula*)、酒饼簕、海南沟瓣(*Glyptopetalum fengii*)、黑面神、李花蟛蜞菊、基及树、假臭草、马缨丹、滨海珍珠菜、野香茅、海南留萼木(*Blachia siamensis*)、避霜花(*Pisonia aculeata*)、潺槁木

姜子、许树、假桂乌口树(乌口树)等多种(邢福武等，2016)。

在草丛(草甸)中常见的植物有尖头叶藜(*Chenopodium acuminatum*)、光梗阔苞菊(*Pluchea pteropoda*)、木防己、土牛膝、卤蕨(*Acrostichum aureum*)、沟叶结缕草(*Zoysia matrella*)、海岛藤、草海桐、沟颖草(*Sehima nervosum*)、李花蟛蜞菊、露兜树、砖子苗、细穗草(*Lepturus repens*)、榕树、长叶肾蕨(*Nephrolepis biserrata*)、笔管榕、厚藤、刺芒野古草(*Arundinella setosa*)和多枝扁莎(多穗扁莎)(*Pycreus polystachyos*)等多种(邢福武等，2016)。

十四、三沙市

三沙市是海南省辖地级市，地处中国南海中南部，海南省南部，辖西沙群岛、中沙群岛、南沙群岛的岛礁及其海域，陆地面积 20 多平方公里，陆海面积 200 多万平方公里。主要分布有沙质丛林和灌草丛，或岛礁灌草丛。在三个群岛中，西沙群岛的植物组成最丰富，植被类型最多样和复杂。到目前记录的维管束植物种类分别是西沙群岛有 396 种，中沙群岛约 200 种，南沙群岛有 48 种。以下重点介绍西沙群岛的植被与植物组成概况。

张宏达与李国藩等 1947 年赴西沙群岛进行植被考察，1948 年，通过对西沙群岛的植被调查，张宏达在中山大学植物学研究所创办的学术刊物 *Sunyatsenia*(《中山专刊》，第 7 卷 1-2 期)上发表了"The Vegetation of Paracel Islands"(《西沙群岛的植被》)一文，这是首次对西沙群岛植被全面系统的调查研究，文中不但介绍了西沙群岛的植物区系，而且从植物的生态特性、植物的群落及动态方面进行研究。张宏达根据 1947 年西沙群岛考察所获得的资料，将 1948 年发表于 *Sunyatsenia* 的《西沙群岛的植被》一文再做充实，用中文于 1974 年 9 月发表(张宏达，1974)。在此之后，陆续有学者开展西沙群岛的植被类型及植物多样性特点的研究工作，基本揭示了西沙群岛植被类型及植物组成特征(广东省植物研究所西沙群岛植物调查队，1977；梁元徽等，1978；邢福武和李泽贤，1993；刘强，1997；张浪等，2011；童毅等，2013)。

依据文献及笔者的考察记录，西沙群岛主要的自然植被类型有沙质岛屿丛林、灌丛、草丛和藤蔓丛。

在岛屿丛林中常见的植物有白避霜花、海岸桐(*Guettarda speciosa*)、榄仁树、草海桐、银毛树、红厚壳(琼崖海棠)(*Calophyllum inophyllum*)、海滨木巴戟、橙花破布木(*Cordia subcordata*)、蒭雷草(*Thuarea involuta*)、杨叶肖槿、盐地鼠尾粟(*Sporobolus virginicus*)、沟叶结缕草、羽状穗砖子苗(*Cyperus javanicus*)、长叶雀稗(*Paspalum longifolium*)、伞序臭黄荆(*Premna serratifolia*)、水芫花(*Pemphis acidula*)。

在岛屿灌丛中常见的植物有草海桐、银毛树、水芫花、苦槛树、露兜树、大果假虎刺(*Carissa macrocarpa*)、黄槿、刺葵、银合欢、海南槐(*Sophora tomentosa*)、海滨木巴戟等。

在草丛中常见的植物有蒭雷草、鼠尾草、细穗草、沟叶结缕草、海马齿(*Sesuvium portulacastrum*)、羽状穗砖子苗(*Cyperus javanicus*)、长叶雀稗、铺地黍(*Panicum repens*)、长叶肾蕨(*Nephrolepis biserrata*)、海滨莎、台湾虎尾草(*Chloris formosana*)、沟叶结缕草、蒺藜草等。

　　在藤蔓丛中常见的植物有厚藤、海刀豆(*Canavalia rosea*)、滨豇豆(*Vigna marina*)、葡枝栓果菊(蔓茎栓果菊)(*Launaea sarmentosa*)、铺地黍、过江藤(*Phyla nodiflora*)、台湾虎尾草、单叶蔓荆、海滨莎等。

　　植物种类 396 种,其中栽培种 176 种,野生种 220 种,隶属于 85 科 262 属。在 220 种野生植物中,蕨类有 4 种,隶属于 3 科 3 属,被子植物有 216 种,隶属于 43 科 136 属;在 176 种栽培种中,裸子植物有 5 种,隶属于 4 科 4 属,被子植物有 176 种,隶属于 63 科 140 属。铺地刺蒴麻、滨豇豆、西沙灰叶(*Tephrosia luzonensis*)、变色牵牛(*Ipomoea indica*)、海人树(*Suriana maritima*)5 种在海南岛没有分布。

参 考 文 献

海南省海洋厅, 海南省海岛资源综合调查领导小组办公室. 1996. 海南省海岛资源综合调查研究报告 [M]. 北京: 海洋出版社.

吴天国. 2009. 万宁大洲岛保护区植物资源的调查初报[J]. 热带林业, 37(4): 49-50.

邢福武, 刘东明, 易绮斐, 等. 2016. 海南省七洲列岛的植物与植被[M]. 武汉: 华中科技大学出版社.

杨小波, 吴庆书, 苏恩川. 2002. 琼海市博鳌东屿岛植被资源研究[J]. 海南大学学报(自然科学版), 20(2): 125-129.

梁元徽, 龙活, 梁琪芳. 1978. 我国西沙群岛植物花粉形态资料[J]. Journal of Integrative Plant Biology, (2): 72-80, 98-100.

刘强. 1997. 西沙群岛植物漫笔[J]. 植物杂志, (2): 30.

童毅, 简曙光, 陈权, 等. 2013. 中国西沙群岛植物多样性[J]. 生物多样性, 21(3): 364-374.

邢福武, 李泽贤. 1993. 我国西沙群岛植物区系地理的研究[J]. 热带地理, 13(3): 250-257.

张浪, 刘振文, 姜殿强. 2011. 西沙群岛植被生态调查[J]. 中国农学通报, 27(14): 181-186.

张宏达. 1974. 西沙群岛的植被[J]. 植物学报, 16(3): 180-190.

广东省植物研究所西沙群岛植物调查队. 1977. 我国西沙群岛的植物和植被[M]. 北京: 科学出版社.

分 类 表

一级分类	一级分类注释	二级分类	二级分类注释
A	针叶林	A01	广东松林
		A02	南亚松林
B	高山云雾林	B01	广东松、南华杜鹃林
		B02	黄背青冈、陆均松林
		B03	岭南青冈、罗浮栲林
		B04	蚊母树、赤楠蒲桃、丛花灰木林
		B05	细刺栲、海南大头茶、山桐材林
		B06	硬斗柯、厚皮香、厚皮八角林
C	山地雨林	C01	海南紫荆木、鱼骨木、竹叶青冈林
		C02	陆均松、海南薹树(阿丁枫)林
		C03	陆均松、鸡毛松、线枝蒲桃林
D	低地雨林	D01	青梅、荔枝林
		D02	青梅、荔枝、细仔龙林
		D03	青梅、蝴蝶树林
		D04	青梅、蝴蝶树、细仔龙林
E	低地雨林次生林	E01	鸭脚木、假赤楠蒲桃、海南大风子
		E02	荔枝、龙眼、秋枫林
		E03	鸭脚木、黄杞林
		E04	青梅、细仔龙、海南暗罗林
		E05	鸭脚木、黄椿木姜林
		E06	青梅、荔枝次生林
		E07	枫香林
		E08	青梅、荔枝、细仔龙次生林
		E09	蝴蝶树林
		E10	青梅、烟斗柯、蝴蝶树、细仔龙林
		E11	海南柿、翅苹婆林
		E12	单优无翼坡垒林
		E13	青梅、烟斗柯、闭花木林
		E14	青梅、蝴蝶树次生林
F	季雨林(含其次生林)	F01	海南榄仁、厚皮树、菲律宾合欢林
		F02	厚皮树林、海南龙血树、乌墨林

一级分类	一级分类注释	二级分类	二级分类注释
G	红树林	G01	红海榄(兰)林
		G02	红树(种)林
		G03	水黄皮林
		G04	黄槿
		G05	桐花树林
		G06	海莲林
		G07	无瓣海桑林
		G08	木榄林
		G09	白骨壤(海榄雌)林
		G10	角果木林
		G11	秋茄林
		G12	海漆林
		G13	海桑林
		G14	海芒果林
		G15	水椰丛林
		G16	红树、海莲群落
H	丛林	H01	滑桃树林
		H02	水翁蒲桃、黄槿丛林
		H03	玉蕊林
		H04	鹧鸪麻、鹊肾树丛林
		H05	水柳、狭叶蒲桃、狭叶山榄、水石榕林
		H06	红厚壳(琼崖海棠)、黄槿丛林
		H07	青梅、柄果木丛林
I	灌丛(含次生灌丛)	I01	桃金娘、野牡丹灌丛
		I02	叶被木、鹊肾树、刺桑灌丛
		I03	白楸、白背叶灌丛
		I04	厚皮树、黄牛木灌丛
		I05	仙人掌、变(细)叶裸实灌丛
		I06	厚皮树、中平树、破布叶灌丛
J	草丛(含次生草丛)	J01	斑茅、芒草丛
		J02	水竹草丛
		J03	狼尾草草丛
		J04	薄果草、岗松草丛
		J05	五节芒、野牡丹、铁芒萁、芒草丛
K	海防林	K00	海防林
L	旱地农业生产植被(草本)	L01	菠萝园
		L02	甘蔗园
		L03	哈密瓜园

一级分类	一级分类注释	二级分类	二级分类注释
L	旱地农业生产植被(草本)	L04	胡椒园
		L05	火龙果园
		L06	香蕉园
		L07	西瓜园
		L08	其他轮耕农作物
M	旱地农业生产植被(木本)	M01	橡胶等工业原料林
		M02	槟榔等棕榈果园
		M03	椰子园
		M04	荔枝园
		M05	龙眼园
		M06	芒果园
		M07	柑橘园
		M08	其他热带水果园
		M09	南亚松
		M10	湿地松
		M11	加勒比松等人工松树林
		M12	桉树林
		M13	木麻黄林
		M14	相思林
		M15	花梨沉香等珍惜木材林
		M16	其他经济林
		M17	园林绿化苗圃园
N	水田农业生产植被	N00	水稻等农田作物
O	城镇聚居地与景观植被	O01	街区景观植被
		O02	市民游憩地景观植被
P	科研植物园	P00	科研植物园
Q	农村聚居地与村庄防风林及景观植被	Q01	海南梣丛林
		Q02	红花天料木(母生)、荔枝林
		Q03	木棉、榕树林
		Q04	榕树、荔枝、椰子、桉树、槟榔林
		Q05	榕树(多种)、荔枝或龙眼林
		Q06	榕树、木棉、黄花梨、芒果、酸豆林
		Q07	榕树、酸豆、椰子、槟榔林
		Q08	椰子树、红厚壳(琼崖海棠)丛林
R	滩地	R00	滩地
S	养殖塘	S00	养殖塘
T	盐田	T00	盐田
U	水体	U00	水域

附录：海南植被景观掠影

一、象征性山峰景观

远眺美丽神秘的五指山

近仰美丽壮观的五指山（西南）

美丽壮观的五指山（东侧）

直入云霄的尖峰岭（陈焕强 拍摄）

二、云雾林景观

尖峰岭云雾林景观

鹅贤岭云雾林景观

霸王岭云雾林丰富的附生植物景象

五指山云雾林景观

五指山云雾林景观

五指山云雾林内部结构景象

鹦哥岭云雾林内部结构景象

三、山地雨林景观

霸王岭复杂的山地雨林结构景象

尖峰岭山地雨林外貌景观

五指山山地雨林外貌景观

四、低地雨林景观

尖峰岭低地雨林外貌景观

低地雨林、林连天、水林相连景观（毛拉水库）

霸王岭低地雨林内部结构景象　　五指山低地雨林演替中早期次生林——枫香林冬季林相景观

文昌铜鼓岭滨海热带雨林次生林景观　　　三亚亚龙湾滨海热带雨林次生林景观

三亚特殊的无翼坡垒林结构景象　　　海口羊山地区特殊的以荔枝为优势的
低地雨林次生林景观

五、热性针叶林景观

鹦哥岭高海拔华南五针松林景观

霸王岭高海拔南亚松针叶林群落组成成分内景

霸王岭雅加松针叶林景观

佳西岭高海拔华南五针松林

佳西岭高海拔华南五针松林群落组成成分内景
（图中的帐蓬为考察时的临时小屋）

六、红树林景观

海口演丰东寨港红树林

文昌清澜港红树林

三亚河红树林与城市高楼大厦景观

临高红树林景观

临高红树林（桐花树）与水稻田景观

东方白骨壤纯林景观

万宁礼纪水椰林

七、淡水湿地丛林和草丛景观

儋州淡水滨河玉蕊林丛林景观

海口滨江丛林

文昌滨河丛林

半湿生小露兜灌丛

琼中滨河灌丛

窄叶香蒲湿地草丛

海口羊山淡水湿地景观

海口羊山美丽的水菜花、邢氏水蕨群落景观

海口四蕊狐尾藻、金银莲花、茳芏群落景观

盐渍化土壤形成的草丛

弃荒农田形成的次生草丛景观　　海口三江海水感水河段（半咸水）
湿地：卤蕨、卡开芦群落景观

八、滨海和岛屿丛林景观

岛屿丛林（灌丛）景观

万宁滨海青梅丛林景观　　　　　三亚滨海丛林

九、陆生次生灌丛、草丛景观

海口羊山地区次生灌丛景观   采石矿迹地形成的斑茅草丛景观

十、人居周边植被景观

乡村竹园景观

昌江农村乡村道路与木棉树景观   文昌农村古老的高山榕

海口红旗镇农村槟榔园中古老的南亚松

海口树种丰富的农村自然、半自然植被景观

椰子林与农村景观

文昌后山村村周边自然、半自然植被

十一、农业生产植被景观

木棉农田坡耕地景观

低地雨林次生林、橡胶、槟榔和农田景观
（枫香林和橡胶林都落叶）

村庄与槟榔园景观

穿越橡胶林的公路景观

槟榔园景观

芒果与橡胶林景观

人工木麻黄海防林景观

芦荟园景观

菠萝、槟榔、农田等多种作物园景观

菠萝园景观

滨海椰子林景观

人工松树林景观

桉树林景观

《海南植被志》后记

儿时经常在农村的老家房前屋后摘水果吃,懂得油皮(黄皮)、石榴(番石榴)、木瓜(番木瓜)和包蜜(波罗蜜)等一些人工栽培的植物名称,偶尔还到山里摘野生水果吃,懂得刺子(刺柊)、哆尼(桃金娘)等野生的植物种类;帮助祖母拾烧火柴,懂了风树林(木麻黄林)和胶园(橡胶园)等人工植被;我母亲叫符名淑,琼台师范毕业后,当乡村教师,儿时跟随母亲上小学,总是要走一条长长的石板路(从演丰的桂南村到调记村),穿过一片"剪定树林"(红树林),放学后有时也到这片林中抓螃蟹,让我懂得了"剪定树林"等自然植被。但真正知道什么叫做"植被",还是在选择了植物生态学为自己的专业之后。特别是,自从1987年进入文昌铜鼓岭开展植被调查研究工作起,海南植被与我结下了不解之缘,伴随着我的一生。

1987年,我们在时任海南大学校长林英教授的带领下,由钟义教授、符气浩、陈献疆、李庆咸、林生和我组成的铜鼓岭植物资源与植被科学考察小队,跟随铜鼓岭科学综合考察大队一起进入文昌龙楼铜鼓岭保护站。当时我才20多岁,白天在野外,拉样方、采标本、测树和记录及晚上压标本,我样样都喜欢做,深受林英老先生和钟义教授的喜爱,我也得到了很好的学习机会,特别是考察回来后,林老先生让我执笔写考察报告并形成学术论文发表,虽然被林老先生修改得面目全非,但让我受益匪浅。接着在1989年年底,我在钟义教授的带领下,参加了海南省第一次岛屿植被科学考察。这次考察活动令我终身难忘。冬天的海浪很大,我们都是坐渔船出海,这些租来的渔船明显过小,摇摆很大,吐的人很多,我也吐得很厉害,登岛时,我们的船相对又大了,靠岸很困难,特别是要想登上那些没有码头,又没有沙岸的小岛屿,真的非常艰难且相当危险。上岛后,工作一天回到海南岛,可以用"饥寒交迫"来形容。我记得很清楚,有几天是住在三亚的军营里,部队的领导说,你们吃的饭很多,比我们新兵军训时吃得还多。当然这次岛屿植被的调查研究,让我从老一代植物学家钟义教授那里学了很多真实的本领。

1990年,我在林英先生的鼓励下,考取了母校中山大学植物学专业的硕士研究生,师从胡玉佳教授,从事海南五指山森林植被的研究工作,开始了在导师指导下的半独立研究工作。1991年,我回到海南,完成硕士学位论文"海南五指山森林植被研究"的野外工作时,邀请当时海南树木认种最好的专家符国瑗先生跟我进入五指山。当时交通很不方便,多数情况都要步行,最艰难的一次步行是,从水满步行到仕阶,足足走了一天,从山的西部到东部横跨了五指山。当时住宿和吃饭的条件也很差,我们请了当地少数民族兄弟当向导,住在他们家中,带上白干饭上山,多数情况是没有菜。就这样我们从五指山的西部、西南部、东部和西北部等方向开展五指山森林植被的调查研究工作。其中,符国瑗先生与我一起约半个月,我认识了很多种森林树木。之后,我陆陆续续一个人多次进入五指山，与向导王享存一起开展了较全面的五指山森林植被的研究工作，拉开了我从事海南山区森林植被研究的序幕。

1993～1996 年在中山大学读博士期间，我师从王伯荪教授和张宏达教授，开展南亚热带森林演替生理生态机制研究，1996～1998 年在中国科学院南京土壤所，我师从张桃林教授，开展海南退化土地恢复的植物学机制的博士后研究工作。这些工作，不仅为我深入开展海南植被研究工作打下良好的理论基础，而且在这些大师们的指导下，对植被与环境关系、植被动态变化的内涵有了较深的理解。从此，我与我的团队几乎走遍海南山山水水，涉及的研究内容从植物资源到植被组成与结构、植物种群动态、植被演替动态、植被生态功能及保护与利用等多方面。因此，在《海南植被志》出版之前，我们团队已经在 PNAS、Food Chemistry、Oecologia、Journal of Vegetation Science、Flora、Plant and Soil、J Soils Sediments 和 Forests 等一些国际著名刊物及《植物生态学报》《生态学报》《土壤学报》《林业科学》和《生物多样性》等国内顶级刊物上发表了相关学术论文 200余篇，在科学出版社出版了《海南植物图志》(1～14 卷，1100 万字)、《海南珍稀保护植物图鉴与分布特征研究》和《海南岛陆域国家级森林生态系统自然保护区森林植被研究》和《海南植物名录》等专著 20 多部。这些工作为完成《海南植被志》打下坚实的基础。

今天《海南植被志》(1～3 卷)出版了。我还得感谢我的母亲符名淑和父亲杨旭海(杨来刚)。他们在世时，非常非常地支持我，妈妈常心疼地对我说，你工作太累了，但从来不对我的"不孝"有意见，让我深感内疚。当然，我要感谢我的妻子，林帼贞。她在海南大学图书馆工作，没有她的支持，我没有办法带领我的团队完成《海南植物图志》和《海南植被志》的研著工作，在此我要好好感谢她。

由于植被的动态变化，让我们在描述其分布及完成植被分布图时感到相当困难，要不是全体团队成员的积极配合、团队外好友的大力支持，不可能完成这项工作，因此，我感谢全体团队成员。感谢陈宗铸研究员、李东海副教授，他们一直配合我的工作，为完成野外调查研究出了不少的力气。同时感谢李意德教授，李意德教授带领他的团队在尖峰岭干了一辈子，他们的成果为我们顺利完成《海南植被志》的撰写提供了非常好的研究案例，他们大样地的研究成果也将是海南植被研究的继续。龙文兴专门研究海南的高山云雾林，出版了《热带云雾林植物多样性》，也为《海南植被志》中的高山云雾林提供了部分第一手资料。感谢我的学生们，他们和我一起完成了植被研究的各项内容。但是由于多种困难及作者水平有限，不足之处在所难免，书中的植物种名(中文名和学名)也基本上以 Flora of China、《中国植物志》和《海南植物图志》为准，但还是会出现错误，在此敬请读者原谅。

要感谢的团队外人员很多，在此，我要特别感谢中山大学的胡玉佳教授、余世孝教授、王伯荪教授和张宏达教授。张宏达先生 1947 年就到西沙开展植被考察工作，发表了国内最早的地区植被之一《西沙群岛的植被》。张先生一直关注海南的热带雨林，并让他的很多学生在海南开展热带雨林的研究工作，早早就在海南的霸王岭建立了研究基地，其中在海南工作最有代表性的学者是胡玉佳教授，他是张先生的学生，我的老师，他在海南工作了十多年，完成并出版了《海南岛热带雨林》(广东高等教育出版社，1992 年)。胡老师一直挂念着的《中国热带雨林》至今尚未有人来完成。因此，在写《海南植被志》

的后记时,我也希望有人来完成《中国热带雨林》。钟义先生、符国瑗先生和黄世满先生配合我们一起开展过多次的野外调查工作,同时他们也描写过多个植被类型的植物组成与结构特征,为《海南植被志》能全面描述各植被类型提供了很多好的案例,在此一并感谢。

当然,我衷心感谢海南大学,海南大学为我和我的团队提供了一个优良的工作环境及平台,在出版经费上给予大力的支持,在精神上给予极大的鼓励。感谢海南大学的领导们及同事们。原尖峰岭国家级自然保护区的陈焕强等同志无私提供了精美的尖峰岭景观图片,在此表示感谢。

这三十多年来,我们一直得到海南省野生动植物保护管理局、近年成立的热带雨林国家公园管理处、保护地管理处和各保护区的大力支持,也得到了除在前言里提到的项目支持外,"中国科学院战略性先导科技专项(A 类)"(XDA19050400)项目的支持,也得到海南省生态环境厅和海南省科技厅的支持,这项工作才得以顺利完成。1987 年进入文昌龙楼铜鼓岭的工作项目就是海南省生态环境厅(当时是海南环境保护局)支持的,谢谢了。

杨小波

2023 年　春　海口演丰